钻井井控技术与设备

长城钻探井控培训中心
辽河油田井控培训中心
编

石油工业出版社

内 容 提 要

井控工作是石油天然气勘探开发过程中的重要环节，是油气安全生产工作的重中之重。本书参照国际标准，结合国际井控培训规范和长城钻探多年来境外井控管理经验，介绍了井控基本理论、井控技术、井控设备、硫化氢防护等知识，附录中还介绍了井控常用英语词汇、公式换算等内容。

本书适合从事井控工作的操作人员、技术人员和管理人员培训或自学使用。

图书在版编目（CIP）数据

钻井井控技术与设备/长城钻探井控培训中心，辽河油田井控培训中心编．—北京：石油工业出版社，2012.8
ISBN 978-7-5021-9163-4

Ⅰ．钻…
Ⅱ．①长… ②辽…
Ⅲ．油气钻井-井控设备
Ⅳ．TE921

中国版本图书馆 CIP 数据核字（2012）第 158179 号

出版发行：石油工业出版社
（北京安定门外安华里 2 区 1 号　100011）
网　址：www.petropub.com
编辑部：(010)64523580　发行部：(010)64523620
经　销：全国新华书店
印　刷：北京中石油彩色印刷有限责任公司

2012 年 8 月第 1 版　2014 年 12 月第 3 次印刷
787×1092 毫米　开本：1/16　印张：22
字数：562 千字

定价：55.00 元
（如出现印装质量问题，我社发行部负责调换）

《钻井井控技术与设备》
编 委 会

前　言

井喷失控是油气勘探开发生产过程中不可接受的灾难性事故，不仅使油气资源受到破坏，还可能会造成机毁人亡、环境污染、重大火灾等严重后果，带来巨大的经济损失，同时产生恶劣的社会影响。

近年来，全球各大石油公司和石油工程技术服务公司把井控工作提高到了一个前所未有的高度。井控技术不仅成为石油行业 HSE 工作的标志性技术之一，更是钻修井和测录试等行业安全生产的重要保证。随着井控设备的更新、井控管理制度的日益完善，井控技术也不断发展，为进一步实现安全、优质、快速钻井提供了有力的保障。按照中国石油天然气集团公司工程技术分公司关于“各油田企业井控培训中心必须编写针对各油田井控特点的井控培训教材”的要求，长城钻探井控培训中心与辽河油田井控培训中心一起，历时约 2 年时间，组织编写了《钻井井控技术与设备》培训教材。旨在丰富境内外员工的井控知识，培养员工的井控素质，提高员工的井控操作技能。

本书注重实用性，在编写中，参照国际标准，结合了 IADC 国际井控培训规范、长城钻探多年来境外井控管理经验以及辽河油田特殊地质情况和井控工作特点。内容涉及井控技术、井控设备、硫化氢防护等基本知识，适合钻修井和测录试等专业从事生产与安全工作的管理人员和现场操作人员参加 IADC 国际井控培训和国内井控培训使用。

由于井控工作涉及面广，井控技术不断发展，同时编者的水平有限，该教材错误和不妥之处在所难免，恳请专家、读者提出宝贵意见，以便今后修订完善。

编　者

2011 年 12 月

目　录

第一章 绪 论

随着油气勘探开发领域的不断延伸和扩大，钻井难度越来越大，对井控技术和钻井相关人员的要求也越来越高。在钻井新技术得到广泛应用和钻井总体技术水平日益提高的今天，人们已充分认识到：对付复杂地层、安全优质钻井，必须把井控技术作为研究和发展的重要内容。只有油气井的控制技术发展了，人们的井控意识、管理水平和技术素质提高了，才能有效地实施近平衡压力、欠平衡压力钻井，才能最大限度地发现油气层，保护和解放油气层。也就是说，井控技术是实施近平衡钻井和欠平衡钻井作业的关键和保障。

第一节 井控及其相关概念

一、井控基本概念

1. 井控（Well control）

井控是实施油气井压力控制的简称。在国外，有的称井涌控制，还有的称压力控制，各种称谓本质是一样的。在钻井过程中，只有采取一定的方法控制住地层孔隙压力（地层压力），保持井内压力平衡，才能保证钻井顺利进行。

2. 井侵（Influx）

当地层孔隙压力大于井底压力时，地层孔隙中的流体（油、气、水）将侵入井内，这种现象称为井侵。

3. 溢流（Overflow）

当井底压力小于地层孔隙压力时，井口返出的钻井液量大于泵入液量，停泵后井口钻井液自动外溢的现象称为溢流。

4. 井涌（Well kick）

溢流进一步发展，钻井液涌出井口的现象称为井涌。

5. 井喷（Well blowout）

地层流体（油、气、水）无控制地流入井内并喷出地面的现象称为井喷。根据井喷流体喷出位置的不同，井喷分为地面井喷和地下井喷。

（1）地面井喷：井喷流体经井筒喷出地面的现象称为地面井喷。

（2）地下井喷：井喷流体经井筒流入其他低压地层的现象称为地下井喷。

6. 井喷失控（Out of control for blowout）

井喷发生后，无法用常规方法和装备控制而出现地层流体敞喷的现象称为井喷失控。

二、井控的分级

根据所采取控制方法的不同，把井控作业分为一次井控、二次井控和三次井控。

1. 一次井控

井内采用适当的钻井液密度来控制地层孔隙压力，使得没有地层流体进入井内，溢流量为零。

2. 二次井控

井内使用的钻井液密度不能平衡地层压力，地层流体进入井内，地面出现溢流，这时要依靠地面设备和适当的井控技术来处理和排除地层流体的侵入，使井重新恢复压力平衡。

3. 三次井控

二次井控失败，溢流量持续增大，发生了地面或地下井喷且失去了控制。这时要使用适当的技术和设备重新恢复对井内压力的控制，达到一次井控状态。

三、井控工作中的“三早”

井控工作中的“三早”是指早发现、早关井和早处理。

(1) 早发现：溢流被发现得越早，就越便于关井控制，因此也越安全。国内现场一般将溢流量控制在 1～2m^3 之内。早发现是安全、顺利关井的前提。

(2) 早关井：在发现溢流或怀疑有溢流时，应停止钻井作业，并立即按关井程序关井。

(3) 早处理：在准确录取关井数据和填写压井施工单后，应尽快节流循环，排出溢流，进行压井作业。

第二节　井喷失控的原因及危害

据不完全统计，1949—1988 年，我国累计发生井喷失控井 230 口，其中井喷失控后又着火的井 78 口，占井喷失控井的 34%，因井喷失控着火和井喷后地层坍塌损坏钻机 59 台；其中 1978—1988 年的 11 年间发生井喷失控井 133 口，因井喷失控导致死亡 5 人，伤 41 人。1994—2007 年发生 18 次严重井喷失控事故，尤其是罗家 16H 井，因喷出大量硫化氢气体夺去了 243 条人命，造成了巨大的经济损失与负面社会影响。

一、井喷失控的原因

综观各油气田发生井喷失控事故的事例，分析井喷失控的直接原因，大致可归纳为以下五个方面。

1. 地质设计与工程设计缺陷

1) 地质设计缺陷

(1) 未能提供准确的地层三个压力值，特别是准确的地层压力资料。

(2) 未能提供施工井周边注水井的压力、注水量等资料。

(3) 未能提供施工井所在区块浅气层和过去所钻井发生井喷事故的资料。

(4) 未能提供施工井周边的情况，如居民、道路、河流等。

2) 工程设计缺陷

(1) 井身结构设计不合理。表层套管下入深度不够，当钻遇异常压力地层关井时，在表层套管鞋处憋漏，钻井液窜至地表，无法实施有效关井；有的井设计不下技术套管，长裸眼钻进，同一裸眼段同时存在漏、喷层，给井控工作增加了风险与难度。

(2) 钻井液密度设计不合适。

(3) 防喷装置设计不合适。防喷装置的压力等级与地层压力不匹配；在深井、高压井、高含硫等复杂井未配备环形防喷器以及剪切闸板防喷器；储能器的控制能力与井口防喷器不匹配；内防喷工具、井控管汇、辅助井控装置的选择不符合要求。

(4) 加重料储备及加重能力不能满足井控要求。

(5) 井控技术措施针对性、可操作性差。

2. 井控装置安装、使用及维护不符合要求

(1) 井口不安装防喷器。

(2) 井控设备的安装及试压不符合井控实施细则的要求。

(3) 井口套管接箍上面的双公短节螺纹不符合要求，不试压，包括套管头。

(4) 钻具内防喷工具未安装或失效。

3. 井控技术措施不完善、未落实

(1) 对浅气层的危害性缺乏足够的认识，无针对性的技术措施或未落实。

(2) 未采取措施预防抽汲压力。

(3) 起钻不灌钻井液或没有及时灌满。

(4) 空井时间长，又无人观察井口。

(5) 相邻注水井不停注或未减压。

(6) 钻井液中混油过量或混油不均匀，造成井内液柱压力低于地层压力。

(7) 钻遇漏失层段发生井漏未能及时处理或处理措施不当。

4. 未及时关井，关井后复杂情况处置失误

(1) 未能及时准确地发现溢流。

(2) 未能及时关井。

(3) 未及时组织压井，井口压力过高导致井口失控或地下井喷，或因硫化氢腐蚀引起钻具断裂导致井口失控。

(4) 压井方法选择不当，排除溢流措施不当。

5. 思想麻痹，存在侥幸心理，作业过程中违章操作

由于思想上不重视井控工作，未严格执行设计，或在一些大型施工前未制订详细的井控措施或者措施不当，针对性不强，从而导致的井喷失控也占有一定的比例。因此，要从严格管理、技术培训和规范岗位操作等方面入手，做好基础工作。

二、井喷、井喷失控的危害

大量的实例告诉我们，井喷失控是钻井工程中性质严重、损失巨大的灾难性事故，其危害可概括为以下六个方面。

1. 打乱全面的正常工作秩序，影响全局生产

一旦井喷失控，应立即启动井控应急预案，成立相应的指挥组、技术组、保障组等应急机构全面组织、指挥抢险工作。油气田的主要领导需进行组织、指挥工作。必要时还需兄弟油田、地方政府的支援，以及动用消防车辆，组织抢险队伍等。

2. 使钻井事故复杂化、恶性化

井喷发生后，井下压力平衡关系被彻底打破，井眼压力状况发生了显著变化，井壁被冲刷失去稳定，井眼扩大，易造成卡钻。井喷流体既会喷出地面，又会漏入低压地层，造成既喷又漏又卡钻的复杂局面等。

3. 井喷失控极易引起火灾和地层塌陷，造成环境污染

钻井过程中，若技术套管下入深度没有封隔住破碎易漏地层，则会发生憋破地表、造成地面下陷、环境污染等重大事故。同时，流体喷出地面，将严重污染地表环境与浅层水资源等。若存在 H_2S，则易发生人员中毒等重大伤亡事故。例如，温泉 4 井钻到 1869m 时发生溢流，因没有考虑封隔煤层，关井后在准备压井和用钻井液堵漏过程中，造成地下井喷，使含硫化氢的天然气通过煤层裂隙窜入附近煤矿的矿井里，导致两个煤窑及一个煤窑风洞着火，致使在煤矿内作业的采煤工人死亡 11 人，中毒 13 人，烧伤 1 人。

4. 损害油气层，破坏油气资源

井喷将造成油气储量的损失，严重的能导致储量枯竭或产层生产能力破坏，使油气层不再具有工业开采价值。例如，长垣坝长 1 井发生井喷，日喷天然气 $1000\times10^4m^3$，损失天然气 $4.61\times10^8m^3$，占该气田总储量的 62%，致使该气田几乎失去了开采价值。

5. 造成钻机设备毁坏、陷落

钻井设备可能毁于大火，也可能为陷坑吞没。例如，孤东试 7 井起钻时发生强烈井喷，20min 后井架底座开始下沉，使大部分设备陷入方圆 30 多米的大坑内。又如，台南 2 井取心起钻途中发生溢流，由于操作不当，防喷器未能关住井（岩心筒直径 177.8mm，而防喷器闸板芯子内径 139.7mm），发生严重井喷，大量气流、泥沙喷出，把井口的岩心筒及直径 158.75mm 钻铤、转盘一起顶出 12m 高，并将转盘挂在井架大腿拉筋上，3min 后二层平台起火。虽然抢关防喷器将火扑灭，但由于压力过大，将防喷器内阀门芯子憋断，造成 1 人当场死亡，9 人受伤。两天后防喷器被刺坏，喷出大量气流和泥沙，喷柱高达 50～70m。该井经 40 多天的抢险工作，利用间歇停喷时机抢注水泥封堵成功，但经济损失严重，井架底座、游动滑车、大钩、水龙头、转盘、全套液压防喷器及节流管汇、两台振动筛、岩心筒、钻铤等报废，造成机毁人亡、全井报废。

6. 涉及面广，影响周围安全，造成不良的社会影响等

罗家 16H 井发生的特大井喷失控事故，震惊中外。该井是高含硫水平井，由于含硫化

氢天然气的大量逸出，未及时点火，造成井场周围居民和井队职工共 243 人死亡，赔偿金额共计 3300 万元，遇难家庭 190 户，10175 人入院观察治疗，约 6 万人星夜紧急疏散，直接经济损失 2.6 亿元。

多年来，在不断积累经验、吸取教训的过程中，井控工作有了很大进步。但是，随着勘探开发风险的增加，井控工作又面临着越来越严峻的考验。比如，随着深井、天然气井、含硫天然气井开发比重的增加，又给井控工作提出了新的要求。在气井勘探开发中，由于天然气密度小，可压缩、易膨胀、易爆炸燃烧，气井比油井易造成井喷或井喷失控，甚至着火。

总之，“井喷失控是钻井工程中性质严重、损失巨大的灾难性事故”，这一结论是用鲜血、生命和财产换来的。为此，必须牢固树立全员井控意识，深刻认识井喷失控的危害，把杜绝井喷失控作为安全的头等大事来抓。要全面提高钻井人员的素质，培养高素质的井控技术队伍。只有了解和掌握正确、合理的压井处理方法和步骤，坚持平衡钻井和平衡压井，才能安全、成功地控制井喷，从而恢复正常钻井或完井作业。

第二章 压力

压力是井控最主要的基本概念之一，了解压力的概念及各种压力之间的关系，对于掌握井控技术和防止井喷是十分必要的。油气井压力控制的主要任务表现在两个方面：一是通过控制钻井液密度使钻井在合适的井底压力与地层压力之差下进行；二是在地层流体侵入井筒后，通过调整合理的钻井液密度及控制井口压力，将侵入井眼与钻具间环空内的地层流体排出，并建立新的井底压力与地层压力平衡。

第一节 井下各种压力的概念

一、压力

1. 压力的定义

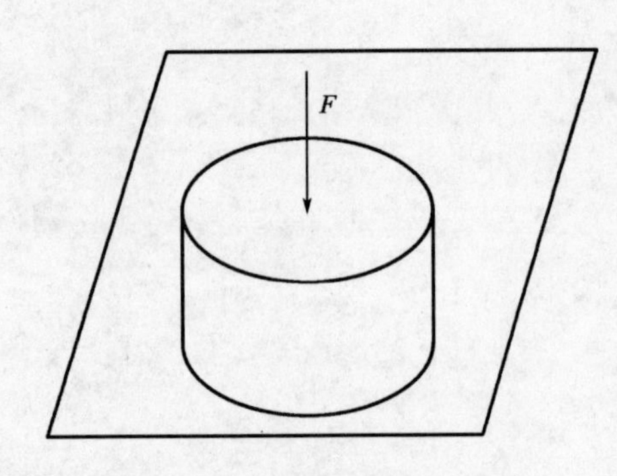

图 2-1 圆柱体对桌面的压力

压力是指物体单位面积上所受的垂直方向的力，物理学上也叫压强。由此可以看出，压力与力和面积有关。

例如，一段圆柱体放在桌面上，其作用在桌面上的力等于它的重量，这个力作用到桌面上，方向向下。因为没有运动，桌子在反方向给其以相等的力，如图 2-1 所示。此种情况下，压力的大小取决于该圆柱体的底面积和其重量的大小，压力值就是其重量除以底面积所得的商。

2. 压力的表达式

压力的表达式如下：

$$p = F/S \quad (2-1)$$

式中 p——压力，N/m^2；

F——垂直力，N；

S——面积，m^2。

3. 压力的单位

压力的国际标准单位是帕（斯卡），符号是 Pa，即 $1Pa=1N/m^2$。

4. 单位换算

根据现场工作需要，常用千帕（kPa）或兆帕（MPa）表示压力。

$$1kPa=1\times10^3 Pa$$

$$1MPa = 1 \times 10^6 Pa$$

（1）与过去常用的工程大气压的换算关系是：

$$1MPa = 10.194kgf/cm^2$$

$$1kgf/cm^2 = 98.067kPa \approx 0.098MPa$$

粗略计算时，可近似认为 $1kgf/cm^2 = 100kPa = 0.1MPa$，其误差约为2%。

（2）英制中，压力的单位是每平方英寸面积上受到多少磅的力，符号是 psi。换算关系是：1psi=6894.76Pa，可近似认为 $1psi = 6.895kPa = 6.895 \times 10^{-3} MPa$

（3）压力的国际工程单位是巴，符号是 bar。换算关系是：1bar=14.5psi，可近似认为 $1bar = 1kgf/cm^2$，1bar=0.1MPa。

二、静液柱压力

1. 静液柱压力的定义

静液柱压力是由静止液体的重量产生的压力，其大小只取决于液体密度和液体的垂直高度，与液柱横向尺寸及形状无关。

2. 静液柱压力的计算公式

静液柱压力的计算公式如下：

$$p_m = 10^{-3} g\rho H \tag{2-2}$$

式中 p_m——静液柱压力，MPa；

g——重力加速度，m/s^2，取值 $9.81m/s^2$；

ρ——钻井液密度，g/cm^3；

H——液柱垂直高度，m。

例2-1 如图2-2所示，井内钻井液密度为 $1.20g/cm^3$，地层水密度为 $1.07 g/cm^3$，计算3000m处静液柱压力及地层压力。

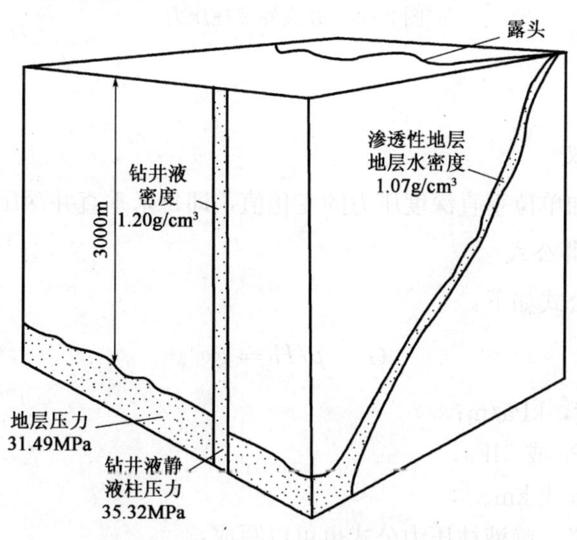

图2-2 钻井液静液柱压力和地层压力

解：（1）3000m 处钻井液静液柱压力：

由计算公式：$p_m = 10^{-3} g\rho H$

得：$p_m = 10^{-3} \times 9.81 \times 1.20 \times 3000$

$= 35.32$ （MPa）

（2）地层压力：

由计算公式：$p_p = 10^{-3} g\rho H$

得：$p_p = 10^{-3} \times 9.81 \times 1.07 \times 3000$

$= 31.49$ （MPa）

若是定向井，井深必须用垂直井深，而不是测量井深（或钻柱的长度）。图 2-3 给出了几种情况下的井底静液柱压力。

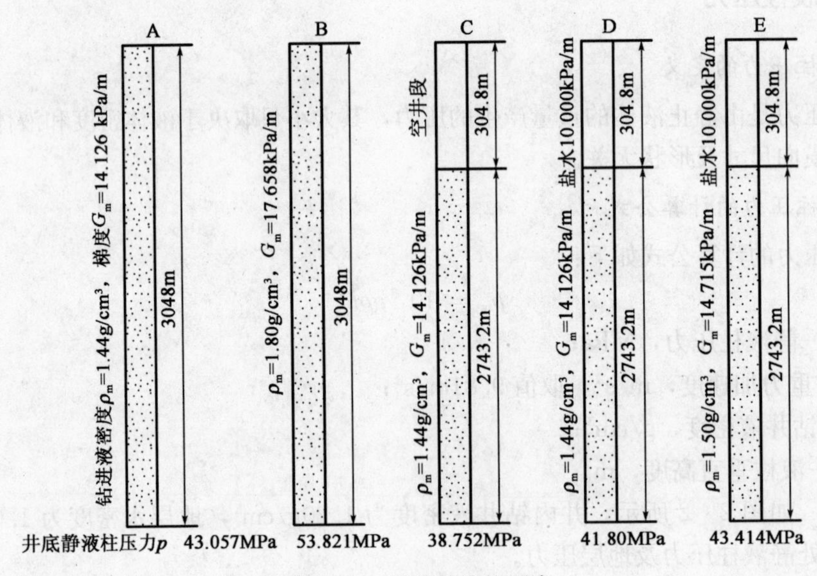

图 2-3　井底静液柱压力

三、压力梯度

1. 压力梯度的定义

压力梯度是每增加单位垂直深度压力的变化值，即每米垂直井深压力的变化值。

2. 压力梯度的计算公式

压力梯度的计算公式如下：

$$G = p/H = g\rho \qquad (2-3)$$

式中　G——压力梯度，kPa/m；

p——压力，kPa 或 MPa；

H——深度，m 或 km。

由压力梯度的定义，静液柱压力公式也可以写成：

静液柱压力 = 压力梯度 × 垂深

即 $$p_m = GH \tag{2-4}$$

例 2-2 某井钻至井深 4300m 处，所用钻井液密度为 1.25g/cm³，计算井内静液柱压力梯度。

解：$G=g\rho=9.81\times1.25=12.26$（kPa/m）

四、当量钻井液密度

1. 当量钻井液密度的定义

当量钻井液密度是指将井内某一位置所受各种压力之和（静液柱压力、回压、环空压力损失等）折算成钻井液密度，称为这一点的当量钻井液密度，简称当量密度。

如果把地层压力、地层破裂压力、循环压力折算成钻井液密度，则分别称为地层压力当量钻井液密度、地层破裂压力当量钻井液密度、循环压力当量钻井液密度。

2. 当量钻井液密度的计算公式

当量钻井液密度的计算公式如下：

$$\rho_e = p/(10^{-3}gH) \tag{2-5}$$

式中 ρ_e——当量密度，g/cm³；

p——作用于该点的总压力，MPa；

g——重力加速度，m/s²，取值 9.81m/s²；

H——液柱垂直高度，m。

例 2-3 某井 2900m，钻井液密度为 1.15g/cm³，下钻时产生 1.85MPa 的激动压力作用于井底，计算井底压力及当量钻井液密度。

解：井底压力 $p_b=10^{-3}g\rho H+p_{激}=10^{-3}\times9.81\times1.15\times2900+1.85=34.57$（MPa）

当量钻井液密度 $\rho_e=p_b/(10^{-3}gH)=34.57\div(10^{-3}\times9.81\times2900)=1.22$（g/cm³）

五、地层压力

1. 地层压力的定义

地层压力是指地下岩石孔隙内流体的压力，也称地层孔隙压力。

2. 地层压力的分类

1）正常地层压力

在各种沉积物中，正常地层压力等于从地表到地下某处连续地层流体的静液柱压力。淡水和盐水是两种常见的地层流体，水的密度是 1g/cm³，形成的压力梯度为 9.8kPa/m，地层盐水的密度大约为 1.07g/cm³，形成的压力梯度为 10.486kPa/m。按习惯，把地层压力梯度在 9.8～10.486kPa/m（压力系数为 1.0～1.07）之间的地层称为正常压力地层。

2）异常地层压力

地层压力正常或接近正常，则地层内的流体必须与地面连通。但这种流体通道常常被封闭层或隔层截断。在这种情况下，隔层下部的流体必须支撑上部岩层。岩石密度大于地层水密度，因此，地层压力可能超过静液柱压力。通常称这种地层为异常高压或超压地层，如图

2-4所示。

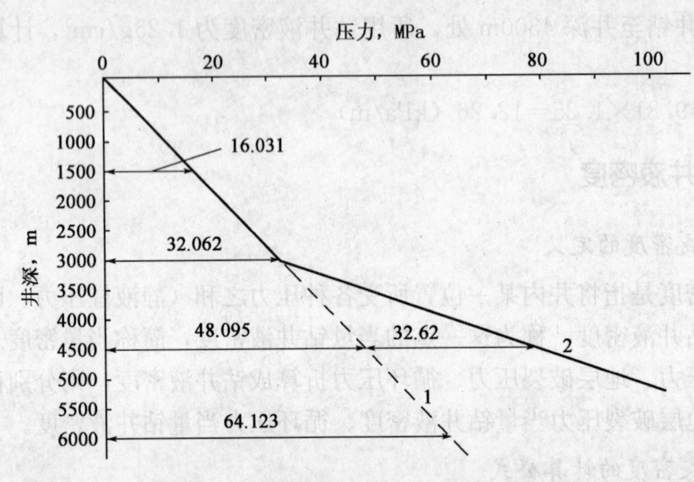

图2-4　砂岩层的正常压力和异常压力

1—正常压力；2—异常高压

如果某地层压力小于正常地层压力时，则称为异常低压或低压地层。这种情况通常发生于衰竭的产层和大孔隙的老地层。

六、上覆岩层压力

1. 上覆岩层压力的定义

地层某处的上覆岩层压力是指该深度以上的地层岩石和孔隙内流体的重力所产生的压力。即上覆岩层压力=（基岩重力+流体重力）÷面积。

2. 上覆岩层压力的表达式

上覆岩层压力的计算公式如下：

$$p_o = 10^{-3}[\phi\rho_f + (1-\phi)\rho_{ma}]gH \tag{2-6}$$

式中　p_o——上覆岩层压力，MPa；

ϕ——岩石的孔隙度，%；

ρ_f——岩石孔隙中流体的密度，g/cm^3；

ρ_{ma}——岩石基质的平均密度，g/cm^3；

g——重力加速度，m/s^2，取值9.81m/s^2；

H——地层垂直深度，m。

上覆岩层所受到的重力是由岩石骨架和岩石孔隙内的流体共同支撑的。仅由岩石骨架所支撑的那部分上覆岩层压力称为基岩应力，或称为岩石结构应力。地下岩石平均密度为2.16～2.50g/cm^3，因此平均上覆岩层压力梯度大约为22.62kPa/m。

3. 上覆岩层压力与基岩应力、地层孔隙压力的关系

上覆岩层压力与基岩应力、地层孔隙压力的关系是：

$$p_o = \sigma + p_p \tag{2-7}$$

式中 p_o——上覆岩层压力，MPa；

σ——基岩应力，MPa；

p_p——地层孔隙压力，MPa。

同样，可以写成：

$$G_o = G_m + G_p \tag{2-8}$$

式中 G_o——上覆岩层压力梯度，kPa/m；

G_m——基岩应力梯度，kPa/m；

G_p——地层孔隙压力梯度，kPa/m。

例 2-4 某井地层盐水密度为 1.07g/cm³，形成的地层孔隙压力梯度为 10.496kPa/m，上覆岩层压力梯度为 22.62kPa/m，计算基岩应力梯度。

解：$G_m = G_o - G_p = 22.62 - 10.496 = 12.124$（kPa/m）。

七、基岩应力

基岩应力是指由岩石颗粒之间相互接触来支撑的那部分上覆岩层压力，亦称有效上覆岩层压力或颗粒间压力，这部分压力是不被孔隙内流体所承担的。基岩应力用 σ 来表示。

上覆岩层压力、地层孔隙压力与基岩应力的关系如图 2-5 所示。

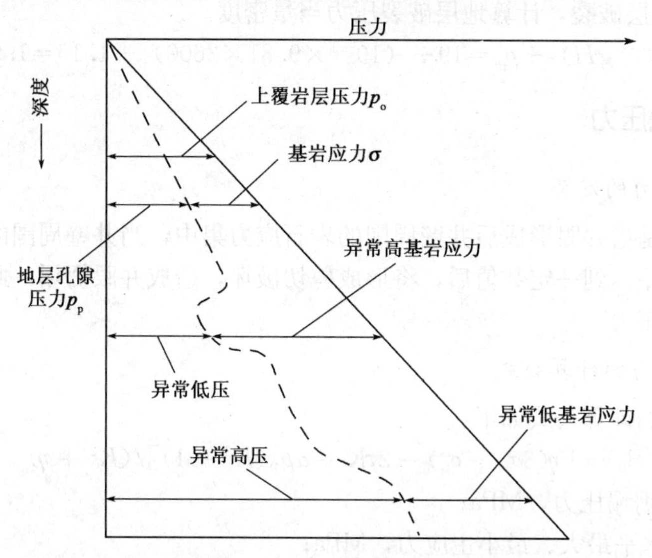

图 2-5 上覆岩层压力、地层孔隙压力与基岩应力的关系

八、地层破裂压力

1. 地层破裂压力的定义

地层破裂压力是指某一深度地层发生破碎或裂缝时，所能承受的压力。

正常地层破裂压力一般随井深增加而增大。深部地层的岩石承受着较大的上覆岩层压力，可压得很致密，破裂压力较高。海洋深水底部表层的岩层较松软，其破裂压力梯度可能很小，因此地层容易破裂。

地层破裂压力通常以梯度或密度来表示，常用单位是 kPa/m 或 g/cm^3。

在钻进时，钻井液柱压力的下限要与地层压力相平衡，这样既不污染油气层，又能提高钻井速度（或机械钻速），而其上限则不应超过地层破裂压力，以避免压裂地层造成井漏。尤其是地层压力差别较大的裸眼井段，如措施不当会造成先漏后喷的问题。地层破裂压力是合理进行井身结构设计、制订钻井施工方案和确定最大关井套压的重要依据。

2. 地层破裂压力当量密度

地层破裂压力的大小，可以用地层破裂压力当量密度来表示。在做地层破裂压力试验时，在套管鞋以上钻井液的静液柱压力和地面回压的共同作用下，使地层发生破裂而漏失，因此，地层破裂压力当量密度可以按以下公式进行计算：

$$\rho_e = p/(10^{-3}gH) + \rho_m \tag{2-9}$$

式中 ρ_e——地层破裂压力当量密度，g/cm^3；

p——地面回压，MPa；

ρ_m——井内钻井液密度，g/cm^3；

g——重力加速度，m/s^2，取值 9.81m/s^2；

H——垂直深度，m。

例 2-5 某井套管鞋处垂直井深 2600m，破裂压力试验时所用钻井液密度为 1.16g/cm^3，套压为 19MPa 时地层破裂，计算地层破裂压力当量密度。

解： $\rho_e = p/(10^{-3}gH) + \rho_m = 19 \div (10^{-3} \times 9.81 \times 2600) + 1.16 = 1.91$（g/cm^3）

九、地层坍塌压力

1. 地层坍塌压力的定义

地层坍塌压力是指井眼形成后井壁周围的岩石应力集中，当井壁周围的岩石所受的切向应力和径向应力的差达到一定数值后，将形成剪切破坏，造成井眼坍塌，此时的钻井液液柱压力即为地层坍塌压力。

2. 地层坍塌压力的计算公式

地层坍塌压力的计算公式如下：

$$B_p = [\eta(3\sigma_H - \sigma_p) - 2\tau K + a p_p (K^2 - 1)]/(K^2 + \eta) \tag{2-10}$$

式中 B_p——地层坍塌压力，MPa；

σ_H、σ_p——水平最大、最小主应力，MPa；

K——$K = \arctan(\pi/4 - \phi/2)$，$\phi$ 为内摩擦角，一般取 $\pi/6$；

τ——岩石粘聚力，MPa；

a——Biot 弹性系数，无量纲；

p_p——地层的孔隙压力，MPa；

η——应力非线性修正系数，无量纲。

对于塑性地层，岩石的剪切破坏表现为井眼缩径；对于硬脆性地层，岩石的剪切破坏表现为井壁坍塌、井径扩大。因此，井径的变化反映了井壁坍塌压力的大小，从而可以确定地层坍塌压力。

地层坍塌压力的大小与岩石本身特性及其所处的应力状态等因素有关。钻井过程中，采用物理支撑的原理，配制合理的钻井液密度以平衡地层坍塌压力，防止地层失稳。

十、地层漏失压力

地层漏失压力是指某一深度的地层产生钻井液漏失时的压力。

对于正常压力的高渗透性砂岩、裂缝性地层以及断层破碎带、不整合面等处，往往地层漏失压力比地层破裂压力小得多，而且对钻井安全作业危害很大。

十一、循环压力损失与环空压耗

1. 循环压力损失的界定

循环压力损失是指泵送钻井液通过地面高压管汇、水龙带、方钻杆、井下钻柱、钻头喷嘴，经环形空间向上返到地面循环系统，因摩擦所引起的压力损失，在数值上等于钻井液循环泵压。

2. 影响循环压力损失的因素

循环压力损失大小取决于钻柱长度和钻井液密度、粘度、切力、排量和流通面积。任何时候钻井液通过管汇、喷嘴或节流管汇均要产生压力损失。通常，大部分压力损失发生在钻井液通过钻头喷嘴时。

3. 环空压耗的定义

钻井过程中，钻井液沿环空向上流动时所产生的压力损失称为环空压耗。

4. 影响环空压耗的因素

钻井液在环空中上返速度越大、井越深、井眼越不规则、环空间隙越小，且钻井液密度、切力越高，则环空压耗越大；反之，环空压耗越小。

十二、抽汲压力与激动压力

1. 抽汲压力与激动压力的定义

（1）抽汲压力是指由于上提钻柱而使井底压力减小的压力，其数值就是阻挠钻井液向下流动的流动阻力值。

根据计算可知，一般情况下抽汲压力当量钻井液密度为0.03～0.13g/cm^3，国外要求把抽汲压力当量钻井液密度减小到0.036g/cm^3 左右。

（2）激动压力是指由于下放钻柱而使井底压力增加的压力，其数值就是阻挠钻井液向上流动的流动阻力值。

抽汲压力与激动压力统称为波动压力。激动压力和抽汲压力是类似的概念，激动压力是正值，抽吸压力是负值。

2. 抽汲压力和激动压力的影响因素

（1）管柱结构、尺寸以及管柱在井内的实际长度。

（2）井眼和管柱之间的环形空隙。

环形空隙越小，流动阻力越大，波动压力越大。

(3) 起下钻速度。

起钻时，钻具底部产生负压，使井底压力减小；下钻时，井底压力增加，速度越大，增加值越大。起下钻速度是影响波动压力的主要因素。

(4) 钻井液密度、粘度、静切力。

钻井液的粘度越高、密度越高、静切力越大，钻井液从静止状态到流动状态所克服的流动阻力就越大，因此，井内钻柱上下运动时就会造成过大的波动力。

(5) 钻头或扶正器泥包程度。

因此，在起下钻和下套管时，要控制起下速度，不要过快，在钻开高压油气层和钻井液性能不好时，更应注意。

3. 减少波动压力的措施

(1) 控制起下钻速度。SY/T 6426—2005 规定，钻头在油气层中和油气层顶部以上300m 井段内起钻速度不得超过 0.5m/s。

(2) 起下钻具时，禁止猛提猛刹，防止产生过大的惯性力（钻柱运动的加速和减速过程产生的惯性力）和波动压力。

(3) 起钻前充分循环井内钻井液，使其性能均匀，进出口密度差小于 0.02g/cm³；同时调整好钻井液性能，防止因切力、粘度过大产生较大的波动压力。

十三、井底压力与井底压差

井底压力是指地面和井内各种压力作用在井底的总压力。

井底压差是井底压力与地层压力之差：

$$\Delta p = p_b - p_p \tag{2-11}$$

式中 Δp——井底压差，MPa；

p_b——井底压力，MPa；

p_p——地层压力，MPa。

当 $p_b > p_p$ 时，$\Delta p > 0$，井底为过平衡，即出现正压差；

当 p_b 稍大于 p_p 时，Δp 稍大于 0，井底为近平衡；

当 $p_b = p_p$ 时，$\Delta p = 0$，井底压力与地层压力相平衡；

当 $p_b < p_p$ 时，$\Delta p < 0$，井底为欠平衡，即出现负压差。

十四、泵压、立压、套压

1. 泵压

泵压是指钻井泵出口端的钻井液压力，即克服地面管汇、井内循环系统摩擦损失和钻头水力做功所需要的压力。在正常情况，摩擦损失发生在地面管汇、钻具和环形空间。

2. 立压（立管压力）

1) 循环立压

循环立压是指开泵循环时立管处的压力。其大小受循环阻力、控制套管压力等因素影响。

2）关井立压

关井立压是指关井状态下的立管压力。其大小受管柱内液柱压力、地层压力、圈闭压力等因素影响。

3. 套压（套管压力）

套压是指地层压力、圈闭压力大于环空液柱压力时对井口所产生的压力。

十五、压力的表示方法

我国石油作业现场有 4 种压力表示方法。

1. 用压力单位表示

这是一种直接表示方法，如 100kPa，50MPa。

2. 用压力梯度表示

用压力梯度表示压力，方便之处在于对比不同深度的压力时，可消除深度的影响。

3. 用当量密度表示

这种方法的优点是便于同钻井液密度相比较。

4. 用压力系数表示

这种方法是表示某深度压力与该点水柱静压力之比（无量纲），其数值等于该点的钻井液当量密度。

虽然这四种压力表示方法不同，对于某一压力可能有不同的叫法，但都表示同一个压力。在换算中知道其一，便可求出其他三个量。

例如：3000m 处的压力是 35.316MPa，也可以说压力梯度是 11.77kPa/m，还可以说当量密度是 1.20g/cm^3，或者说压力系数是 1.20。

十六、安全附加值

在近平衡压力钻进中，钻井液密度的确定，以地层压力为基准，再加一个安全附加值，以保证作业安全。因为在起钻时，由于抽汲压力的影响会使井底压力降低，而降低上提钻柱的速度只能减小抽汲压力，不能消除抽汲压力。因此，需要给钻井液密度附加一安全值来抵消抽汲压力等因素对井底压力的影响。附加方法主要有两种：

（1）按密度附加，其安全附加值为：

油水井：0.05～0.10g/cm^3；气井：0.07～0.15g/cm^3。

（2）按压力附加，其安全附加值为：

油水井：1.5～3.5MPa；气井：3.0～5.0MPa。

具体选择钻井液密度安全附加值时，应根据实际情况考虑地层孔隙压力预测精度、地层的埋藏深度、地层流体中硫化氢的含量、基岩应力和地层破裂压力、井控装置配套情况等因素，在规定范围内合理选择。

第二节　井底压力分析

一、井底压力的组成

在钻井作业中始终有压力作用于井底，这个压力主要来自钻井液的静液柱压力、起钻产生的抽汲压力、下钻产生的激动压力和循环钻井液时的环空压耗，其他还有侵入井内的地层流体压力、地面回压等。

二、井底压力分析

井底压力是指地面和井内各种压力作用在井底的总压力，这个压力随着钻井作业工况的不同而变化。

(1) 静止状态时，井底压力＝钻井液静液柱压力。

静止状态下，井底压力主要由钻井液的静液柱压力构成，钻井液的静液柱压力主要受钻井液的密度和井内液柱高度的影响。油气活跃的井，要注意井内流体长期静止时，地层中气体的扩散效应对井内流体密度影响，最终有可能影响井底压力。另外，静止状态下，要监测井口液面，防止液柱高度下降影响井底压力。

(2) 起钻时，井底压力＝静液柱压力－抽汲压力。

由于抽汲压力的影响，起钻时的井底压力会下降，很多在正常钻进时井底压力能够平衡地层压力的井，在起钻时发生溢流。因此，起钻时要判断并注意减小抽汲压力的影响。

(3) 下钻时，井底压力＝静液柱压力＋激动压力。

由于激动压力的产生，使得下钻时的井底压力增大，虽不至于直接引发井控问题，但过大的激动压力可能导致井漏，致使静液柱压力下降，从而引发井控问题。因此，下钻时同样需要做好井控工作。

(4) 正常循环时，井底压力＝静液柱压力＋环空压耗。

环形空间压力损失即环空流动阻力使井底压力增加，有利于抑制地层流体向井内的侵入。

(5) 节流循环时，井底压力＝静液柱压力＋环空压耗＋节流套压。

节流循环除气或压井循环时，通过调节节流阀的开关程度，形成一定的井口回压，保持井底压力平衡地层压力。

(6) 钻进时，井底压力＝静液柱压力＋环空压耗＋岩屑进入环空增加的压力。

(7) 关井时，井底压力＝静液柱压力＋井口回压。

发生溢流需及时关井，形成足够的井口回压，使井底压力重新平衡地层压力。井口回压作用于井口设备和整个井筒，因此，要求井口设备具有足够的承压能力和密封性。井口回压过高会破坏井筒的完好性，所以，关井井口回压并不是越大越好，必须控制在最大允许关井压力值以内。

第三章　地层压力检测

本章主要介绍地层压力预测与检测。在油气井设计和施工中，只有对地层压力掌握准确，才能合理确定套管程序和钻井液密度，实现近平衡钻井，有效地防止井喷、井漏、井塌及固井中的复杂情况。因此，钻井前准确预报地层压力，在钻开高压层前及时进行压力检测，及早发现异常高压地层，都是极其重要的。

第一节　地层压力和异常地层压力形成的机理

地层压力是地下岩石孔隙内流体的压力，而岩石孔隙内流体的压力是在地质发展过程中形成的。最普遍的情况如图 3－1 所示。

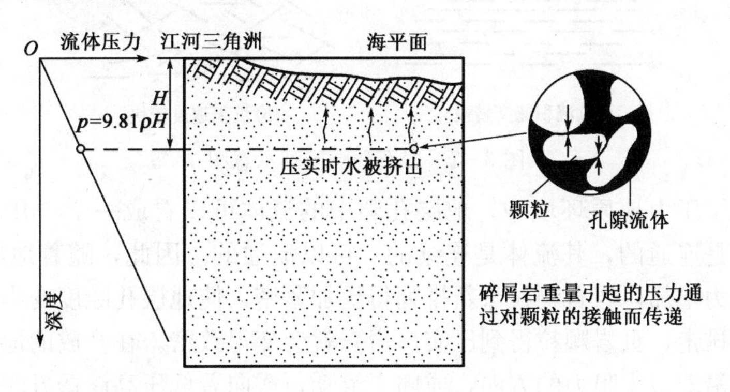

图 3－1　三角洲沉积正常压力分析

在沉积地层形成的过程中，由母岩的风化产物和火山物质等在水、风、冰等介质的作用下离开原地，经搬运进入低洼的沉积区沉积下来。最初为压实，沉积松软，具有较大的孔隙度和渗透率。水与这些沉积物混合，沉积物孔隙与水连通，而具有静水压力。沉积一旦发生，固体颗粒的重量便由颗粒对颗粒的接触而受到支持，上部沉下的固体对下部的流体静压力没有影响。因此，沉积物孔隙中包含的流体静水压力只决定于流体的密度。沉积继续，埋藏深度增加，岩石颗粒受到通过颗粒对颗粒接触传递而增加的载荷，导致颗粒重新排列压紧，更加压实，孔隙度减小。

由于压实，水不断地从减小的孔隙里被挤出。地层中某点的静水压力或孔隙压力仍可用下面的公式进行计算：

$$p = 10^{-3} g\rho H + p_o \tag{3-1}$$

式中　p——地层孔隙压力，MPa；

g——重力加速度，m/s^2，取值 $9.81m/s^2$；

ρ——地层水密度，g/cm^3；

H——测点垂直深度，m；

p_o——地表压力，MPa。

在某一地区，地层正常孔隙压力通常用静水压力梯度表示。很多情况下，地层压力高于或低于正常地层压力，成为异常压力地层。国内外大部分沉积盆地中都有异常压力地层存在，异常压力形成的机理主要有压实作用、水热增压、构造运动、粘土矿物的转化作用、渗透作用和流体运动作用等。

一、压实作用

目前各种检测高压层的技术都是根据页岩的欠压实理论而开发的。

泥质沉积物的压实过程是由于上覆沉积岩的重量所引起的机械压实作用的过程。如果沉积速度较慢，沉积层就有足够的时间使页岩颗粒排列得更好，随着埋藏深度的增加，孔隙度就会迅速降低；反之，当沉积速度很快时，页岩颗粒本身没有足够的时间去排列，与沉积较慢的同一沉积深度的泥岩层相比，便产生了较高的孔隙度，如图 3-2 所示。

图 3-2　岩石颗粒排列示意图

在正常的地层压力地质环境中，地层孔隙中的流体可以看成一个“开放式”水力学系统，即地层孔隙是连通的，其流体是连续的、可以流通的。因此，随着地层埋藏深度的增加，上覆岩层压力增加，岩石颗粒重新排列得更加紧密，使地层孔隙度变小，地层孔隙中的过剩流体就会被排走，页岩颗粒得到压实，岩石就会变得致密。在开放的地质环境中，这些排出的流体总是沿着最小阻力的方向，或向上流动，或向着低压高渗透方向流动。于是，便建立了一个正常的静液压力环境，也就是保持了压实与沉积速度及排水速度的平衡，地层压力为正常静液压力。但是，这种压实状态变化是不均匀的，开始时，压实速度较快，以后压实速度逐渐减缓。因此，在正常的压实地层中，地层孔隙度与埋藏深度不是线性关系，而是成指数关系，即：

$$\phi = \phi_0 e^{-CH} \tag{3-2}$$

式中 ϕ——深度 H 时的岩层孔隙度，%；

ϕ_0——深度为 0 时的岩层孔隙度，%；

H——地层深度，m；

C——地区常数（它反映不同的压实速率）；

e——自然对数的底（2.718281828459）。

一般情况下，地层要保持正常的压实平衡，其主要控制的因素是：沉积速率的大小、地层渗透率的大小、孔隙排出流体的能力、孔隙空间减小的速率。在地层沉积期间，如果这些因素能保持很好的平衡，沉积物慢速沉积，泥页岩就能正常地压实，使沉积速率小于排水速率，地层可保持为静液压力。

地层在正常沉降期间，如果上述某个因素受到制约，比如在地层快速沉积环境中，孔隙中的流体被一些不渗透的岩层所圈闭，变成一个“封闭式”水力学系统；或者由于某种构造运动引起了断层遮挡，造成岩石孔隙中的流体与外界隔绝，在排出孔隙中水的速率小于沉积速率时，地层就没有足够的时间正常压实。而同时，由于埋深增加，上覆岩层压力不断增加，部分增加的载荷传递给孔隙中的流体，造成下部地层孔隙中的流体多承担了上部地层岩石的重量，即形成了异常高压地层。这就是高压层形成的机理，又被称为欠压实理论，它是检测异常地层压力的依据。

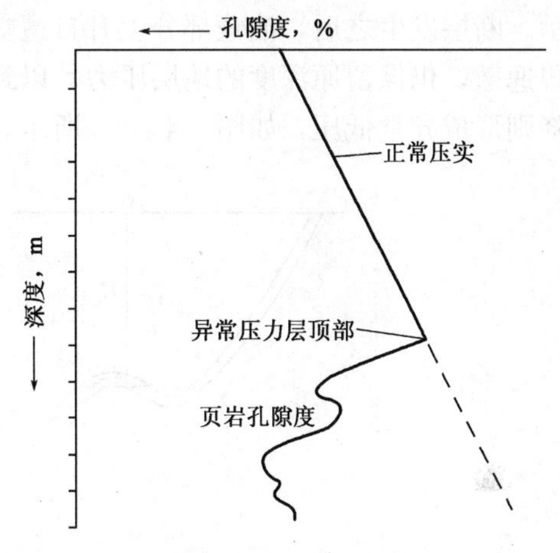

图 3－3　正常地层压力与异常地层压力孔隙度随深度的变化曲线

很多情况下，地层压力高于正常地层压力，也有可能遇到低于正常地层压力的情况。正常地层压力与异常地层压力孔隙度随深度的变化曲线如图 3－3 所示。从图中可以看出，在异常压力地层段，地层孔隙度明显大于正常压力段的孔隙度。

总之，压实作用是由于沉积产生的。在有渗透通道时，不会形成异常压力；在渗透通道被封闭时，封闭在下部的地层孔隙压力会成为异常高压。也就说，如果压实不足，孔隙度大，便会形成异常高压。

二、水热增压

随着埋深的增加，地层温度逐渐升高，岩层孔隙中的流体将受热膨胀。地温梯度越高，膨胀的速度越快。当存在地层与周围隔绝的环境、水的受热膨胀作用受到阻碍时（通常，因温度增高产生孔隙水的膨胀要比岩石骨架的膨胀约大 300 倍），地层孔隙中的流体压力就会急剧增大，形成超压。例如，美国路易斯安那湾岸地区，当平均地温梯度为 25℃/km 时，温度每增加 1℃，地层压力就增加 1.58MPa。高温还可使油页岩中的干酪根热裂解，生成烃类气体。在封闭的地质环境中，这些气体将大大提高该系统的压力而形成异常高压地层。但是，随着地层的沉降或构造运动，这种封闭条件易受破坏，使孔隙水逸出，压力释放。对泥页岩沉积环境，水热引起的增压容易消散。

因水热增压引起的异常高压带，其周围的地温梯度有明显的异常，钻井时在钻井液出口管中可以检测到温度比正常情况时高得多。自然界中，实际上是不存在完全不渗透的岩层，因此，水热增压的机理与压实作用的机理往往同时存在于同一异常压力地层之中。

三、构造运动

构造运动是地层自身的运动。在一些构造强烈变形的地区，会引起各地层之间相对位置的改变。由于构造运动，圈闭有地层流体的地层被断层横向滑动褶皱或侵入所挤压，促使其体积变小，产生异常高压。这主要表现在以下五个方面：

（1）在断裂发生之前，由于水平应力的不断增加甚至超过上覆岩层应力两三倍以上，它将导致孔隙空间的进一步缩小，使原有压力升高。

（2）断层发生之后，断层使油藏原有部位产生大幅度的升降，导致压力异常，如图 3－4 所示。

断层发生之前，原始地层压力受供水水头的控制，压力是正常的，如图 3－4（a）所示。断层发生之后，油藏部分上升且遭受了剥蚀，深度变浅，但因断层是封闭型的，油气未曾逸散，仍保留原深度的地层压力，以致形成异常高压，如图 3－4（b）所示。如果油藏下降则形成异常低压，如图 3-4（c）所示。

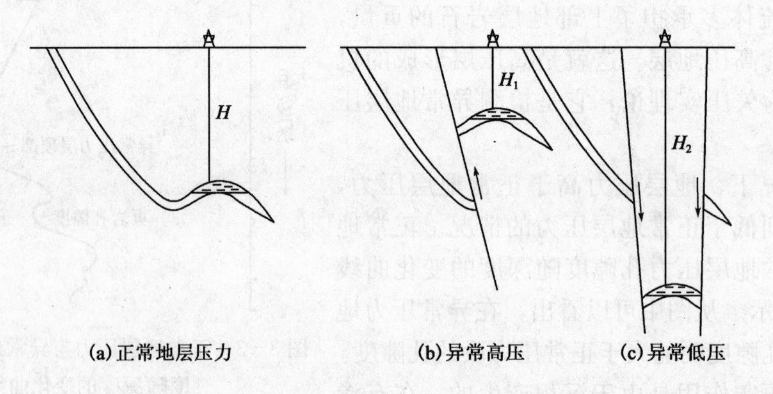

图 3－4　断层兼剥蚀而形成异常地层压力

（3）大断裂使深部高压气层与浅部油藏连通，如图 3－5 所示。由于气柱重量有限，有很高的剩余压力作用于油藏，因此油藏的原始地层压力将显著高于相应井深的静水柱压力。深部压力越高，油藏的超压也越突出。

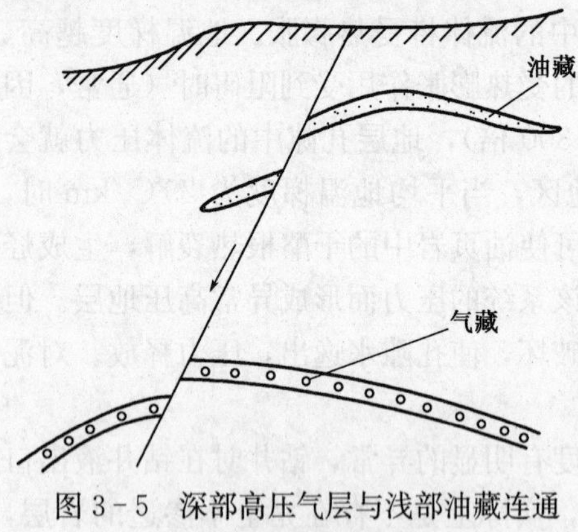

图 3－5　深部高压气层与浅部油藏连通产生异常高压地层

（4）塑性岩层形成的构造，如盐丘、泥火山等可构成地下流体渗透流的物理遮挡面，它把因构造运动所增加的岩层孔隙流体压力封闭起来，从而形成高压异常地层。

（5）异常高压与被生长断层改造过的前沉积作用有关，如图 3－6 所示。在向盆地方向，从大陆搬运来的大量泥沙沿大陆架边缘滑塌造成同沉积断层，在横向上断层两盘的岩性和厚度均有明显差异，下降盘的地层急剧增厚。在这种条件下，部分岩层处于封闭状态，即使上覆岩层的垂向应力很大，其中的流体也不能充分排出，从而形成异常地层压力。

四、黏土矿物的转化作用

黏土沉积中往往含有大量的蒙脱土，它以含有大量吸附水和晶格层间水为特征。随着沉积物埋藏深度的增加，地温升高，蒙脱石逐渐脱水向伊利石转化。

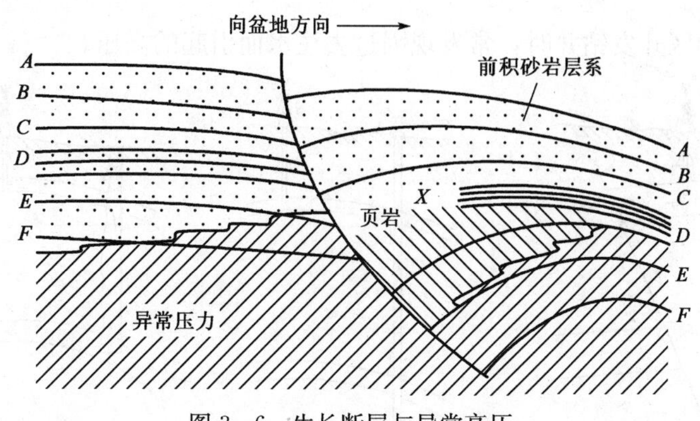

图 3-6 生长断层与异常高压

在初始沉降期间，沉积下来的蒙脱土发生水合作用，不断地吸附层间自由水，直至结构晶格膨胀到最大为止。吸附水成了黏土层间束缚水。随着沉降的继续，即开始了压实作用，孔隙中的自由水排出，页岩孔隙度减小，密度增大。然后又继续沉降，地温增高，同时进一步压实。这时蒙脱土中一部分层间结构水（仍是自由水）开始排出，释放到孔隙空间，再继续沉降到一定深度。当地层温度达到 100℃以上时，黏土结构晶格开始破裂，蒙脱土的层间水（为束缚水）被排出，成为自由水。这种层间水排出的过程称为蒙脱土的脱水过程，这个深度是蒙脱土的脱水深度。因此，在蒙脱土脱水深度以前，泥页岩经历的是正常压实的历程，页岩孔隙度压实到最小，密度最大。在脱水深度以后，大量的束缚水释放到孔隙空间中，释放到孔隙中的层间束缚水因发生膨胀，体积远远超过晶格破坏所减少的体积，使岩石孔隙中水的体积大量增加。当增加的流体向外流动受到阻碍时，可能产生异常高的地层压力。在这个过程中，如果存在钾离子，由于钾离子的吸附，这个作用就是蒙脱石向伊利石的转化作用。

五、渗透作用

渗透是指水和溶液被适当的薄膜隔开时，水进入溶液或从稀溶液到浓溶液的自然流动过程。只要黏土或页岩两侧的盐浓度有明显的差别，黏土或页岩便起着半渗透膜的作用，从而产生渗透压力。在常温下，渗透压差与浓度差成正比，浓度差越大，渗透压差也越大。黏土沉积物越纯时，其渗透作用就越强。

当渗透作用趋于平衡时，在高浓度的一侧将形成高压。比如，含不同浓度地层水的两个砂层之间由一泥岩层隔开，泥岩层就是有效的半渗透膜。水由低浓度穿过黏土流向高浓度，导致高浓度砂层的孔隙水增多。如果这种排水作用受到阻碍时，将会造成在高浓度一侧孔隙压力升高。渗透作用引起的异常高压远比压实作用和水热作用引起的高压小得多。

六、流体运动作用

流体从深层向较浅层运动可以导致浅层变成异常压力层，这种情况叫做浅层充压，如图 3-7 所示。流体移动的流道可能是天然的，也可能是人为的。即使流体停止运动，要使充入的流体渗掉而恢复正常也需相当长的时间。遇到浅层充压时，就曾发生过严重的井喷，这在老油田特别常见。

此外，在老油区开发钻井时，常发现因过去注水而引起的高压。

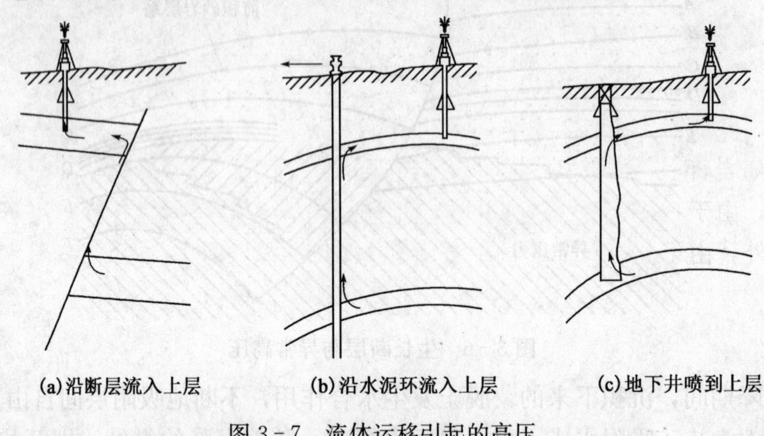

图 3-7　流体运移引起的高压

第二节　地层压力的预测和检测方法

对地层压力进行预测与检测，能在钻井过程中及早认识异常高压地层。预测与检测异常地层压力的原理是压实理论，即随着深度的增加，压实程度增加，孔隙度减小。在相同的埋藏深度下，高压层比低压层压实差，孔隙度大。任何反映地层孔隙度变化的参数均可用来检测异常压力。

目前用于预测和检测异常高压地层压力的方法见表 3-1。

表 3-1　异常地层压力检测方法

钻前预测	地球物理方法	地震、重力、磁力、电
随钻检测	钻井参数法	钻速、d 指数、dc 指数、标准钻速、随钻测井（MWD）、压力系数、岩石强度法、遗传算法等
	钻井液参数法	钻井液密度、钻井液中天然气含气量、温度、排量、井内灌钻井液情况、钻井液池液面高度、矿化度（电阻率、Cl^- 等）、溢流、压力波动
	页岩密度法	密度、形状、大小、颜色、岩性分析图、钻屑的页岩指数
钻后检测	测井法	感应电阻率测井、声波测井、时差测井、波列显示（变密度测井、特征测井）、体积密度测井、密度测井、氢指数、脉冲中子测井、核磁共振测井、伽马射线能谱测井
	地层测试法	钻杆测试（DST）、重复地层测试（RFT）

一、钻前的预测

钻前预测地层压力有两种方法：一是参考邻井资料，二是参考地震资料。

1. 参考邻井资料

邻井的电测数值能够很准确地反映出各个地层深度的地层压力数值，这是最好的参考资料，大多数新井钻井过程中的高压层位置都是与邻井电测资料进行对比得到的。在钻进中可以按邻井的高压层压力值适当地调整钻井液密度，实施近平衡钻井。

2. 参考地震资料

对于探井，在地震资料中，地震波每米传播时间可用来预测地层压力。在正常压力地层，随着岩石埋藏深度的增加，上覆岩层压力逐渐增加，地层孔隙度逐渐减小，这就使地震波的传播速度随岩石埋藏深度的增加而成正比的增加，而传播时间随之减小。当地震波到达高压油气层时，由于高压油气的存在，地震波在流体中的传播速度低于在岩石固体骨架中的传播速度，另外，由于异常高压地层孔隙度大，这些因素都会导致地震波传播的速度下降，传播时间随之增大，如图 3-8 所示。因此，如果地震波传播时间随深度的增加而明显增加，便有可能是异常高压地层的显示。可以根据地震波在不同深度地层中的传播时间，在半对数坐标纸上绘出传播时间对深度的关系曲线，然后用等效深度法或根据经验公式计算地层压力的大小。这里只介绍等效深度法地层压力的计算。

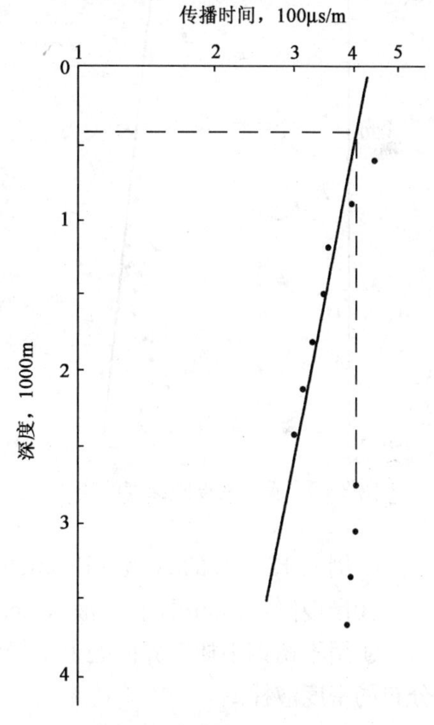

图 3－8　传播时间与深度的关系

由于地震波的传播速度反映了泥页岩的压实程度，若地层具有相等的地震波传播速度，则可视其基岩应力相等。由于上覆岩层压力总是等于基岩应力 σ 和地层压力 p_p 之和，所以利用传播时间相等、基岩应力相等原理，通过找出异常地层压力下井深 H 的传播时间与正常地层压力下传播时间相等的井深 H_e，求出异常高压地层的地层压力。其计算公式如下：

$$p_p = HG_o - H_e(G_o - G_n) \qquad (3-3)$$

式中　p_p——所求深度的地层压力，MPa；

H——所求地层压力点的深度，m；

G_o——上覆岩层压力梯度，MPa/m；

G_n——等效深度处的正常地层压力梯度，MPa/m；

H_e——等效深度，m。

二、随钻检测地层压力

1. 页岩密度法

1）页岩密度法的检测原理

在正常沉积地层环境中，随着深度的不断增加，上覆岩层压力 p_0 增大，压实充分，密度增加，岩层致密、坚硬，孔隙度减小；在快速沉积地层环境中，随着深度的不断增加，上覆岩层压力 p_0 增大，孔隙度反而增大，岩层未得到充分压实，岩层松软，密度减小。根据这一规律可运用页岩密度检测地层压力，如图 3－9 所示。

2）岩屑的准备

岩屑的选取质量直接影响岩屑密度的准确度。

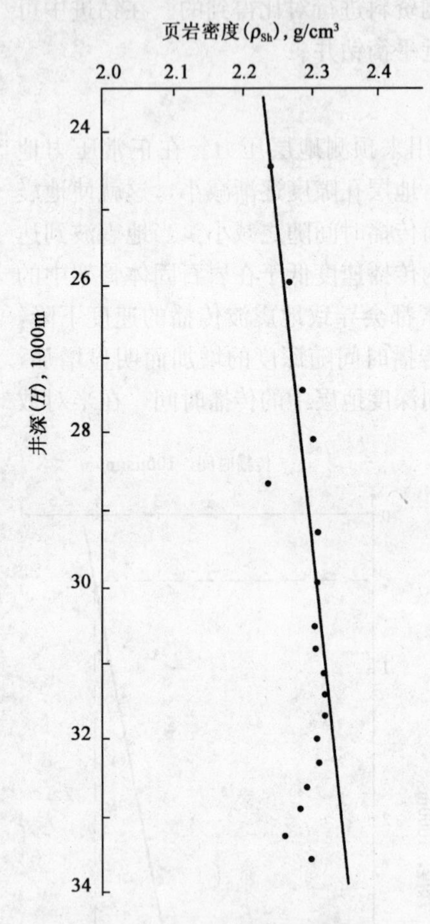

图 3－9 页岩密度随深度的变化

在页岩井段，每 3～5m 取一次砂样。钻速快时可 10m 或 20m 取一次，钻速慢时，重要层位也可每米取一次。选取岩屑时，要注意记准迟到时间；注意岩屑的形状与大小，并去除掉块和磨圆的岩屑。

用清水洗去岩屑上的钻井液。

用吸水纸将岩屑擦干（或烘干，取一致的干度）。

影响岩屑密度的因素有：岩屑中存在的页岩天然气会使岩屑的密度减小；岩屑中混有部分掉块或多次冲刷的岩屑；操作人员取样和试验时的精细程度；地质年代交界面和不整合面的岩屑；岩性的变化；黄铁矿、菱铁石矿等重矿物的存在等。

3）岩屑密度的称量方法

（1）钻井液密度称法。

将岩屑放入密度计的量杯中，加盖后其密度为 1.00g/cm³，再加淡水充满量杯，加盖后称得杯内的密度值为 ρ_T。利用下式可计算页岩密度 ρ_{Sh}：

$$\rho_{Sh} = 1/2 - \rho_T \tag{3-4}$$

式中 ρ_{Sh}——页岩密度，g/cm³；

ρ_T——页岩与淡水混合物的密度，g/cm³。

（2）密度液法。

把岩屑放入标准密度液内，观察其在液柱内停留的位置，直接读出密度大小。具体步骤如下：

①取 250mL 干净量筒一只。

②倒入 125mL 的 A 液（Bromoform，三溴甲烷）。

③慢慢倒入 125mL 的 B 液（Neothene），此时两种液体分界明显。

④用不锈钢小杯在界面处上下轻轻活动，使界面消失，形成自上而下密度由小到大均匀分布的密度液柱。

⑤轻轻放入标准密度球，在坐标纸上标出球位与密度的关系，连成直线。

⑥取 5 粒岩屑轻轻放入密度液内，分别读出其密度，取其平均值（偏离过大的舍去）。

4）页岩密度法的作图

将 ρ_{Sh} 值按相应的深度画到坐标纸上，纵坐标是井深，横坐标是 ρ_{Sh} 值，根据上部正常压力井段的页岩密度数据作出正常压实趋势线，并延长。当密度开始偏离正常趋势线时，即表明已进入高压区。画正常压实趋势线时，应尽量使密度数据点分布在趋势线的两侧，以便于准确求值。

5）用透明标准图版求出测点的地层压力

把透明的标准图版覆盖在 $H-\rho_{Sh}$ 图上，使用标准图版的正常地层压力当量密度线与

$H-\rho_{Sh}$图上的正常密度趋势线重合，则偏离正常趋势线的点落在透明板的某线上或两线间。版上所表示的密度值即该地层的地层压力当量密度值。

2. *dc* 指数法

dc 指数法是利用泥、页岩压实规律和地层压力与钻井液液柱压力差对机械钻速的影响规律来预测地层压力的。众所周知，机械钻速与钻压、钻头转速、水力因素、钻井液性能、地层岩性、钻头类型和尺寸等因素有关。如果保持其他因素不变，机械钻速将随钻井液液柱压力与地层压力之差的减小而增加，如图 3-10 所示。这是因为压力过渡带和高压层岩石欠压实，孔隙度大，可钻性强，而高的孔隙压力又有助于岩石颗粒脱离母体，同时小的压差减小了对岩屑的压持效应，这就是在钻至高压层时往往发生钻速突然增快的原因。利用这种关系，就能够在钻进过程中检测异常高压。但是要求在钻进过程中保持不变的钻进条件，使机械钻速的变化只受地层压实规律和地层压力的影响是不实际的。钻压、转速很难恒定不变，钻头总要逐渐磨损，因此，用机械钻速不易准确预报，更难定量计算地层压力，为补偿钻井参数对机械钻速的影响，提出了 *d* 指数的概念。

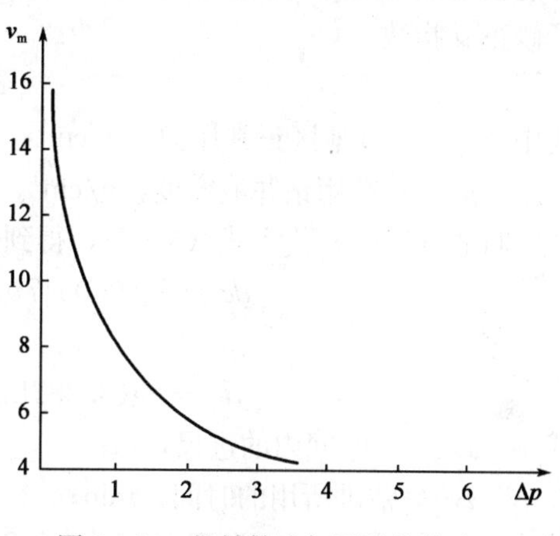

图 3-10　机械钻速与压差的关系

d 指数和 *dc* 指数就是在机械钻速法的基础上发展起来的一种随钻检测地层压力的一种方法，所以有人也称为它为修正的机械钻速法。

1965 年 M. G. 宾汉通过室内钻井模拟试验建立了如下钻速方程：

$$v_m = Kn^e (W/D)^d \tag{3-5}$$

式中 v_m——机械钻速，m/h；

K——岩石可钻性系数；

n——转速，r/min；

e——转速指数；

W——钻压，kN；

D——钻头直径，mm；

d——钻压指数，即 d 指数。

这一方程反映了影响机械钻速各因素之间的关系。但是，利用这个模式还不能直接检测地层压力。

1966 年 Jorden 和 Shirley 把宾汉的钻速方程简化推导，提出用 d 指数检测地层压力的方法。

钻井条件（水力因素、钻头类型）和地层岩性不变（均为泥岩、页岩），则 K 值保持常量不变，取 $K=1$。又因泥岩、页岩均属软地层，转速 n 与机械钻速 v_m 成线性关系，即 $e=1$。将上述钻速方程整理、取对数，得 d 指数表达式：

$$d = \lg(v_m/n)/\lg(W/D) \tag{3-6}$$

代入常用的公制单位计算，其公式为：

$$d = \lg(0.0547v_m/n)/\lg(0.0684W/D) \tag{3-7}$$

1971年Rehm和Mclenden提出修正d指数，以修正钻井液密度变化带来的影响。比如，在压力过渡带，井底压差减小，此时要提高钻井液密度，使井底压差回升，d指数增大。这样可能会低估孔隙压力，故需修正d指数，消除此影响。经试验研究Rehm和Mclenden计算了修正d指数。

$$dc = d\rho_n/\rho_m \tag{3-8}$$

式中 ρ_n——该地区正常压力，g/cm³；

ρ_m——在用钻井液密度，g/cm³。

将式（3-8）代入式（3-7），得到修正后的d指数表达式，即dc指数：

$$dc = \lg(0.0547v_m/n)/\lg(0.0684W/D) \cdot \rho_n/\rho_m \tag{3-9}$$

或

$$dc = \lg(3.282L/nt)/\lg(0.0684W/D) \cdot \rho_n/\rho_m \tag{3-10}$$

式中 L——t时间内的进尺，m；

t——钻进所用的时间，min；

ρ_n——该地区正常压力，g/cm³（一般取1.00～1.07g/cm³）；

ρ_m——在用钻井液实际密度，g/cm³。

从式（3-9）中可以看出，$0.0547v_m/n$的值总是小于1的。因此，lg（$0.0547v_m/n$）的绝对值与v_m成反比，即v_m越大，dc越小；v_m越小，dc越大。也就是说，在正常压力地层情况下，随着井深的增加，机械钻速v_m应逐渐降低，dc指数相应反弹变大；当进入异常高压地层时，井底压力减小，机械钻速增加，相应的dc指数就会降低，如图3-11和图3-12所示。这就是当前普遍使用的检测异常高压地层的dc指数原理。具体用法是将dc值按相应的深度画到半对数坐标纸上，纵坐标是井深，等刻度；横坐标是dc值，对数刻度。再从正常压力井段延长正常趋势线即可。可以按几何关系写出其直线方程，也可以根据数理统计分析理论回归出其直线方程。

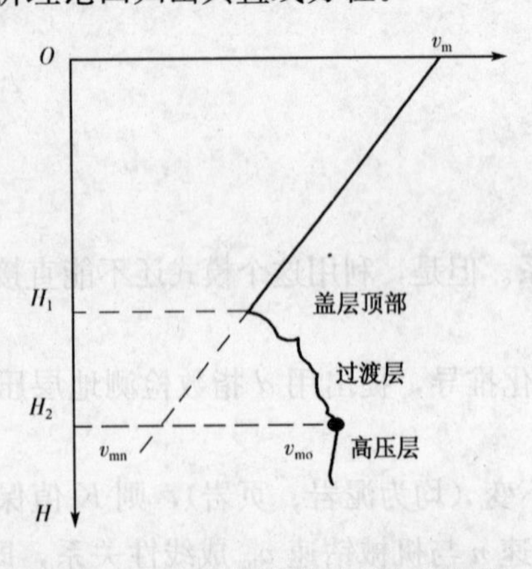

图3-11 机械钻速随井深变化曲线

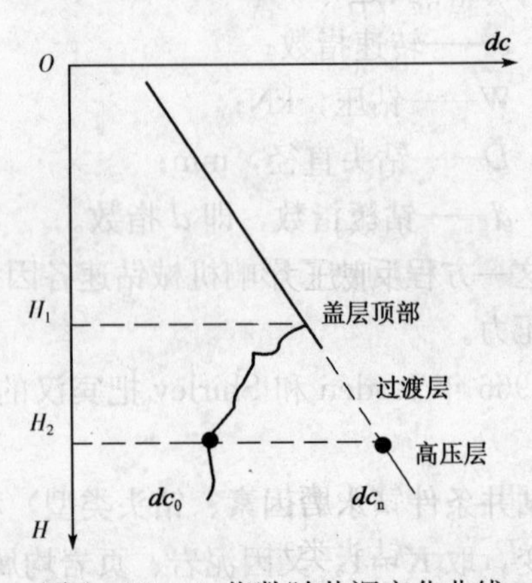

图3-12 dc指数随井深变化曲线

在数据选取、处理时，必须合理、准确地采集相应的各种数据参数，并去除非泥页岩、水力因素变化大、井底不干净、吊打及取心等影响计算精度的井段，以保证 dc 指数的准确性、有效性和指导性。

最后通过 dc 值偏离正常趋势线的程度估算出地层压力值，或按 Zamora 和 Eaton 公式计算出地层压力值。

Zamora 公式：

$$p_p = p_{pn} dc_n / dc_o \tag{3-11}$$

式中　p_p——地层压力，MPa；

dc_n——正常趋势线的 dc 值；

dc_o——实际得到的 dc 值；

p_{pn}——该地区正常压力，MPa。

Eaton 公式：

$$p_p = p_0 - (p_0 - p_{pn})(dc_n / dc_o)^{1.2} \tag{3-12}$$

式中　p_0——上覆岩层压力，MPa；

dc_n——正常趋势线的 dc 值；

dc_o——实际得到的 dc 值；

p_{pn}——该地区正常压力，MPa。

3. 岩石强度法

1）岩石强度法检测地层压力的原理

正常地层在其上覆岩层的作用下，随着岩层埋藏深度的增加，岩石的压实程度相应增加，地层的孔隙度减小，钻进时岩石所表现出的强度增加。其岩石的强度的变化与地层的孔隙压力有着必然的联系。利用这一规律可在钻进过程中及时发现井下异常压力。

岩石强度是根据现场随钻采集的钻井地质数据，包括井深、钻压、转速、钻井液密度、排量、钻头扭矩、钻头特性及地层岩性等参数，来评估岩石强度。再用岩石强度与地层孔隙压力之间的关系模型来计算地层孔隙压力。

2）岩石强度模型的建立

岩石强度（R_s），就是在钻进过程中岩石所表现出来的破碎强度，可用式（3-13）表示：

$$R_s = A f_1(W) f_2(n) f_3(v) f_4(d_b) f_5(E_{ff}) f_6(B_T) f_7(L_{ith}) f_8(\Delta p) f_9(H_{yd}) \tag{3-13}$$

式中　A——系数；

W——井底压力，kN；

n——转速，r/min；

v——钻速，m/h；

d_b——钻头直径，mm；

E_{ff}——钻头磨损因素；

B_T——钻头类型；

L_{ith}——地层岩性；

Δp——井底压差；

H_{yd}——水力因素。

对公式进一步简化可得出如下公式：

$$R_s = AWn/(v/d_b^{r_3}) \cdot E_{ff}^{r_1} \cdot [Q/(d_b d_n)]^{r_2} \cdot f(t) \tag{3-14}$$

$$f(t) = n_i^{\varepsilon r_4} \cdot \exp(r_5 t)/200$$

式中 ε——转速指数，无量纲；

d_n——喷嘴直径，mm；

t——钻头累计工作时间，h；

r_1，r_2，r_3，r_4，r_5——系数。

3）地层孔隙压力与岩石强度关系模型的建立

根据现场大量录井资料、地质资料和测井资料，回归出岩石强度与井底压差的关系如下：

$$R_S = A_{RS}/f_3(\Delta p) \tag{3-15}$$

$$f_3(\Delta p) = a \cdot \arctan[b\Delta p + c] + d$$

式中 R_S——岩石强度；

A_{RS}——系数；

Δp——井底压差。

可根据邻井或本井上部井段录井数据，确定式中的参数 a，b，c，d 的值。

该模型有以下三个特点：（1）对于低的正压差值 Δp，它具有近似的指数形式，这个特性可在随钻录井中得到很好的验证。（2）当 Δp 为高值时，岩石强度达到最大值，这种性质在实验室对页岩作三轴实验时得到了证明。（3）在欠平衡钻井条件下，Δp 的微小变化可引起岩石强度显著的变化，也就是说此模型对异常压力地层反应非常敏感。

4）地层孔隙压力的计算

有了井底压差就可以用下式来计算地层孔隙压力梯度：

$$G_p = \rho_{CD} - \Delta p/(H_D C_f) \tag{3-16}$$

式中 G_p——地层孔隙压力梯度当量钻井液密度，g/cm³；

ρ_{CD}——钻井液井当量循环密度，g/cm³；

H_D——垂直井深，m；

C_f——单位换算系数。

三、钻井后检测地层压力

钻井后检测地层压力也称钻后评估，是利用钻后的测井资料、钻井地质资料和此时资料评价地层孔隙压力的技术。

1. 测井法

测井评价是地层孔隙压力评价的有效方法之一，其方法简单、精度高，得到广泛应用。常用的评价地层孔隙压力的测井方法有：声波测井法、感应电导率测井法、密度测井法、中子测井法等，下面简单介绍声波测井法和感应电导率测井法。

1）声波测井法

声波测井是测量弹性波在地层中的传播时间，用声波时差表达。声波时差主要反映岩石的岩性压实程度和孔隙度情况。除了含气层的声波时差显示高值或出现周波跳跃外，井眼的尺寸、地层水矿化度及温度对它的影响，比其他测井方法小得多。

地层声波时差与孔隙度有如下关系：

$$\phi = (\Delta t - \Delta t_{ma})/(\Delta t_f - \Delta t_{ma}) \tag{3-17}$$

式中　ϕ——岩石孔隙度，%；

Δt——岩石声波时差测量值，μs/m；

Δt_{ma}——岩石骨架声波时差，μs/m；

Δt_f——岩石孔隙中的流体声波时差，μs/m。

由公式可以看出，对岩性已知，地层水变化不大的地质剖面，Δt_{ma} 和 Δt_f 值都有相对确定的值，地层声波时差与孔隙度成正比关系。在正常压实的地层中可以导出相似公式：

$$\Delta t = \Delta t_0 e^{CH} \tag{3-18}$$

式中　Δt——深度为 H 的地层声波时差，μs/m；

t_0——深度为 0 时的地层声波时差，μs/m；

C——Δt 与深度 H 关系直线的斜率，($C<0$)。

将式（3-18）稍作变换不难得出：

$$\lg\Delta t = AH + B$$

该式即为压实地层的声波时差正常趋势线公式，从式中可以直观地看出，$\lg\Delta t$ 与 H 成线性关系，斜率是 A（$A<0$）。在半对数曲线上，正常压实地层 Δt 的对数值随深度成线性减小，如出现异常高压，Δt 散点会明显偏离正常趋势线。

有了声波正常趋势线方程，就可以求出地层孔隙压力。目前常用的地层孔隙压力计算公式有经验公式、Eaton 法、等效深度法等。

（1）经验系数法。

该方法是利用已有的地层孔隙压力测试数据与相应深度的地层声波时差数据作出关系图版，然后利用已做好的图版，根据实测的地层声波时差数据，由图版反求地层孔隙压力值。

计算公式为：

$$G_p = A\Delta t/\Delta t_n + B \tag{3-19}$$

式中　G_p——井深 H 处的地层孔隙度压力梯度当量密度，g/cm^3；

Δt——井深 H 处的实测声波时差值，μs/m；

t_n——井深 H 处的正常趋势值，μs/m；

A——图版中正常趋势线斜率；

B——图版中正常趋势线截距。

经验系数法适用于已有一定数量地层孔隙压力实测数据的地区。

(2) Eaton 法。

Eaton 法计算地层压力、孔隙压力梯度的模式如下：

$$G_p = G_{op} - (G_{op} - \rho_W)(\Delta t / \Delta t_n)^n \tag{3-20}$$

式中 G_p——井深 H 处的地层孔隙度压力梯度当量密度，g/cm^3；

G_{op}——井深 H 处的上覆岩层压力梯度当量密度，g/cm^3；

ρ_W——井深 H 处的地层水密度，g/cm^3；

Δt——井深 H 处地层声波时差实测值，$\mu s/m$；

Δt_n——井深 H 处地层声波时差正常趋势值，$\mu s/m$；

n——Eaton 指数。

2）感应电阻（导）率测井法

在许多电阻率测井方法中，感应测井是较普遍用于评价地层孔隙压力的电阻率测井方法。在地层水性质相对稳定的井段，岩性已知，地层电导率取决于地层孔隙度。对于正常压实的地层，随着埋深增加，泥岩孔隙度减小，电导率也逐渐减小。在异常高压带，泥岩电导率则增高而偏离正常变化趋势。通过正常地层孔隙压力井段的电阻率数据，建立正常电阻率趋势线方程，根据所测地层电阻率偏离正常趋势线的大小，来计算出该处的地层孔隙压力。具体步骤如下：

(1) 用井深数据与测井数据在半对数纸上作图。

①为了使用透明图版，作图所用坐标要与所准备的透明图版上的坐标一致。

②测井数据可用电阻率，也可用电导率。电阻率单位用 MΩ，电导率单位用 S。以下只讲用电阻率的方法。

③以电阻率为横坐标，井深为纵坐标。

④在电测图上找页岩部分，据页岩井深 H 读出相应的电阻率值 R_0，然后在半对数纸上作井深 H 与电阻率 R_0 的关系图。

(2) 绘出正常趋势线。

①在 $H-R_0$ 图上，在正常压力井段作出正常趋势线，使该线通过大部分正常压力段的 R_0 数据点。该线为直线，把该线延长到需要的井深。

②如果已有备好的页岩综合正常趋势线，可用该线套在 $H-R_0$ 图上，使该线通过大部分左边的点（左包法），使正常压力段与正常趋势线符合，描下来即为正常趋势线。

(3) 求地层孔隙压力。

①Eaton 法。Eaton 提出下列公式，用于求地层孔隙压力梯度：

$$G_p = G_o - (G_o - G_{pn})(R_0 / R_n)^{1.2} \tag{3-21}$$

式中 G_p——所求地层孔隙度压力梯度；

G_0——所求地层深度处的上覆岩层压力梯度；

G_{pn}——正常地层水压力梯度；

R_0——所求点的电阻率实测值；

R_n——所求点正常趋势线上的电阻率值。

②Hottman 与 Johnson 法。根据本地区资料作出一个 R_0/R_n 与 G_p 的关系图，以此图为根据求地层孔隙压力。

a. 计算 R_0/R_n，记录对应点的 G_p。

b. 以 R_0/R_n 比值为纵坐标，以地层孔隙压力为横坐标，绘曲线图。

c. 欲求某地层的地层压力，则可用该深度的 R_0/R_n 比值，从上图纵坐标上作水平线交于曲线一点，由此交点垂直向下画线交于横坐标一点。此点的读数即所求地层孔隙压力梯度。

③透明图版法。

a. 采用透明图版法，首先要制作图版。

选择半对数纸，确定适当比例。

把能代表本地区情况的大量井的电阻率数值，按井深对应电阻率绘入 $H-R_0$ 图中。

用平均法、内插法或线性回归法，求出最佳的正常趋势线。

用公式（3-22）计算 R_0，画孔隙压力线：从正常线上，隔适当的井段，取 2 个 R_0 值；设 1 个 G_p 值，计算出 2 个 R_0 值；把 2 个 R_0 值分别画在相应位置上；连接此两点作直线，标上所设的孔隙压力梯度。

$$R_0 = 81R_n(0.0231 - G_p) \tag{3-22}$$

如此设一系列的地层孔隙压力梯度，便可画出一系列压力梯度线来。

把正常趋势线和地层孔隙压力梯度线从图上描下来，即得到所要的透明图版。

b. 透明图版的应用。

把页岩电阻率透明图版覆盖在所绘页岩电阻率—井深图上。

把两者的井深对齐，使两者的正常趋势线重合。

读出所要求的井深处的孔隙压力。

2. 测试法

1）DST 地层测试

地层测试是及时准确评价地层的有效方法。DST 地层测试原理是利用钻杆或油管将测试器与封隔器一起下入井内，坐封隔器将测试层与其上下层隔开，通过地面控制打开测试器，让地层流体流入测试管柱，并进行求产。关闭测试器，压力计在记录卡片上画出痕迹，关井压力恢复数据通过资料解释可获得产量地层压力及各项地层参数。

2）RFT 电缆测试

可在裸眼井和套管内取样和测压，测量范围大、精度高、耐高温（并能取得两个流体样品，可直观准确地进行油、气、水判断）。用它可确定压力剖面、流体密度、油气水界面、计算储集层压力和渗透率，还可用于地层对比，判断地层的非均质性、高压低渗透层、水淹层，及时指导勘探开发工作的进程，为增产措施设计提供依据。

RFT 测试资料的地层压力可直接读出，也可以用地层压力恢复图推算，从而绘制出深度与压力关系图。利用各点地层压力，计算出不同相的流体密度和不同相的界面位置（气—油、油—水接触面）。RFT 测试反映的是油层中连续相的压力，它一般不受钻井液滤液存在的影响。根据压力梯度曲线的常规现象，可以判断高压低渗透层，判断层间隔层和非均质性，在面上可以判断地层的连通性及注水效果。

第三节　地层强度试验

在钻井作业中，应使用合理的钻井液密度，形成略高于地层压力的液柱压力，以防止地层流体进入井内造成溢流或井喷；同时，钻井液液柱压力又不能超过地层破裂压力。因此，在准确预测地层压力的同时，还要了解地层承压能力。

地层强度试验的目的：一是了解套管鞋处地层破裂压力值；二是钻开高压油气层前了解上部裸眼地层的承压能力，包括发生井漏，经过堵漏的地层。地层强度试验的方法有三种，即地层破裂压力试验、地层漏失压力试验和地层承压能力试验。

本节首先介绍地层破裂压力的预测方法，然后再简单地介绍地层强度试验的方法。

一、地层破裂压力的预测方法

迄今为止国内外在研究地层破裂压力的预测方法上已经提出了许多模式。由于考虑的因素和假设条件不同，所以反映在这些模式上也存在着较大的差别。

1. 伊顿（Eaton）法

这个方法在美国海湾地区应用比较广泛，它是在哈伯特（Hubbert M K）和威利斯（Willis D G）理论的基础上发展起来的。他们认为，地下岩层处于均匀水平地应力状态，且其中充满着层面、层理和裂缝，钻井液在压力作用下将沿着这些薄弱面侵入，使其张开并向远处延伸，且张开裂缝的流体压力只需克服垂直裂缝面的地应力。按式（3-23），均匀地应力的值为［μ/（1－μ）］σ_z'，所以，根据哈伯特和威利斯的理论，伊顿提出，张开垂直裂缝的有效流体压力应为：

$$p_f - p_p = [\mu/(1-\mu)]\sigma_z' \quad (3-23)$$

于是
$$p_f = [\mu/(1-\mu)]\sigma_z' + p_p \quad (3-24)$$

或
$$p_f = \mu/(1-\mu)(\sigma_z - p_p) + p_p \quad (3-25)$$

式中　p_f——地层破裂压力，为裂缝开裂时的井内流体压力，MPa；

μ——地层的泊松比；

p_p——孔隙压力，MPa；

σ_z——有效的上覆岩层压力（或垂向岩石骨架应力），MPa。

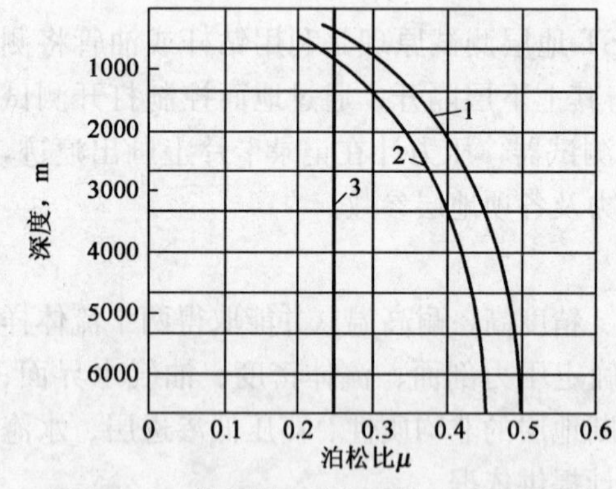

图3-13　伊顿提出的地层泊松比随深度的变化曲线

1—墨西哥湾沿海，考虑上覆岩层压力深度随深度变化曲线；2—墨西哥湾沿海，上覆压力深度为0.0231MPa/m；3—西得克萨斯、上覆压力深度为0.0234MPa/m

伊顿还提出：地层的泊松比可以由现场的地层破裂数据通过式（3-25）进行反算得到。图3-13是他得到的美国一些地区地层的泊松比值随深度的变化曲线图。

2. 黄荣樽法

中国石油大学黄荣樽教授经过研究，提出了

一种新的破裂压力预测方法。这种方法主张地层的破裂是由井壁上的应力状态决定的，而且考虑了地下实际存在的非均匀的地应力场的作用，因为这是反映不同油田断块具有不同地层破裂压力的重要原因，此种方法还考虑了地层本身强度的影响。

井壁应力见图 3-14。σ_z 为上覆岩层压力，σ_r 和 σ_θ 分别表示径向和切向的正应力，而 x、y、z 坐标轴表示为 σ_x、σ_y 和 σ_z 三个主地应力的方向。

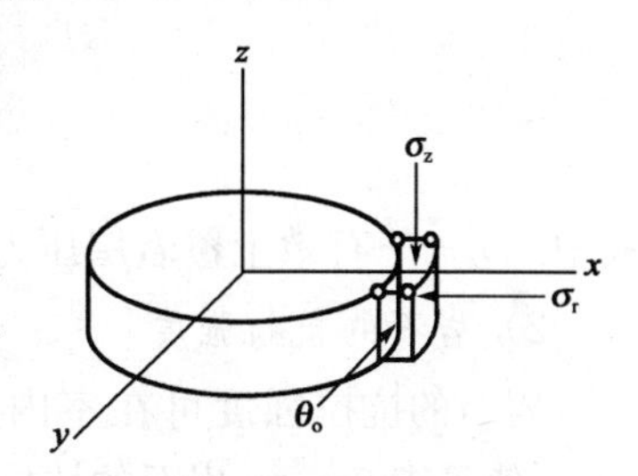

图 3-14　井壁上的应力

假设三个主地应力是不相等的且对于普遍的情况有：$\sigma'_x>\sigma'_z>\sigma'_y$。也就是说，最大和最小地应力都是作用在水平方向上。而垂直的有效上覆岩层压力为中间值，对于这种应力状态，地层的水压裂缝的形态为垂直的。

根据弹性力学的理论，可以导出井壁上最容易压开裂缝处的有效切向正应力 σ_θ' 的表达式为 $\sigma'_\theta=\sigma_\theta-p_p$，即：

$$\sigma'_\theta=3\sigma'_y-\sigma'_x-p_i+p_p \tag{3-26}$$

式中　p_i——井内流体压力，MPa；

p_p——地层孔隙压力，MPa。

地层的破裂压力是由于增大井内流体压力 p_i 使井壁上的有效切向正应力减小为 0（当存在原生裂缝时）或变成负值并超过地层的抗拉强度（当井壁上无原生裂缝时）的结果。对于后者即有：

$$\sigma'_\theta=-S_t \tag{3-27}$$

式中　S_t——地层的抗拉强度，MPa。

由式（3-26）可以得到：

$$p_i=p_f=3\sigma'_y-\sigma'_x+p_p+S_t \tag{3-28}$$

经整理，可导出破裂压力表达式为：

$$p_f=[2\mu/(1-\mu)-K](\sigma_z-p_p)+p_p+S_t \tag{3-29}$$

$$K=\alpha-3\beta$$

式中　K——非均质的地质构造应力系数；

α、β——水平两个主方向的构造应力系数。

这个方法经过中原油田文留地区应用，预测准确的误差小于 5%。

为了应用这个方法，要做室内岩石三轴试验和现场典型的地层破裂压试验，目的是为了确定破裂层的泊松比和抗拉强度，以及确定地下岩层中的构造应力系数，也可用于测定地应力值。

公式（3-29）中有关参数的确定方法如下：

1）岩层的泊松比值

通过三轴岩石力学试验确定岩层的泊松比值 μ。我国东部油田各主要地层的泊松比值 μ 随围压 p_c 的变化情况见表 3-2，可用指数方程表示：

$$\mu=\mu_o+mp_c^n \tag{3-30}$$

式中 μ_o——围压为0时的泊松比；

m，n——取决于岩性的常数（见表3-2）；

p_c——岩层在某深度 H 处的围压。

$$p_c = [\mu/(1-\mu)]\sigma_z' \tag{3-31}$$

$$\sigma_z' = \sigma_z - p_p$$

式中 σ_z'——有效上覆岩层压力。

2）岩石的抗拉强度

岩石的抗拉强度可在室内用岩心进行拉伸试验取样。我国东部油田岩层的拉伸强度（S_t）值见表3-2。岩石的抗拉强度也可用地层破裂压力试验有关数据求得。

表3-2 我国东部油田各主要地层的泊松比值随压力的变化

地层		岩性简述	围压 p_c（bar）下的泊松比值				抗拉强度 bar	m	n
			0	140	280	420			
沙一段	Ed₂	红色砂质泥岩（1）	0.065	0.080	0.101	0.125	28.1	3.1422×10^{-5}	1.24976
		红色砂质泥岩（1）	0.085	0.100	0.152	0.247	20.0	3.29049×10^{-7}	2.16993
		红色砂质泥岩（2）	0.069	0.080	0.106	0.145	15.1	1.40622×10^{-6}	1.80835
		红色砂质泥岩（2）	0.039	0.084	0.116	0.143	18.7	1.08×10^{-3}	0.75635
		棕红色砂质泥岩	0.051	0.098	0.131	0.160	17.5	1.02304×10^{-3}	0.772604
	Ed₃	红色砂质泥岩（1）	0.066	0.102	0.154	0.215	23.8	6.26484×10^{-5}	1.28688
		红色砂质泥岩	0.042	0.066	0.098	0.135	6.5	4.88525×10^{-5}	1.25014
		浅红色砂质泥岩	0.094	0.130	0.145	0.156	6.5	3.14385×10^{-3}	0.493511
		红色砂质泥岩（2）	0.075	0.128	0.154	0.174	16.7	3.32158×10^{-3}	0.561374
	Es₁	浅灰色白云砂质泥岩	0.034	0.071	0.088	0.118	30.2	9.96184×10^{-4}	0.724705
		浅灰色砂质泥岩	0.043	0.051	0.068	0.089	20.0	5.87363×10^{-6}	1.48385
		浅黄灰色砂质泥岩	0.125	0.242	0.254	0.260	20.1	—	—
沙二段	Es₂	浅棕色砂岩	0.108	0.190	—	—	20.0	—	—
		紫红色砂质泥岩	0.085	0.127	0.140	0.175	30.1	1.52298×10^{-3}	0.66095
		浅灰黄色油浸砂岩	0.175	0.212	0.250	0.271	10.0	4.8036×10^{-4}	0.884196
		深灰黄色油浸粉砂岩	0.150	0.162	0.160	0.166	28.5	3.98521×10^{-3}	0.205355
		浅绿灰色泥质粉砂岩	0.011	0.055	0.073	0.085	30.0	4.21143×10^{-3}	0.475545
		紫红灰色泥岩	0.035	0.089	0.136	0.137	20.0	2.74441×10^{-3}	0.613863
		浅灰色泥质砂岩	0.098	0.148	0.165	0.172	20.0	8.36971×10^{-3}	0.363907
		浅黄灰色油斑粉砂岩	0.023	0.061	0.109	0.110	41.5	7.83896×10^{-4}	0.799695
		灰色砂质泥岩	0.033	0.076	0.110	0.126	20.0	1.27211×10^{-3}	0.717084

续表

地层		岩性简述	围压 p_c（bar）下的泊松比值				抗拉强度 bar	m	n
			0	140	280	420			
沙三段	Es_3^1	灰色砂质泥岩	0.217	0.144	0.148	0.159	20.0	2.61192×10^{-4}	0.761421
		灰色泥岩	0.104	0.134	0.165	0.192	20.0	2.33833×10^{-4}	0.984346
	Es_3^2	灰色泥页岩	0.137	0.200	0.266	0.345	20.0	3.55232×10^{-4}	1.05499
	Es_3^3	浅黄灰色白云质泥岩	0.112	0.157	0.190	—	20.0	1.14613×10^{-4}	1.20465
		浅黄灰色泥质粉砂岩	0.066	0.126	0.155	0.153	15.0	0.010367×10^{0}	0.363066
		浅灰色粉砂岩	0.046	0.088	0.113	0.108	30.0	6.48219×10^{-3}	0.389905
		浅灰色细砂岩	0.100	0.138	0.190	0.249	10.0	8.13126×10^{-5}	1.24393
		灰白色粗晶盐岩	0.346	0.335	—	—	10.0	—	—
	Es_3^4	浅灰色粉砂岩	0.056	0.107	0.153	0.197	30.0	5.2127×10^{-4}	0.927488
		浅灰色细砂岩（1）	0.050	0.108	0.152	0.142	30.0	1.03639×10^{-3}	0.814445
		浅灰色细砂岩（2）	0.069	0.108	0.147	0.186	30.0	2.7857×10^{-4}	1.00000
		灰色细砂岩	0.085	0.136	0.165	0.189	25.0	2.0590×10^{-3}	0.649502
沙四段	Es_4	浅灰色粉砂岩	0.051	0.164	0.250	0.328	25.0	1.99931×10^{-3}	0.816446
		砂色细砂岩	0.098	0.156	0.211	0.265	25.0	4.99375×10^{-4}	0.962199
		棕红色砂岩	0.073	0.121	0.190	0.270	25.0	8.36764×10^{-5}	1.28540
		棕红色细砂岩	0.076	0.116	0.140	0.160	25.0	1.40227×10^{-3}	0.678072
奥陶系	O_2	灰白色白云岩	0.154	0.183	0.204	0.209	40.0	1.51279×10^{-3}	0.60450
		灰色石灰岩	0.215	0.232	0.238	0.237	45.8	4.95203×10^{-3}	0.25639

注：1bar=0.1MPa。

3. 史蒂芬法

水平均匀构造地应力的设想是史蒂芬提出的，他和伊顿一样认为破裂压力只是张开地层中已有裂缝所需的流体压力，这个压力等于垂直裂缝面的水平地应力。

当存在水平均匀构造应力时，水平地应力可表达为：

$$\sigma'_x=\sigma'_y=\sigma'_H=[\mu/(1-\mu)+\xi]\sigma'_z \tag{3-32}$$

于是，张开垂直裂缝所需的有效流体压力应为：

$$p_f-p_p=[\mu/(1-\mu)+\xi]\sigma'_z \tag{3-33}$$

即

$$p_f=[\mu/(1-\mu)+\xi]\sigma'_z+p_p \tag{3-34}$$

或

$$p_f=[\mu/(1-\mu)+\xi](\sigma_z-p_p)+p_p \tag{3-35}$$

从上式可看出，史蒂芬式与伊顿式的区别在于把构造应力所产生的影响从地层的泊松比中分了出来，这样就有可能在计算时采用岩层的实测泊松比值，而不像伊顿那样是靠破裂压力反算出来。

史蒂芬提出可直接采用声波法在实验室内大气压条件下用岩样测得的动态泊松比值，按公式（3－35）计算各种地层的破裂压力值。史蒂芬推荐了一个实验室内用声波法测得动态泊松比值与岩性关系的表（见表3－3）供计算破裂压力时使用。

但是，动态泊松比与静力学方法测出的静态泊松比值（岩石的应力应变曲线上得到）往往偏离，而破裂压力公式（3－35）中的 μ 值系指静态泊松比值。因此，直接使用表3－3中的数据也会造成一定的误差。而公式（3－35）中的均匀构造应力系数 ξ 可用实测破裂压力数据进行反求。

表3－3　岩石类型和泊松比的关系

岩石类型		泊松比	岩石类型		泊松比
很湿的黏土		0.50	砂岩	粗粒	0.05
黏土		0.17		粗粒胶结	0.10
砾岩		0.20		细粒	0.03
白云岩		0.21		微粒	0.04
石灰岩	细粒微晶质	0.28		中粒	0.06
	中粒灰屑	0.31		分选差，含黏土	0.24
	多孔	0.20		含化石	0.01
	裂缝性	0.27	泥页岩	石灰质（＜50%$CaCO_3$）	0.14
	含化石	0.09		白云质	0.28
	层状化石	0.17		硅质	0.12
	泥质	0.17		粉砂（＜70%粉砂）	0.17
粉砂岩		0.08		砂质（＜70%粉砂）	0.12
板岩		0.13		页岩状	0.25

二、地层强度试验的方法

1. *地层破裂压力试验*

地层破裂压力试验是为了确定套管鞋处的破裂压力，新区第一口探井、有浅气层分布的探井或生产井，必须进行地层破裂压力试验。液压试验步骤如下：

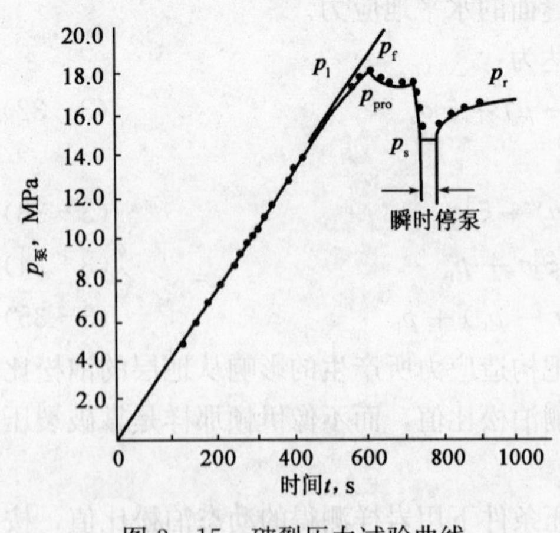

图3－15　破裂压力试验曲线

（1）钻穿水泥塞钻开试压地层。一般钻新井眼3～5m或套管鞋以下第一个砂岩层，如果没有砂岩层，最多钻10m新井眼。

（2）循环钻井液清洗井眼，上提钻具使钻头进入套管内，关闭环形空间。

（3）用水泥车以低速（0.8～1.32L/s）缓慢地启动泵向井内注入钻井液。

（4）记录各个时间的泵入量和相应的井口压力。

（5）作出以井口压力与泵入量为坐标的试验曲线，如图3－15。如泵速不变，也可作出井口压力和泵入时间的关系曲线。

（6）从图上确定各有关压力值。

①漏失压力 p_l，即开始偏离直线点的压力值。此时井内钻井液开始向地层少量漏失，通常将漏失压力 p_l 与第一个砂层深度的比值作为该砂层的破裂压力梯度，它也是确定关井压力的依据，用以检测、预测地层破裂压力值。

②破裂压力 p_f，也称断裂压力。这是压力上升至最大值，地层开始破裂，一旦超过此值压力不断下降。

③延伸压力 p_{pro}，压力趋于平缓的点。它使裂缝向远处扩展延伸。

④瞬时停泵压力 p_s，当裂缝延伸到离开井壁压力集中区，即 6 倍井眼半径以远时（估计从破裂点起约 1min 左右），进行瞬时停泵。记录停泵时的压力 p_s，此时裂缝仍开启，p_s 应与垂直于裂缝的最小地应力值相平衡。此后，随停泵时间的延长、钻井液向裂缝的渗滤，液压下降。由于地应力的作用，裂缝将闭合。

⑤裂缝重张压力 p_r，瞬时停泵后重新启动泵，使闭合的裂缝重新张开。由于张开闭合裂缝时不再需要克服岩石的抗拉强度，因此可以认为地层的抗拉强度等于破裂压力与重张压力之差。

（7）确定破裂压力当量钻井液密度 ρ_{max}：

$$\rho_{max} = \rho_m + (102 p_l / H) \tag{3-36}$$

式中　ρ_{max}——地层破裂压力当量密度，g/cm³；

ρ_m——钻井液密度，g/cm³；

p_l——漏失压力，MPa；

H——套管鞋以下砂岩层垂直深度，m。

（8）确定地层破裂压力梯度 G_f：

$$G_f = (9.81 \times 10^{-3} \rho_m) + p_l / H \tag{3-37}$$

式中　G_f——破裂压力梯度，MPa/m。

（9）计算最大允许初始关井套压 $[p_a]$：

根据地层破裂压力梯度和使用的钻井液密度，计算出最大允许关井套压值，使控制的套压不得超过该值，以保持地层不被憋漏。

$$[p_a] = (G_f - 9.81 \times 10^{-3} \rho_m) / H_f \tag{3-38}$$

（10）地层破裂压力试验应注意的问题：

①在直井与定向井中对同一地层所做的破裂压力试验得到的数据不能互换使用。

②当套管鞋以下第一层为脆性岩层时，如砾岩、裂缝发育的灰岩等，只对其做极限压力试验，而不做破裂压力试验，因为脆性岩层做破裂压力试验时在其开裂前变形量很小，一旦被压裂则承压能力会显著下降。极限压力试验要根据下部地层钻井将采用的最大钻井液密度及溢流发生后关井和压井时，对该地层承压能力的要求决定。试验方法与破裂压力试验一样，但只试到极限压力为止，如图 3－16 所示。

2. 地层漏失压力试验

有些井只需进行地层漏失压力试验即可满足井控要求，其试验方法同破裂压力试验类似。

当钻至套管鞋以下第一个砂岩层时（或出套管鞋 3～5m），用水泥车进行试验。试验前确保井内钻井液性能均匀稳定，上提钻头至套管鞋内并关闭防喷器。试验时缓慢启动泵，以小排量（0.8～1.32L/s）向井内注入钻井液，每泵入 80L 钻井液（或压力上升 0.7MPa）后，停泵观察 5min。如果压力保持不变，则继续泵入，重复以上步骤，直到压力不上升或略降为止，如图 3－17 所示。

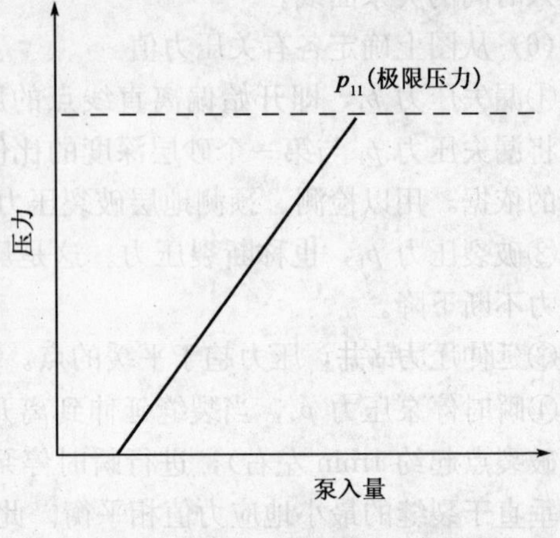

图 3－16　极限压力试验曲线

3. 地层承压能力试验

在钻开高压油气层前，用钻开高压油气层的钻井液循环，观察上部裸眼地层是否能承受钻开高压油气层钻井液的液柱压力，若发生漏失则应堵漏后再钻开高压油气层，这就是地层承压能力试验。

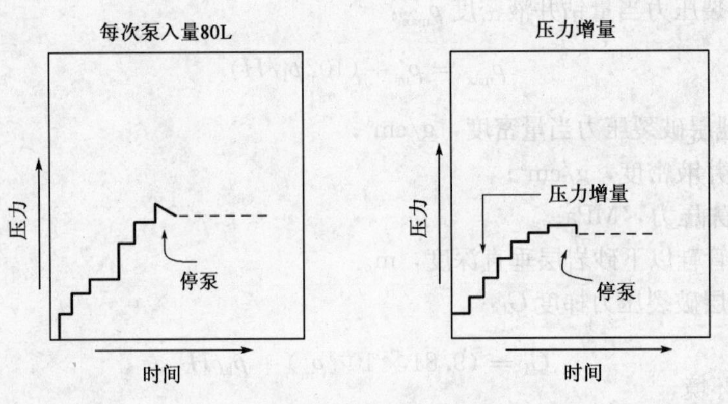

图 3－17　漏失压力试验图

承压能力试验也可以采用分段试验的方式进行，即每钻进 100～200m，就用钻进下部地层的钻井液循环试压一次。

现场地层承压能力试验常采用地面加回压的方式进行，就是把高压油气层或下部地层将要使用的钻井液密度与当前井内钻井液密度的差值折算成井口压力，通过井口憋压的方法检验裸眼地层的承压能力。由于井口憋压的方式是在井内钻井液静止的情况下进行的，因此试验时要考虑给钻井液密度差附加一系数，即循环压耗，以确保在提高密度后，循环的情况下也不会发生漏失。

第四章　井 控 设 计

井控设计是钻井设计的重要组成部分，它包括：满足井控安全的钻前工程及合理的井场布置；全井段的地层压力梯度、地层破裂压力梯度（包括浅层气的资料），在已开发地区要有分小层的地层压力动态数据；适合地层特性的钻井液类型，合理的钻井液密度；合理的井身结构，符合行业标准的井控装备系统以及应急计划。

井控设计和钻井设计一样，其依据是地质设计提供的地层与压力情况、钻井技术水平、井控设备能力、钻井地区环境及气候状况等。

在进行井控设计之前，首先要了解有关各种法规、井位所在地的环保要求、后勤供应条件，成本与安全等方面的问题。

第一节　井控设计相关行业标准与规定

在设计井位确定以后，要清楚了解需要遵守的法律、法规和标准、规定。无论是在国内钻井还是在国外钻井，在海上钻井还是在陆上钻井，都要遵守所在国和所在地的有关规定。在井控设计中，目前主要依据的规定、标准如下。

一、国家和中国石油的有关法律和规定

在国内，国家与地方安全环保法律法规逐步健全。为防止损害油气层，确保作业人员及设备安全、保护环境，要严格遵守如下有关法律和规定：

《中华人民共和国安全生产法》；

《中华人民共和国环境保护法》；

《中华人民共和国海洋环境保护法》；

《中华人民共和国放射性污染防治法》；

《中华人民共和国海洋石油勘探开发环境保护管理条例》；

中油质安字［2004］672 号《中国石油天然气集团公司安全生产管理规定》；

油勘字［2004］35 号《探井钻井设计编制规范》；

油勘字［2005］156 号《开发井钻井设计编制规范》；

中油办字［2006］185 号《关于加强高压高含硫高危地区勘探开发安全生产工作的紧急通知》；

中油工程字［2006］273 号《中国石油天然气集团公司关于进一步加强油气田企业安全环保工作的意见》；

中油工程字［2006］274 号《中国石油天然气集团公司关于进一步加强井控工作的实施

意见》；

《中国石油天然气集团公司石油与天然气钻井井控管理规定》；

中油工程字［2007］377号《关于印发〈中国石油天然气集团公司关于加强欠平衡钻井井控技术管理的意见〉的通知》；

中油工程字［2007］472号《关于进一步加强井控管理工作的通知》。

二、石油行业的有关标准

SY/T 6044《海上石油作业安全应急要求》；

SY/T 6203《油气井井喷着火抢险做法》；

SY/T 6277《含硫油气田硫化氢监测与人身安全防护规程》；

SY 6504《浅海石油作业硫化氢防护安全规定》；

SY/T 5087《含硫化氢油气井安全钻井推荐做法》；

SY/T 6634《滩海陆岸石油作业安全规程》；

SY/T 6551《欠平衡钻井安全技术规程》；

SY 6432《浅海石油作业井控要求》；

SY/T 5466《钻前工程及井场布置技术要求》；

SY 5225《石油与天然气钻井、开发、储运防火、防爆安全生产管理规定》；

SY/T 6283《石油天然气钻井健康、安全与环保管理体系指南》；

SY/T 6551《欠平衡钻井安全技术规程》；

SY/T 6543.1《欠平衡钻井技术规范 第1部分 设计方法》；

SY/T 6543.2《欠平衡钻井技术规范 第2部分 压力控制装置及地面装置配套要求》；

SY/T 6543.3《欠平衡钻井技术规范 第3部分 施工规程》；

Q/CNPC—CY809《欠平衡钻井操作规程》；

Q/CNPC 63.1《欠平衡钻井技术规范 第1部分 井场布置原则及要求》；

Q/CNPC 63.2《欠平衡钻井技术规范 第2部分 装备与工具配套、安装及调试》；

Q/CNPC—CY807《天然气、氮气、柴油机尾气钻井操作规程》；

Q/CNPC—CY808《空气钻井技术规范》；

SY/T 5965《油气探井地质设计规范》；

SY/T 6244《油气探井井位设计规程》；

SY 5333《钻井工程设计格式》；

SY/T 5964《钻井井控装置组合配套、安装调试与维护》；

SY/T 6426《钻井井控技术规定》；

SY/T 6616《含硫油气井钻井井控装置组合配套、安装和使用规范》；

SY/T 5431《井身结构设计方法》。

相关的IADC API标准等以及企业相应的规定和细则，是井控设计的直接依据。

三、国际钻井活动中的有关法规

在参与国际钻井活动时，要通过我国和所在国的主管机构、部门，了解和掌握有关法律、条例和法令，并在井控设计时认真遵守。

下面列举的是在美国海洋钻井之前所需要的各种典型执照或文件：

（1）公害鉴定执照。

（2）申请钻井的执照。

（3）勘探钻井计划。

（4）原油漏失的应急计划。

（5）井位的执照。

在这些执照或文件中，最重要的是公害鉴定执照，因为它表示在该区指导钻井不会引起任何公害。在可航行的水域，必须遵守环境保护法规，必须拟定计划并加以实现，以表示遵守这些法令。

四、在可航行水域的有关法规

在可航行的水域，必须遵守环境保护法，必须制订计划并加以实现。在这方面必须遵守的法令是：

（1）国家环境保护法。

（2）空气清净法。

（3）淡水清洁法。

（4）噪声控制法。

（5）安全饮水法。

（6）海岸地区管理法。

（7）固体废物利用法。

（8）有毒物质控制法。

如果不遵守这些法令，就会被处以重罚。如果涉及纠纷，还需了解国际经济法、国际商法、国际合同法等。同时还应关注后勤保障与成本和安全方面的问题。

第二节 地质设计

一、地质设计的目的

钻井地质设计是地质录井、编制钻井工程设计、测算钻井工程费用等项工作的基础和数据，是降低油气勘探开发成本、保护油气层、提高投资效益的基础和关键环节，是保证安全钻井、取全取准各项资料的指导书。钻井地质设计涉及面广，它的科学性、先进性、可操作性及准确性，将直接影响到地质资料的录取、整理和分析，而且影响到对油气层的识别和评价，最终影响到油气勘探开发的效果和进程。因此钻井地质设计是高效低耗地进行油气勘探和开发的一项十分重要的工作。

二、地质设计前的准备工作

钻井地质设计前，设计人员应介入井位的论证，参与地质方案的讨论，熟悉掌握地质情况，深入了解地质目的，明确设计任务。

1. 探井地质设计前的准备工作

1）标定井位

将设计井的坐标标定在井位图上，进行井位校对，同时在构造图上标出设计井位。如发现与下发的井位要求不符，应及时上报。

2）收集资料

（1）区域资料：区域的地层、构造、油气水情况以及区域的石油地质条件，包括生油条件、储层条件、盖层条件、运移条件、圈闭条件、保存条件。

（2）邻井和邻区实钻资料：邻井地层分层，钻探成果，试油成果，邻井钻井液使用情况，邻井注水情况，以及邻井实钻过程中出现的卡、喷、漏等复杂情况，录井和测井综合解释成果等。无邻井时，应收集邻区的相关资料或野外露头剖面资料、地震解释成果、分层地震波速度等资料。

（3）井位部署（或论证）研究报告：进行地质设计前应对井场周围一定范围内的居民住宅、学校、厂矿（包括开采地下资源的矿业单位）、国防设施、高压电线、水资源情况和风向变化等进行勘察和调查。

（4）区域地震测线。

（5）各种相关图件，如区域构造图、目的层构造图、油藏预测剖面图等。

（6）其他资料，如古生物、岩矿、地化等资料。

2. 开发井地质设计前的准备工作

收集资料：主要是详细收集邻井资料和各开发层系的精细构造图，特别是收集邻井采油、注水（汽）层位、动态压力等资料，了解油气层连通情况和注水（汽）后的影响，收集邻井储层物性资料和油气水性质资料。了解各项施工作业过程中对储层及油气水层的不良影响。

三、地质设计的内容

1. 探井地质设计的主要内容

（1）基本数据：井号、井别、井位（井位坐标、井口地理位置、测线位置）、设计井深、钻探目的、完钻层位、完钻原则、目的层等。

（2）区域地质简介：区域地层、构造及油气水情况、设计井钻探成果预测等。构造描述应包括：构造展布、形态、走向；主断层的发育（走向、断距）及对次级断层的影响；次断层的分布特征及井区的断层发育状况。地层概况描述：地层概况应首先描述探区内地层岩性、标准层、倾角及特征；然后叙述生、储油层的岩性、厚度、物性及流体特性；邻井的实钻情况描述包括地层分布、岩石电性及录井和试油。设计井应自上而下按地质时代描述岩性、厚度、产状、胶结程度及分层特征；断层、漏层、超压层、膏盐层及浅气层等特殊岩性段要进行详细描述。探井必须做地质风险分析，主要包括地层变化、构造形态和断层分布，同时，给钻井工程设计以提示。

（3）设计依据：设计所依据的任务书、资料、图解等。

（4）钻探目的：根据任务书分别说明主要钻探目的层、次要钻探目的层或是为查明地层剖面、落实的构造。

（5）预测地层剖面及油气水层位置：邻井地层分层数据、设计井地层分层数据、设计井地层岩性简述、预测油气水层位置。

（6）地层孔隙压力预测和钻井液性能及使用要求：邻井地层测试成果、地震资料压力预测成果、邻井钻井液使用及油气水显示情况、邻井注水情况、设计井地层压力预测、设计井钻井液类型及性能要求。

（7）取资料要求：岩屑录井、钻时录井、气测或综合录井仪录井、地质循环观察、钻井液录井、氯离子含量分析、荧光录井、钻井取心、井壁取心、地球物理测井、岩石热解地化录井、选送样品要求、中途测试等。

（8）井身质量及井身结构要求：井身质量要求，套管结构，套管外径、钢级、壁厚、阻流环位置及水泥上返深度，定向井、侧钻井、水平井中靶要求（方位、位移、稳斜角、靶心半径等）。

（9）技术说明及故障提示：工程施工方面的要求，保护油气层的要求，保证取全资料的要求，施工中可能发生的井漏、井喷等复杂情况等。在可能含硫化氢等有毒有害气体的地区钻井，地质设计应对其层位、埋藏深度及含量进行预测，

（10）地质设计明确试油层位和试油方法，提出试油要求。

（11）应根据不同勘探阶段和井区地表条件综合考虑确定弃井的方式和方法。

（12）地理及环境资料：气象、地形、地物资料。地质设计中应标注说明如煤矿等采掘矿井坑道的分布、走向、长度和距地表深度；江河、干渠周围钻井应标明河道、干渠的位置和走向等。

（13）附图附表：钻井地质设计文本中必须附全所有附图和附表，附图中应有详细标注，并符合有关技术标准或规范。

（14）设计的变更和施工计划的变更（包括：施工工序、进度及非正常作业）应在设计文本中有明确的要求及批准程序。

2. 开发井钻井地质设计的主要内容

开发井内容比探井少，一般不包括区域地质简介、地震资料预测压力、设计井地层岩性简述等内容。

四、地质设计时考虑的重要井控因素

（1）地质设计书中应明确所提供井位符合以下条件：油气井井口距离高压线及其他永久性设施不小于75m；距民宅不小于100m；距铁路、高速公路不小于200m；距学校、医院、油库、河流、水库、人口密集及高危场所等不小于500m。若安全距离不能满足上述规定，由油（气）田公司与管理（勘探）局主管部门组织相关单位进行安全评估、环境评估，按其评估意见处置。含硫油气井应急撤离措施参见SY/T 5087有关规定。

（2）进行地质设计前应对井场周围一定范围内的居民住宅、学校、厂矿（包括开采地下资源的矿业单位）、国防设施、高压电线、水资源情况和风向变化等进行勘察和调查，并在地质设计中标注说明；特别需标注清楚诸如煤矿等采掘矿井坑道的分布、走向、长度和距地

表深度；江河、干渠周围钻井应标明河道、干渠的位置和走向等。

（3）地质设计书应根据物探资料及本构造邻近井和邻构造的钻探情况，提供本井全井段地层孔隙压力和地层破裂压力剖面（裂缝性碳酸盐岩地层可不作地层破裂压力曲线，但应提供邻近已钻井地层承压检验资料）、浅气层资料、油气水显示和复杂情况。

（4）在已开发调整区钻井，地质设计书中应明确油气田开发部门要及时查清注水、注气（汽）井分布及注水、注气（汽）情况，提供分层动态压力数据。钻开油气层之前应采取相应的停注、泄压和停抽等措施，直到相应层位套管固井候凝完为止。

（5）在可能含硫化氢等有毒有害气体的地区钻井，地质设计应对其层位、埋藏深度及含量进行预测。

第三节 工程设计

钻井工程是一个多学科、多工种的系统工程。工程设计是以现代钻井工艺理论为准则，采用新的研究成果，用现代计算技术和最优化科学理论，去设计和规划钻井工程中的工艺技术及实施措施。

一、工程设计的目的

钻井是油气勘探与开发的重要环节，是实现地质目的和产能建设的必要手段。工程设计的目的是确保油气钻井工程顺利的实施和质量控制，实现安全、优质、高速和经济钻井，顺利完成地质钻探目的，开发并保护油气资源，为钻井工程提供预算的依据。

钻井队必须遵循钻井工程设计施工，不能随意变动，如因井下情况变化，原设计确需变更时，必须提交有关部门重新讨论研究。因此，钻井工程设计的科学性、先进性、经济性、安全性和可操作性，对钻井工程作业的成败和油气勘探与生产的效益起着十分重要的作用。

二、工程设计前的准备工作

工程设计前必须进行技术调研，其主要内容如下。

1. 地层地质状况

地层地质状况包括：复杂不稳定井段；各层岩石可钻性；各层岩石理化特性和矿物组分；各层地层倾角和层理、节理发育情况；地应力异常情况；有无浅气层；钻定向井、大斜度井、水平井时，还应该了解钻井所在地区的地磁场磁偏角等。

2. 施工井邻井及所在地区的钻井状况

（1）井身结构：套管程序，各层套管的钢级、尺寸、壁厚，各层套管水泥上返高度和封固情况。

（2）钻井液：钻井液总成本，各井段所用钻井液类型，性能、添加剂名称、使用数量以及成本。各井段钻井液更替或处理调整的井深、用量、配方、小试验数据以及有关油气水侵、井漏、井塌、电测等方面的问题。

（3）钻头使用：各井段所用钻头的类型、尺寸、喷嘴、下井日期，起出时间、起出原因、钻头进尺、机械钻速、钻压、转数、水力参数、泵压、泵冲数、泵缸套直径以及更换情况、钻头起出状况（包括牙齿、轴承磨损、直径变化等）、每米成本、井下有无异常情况等。

（4）钻具：各井段所用的钻具组合及使用中的倒换、错扣情况，钻杆与钻铤规范使用时间与使用中出现的问题（有无刺伤、折断、偏磨、螺纹损坏等）及原因。

（5）复杂情况：发生事故的类型、原因、井段、处理方法措施及其效果，包括浅气层井喷。

（6）其他：钻柱测试数据以及压力恢复数据、时效分析、成本变化等。

三、工程设计的内容

工程设计的任务是根据地质部门提供的地质设计书内容，进行一口井施工工程参数及技术措施设计，并给出钻井进度预测和成本预算。

钻井工程设计应包括以下方面的内容：

（1）地面井位选择应考虑水资源，井场道路，钻井液池位置及井场施工条件等因素；

（2）钻机选择与井身结构的确定，应考虑是否有浅气层，是否有喷、漏层同在一裸眼井段；

（3）钻头尺寸类型的选择与数量的确定；

（4）钻柱设计与下部钻具组合；

（5）钻井参数设计；

（6）钻井液设计；

（7）固井设计，包括套管柱设计数据、套管柱强度设计图示、注水泥设计及固井要求；

（8）油气井井控装备及防止井喷、井喷失控工艺技术措施；

（9）油气井固控设备要求；

（10）地层孔隙压力监测；

（11）地层漏失试验要求（新探区第一口探井必须进行地层漏失试验）；

（12）防止油气层损害要求；

（13）环境保护要求；

（14）安全生产要求，包括防止有毒有害气体对人员的伤害等；

（15）钻井施工进度计划；

（16）全井成本预算。

四、工程设计中有关井控的要求

在钻井过程中的每一个环节，都有可能发生溢流、井涌、井喷及井喷失控，所以在工程设计中必须全面考虑。在工程设计中，应该注意以下与井控工作有关的问题：

（1）工程设计书应根据地质设计提供的资料进行钻井液设计，钻井液密度以各裸眼井段中的最高地层孔隙压力当量钻井液密度值为基准，另加一个安全附加值：

油井、水井为 0.05～0.10g/cm^3 或增加井底压差 1.5～3.5MPa；

气井为 0.07～0.15g/cm^3 或增加井底压差 3.0～5.0MPa。

具体选择钻井液密度安全附加值时，应考虑地层孔隙压力预测精度、油气水层的埋藏深度及预测油气水层的产能、地层油气中硫化氢含量、地应力、地层坍塌压力和破裂压力、井控装备配套情况等因素。含硫化氢等有害气体的油气井钻井液密度设计，其安全附加值应取最大值。

（2）工程设计书应根据地层孔隙压力梯度、地层破裂压力梯度、坍塌压力梯度、岩性剖面及保护油气层的需要，设计合理的井身结构和套管程序，并满足如下要求：

①探井、超深井、复杂井的井身结构应充分考虑不可预测因素，留有一层备用套管；

②在井身结构设计中，同一裸眼井段中原则上不应有两个以上压力梯度相差大的油气水层；

③在矿产采掘区钻井，井筒与采掘坑道、矿井坑道之间的距离不少于100m，套管下深应封住开采层并超过开采段100m；

④套管下深要考虑下部钻井最高钻井液密度和溢流关井时的井口安全关井余量；

⑤含硫化氢、二氧化碳等有害气体和高压气井的油层套管、有害气体含量较高的复杂井技术套管，其材质和螺纹应符合相应的技术要求，且水泥必须返到地面。

（3）工程设计书应明确每层套管固井开钻后，按SY/T 5430《地层破裂压力测定套管鞋试漏法》要求，测定套管鞋下第一个砂岩层的破裂压力。

（4）工程设计书应明确钻井必须装防喷器，并按井控装置配套要求进行设计。

（5）工程设计书应明确井控装置的配套标准：

①防喷器压力等级应与裸眼井段中最高地层压力相匹配，并根据不同的井下情况选用各次开钻防喷器的尺寸系列和组合形式；

②节流管汇的压力等级和组合形式应与防喷器压力等级相匹配；

③压井管汇的压力等级和连接形式应与防喷器压力等级相匹配；

④绘制各次开钻井口装置及井控管汇安装示意图，并提出相应的安装、试压要求；

⑤有抗硫要求的井口装置及井控管汇应符合SY/T 5087《含硫化氢油气井安全钻井推荐做法》中的相应规定。

（6）工程设计书应明确钻具内防喷工具、井控监测仪器、仪表、钻具旁通阀及钻井液处理装置和灌注装置的配置要求，以满足井控技术的要求。

（7）根据地层流体中硫化氢和二氧化碳等有毒有害气体含量及完井后最大关井压力值，并考虑能满足进一步采取增产措施和后期注水、修井作业的需要，工程设计书应按照SY/T 5127《井口装置和采油树规范》标准明确选择完井井口装置的型号、压力等级和尺寸系列。

（8）钻井工程设计书中应明确钻开油气层前加重钻井液和加重材料的储备量，以及油气井压力控制的主要技术措施，包括浅气层的井控技术措施。

（9）钻井工程设计书应明确欠平衡钻井应在地层情况等条件具备的井中进行。含硫油气层或上部裸眼井段地层中的硫化氢含量大于SY/T 5087《含硫化氢油气井安全钻井推荐做法》中对含硫化氢油气井的规定标准时，不能开展欠平衡钻井。欠平衡钻井施工设计书中必须制定确保井口装置安全、防止井喷失控或着火以及防硫化氢等有害气体伤害的安全措施及井控应急预案。

（10）钻井工程设计书应明确对探井、预探井、资料井应采用地层压力随钻预（监）测技术；绘制本井预测地层压力梯度曲线、设计钻井液密度曲线、*dc* 指数随钻监测地层压力梯度曲线和实际钻井液密度曲线，根据监测和实钻结果，及时调整钻井液密度。

第四节 压 力 剖 面

地质设计应根据物探资料及本构造邻近井和邻构造的钻探情况，提供本井全井段预测地层压力和地层破裂压力的要求，建立本井全井段的地层压力剖面。

一、地层压力剖面的确定

为了精确掌握井内各层段的预计地层压力，可以采用以下五种方法建立地层压力曲线：

邻近井的钻井井史和钻井液密度；综合录井资料；邻近井的电测资料解释评价；邻近井的 *dc* 指数曲线；所在地区地震波传播时间。

1. 邻近井的钻井井史和钻井液密度

邻近井钻井液密度是地质工程设计的重要参考。钻井过程中所发生的任何井下问题如井涌、井漏、压差卡钻等都会在钻井井史中进行记录和描述，对于设计以及在钻井中可能遇到的复杂情况有着重要的提示作用。另外，井史中还列出了套管资料、钻头使用记录等资料，对地质工程设计的制定均有重要参考价值。为了减少复杂情况，在那些易出现故障的页岩（裂缝的、脆性的）层段，钻井液密度使用可能偏高。因此从钻井液记录与钻井井史中所得的资料需要进行分析修正，特别是对于有断层和坍塌等的地层。

2. 其他电测方法

除综合录井资料、d_c 指数或 σ 曲线等方法外，用于预测地层压力的电测方法还有：

（1）电导率测井；

（2）声波测井；

（3）密度测井；

（4）孔隙度测井。

在没有邻近井作参考的地区，就必须通过地震数据，将地震波在层段传播时间，分析解释以后，用层段地震波传播速度，标定成地层压力梯度或当量钻井液密度。

选用以上方法，作出如图 4－1 所示的地层压力剖面。

二、地层破裂压力的确定

在钻井施工中，钻井液密度必须满足平衡地层压力的要求，但是，过高的钻井液密度会使较弱的地层产生裂缝，造成井漏或地表窜通。除导致钻井液损失外，还会降低井内的液柱压力，形成井喷的条件，合理的钻井液密度应该是略大于（平衡）地层压力，大于坍塌压力，而小于破裂压力、漏失压力。

因此，在预测地层孔隙压力的同时，还应预测全井段的地层破裂压力，并一同画在地层压力剖面上。

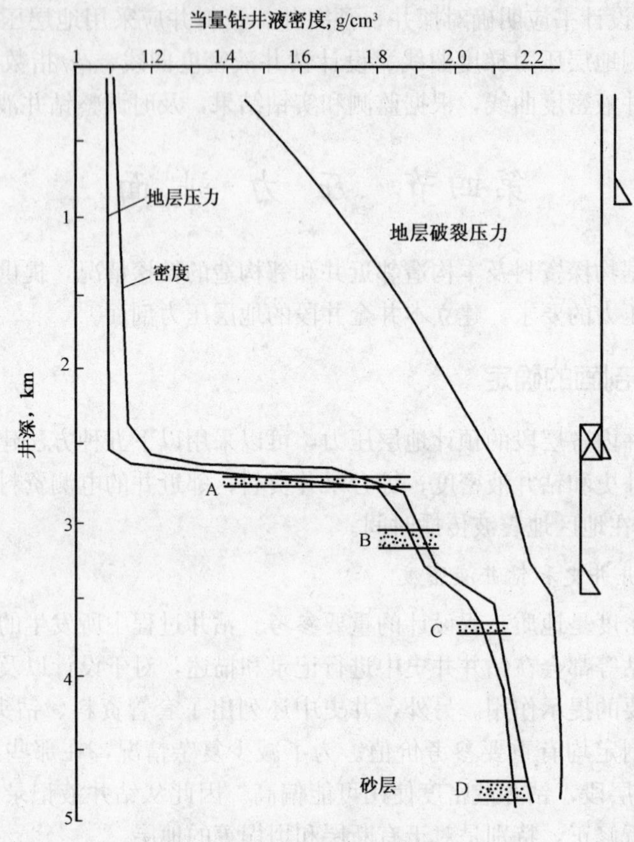

图 4-1　地层压力剖面

第五节　套管程序的确定

一、套管的功能

科学地确定套管层次及下入深度，对钻井的经济性和安全性有着重要意义。套管的主要功能如下：

(1) 保护淡水层，封隔非胶结地层；

(2) 封隔易坍塌和井眼稳定性差，易出故障的井段；

(3) 避免高低压层同在一裸眼井段，喷层和漏失层同在一井段；

(4) 为油气生产提供通道，为井下作业提供施工条件。

二、套管的种类

地层孔隙压力梯度、破裂压力梯度、有效钻井液密度是选择套管程序的重要依据。

1. 结构管

结构管既可以击入地表，也可以钻入地表，主要是保护井架基础。

2. 导管

导管用来封隔地表疏松不胶结的地层，并提供一个耐久的套管坐放位置。

3. 表层套管

表层套管应满足井控安全，封固浅水层、疏松地层、砾石层的要求，且其坐入稳固岩层应不少于10m，固井水泥应自环空返至地面。下入深度依地区情况而定。

4. 中间套管或技术套管

技术套管用于封隔上部复杂地层，以便能够用设计的钻井液密度钻开下部地层。当下部钻井液密度所形成的液柱压力接近上一层套管鞋处的破裂压力时，就应下技术套管，否则可能产生井漏。当高压层在低压层上部时，技术套管应下过高压层以便能以较低密度的钻井液钻开低压层。这样，既保证了上部地层不发生井控问题，又可以防止损害下部油气层，提高机械钻速。

《中国石油天然气集团公司关于进一步加强井控工作的实施意见》明确要求："当裸眼井段不同压力系统的压力梯度差值超过0.3MPa/100m，或采用膨胀管等工艺措施仍不能解除严重井漏时，应下技术套管封隔。"并且"技术套管的材质、强度、扣型、管串结构设计（包括钢级、壁厚以及扶正器等附件）应满足封固复杂井段、固井工艺、井控安全以及下一步钻井中应对相应地层不同流体的要求。水泥应返至套管中性（和）点以上300m；'三高'油气井的技术套管水泥应返至上一级套管内或地面"。

5. 油层套管

具有生产能力的油气层，完井时应根据油气生产的要求下入生产套管，并采取相应的完井形式。

按照《中国石油天然气集团公司关于进一步加强井控工作的实施意见》的要求："油层套管的材质、强度、扣型、管串结构设计（包括钢级、壁厚以及扶正器等附件）应满足固井、完井、井下作业及油（气）生产的要求，水泥应返至技术套管内或油、气、水层以上300m。'三高'油气井油（气）层套管和固井水泥应具有抗酸性气体腐蚀能力，应采取相应工艺措施使固井水泥返到上一级套管内，并且其形成的水泥环顶面应高出已经被技术套管封固了的喷、漏、塌、卡、碎地层以及全角变化率超出设计要求的井段以上100m"。

三、套管下入深度和层次的确定

1. 确定套管下入深度和层次的原则

（1）分别封固所钻井剖面内的各个复杂不稳定井段；

（2）控制裸眼段长度，减少钻井复杂和事故；

（3）提高钻井速度，降低钻井成本；

（4）有利于发现和保护油气层；

（5）延长油气井寿命。

2. 确定套管下入深度需要的资料和基础数据

（1）岩性、压力剖面。

（2）操作安全系数，即控制抽汲压力减小值和激动压力增加值。

（3）压力异常井段。在压力异常井段，压差卡套管最容易发生在渗透性高、地层孔隙压力小的层段。

（4）允许压差。

（5）必须封固的复杂不稳定井段。根据地层压力剖面确定套管层次后，由于影响钻进的复杂因素并不能全部反映到压力剖面上，如易吸水膨胀坍塌的泥页岩、含蒙脱石的泥页岩、岩膏层、盐岩、胶结疏松的砂岩等。同时复杂情况的产生又与钻井液性能、钻井措施、钻井周期等因素有关，若无法采用增加钻井液密度、改进工艺措施等方法解决上述矛盾时，应考虑下入套管封隔。

套管下入具体深度的确定，除采用地区经验外，可利用数学公式进行计算和地层孔隙压力梯度、地层破裂压力梯度随井深变化的曲线，自下而上地确定套管下入深度。

第六节　钻井液设计

一、钻井液体系与性能的选择

钻井液的粘度和静切力必须满足携带岩屑并且在循环停止时悬浮岩屑的需要。适当的粘度与静切力有助于悬浮加重材料，这样可以维持一定的钻井液密度，以便使钻井液的静液柱压力高于地层压力。钻井液密度的确定要根据地层压力并考虑井眼的稳定附加一定的安全值。

所选的钻井液一定要适应于所钻地层，如钻盐岩层应使用盐水钻井液或油基钻井液，以防止钻井液性能变坏或井壁被破坏。又如某些水敏性极强的页岩就需要油基钻井液或油包水钻井液。

二、钻井液成本和处理材料的可控性

钻井液方案包括估算每个井段钻井液的消耗量。在开钻前井场应有足够的处理材料。材料的消耗必须根据每天的维护处理要求进行检查，以保证材料及时供应。另外，所用钻井液处理材料必须是检验合格的产品，在使用之前必须进行小型试验，确保钻井液性能满足设计要求。

三、钻井液性能维护

为了保证钻进和起下钻过程的安全，必须控制钻井液的密度和粘度。做到井壁稳定，既不压漏薄弱地层也不会引起溢流。固控设备如除泥器、除沙器、振动筛及离心机可用来除去钻井液内的有害固相。除气器和液气分离器用来清除侵入钻井液内的气体。

四、对硫化氢的考虑

用于含有硫化氢地层的钻井液既可以是水基的也可以是油基的。在钻含硫化氢地层时，钻井液应加入能中和硫化氢的处理剂，并且要调整钻井液的 pH 值≥9.5，以有效消除钻井

液中的硫化氢。具体要求可查阅 SY/T 5087《含硫化氢油气井安全钻井推荐做法》。

第七节 井控设备选择

井控装备及工具的配套和组合形式、试压标准、安装要求按《中国石油天然气集团公司石油与天然气钻井井控管理规定》执行。

一、井控设备的选择

在选择设备前，需要对地层压力、井眼尺寸、套管尺寸、套管钢级、井身结构等做详尽的了解。

1. 防喷装置的基本组成

防喷装置组合系统是指实施油气井压力控制所需要的所有设备、专用工具和管汇。基本组成应包括：

（1）套管头；

（2）四通；

（3）环形防喷器；

（4）闸板防喷器；

（5）旋转头（旋转防喷器）；

（6）分流器（导流器）；

（7）控制系统；

（8）节流管汇；

（9）压井管汇；

（10）内控管线、放喷管线、钻井液回收管线；

（11）钻井液灌注管线；

（12）辅助及附属设备。

当环形空间发生溢流时，需要关闭闸板防喷器或环形防喷器，以便进行压井。

当井内流体从钻杆内喷出，如果钻具内防喷工具又不能关闭时，可以考虑使用剪切闸板，切断钻具后用全封闸板关井。

2. 防喷装置应满足的要求

（1）能有效地控制环空、钻具水眼，关闭井口。

要求井中必须下入足够的套管，以提供井口装置的支撑和固定，套管必须有足够的抗内压强度，下入深度保证有较高的抗破裂压力，同时无论井中有无钻杆，均能实施关井。

（2）控制流体的释放。

要求各种闸阀、节流阀和管线能在一定的压力下排出钻井液、天然气、原油、盐水。从井中循环出来的钻井液和天然气有分离装置，以及排气管线。

（3）允许向井内泵入流体。

要求必须允许向钻杆内或环空泵入钻井液或其他流体。

（4）允许钻杆有一定运动。

在必要时允许钻杆强行下入井中或从井中起出钻具。

（5）操作方便、安全、灵活可靠。

防喷设备开启、关闭必须灵活，对操作人员安全。

3. 防喷装置组合的额定工作压力

任何防喷装置组合的额定工作压力是由组合中额定工作压力最低的部件所确定的。这个部件可能是套管、套管头、防喷器或其他承受压力的部件。套管抗内压强度和套管鞋下面裸眼地层的承压能力也是确定防喷装置组合额定工作压力时要考虑的因素。

二、监视设备

在钻井作业中用于检测溢流的基本设备仪器有泵冲计数器、钻井液罐[1]液面指示器、流量指示器、气体检测器和起钻监控系统。高难度的外围探井和复杂井，通常需要更好的设备和训练有素的人员，以便连续监控钻井作业。在油田内部打井，因为有许多邻近井资料可利用，同时也已很好地掌握了地层压力情况，所以只需要基本的监测设备。

三、钻井液处理设备

为了使钻井液维持良好的状态并减少处理成本，必须使用各种处理设备。大多数作业所需要的设备有除气器、液气分离器、除泥器、除砂器、离心机和振动筛。

四、用于防硫化氢的特殊设备仪器

在有硫化氢的地区钻井作业，必须有检测与监控硫化氢的仪器。这些设备系统在硫化氢浓度超过规定浓度时能发出声光警告信号。此外，为保护操作人员，应配备正压式空气呼吸器等防护设备。

第八节　应 急 计 划

一、应急计划

应急计划总的原则是必须保证人员安全。这不仅包括施工现场有关人员，还包括施工井周边群众的安全，同时控制污染，保护环境，防止次生事故发生，恢复施工井的控制，抢救生产设施。在制定应急计划时要考虑执行以下处理原则：

（1）疏散周边群众及现场无关人员，最大限度减少人员伤亡；

（2）保护环境，防止污染；

（3）阻断危险源，防止次生事故发生；

（4）保持通信畅通，随时掌握险情动态；

---

[1] 也称为钻井液循环罐、循环罐、泥浆罐。

（5）调集救助力量，迅速控制事态发展；

（6）根据现场情况，及时划定危险范围，设立警戒线；

（7）正确分析风险损失，避免人员伤亡；

（8）处理事故险情时，首先考虑人身安全和环境污染，其次应尽可能减少财产损失，按有利于恢复周边群众生活，有利于恢复生产的原则组织应急行动；

（9）成立应急反应组织机构，制定应急反应组织职责；

（10）调集应急器材，组织抢险物资。

在作业施工前，要对全体员工进行系统的健康、安全与环境管理培训。

二、应急预案的内容

应急预案应包括如下内容：

（1）应急救援的组织机构和职责；

（2）参与事故处理的部门和人员；

（3）紧急服务信息，如报警和内外部联络方式；

（4）确定应急救援方案；

（5）制定应急救援及控制措施，包括抢险救护等；

（6）确定有害物料的潜在危险及应采取的对策；

（7）人员的撤离及危险区隔离计划；

（8）应急培训计划和演练要求。

三、应急计划的演练

按照《中国石油天然气集团公司关于进一步加强井控工作的实施意见》的要求，从事“三高”油气井的施工队伍，在施工前要专门安排时间，对全队人员及协同施工人员进行针对“三高”油气井特点的培训、应急预案演练等，建设方要把该培训列入合同之中。“实施意见”还要求，由建设方负责向处于警戒范围内的当地人群进行必要的宣传和培训，并与当地政府进行联系，协调有关事宜。在有“三高”油气井的地区，建设方应组织进行企地联动的应急预案的演练，每年不少于1次。

第九节 满足井控安全的钻前工程及合理的井场布局

从井控安全角度考虑，一口井的井控工作是从钻前工程就已经开始了。在进行钻前工程前，必须考虑季节风向、道路的走向位置，机泵房的方向位置，循环系统的方向位置，油罐、水罐、钻井液储备罐的方向位置，值班房、材料房、地质房的方向位置，放喷管线的走向，等等，进而确定井场的方向位置。

一、井场大门的方向

大门方向应考虑风频、风向，应面向季节风。含硫化氢油气井大门方向，应面向盛行风。一般情况下井架大门方向要朝向南或东南。井场道路应从前方进入，大门方向应面向进入井场道路。

二、井场面积的确定

（1）各类型钻机井场面积见表4－1。

表4－1　各类型钻机井场面积

钻机类型	井场面积，m^2	长度，m	宽度，m
ZJ10	3600	60	60
ZJ20	3900	60	65
ZJ30	4900	70	70
ZJ40	9000	100	90
ZJ50	10000	100	100
ZJ70	12000	120	100
ZJ70以上	＞1200	＞120	＞100

（2）实施欠平衡钻井应在井场两侧分别增加一个面积不小于1000m^2的燃烧池和放喷池，池体深度应在2m以上；池体中心距井口应在75m以上。

（3）在环境敏感地区，如虾池、鱼塘、水库、河流等，应在右侧增加一个专用的体积不小于200m^3的放喷池，池体中心距井口应在75m以上。

（4）在人口稠密地区，最小安全使用面积不低于表4－1中规定数据的80％。进行特殊工艺施工，应根据施工的特殊性适当增加面积。

三、井场设备布置

1．净化系统

（1）循环罐布置在井场的右侧，中心线距井口11～18m。

（2）从振动筛依次向后设置除气器、除砂器、除泥器、离心机，上述设备均要安装在循环罐上。

（3）井场沉砂池、污水池的容积按设计执行，对丛式井、多底井等特殊工艺井应增加容积。

2．发电房及油罐区

（1）机械钻机发电房布置在井场左方，油罐区应布置在井场左后方。发电房与油罐区距离按SY 5225的要求执行。

（2）电动钻机发电房和电控房应放置在井场后方，油罐区应布置在发电机组的后方或左后方。发电房与油罐区距离按SY 5225的要求执行。

四、井控设备

（1）防喷器远控台应安装在面对井架大门左侧，距离井口不小于25m的专用活动房内，并在周围保持2m以上的人行通道。

（2）压井管汇放置在井场左侧，节流管汇放置在井场右侧。技术要求按SY/T 5323的要求执行。

(3) 放喷管线设置按 SY 5225 要求执行。含硫化氢油气井放喷管线的设置按 SY/T 5087 的要求执行。

(4) 液气分离器应安装在井场右侧距井口 11～14m 的地方。

(5) 防喷器远程控制台和备用探照灯应用专线控制。

五、井场主要用房

井场用房的布局应本着“有利生产、因地制宜、合理布局”的原则综合考虑，并按照如下要求：

(1) 综合录井房、地质值班房、钻井液化验房、值班房应摆放在大门右前方。

(2) 锅炉房安装在季节风上风方向，按 SY 5225 要求执行。

(3) 材料房、平台经理房、钻井监督房等井场用房应摆放在有利生产、有利应急处理的位置。

(4) 含硫油气井工程值班房、地质房、钻井液化验房放置的位置按 SY/T 5087 的要求执行。

(5) 野营房应放置在距井场边缘 50m 以外的上风处。

六、井场的主要标志

根据井控工作的要求：

(1) 井场明显处设置“安全第一、预防为主”标志的同时，设置“抽汲就是井喷”的标志。

(2) 在压井管汇、节流管汇、高压阀门等处设置“禁止乱动阀门”的标志。

(3) 在钻台、坐岗房设置“严禁抽汲、防止井喷”的标志。

(4) 在井场有关部位设置“逃生路线”的标志，在井场上风口位置设置“紧急集合点”的标志，上述安全标志图案必须符合 SY 6355 的要求。

(5) 关于欠平衡钻井井场布置的有关要求按 SY/T 6543、SY/T 6551、Q/CNPC 63.1、Q/CNPC 63.2 执行。

第十节　辽河油区井控风险分析及井喷失控的应急处理

辽河油田地质条件十分复杂，具有多断裂、多断块、多套含油层系、多种储层岩性和多种油藏类型、多种油品性质的复式油气区。原油性质主要有稀油、普通稠油、特稠油、超稠油和高凝油，油品类型多，井深差异大，并且在井控技术实施上存在风险转换，因此，给辽河油田钻井施工带来很大的井控风险。以全油田 153 个三级地质断块地层资料为基础，查阅历年来钻井井控工作的经验教训，总结自 1982 年以来 42 口井钻井施工中出现的井涌、井喷事故，及目前地层压力情况、井场周边环境，将辽河油区钻井井控划分为三个级别。

一、影响钻井井控的主要因素

(1) 随着油田的深度开发、压力亏空，大多数区块以低压油藏为主，特别是稠油、高凝油油藏，如冷家油田和高升油田的高2、高3块，储层压力系数降到0.4以下。

（2）部分区块异常高压，如牛17块深层地层压力系数高达1.60。此外，部分调整区块受注水（注汽）的影响，地层局部压力升高，如曙三、四区部分断块压力系数达1.40以上。

（3）由于多轮次调整，造成地层间压力系数差异增大，产生异常高压和异常低压同时存在的情况。调整区块钻井井控工作难度在于地层压力不均衡，井井不同，搞清地层压力、选择合适的钻井液密度还得不断摸索试验。冷东地区钻调整井下喷上漏现象时有发生。

（4）浅气层分布广，局部地区浅气层活跃、压力高、反应快、处理难，而且浅井段易抽汲更增加了井控工作难度，如荣兴、黄金带、边台子、小北河地区。

（5）稠油注汽、SAGD、蒸汽驱等工艺的需要，停注、泄压有时有待时日，确保井控安全和固井质量需要周密的整体部署。

（6）辽河油田位于富裕的辽南平原，水系发达，稻田、苇田、蟹田立体农业局限了井控设备的空间，与中石油井控技术规定的要求有差距。

（7）辽河地区每年的11月到次年3月，气温基本在0℃以下，防冻保温期长达四个月之久。

（8）复杂结构井、特殊工艺井逐年增多。

随着辽河油田勘探开发的需要和钻井工艺技术的不断进步，复杂结构井、特殊工艺井逐年增多。水平井技术已成为辽河油田钻井技术进步的主要标志，水平井已经占到开发井总数的40%以上，欠平衡钻井占探井总数的20%，多分支井、鱼骨井、SAGD水平观察井、大斜度井，等等，给井控工作带来了新的挑战。2007年实施水平井202口，其井数居中石油之最。其中实施多分支井2口、鱼骨井11口、特殊要求的SAGD水平观察井8口。这些井钻井井控难度在于水平井（或大斜度、大位移井）产层裸露面积大、产量高，以及单位长度井段压力梯度的不均等性造成溢流处理难度增加，给井控工作带来了新的挑战。

2008年完钻的静52－H1Z是一口鱼骨分支水平井，其两项指标居中国石油之最，分支数量最多、储层内水平井段总进尺最长。完钻井深4244m，总进尺7587m，主水平段长1000m，20个鱼骨分支，累计水平段长达4522m。边台-H3Z井设计两个分支，每个分支5个鱼骨分支，该井是第一口“分支＋鱼骨”的复杂结构井。兴古7块采用水平井、大位移井钻井技术整体开发，地处城区高危地区，钻井井控安全问题尤为敏感。

中国石油全面推广欠平衡钻井技术给钻井井控工作提出了更高的要求。欠平衡钻井与常规井井控有相同之处，也有不同之处。不同之处在于常规井是不允许地层流体产出，而欠平衡钻井却允许让地层流体进入井筒；二者相同之处在于无论是常规井还是欠平衡钻井，都必须在井口有控制的条件下安全实施。2007年辽河油田完成欠平衡钻井8口，2008年完成7口。

辽河油田有记录以来发生井涌、井喷的井42口，这42口发生井涌、井喷事故井的原因划分为：由于注水引起的有12口，抽汲18口，钻井液密度设计低5口，井漏2口，浅气层3口，意识不强2口。

统计全油区153个三级地质断块，稠油、超稠油断块59个，高凝油21个，稀油72个。含有浅气层区块34个，出现过硫化氢区块12个。

二、钻井井控安全分析

(1) 井喷。

地层压力高、流体流动性强；钻井液密度低；未安装井口防喷设施，或安装不合格；钻遇地质未预测到的高压圈闭；录井过程中由于人员设备仪器等因素造成监测记录错误、通报不及时等引发的事故以及起钻不及时灌浆造成压力失衡。

(2) 井喷失控引发火灾爆炸。

防喷装置未安装、防喷装置安装不合格、防喷装置失效、钻井液密度设计偏低等原因导致井喷；电、气焊作业产生的高热工件及火花，氧气瓶与乙炔瓶混放或爆炸，电路短路，动用明火无可靠的防火措施，焊接易燃易爆容器，未采取相应的防范措施，油品滴漏，燃烧废料，电气短路、违章动火、吸烟等原因导致明火产生。

(3) 火灾爆炸。

电、气焊作业产生的高热工件及火花；氧气瓶与乙炔瓶混放或暴晒；电路短路；动用明火无可靠的防火措施；焊接易燃易爆容器，未采取相应的防范措施；油品滴漏；燃烧废料；录井过程发生电气短路，违章动火、吸烟等。

(4) 井漏。

地层压力异常低；钻井液密度高于地层破裂压力梯度，压漏地层；下放钻具、套管速度过快，开泵过猛，憋漏地层。固井注液压力高于地层破裂压力梯度。

(5) 硫化氢中毒。

地层中的硫化氢随钻井液返出地面；钻遇地质未预测到的圈闭高压含硫化氢，随地层流体至地面；未按要求做好硫化氢防护工作；录井人员未及时将结果上报。

综合以上分析，将各种危险有害因素的危险指数排序后可知，井漏事故为危险系数相对较低的事故，井喷和火灾爆炸事故是危险系数很高的事故，井喷失控火灾爆炸事故和硫化氢中毒事故，其危害后果十分严重，必须制定完备措施加以重点防范。

为避免事故发生的途径主要有以下几点：严格控制区域内明火、保证防喷装置合格有效、钻井液密度设计合理、严格按规程作业是防止井喷失控火灾爆炸事故的较佳途径。

三、一级井控风险级别

1. 一级风险划分区块

三高井、区域预探井、欠平衡钻井。

牛心陀（牛居深层）、曙二区、曙三区、曙四区、曙采二区东、曙古 1 块、曙古 32 块、曙二区大凌河区块、兴古 7 块、边台子、前进区块、龙 11 块、黄金带、荣兴屯等区块部署的开发井、调整井（含侧钻井）。

2. 井控风险分析

“三高”井是指：(1) 高压油气井；(2) 高含硫化氢油气井；(3) 高危地区油气井。三高井一旦发生井喷失控事故危害极大，易造成重大危害广大人民生命财产安全的恶性事故，重蹈“12·23”事故覆辙。

区域预探井均不同程度存在地下不可预知因素，井下压力情况不清楚，含油藏资料不清楚，地质条件不清楚，对于钻井工程来讲存在隐蔽性井控安全风险。特殊工艺井在钻井施工上与常规井相比有所不同，给井控工作带来新的要求。

黄金带、荣兴屯、前进区块历史上在钻井施工过程中发生过井涌、井喷事故，有前28-更22井，黄202井。边台子区块含有浅气层，储层气油比高，发生过井喷事故，有边37-124井。牛居深层、曙4区地层压力高，牛17s井压力系数达1.60；兴古7块地面处于兴隆台城区，曙采区块周边大都有居民，曙三、四区块地区局部存在高压，属“三高”井范畴。

3. 井控装备组合

井口组合（自下而上）：

（1）套管头＋四通＋闸板＋万能；

（2）套管头＋剪切闸板＋四通＋闸板＋万能；

（3）套管头＋四通＋闸板＋旋转头；

（4）套管头＋四通＋闸板＋万能＋旋转头；

（5）套管头＋四通＋闸板＋四通＋闸板＋万能＋旋转头。

节流管汇和压井管汇配备符合集团公司井控要求，配套齐全，配备液气分离器和除气器。三高井配备齐全液控装备、点火装置。

4. 井控技术措施

钻井技术措施：依据地质设计中提供的地层压力数据设计合理的井身结构，确定合适的钻井液密度。开钻前要求施工单位依据工程设计作出施工设计、井喷失控应急预案。建设单位要及时做好施工井邻井停注泄压工作。

钻井现场储备高于完井液密度0.10～0.20g/cm³，储备量为井筒容积的1.0～2.0倍(视不同井况决定储备量倍数)，且现场要储备加重材料至少30t。

执行开钻验收和揭油气层验收制度。每次开钻前，由施工单位提出验收申请，钻井建设单位组织相关技术人员、专家进行开钻验收，验收合格后签发开钻许可证。钻开预计油气层前要召开揭油层协作会，由施工单位提出验收申请，建设单位组织专家现场验收，验收合格后签发揭油层许可证。

钻具组合中要依据施工作业条件，由技术人员决定是否安装回压阀。揭开油气层后起钻前要测后效，依据后效情况决定是否起钻。

在揭开预计油气层前100m钻井队要实施值班干部24h值班制度、坐岗制度，每次起下钻均要做低泵冲试验，并做好记录。

5. 监管级别

井控监管级别：局级。由局级井控主管部门参与组织开钻验收工作、设计交底工作和揭油层许可证制度。

四、二级井控风险级别

1. 二级风险划分区块

详探井、评价井、稀油开发井。

高18块、高3块、高二三块、坨19块、齐108块、欢26块、齐古区块、双台子区块、双南区块、欢东油田、海1块、海31块、海19块、洼38块、小22块、小35块、冷42块、冷43块、洼59块、冷41块、杜124块、杜127块、曙68块、齐家区块、杜68块、双18块、冷161块、马70块、欧31块、静北、沈253块、沈259块、曹台、沈95块、静35块、沈267块、安1—安97块、静52块、东胜堡、沈286块、沈628块、沈266块、沈84—安12块、沈67块、沈16块、沈150块、沈161块、沈24块、前3—沈12块、沈179块、前13—前14块、法哈牛、哈3块、哈20块、沈625块、沈257块、沈288、高一区、欧601块、杜301块、曙103块、开38块、马南7块、曙615块、牛74块、茨78块、茨601块、锦22块、海南1块、海南3块、架岭11块、架岭13块、架4—1块、架岭8块等区块部署的开发井、调整井（含侧钻井）。

2. 井控风险分析

该区块有的上部地层存在浅气层，目前地层压力亏空，容易因井漏而引发上部浅气层喷发。有的区块油藏为稀油，在施工过程中因操作不当易引发井喷。稠油区块井由于不能及时停注泄压，钻开目的层后可能造成井涌。

3. 井控装备组合

井口组合（自下而上）：

(1) 套管头＋四通＋闸板；

(2) 套管头＋四通＋闸板＋万能；

(3) 简易套管头＋四通＋闸板。

节流管汇和压井管汇配备符合集团公司井控要求。

4. 井控技术措施

钻井技术措施：依据地质设计中提供的地层压力数据设计合理的井身结构，确定合适的钻井液密度。开钻前要求施工单位制定出可操作的井喷失控应急预案。建设单位要及时做好施工井邻井停注泄压工作。

钻井现场储备高于完井液密度0.02g/cm^3，储备量为井筒容积的0.5倍，且现场要储备加重材料至少30t。

执行开钻验收和揭油气层验收制度。每次开钻前，由施工单位提出验收申请，钻井建设单位组织相关技术人员、专家进行开钻验收，验收合格后签发开钻许可证。钻开预计油气层前要召开揭油层协作会，由施工单位提出验收申请，建设单位组织专家现场验收，验收合格后签发揭油层许可证。

钻具组合中要依据施工作业条件，由技术人员决定是否安装回压阀。揭开油气层后起钻前要测后效，依据后效情况决定是否起钻。

在揭开预计油气层前100m钻井队要实施值班干部24h值班制度、坐岗制度，每次起下钻均要做低泵冲试验，并做好记录。

5. 监管级别

井控监管级别：厂处级。由建设单位组织施工单位开钻验收工作、设计交底工作和揭油层许可证制度。

五、三级井控风险级别

1. 三级风险划分区块

稠油开发井、低压低渗（无浅气层）开发井。

高246块、高3618块、高3624块、高10块、高3－72－108井区、高81块、雷家、雷64块、雷72块、雷39块、坨33块、宋家区块、欢127块、锦16块、洼70块、冷35块、雷46块、杜古潜山、曙采二区莲花油藏、曙66块、曙28块、曙605块、杜48块、杜66块、杜90块、杜255块、杜85块、杜6块、杜81块、曙135块、杜210块、杜239块、杜99块、曙1612块、曙175块、杜80块、曙采一区古潜山、杜67块、曙127454块、杜813块、茨34块、包14块、千9块、锦612块、锦16块、锦612－12－18块、锦2－17－20块、千2块、锦45块、锦98块、锦150块、锦7－33－28块、锦8－32－292块、锦8－33－33块、锦2－11－19块、锦136块、锦7－20－17块、锦607块、杜84块、杜32块、齐40块等区块部署的开发井、调整井（含侧钻井）。

2. 井控风险分析

该风险级别的区块大部分为稠油、超稠油区块，部分稀油区块上部也没有浅气层或溶解气顶。地面井厂环境不属于“三高”井范畴，相对来讲井控风险小些。

3. 井控装备组合

井口组合（自下而上）：

(1) 简易套管头＋四通＋闸板；

(2) 套管头＋四通＋闸板。

节流管汇和压井管汇配备符合集团公司井控要求。

4. 井控技术措施

钻井技术措施：依据地质设计中提供的地层压力数据设计合理的井身结构，确定合适的钻井液密度。开钻前要求施工单位制定出可操作的井喷失控应急预案。建设单位要及时做好施工井邻井停注泄压工作。

钻井现场储备加重材料至少30t。揭开油气层后起钻前要测后效，依据后效情况决定是否起钻。

执行开钻验收和揭油气层验收制度。每次开钻前，由施工单位提出验收申请，钻井建设单位组织相关技术人员、专家进行开钻验收，验收合格后签发开钻许可证。钻开预计油气层前要召开揭油层协作会，由施工单位提出验收申请，建设单位组织专家现场验收，验收合格后签发揭油层许可证。

在揭开预计油气层前100m钻井队要实施值班干部24h值班制度、坐岗制度，每次起下钻均要做低泵冲试验，并做好记录。

5. 监管级别划分

井控监管级别：厂处级。由建设单位组织施工单位开钻验收工作、设计交底工作和揭油层许可证制度。

六、井喷失控的应急处理

1. 发生井喷失控

（1）启动辽河油区井喷事故应急预案。现场应急指挥部根据所掌握的油气流喷势大小，井口设备及钻具的损坏程度，结合对钻井地质资料的分析，制定出有效的抢险方案，调集抢险人员、设备，在统一指挥下，组织和协调抢险工作。

（2）划定警戒区。根据喷势、风向、喷出物类型，把以井口为中心，以危险距离为半径的若干地区化为警戒区。测定井口周围及附近天然气、H_2S和CO_2的含量，划分安全范围。与当地政府联系，疏散人员，严格警戒。井喷失控后，井场能拖走的油罐、井场房、钻具、爬犁等一律拖走。井场工作的拖拉机、水泥车、消防车、吊车、卡车等设备一律处于上风方向。

（3）保护井口。如果是管内井喷失控，除采取一般的防火措施外，应经防喷器四通向井内注水，并向井口装置及其周围浇水，达到润湿喷流、清除火星的目的。必须准备充足的水源和供水设备。在清除井口周围障碍物及拆除已损坏的井口设备时，不能损坏要利用的井口装置。

（4）防止着火。加强消防警戒工作，在划定的警戒区内，实行严格的用火用电管理，使危险区内无产生火星的可能。应连续向井口内外强行注水冷却。

（5）保护环境。井喷失控事故抢险方案的制订及实施，必须重视环境保护，要把环境保护同时考虑，同时实施，防止出现次生环境事故。

（6）含硫化氢井的处置。含硫化氢井井喷失控后，在人员生命受到巨大威胁、人员撤离无望、失控井无希望得到控制的情况下，作为最后手段应按抢险作业程序对油气井井口实施点火。油气井点火决策人由现场应急指挥部总负责人担任。

（7）压井或投产。根据井喷失控的不同情况（三种情况：内部喷出而环空不喷，或者环空已经控制；钻杆内外都喷，但套管外不喷；套管外发生井喷），应采取不同的措施压井。对具备投产条件的井，经批准可坐钻杆挂以原钻具完井。

2. 井喷失控着火的紧急处理

除执行上述井喷失控处理的一些措施（启动应急预案、划定警戒区、保护井口、保护环境）以外，应采取以下处理方法：

（1）冷却和保护井口。由防喷器四通向井内注水，并向井口装置喷水。若水源不足，在地层及井场条件允许的情况下，可在井口周围拦坝蓄水，将井口淹没。

（2）清除障碍，暴露井口。清除井口周围妨碍抢险工作的障碍物（转盘、转盘大梁、防溢管、钻具、垮塌的井架等），保证抢险通道的畅通，充分暴露井口。着火井在灭火前应按照先易后难、先外后内、先上后下、逐段切割的原则，采取氧炔焰、电弧、钢锯、水力喷砂切割等办法带火清障；清理工作要根据地理条件、风向等情况，在消防水枪喷射水幕的保护下进行；未着火井要严防着火，清障时要大量喷水，应使用铜制工具。

（3）灭火。可以采用密集水流法、突然改变喷流方向法、空中爆炸法、液态或固态快速灭火剂综合灭火法、罩式综合灭火法以及打救援井等方法扑灭不同程度的油气井大火。密集水流法是其余几种灭火方法须同时采用的基本方法。

（4）新井口装置的准备和要求。设计新井口时，优先考虑安全控制井喷的同时，兼顾后续进行的井口倒换、不压井起下管柱、压井、处理井下事故等作业。新井口装置的压力级别和通径尺寸，应满足现场井口的压力要求。若现有井口底法兰可以利用，在油管头四通或套管头四通及压井管汇完好的情况下，一般可装高压阀门或液压全封防喷器及导流管。若井口装置全部无法利用，则去掉旧井口装置，剥出最后一层套管，倒装防喷器或套管卡紧装置，再装配有液压、手动闸阀的四通，最后装全封防喷器及导流管。

（5）拆除旧井口。挖圆井与通道，暴露表层套管。将导向滑轮支架或绳套固定在适当位置。根据井口压力大小，现场决定支架个数、绞车或拖拉机的使用台数。将各条钢丝加压绳通过导向滑轮、套管底法兰螺孔（如套管底法兰完好），与旧井口装置和拖拉机或绞车连接并拉紧，用大吨位长臂吊车把旧井口装置从其上方吊住。卸完旧井口装置的全部固定螺栓后撤离井口，拖拉机（或绞车）配合吊车松加压绳，吊车将旧井口装置吊走。在此工序中，应选派经过培训的、配合操作熟练的抢险人员进行操作。旧井口已经损坏不能利用的部分必须全部拆除，不留下隐患。要坚决杜绝在拆井口时重新着火，操作要稳，不发生碰撞，所有正在作业的吊车、拖拉机等的排气管必须加防火帽，并连续喷水冷却。

（6）抢装新井口。在套管底法兰、套管头可利用的情况下：将加压绳穿入新井口装置底法兰螺孔，并固定在新井口装置本体上。打开闸阀或全封芯子并吊平，在拖拉机或绞车的配合下，慢慢向井口移动切割气流，对准套管底法兰，拉紧加压钢丝绳，将新井口稳住后，放松吊绳。上紧新井口螺栓，接好放喷管汇，关闭闸阀或全封，控制井喷。接压井管线，组织压井。在套管底法兰损坏或无套管底法兰的情况下：在最后一层套管通孔规则的情况下，可采用插管法压井。可将最后一层套管割修后，装新井口，组织压井。新井口在油气敞喷情况下要便于安装，其内径不小于原井口装置的通径，密封垫环要固定；大通径放喷以尽可能降低回压。

（7）压井。如井内有管柱，按正常方法压井或投产；如井内无管柱或管柱已落于井中，则用回压法或替换法压井。在井口不能承受高压的情况下，只能用不压井起下管柱的方法下入管柱，然后压井。

第五章　溢流的原因、检测与预防

井内压力失去平衡，地层流体将侵入井内，进而发生溢流。发生溢流就会在地面显示出来。只要加强检测，及时发现这些显示，就能及时发现溢流。发现后及时关井，就能防止井喷发生。钻井过程中及时发现溢流并采取正确的操作程序迅速控制井口，是防止发生井喷的关键。其中，争取时间是最重要的因素。

第一节　溢 流 原 因

地层流体大量进入井眼，将发生溢流或井涌。在正常钻进或起下钻作业中，可能由于井底压力小于地层压力，或地层具有良好的渗透性流体流入井内等原因造成溢流或井涌，甚至井喷。

地层压力和地层渗透率不能改变，而为了保持一级井控状态，必须使井底压力大于地层压力。当井底压力比地层压力小时，就存在着负压差值，这种负压差值在遇到高孔隙度、高渗透率或裂缝连通性好的地层，就可能发生溢流或井涌。所以要维持一口井处于有控状态，就必须保证适当的井底压力。而在不同工况下，井底压力是由一种或多种压力构成的一个合力。因此，任何一个或多个引起井底压力降低的因素，都有可能最终导致溢流发生。其中最主要的原因是：起钻时井内未灌满钻井液；钻井液漏失；钻井液密度低；起钻抽汲；地层压力异常；以及其他原因。

钻井液密度偏低，是造成溢流最常见原因。这可能由两方面原因造成：一是在新区域钻井，对地下压力情况掌握不准，发生溢流没有及时发现；二是在油田老区钻井时，认为地层比较熟悉，对井控重视程度不够。有时，为了发现和保护油气层而不合理地降低钻井液密度，也是造成井涌和井喷的根源。根据统计，溢流和井喷事故多发生在起下钻作业过程中。

一、起钻时井内未灌满钻井液

起钻过程中，由于钻柱的起出，钻柱在井内的体积减少，井内的钻井液液面下降，静液压力就会减少。在裸眼井段，只要静液压力低于地层压力，溢流就可能发生。

起钻过程中，需要及时准确地向井内灌满钻井液以维持足够的静液压力。灌入的钻井液体积应等于起出的钻具体积。起出钻具体积，也就是钻具的排替量，即钻具本身体积所代换的等量钻井液体积。对普通尺寸的钻杆和钻铤应以钻具体积表的数据为准，也可由下面的公式计算：

$$排替量(m^3/m) = 7.854 \times 10^{-7} \times (外径^2 - 内径^2)$$

钻具的体积取决于每段钻具的长度、外径、内径，由于受钻杆接箍和内外加厚等因素的影响，计算结果与实际有一定的误差。常用标准钻杆体积见表 5-1。

由于某种原因造成钻头水眼堵或钻具水眼堵，这种情况下灌入的钻井液体积应等于所起出钻具的排替量与内容积之和。对于钻具的内容积，可以从钻具体积表中查出，也可以用下面的公式来计算：

$$内容积(m^3/m) = 7.854 \times 10^{-7} \times 内径^2$$

此时，灌浆量（m^3/m）＝排替量＋内容积＝$7.854 \times 10^{-7} \times 外径^2$

表 5-1　常用标准钻杆体积

通径尺寸 mm (in)	壁厚 mm	名义重量 kg/m	平均实际重量 kg/m	每米排替量 L/m	组成 27.4m 长立柱时排替量		
					一柱	五柱	十柱
73.0 (2⅞)	5.5	10.20	10.91	1.39	38.2	191	382
	9.2	15.49	16.22	2.07	56.8	284	568
88.9 (3½)	6.5	14.15	15.23	1.95	53.6	268	536
	9.3	19.81	20.53	2.63	72	360	720
	11.4	23.08	23.96	3.06	83.9	420	839
114.3 (4½)	6.9	20.48	22.44	2.87	78.7	393	785
	8.6	24.72	26.49	3.38	82.7	413	827
	10.9	29.79	32.14	4.05	111	555	1110
127.0 (5)	7.5	24.18	26.33	3.36	92.2	461	922
	9.2	29.04	30.65	3.92	107	537	1073

实际灌入钻井液的体积可以用钻井液补充罐、泵冲数计数器、流量计、钻井液罐液面指示器等装置中的一种进行测量。

钻井液补充罐是最可靠的测量设备。钻井液补充罐容积通常为 1.6～6.4m^3，刻度一般为 80L/格（0.5bbl）左右，以便能够在钻台上看清楚。当补充罐内钻井液灌入井内后，再从循环罐内向其补充钻井液。这样就可以实现对灌入量的双重监测。最普通的钻井液补充罐是重力灌注式罐。为了使补充罐工作正常，其出口管必须高于井口的进口。为了便于靠重力把钻井液从罐内放出，通常把罐装在高架上。因为罐内的钻井液面高于出口管线，所以要用阀门来控制钻井液的灌注。这种重力补充罐不能连续地向井内灌钻井液。另一种补充罐是使用一个离心泵把钻井液从罐内打到井里，井里溢出的钻井液返回到罐里。这种罐可以连续进行灌注，而且罐可以放置在地面上，方便安装。

通过泵冲数来计量泵入井内的钻井液量时，要准确记录泵的每冲排量和泵效率，这就需要定期校验泵效率。

使用流量计也可以监控灌注量。但大多数流量计的精确度容易受钻井液性能的影响，如果没有校正和适当的保养就可能得不到准确的数值。

钻井液罐液面指示器也可以显示灌入量。但如果钻井泵同时从几个罐内抽取钻井液，这时液面的变化不容易检测出。所以在起下钻灌入钻井液时，最好单独隔离一个罐，以提高计量的准确度。

不论使用哪种灌注设备，灌入的钻井液量必须与起出的钻具体积进行比较，要保证其数值相等。如果二者数据不相等，要立即停止起钻作业，查找原因，并视具体情况采取相应措施。为保证起钻灌入钻井液工作及时准确地执行，必须指定专人在起下钻时专门负责这项工作。同时，要遵循以下灌钻井液的基本原则：

（1）连续灌入钻井液或至少每起出 3～5 个立柱的钻杆，起出一个立柱的钻铤时，应检查一次灌入的钻井液量。在起钻过程中决不能让井内的液面下降超过 30m，按照 IADC 规定：灌钻井液前井内的压力下降不能超过 75psi（0.5MPa）。

（2）应当通过灌钻井液的管线向井内灌钻井液，不能用压井管线代替。

（3）钻井液灌注管线在防溢管上的位置不能与井口钻井液返出管线在同一高度。如果两管线在同一高度则经管线灌入的钻井液可能直接从出口管流出，从而误认为井筒已灌满。

二、钻井液漏失

钻井液漏失是指井内钻井液漏入地层，这会引起井内液柱和静液压力下降。由于钻井液密度过高或下钻时的压力激动，使作用于地层上的压力超过地层的破裂压力或漏失压力而发生漏失。在深井、小井眼里使用高粘度的钻井液钻进时，环空压耗过高也可能引起循环漏失。另外，在压力衰竭的砂层、疏松的砂岩以及天然裂缝的碳酸岩中漏失也是很普遍的。由于大量钻井液漏入地层，引起井内液柱高度下降，从而使静液压力和井底压力降低，由此导致溢流发生。

1. 井漏的主要原因

（1）孔洞或裂缝性地层。

（2）异常低压地层。

（3）下钻过快造成压力波动。

（4）泥包钻头或泥页岩井壁缩径造成激动压力过大。

（5）环空摩阻过高。

（6）钻井液切力过高，开泵时引起过高的井内压力。

（7）套管破损。

（8）其他原因。

2. 减少漏失的一般原则

（1）设计好井身结构，正确确定套管下深。

（2）做地层破裂压力试验和地层承压能力试验，提高地层承压能力。

地层承压能力试验一般是在即将钻开目的层之前进行的，其目的就是检验上部裸眼井段的地层承压能力，保证钻开目的层提高钻井液密度后不会出现井漏。若地层承压能力过低，可通过堵漏等措施来提高地层承压能力，直到满足钻开油气层所需的承压能力要求。

（3）在下钻时控制下钻速度，将激动压力减至最小，并分段循环，缓慢开泵，降低由于钻井液由静止到流动所引起的过高循环压力损失。

（4）保持好钻井液性能，使其粘度和静切力维持在最佳值上，减小激动压力的同时，保证钻井液对岩屑的悬浮携带能力。

三、钻井液密度低

钻井液密度下降是导致溢流的一个最常见的原因。这样引起的溢流比较容易控制，并且很少导致井喷。钻井液密度偏低而产生的溢流是在突然钻遇高压层，地层压力高于钻井液静液压力条件下发生的。特别是为了获得高的机械钻速，降低了钻井成本和保护油气层而使用较低密度的钻井液时，发生溢流的可能性更大。

钻井液密度下降通常是由以下几种原因引起的：

（1）钻开异常高压油气层时，油气侵入钻井液，引起钻井液密度下降，静液压力降低。发现此情况，应及时除气，不要把气侵钻井液再重复循环到井内，同时调整钻井液密度，平衡产层压力，防止发生溢流。

（2）处理事故时，向井内泵入原油或柴油，造成静液压力减小。因此，在处理事故向井内注油时，应进行压力校核，若原油不能平衡产层压力时，应注解卡剂。

（3）钻井液混油造成静液压力下降。向井内钻井液混油以减小摩阻时，要控制混油速度，并校核压力是否平衡。

（4）钻井液性能做大处理时，未能做好压力平衡计算或未按设计程序处理，造成钻井液密度下降。

（5）岗位人员责任心不强，未及时发现清水或胶液混入钻井液罐内等。

四、起钻抽汲

起钻抽汲作用会降低井底压力，当井底压力低于地层压力时，就会造成溢流。这是由于钻井液粘附在钻具外壁上并随钻具上移，同时，钻井液要向下流动，填补钻具上提后下部空间，由于钻井液的流动没有钻具上提得快，这样就在钻头下方造成一个抽汲空间并产生压力降，从而产生抽汲作用。

抽汲压力主要受管柱结构、井身结构和井眼尺寸、起钻速度、钻井液性能、钻头或扶正器泥包等因素的影响。假设某井井深4500m，井眼直径216mm，钻杆外径127mm，钻井液密度1.5g/cm^3，$R_{600}=78$，$R_{300}=52$，钻铤178mm×75.48m，159mm×103.58m，水眼12.7mm×3。不同起钻速度下的抽汲压力值如表5-2所示。

表5-2　不同起钻速度下的抽汲压力值

起钻速度 m/s	0.1	0.2	0.3	0.4	0.5	0.6	0.7	0.8	0.9
抽汲压力 MPa	1.36	1.85	2.25	2.57	2.87	3.07	3.24	3.45	3.58
当量密度 g/cm^3	0.03	0.041	0.05	0.057	0.064	0.068	0.072	0.078	0.08

可见，起钻时抽汲压力很可能造成井底压力小于地层压力，并引起溢流。所以，起钻前应检查井底压力能否平衡地层压力，判断是否会发生抽汲溢流。检查方法如下。

1. 短程起下钻法

短程起下钻有两种基本做法：

(1) 一般情况下试起10～15柱钻具，再下入井底循环一周以上，观察并测量返出的钻井液，若钻井液无油气侵，或根据油气上窜时间判断，若满足起钻要求，则可正式起钻；否则，应循环排除油气侵，并适当提高钻井液密度，以达到起钻过程中不发生溢流的目的。

(2) 特殊情况时（需长时间停止循环或井下复杂时），将钻具起至套管鞋内或安全井段，停泵检查一个起下钻周期或需停泵工作时间，若井口无外溢，则再下入井底循环一周以上，正常后起钻。

2. 核对灌入井内的钻井液量

在整个起钻过程中，均要坚持坐岗观察核对钻井液灌入量与起出钻具体积之间的关系。如果灌入井内的钻井液小于起出钻具的排替量时，则说明由于抽汲发生了溢流。这时应立即关井检查，排除溢流。

为减小起钻因抽汲作用对井底压力的影响，保证井下安全，应遵循以下原则：

(1) 尽量维持钻井液静液压力稍微高于地层压力（这种超出的压力叫做起钻安全值）；

(2) 降低起钻速度，减小抽汲压力的影响；

(3) 使钻井液粘度、静切力保持在最佳水平，同时防止钻头泥包；

(4) 用钻井液补充罐、泵冲数计数器、流量计或钻井液罐液面指示器来计量灌液量，及时判断是否出现抽汲溢流。

五、地层压力异常

钻遇异常压力地层并不一定会直接引起溢流。如果钻井液密度低或其他原因造成井底压力小于地层压力，则会引起溢流发生。

因此，在钻井过程中，特别是在探井的钻井过程中，要做好随钻压力监测，准确判断地层压力。现场可根据监测结果，及时调整钻井液密度和有关技术措施。

其次，井控装备选择、安装要符合SY/T 5964和《中国石油天然气集团公司石油与天然气钻井井控管理规定》的要求，并按规定进行日常的维护、检查和试压，保证井控装备处于良好的工作状态。

另外，现场的作业人员要具备进行二次井控的技术能力。严格执行坐岗制度以保证及时发现溢流。通过平时的防喷演习熟练掌握关井程序，确保在发现溢流后能正确地关井。掌握基本的常规压井方法，保证关井后能及时恢复井内的压力平衡。

六、其他原因

在多数情况下，溢流可能是由于上述原因引起的，但还有其他一些情况，也可能造成井内静液压力不足以平衡或超过地层压力，如：

(1) 中途测试控制不好；

(2) 与邻井“相碰”并钻穿；

(3) 以过快的速度钻穿含油、气层；

（4）射孔时控制不好；

（5）固井时，水泥浆失重。

第二节　溢流显示

有溢流必定有溢流的显示，在钻井现场可观察到一些由井下反映到地面的信号，识别这些信号对及时发现溢流十分重要。有些信号并不能确切证明是溢流，但它却警告可能发生了溢流。根据信号对监测溢流的重要性和可靠性，分为疑似溢流显示（间接显示）和溢流显示（直接显示）两类。

一、疑似溢流显示（间接显示）

1. 钻速突然加快或放空

这是可能钻遇到异常高压油气层的征兆。当钻遇异常高压地层过渡带时，地层孔隙率增大，破碎单位体积岩石所需能量减小，同时井底正压差减小也有利于井底清岩，此时钻速会突然加快。钻遇碳酸盐岩裂缝发育层段或钻遇溶洞时，往往发生蹩跳钻或钻进放空现象。所以，钻速突然加快或放空是可能发生溢流的前奏，但钻速突快也可能是所钻地层岩性发生变化导致的，因此并不能肯定要发生溢流。

一般情况下，钻时比正常钻时快 1/3 时，即为钻速突快。钻遇到钻速突快地层，进尺不能超过 1m，地质录井人员应及时通知司钻停钻观察，如放空到底后，停钻上提钻柱，检测是否发生溢流。

2. 泵压下降，泵速增加

发生这种现象，应立即检查出口流量和钻井泵，如泵无问题，出口流量增加则是溢流顶替井内钻井液上返；如果返出量正常则可能是钻具刺坏。

井内发生溢流后，若侵入流体密度小于钻井液密度，钻柱内液柱压力就会大于环空液柱压力，由于“U”型管效应使钻具内的钻井液向环空流动，故泵压下降。气体沿环空上返时体积膨胀，使环空压耗减小，也会使泵压下降。泵压下降后，泵负荷减小，则泵速增加。

3. 钻具悬重发生变化

天然气侵入井内后，使环空钻井液平均密度下降，钻具所受浮力减小而悬重增加。若溢流为盐水时，其密度小于钻井液密度则悬重增加，其密度大于钻井液密度则悬重减小。地层的油气流体通常会使钻井液密度减小，因而悬重增加。

4. 钻井液性能发生变化

井口返出的钻井液性能发生变化，有可能发生了溢流。油或气侵入钻井液，会使钻井液密度下降，粘度升高；地层水侵入钻井液，会使钻井液密度和粘度都下降。钻井液中还有油花、气泡、油味或硫化氢味等。但应注意，有时钻井泵吸入了空气，或加水处理钻井液，也会使井内钻井液密度下降。

5. 气测烃类含量升高或氯离子含量增高

在钻井过程中，气测烃类含量升高，说明有油气进入井内，如氯离子含量增高，可能是地层水进入井筒。

6. dc 指数减小

正常情况下，随着井深的增加，dc 指数越来越大。如果 dc 指数减小，则可能是钻遇到异常高压地层的显示。

7. 岩屑尺寸加大

随着正压差减少，大块页岩将开始坍塌，这些坍塌造成的岩屑比正常岩屑大一些，多呈长条状，带棱角。

二、溢流显示（直接显示）

1. 出口管线内钻井液流速增加，返出量增加

地层压力大于井底压力时，地层流体流入井内，增加了环空上返速度。天然气临近井口时因压力降低而快速膨胀，使出口管线内的钻井液流速加快，流量增加。

2. 停泵后井口钻井液外溢

停止循环后，井口钻井液外溢，说明发生了溢流。但应注意井筒中钻柱内外钻井液密度不一致，钻柱内钻井液密度比环空钻井液密度高时，停泵钻井液也会外溢。

3. 钻井液罐液面上升

钻井液罐液面升高是发现溢流的一个可靠信号。罐内钻井液的增量，就是井内已侵入的地层流体量，即溢流量，其大小取决于地层的渗透率、孔隙度和井底压差。地层渗透性高、孔隙度好，地层流体向井内流动快；反之流动慢。井底欠平衡量越大，溢流越严重。地层流体进入井内的条件不同，液面升高的速度也不同。钻井液罐液面升高有五种形式：

（1）钻开高渗透性的高压油气层时，井底压力欠平衡量较大，钻井液从井内快速流出，钻井液罐液面快速升高。从井内返出大量钻井液之前，钻井液并无油气侵显示，通常会有钻进放空现象。这是最危险的溢流。

（2）钻开高渗透性的油气层时，井底压力欠平衡量小，地层流体进入井内的速度开始很小，钻井液罐液面升高也很慢，但随着井内侵入的地层流体增加，欠平衡量增大，钻井液快速从井内流出，钻井液罐液面迅速升高。

（3）钻开低渗透性的高压层时，井底压力处于欠平衡状态，地层流体向井内流动时，受到的阻力大，因而钻井液罐液面升高缓慢。如果压差很小，常有气侵显示。

（4）钻开高压气层后，井底处于欠平衡，高压气体侵入井筒。开始时罐内液面上升很慢，随着气体被循环至井口附近时，由于气体体积急剧膨胀，罐内液面快速升高。

（5）起钻过程中，因抽汲导致天然气进入井内，天然气在井内滑脱上升并逐渐膨胀，临近井口迅速膨胀，引起钻井液罐液面变化。这种情况也是非常危险的。

4. 提钻时灌入的钻井液量小于提出钻具体积

起钻时，井内钻井液液面会随起出钻具而相应的下降。如果经计量发现应灌入量减小，说明地层流体也进入井筒，填补了部分起出钻具的空间，当进入井内的流体使全井液柱压力小于地层压力时就会出现溢流。

5. 下钻时返出的钻井液体积大于下入钻具的体积

进入井筒内的气体，在井眼深部时体积增加较小，或受钻井液性能等因素的影响，滑脱上升速度较慢，因此提钻时有可能并未注意到它的影响。到了下钻时，气体有可能已经逐渐上升到井眼上部，其体积膨胀得越来越快，导致溢流现象越来越明显。

对溢流显示的监测应贯穿在井的整个施工过程中。切记，判断溢流一个最明显的信号是：停泵的情况下井口钻井液自动外溢。

第三节　溢流的预防

发生溢流是地层压力的增加或井底压力的减少。不能有效地控制住溢流，就会继续发展成为井涌、井喷，乃至井喷失控。为此，必须在编制钻井设计时，就要对邻近井的资料进行研究分析，查明可能遇到异常压力地层、含 H_2S 等酸性气体地层、地质情况复杂的地层或漏失层等情况。钻井过程中要关注溢流的各种显示和预兆，进行溢流检测，正确分析判断，避免发生溢流、井涌、井喷和井喷失控。

一、编制钻井设计时溢流的预防

在编制钻井工程设计时，首先要收集邻近井资料进行地层对比、地质预报分析，编制压力剖面图、预告异常压力层段。

钻井工程设计中应当明确包括但不限于以下方面：

1. 确定合理的井身结构

依据地层孔隙压力、破裂压力、坍塌压力和蠕变压力曲线确定井身结构。在一个裸眼井段内，不能有压力悬殊的地层存在，尤其不能让喷、漏同时存在，不能让蠕变层与漏失层同时存在。

如果不下技术套管，则表层套管不能下得太少，要考虑到井控工作的需要，套管鞋处的地层破裂压力梯度必须大于目的层的地层孔隙压力梯度。

要考虑施工周期的长短和套管的磨损程度的影响，一直到完井时，套管的抗内压强度必须符合井控工作的要求。

2. 要有比较精确的地层预告

目的层的深度、压力、产量、物性都要预告清楚。特别是新探区更是如此，要预计得高一点，一切准备工作按高一层次进行准备，就可以做到有备无患。在打开目的层以前，地质人员要向工程施工人员进行详细的地层预告交底。

3. 地层压力预测、防喷装置的选择与安装要求

要进行地层压力预测，及早地发现高压层的存在，避免打遭遇战。地层压力预测的方法很多，有 dc 指数法、页岩密度测定法、页岩黏土含量测定法、标准化钻速法等。现场最常用的是 dc 指数法，它是利用泥页岩压实规律和井底压力与地层压力差对机械钻速的影响规律来预测地层压力的。众所周知，机械钻速与钻压、转速、水力因素、钻头类型、钻头尺寸、钻井液性能、地层岩性等因素有关，如果保持其他因素不变，则机械钻速随井底压力与

地层压力之差值的减小而增加。这是因为压力过渡带和高压带岩石欠压实，孔隙度大，同时，高的孔隙压力有助于岩石颗粒脱离岩石母体，而小的压差又减少了岩石的压持效应，因而机械钻速可以加快。根据不同地层压力预测情况，提出井控装备配备与安装使用要求。

4. 加强地质预告

加强钻遇岩性、压力以及可能的井涌地层特性预告。编制出现井涌、井喷时的应急措施、钻井过程中各种井喷预报与显示的提示。

二、钻井过程中溢流的预防

预防溢流的办法包括增加钻井液密度和恢复钻井液液柱高度。机械钻速、录井岩屑以及钻井液性能各种变化可用来检测地层压力。钻井液密度、出口流量、井口液面、槽面的各种变化可用来检测钻井液液柱压力。

1. 要有可靠的井控装置

根据地质设计确定合理的井身结构之后，要以预期的最高地面压力为标准选配井控装置。对于地层压力当量密度在 $1.50g/cm^3$ 以上的高压井、超深井、预探井、工程试验井、海洋钻井及环境保护要求非常严格地区的钻井都要装压力级别高的防喷装置。

为了防止起下钻铤、空井时发生井喷，应配备一根带有回压阀和配合接头的单根，以便应急时使用。

如果使用的是复合钻具，又有足够的防喷器组合，则每一种钻具应配备一套相应的防喷器闸板芯子。如果只有一套闸板防喷器，也要考虑起至不同直径钻具时的封井问题。

有浅气层地区，多数未下表层套管，更无井口防喷装置。一旦发生气体喷出，地面无法控制。应尽快引进用于控制浅气层的膨胀式旋转防喷器、随钻气侵检测装置，及时发现气侵为做好井控赢得时间。

2. 进行地层破裂压力、承压强度试验

一般在下表层套管或技术套管后，在钻开的第一个砂岩井段，要做地层破裂压力强度试验，测定砂岩层的破裂压力梯度，这样，在井喷关井时，作为控制井口压力的依据之一。

钻至油气层以上 50～100m 时，最好做一次裸眼承压试验，此时，不以地层破裂压力为标准，而以预告的油气层孔隙压力为标准，裸露层的压力梯度应不小于油气层的压力梯度，这样，在加重钻井液时可以做到心中有数。

3. 采用合理的钻井液密度

必须使钻井液液柱压力略大于地层压力，这个略大的压力至少要能够抵消起钻时的抽汲压力。打开油气层后，任何时候都不能降低井内液柱压力。必须做到：起钻时或电测起电缆时必须向井内灌钻井液，灌入量应和起出的钻具体积相等，也就是说，井口必须灌满。裸眼长度大的井，往往有渗透性漏失，因此在长期停工的情况下，也必须定时向井内灌钻井液。气侵钻井液必须除气，恢复原来的钻井液密度。下雨时或搞清洁卫生时，严禁把清水混入钻井液。装有回压阀的钻具或套管在下钻时，必须先灌满管内容积，然后才能开泵循环，避免把空气混入钻井液中。卡钻后，不能因注解卡剂降低井底压力。

4. 钻开油气层前的准备工作

钻开油气层前，要认真检查全部钻井设备和井控装置，消除一切故障隐患。要进行防喷演习，落实井控岗位责任制，按井控的要求进行操作。至少要储备相当于井筒容积 1.5 倍的加重钻井液和一定量的加重剂，加重钻井液的密度应高于井浆 0.3g/cm^3 以上。

5. 钻开油气层后井控工作

钻开油气层后，井控装置必须经常处于待命状态，储能器的油压和气瓶的气压必须充足，要做到发现溢流后 1min 内能控制井口。

控制起钻时速度不能太快，避免产生过大的抽汲压力，对于处于临界状态的井，即井底压力和地层压力基本平衡的井，最好短程起下钻一次，即起出 400～500m 钻具后，再下钻到底，循环一周，观察有无油气侵现象。如果有油气侵现象，应立即加大钻井液密度，压稳后再起。

落实井控岗位责任制，坐岗观察溢流。从打开油气层开始，无论钻进、起下钻、电测、停工检修、停工待命等任何时候都必须有专人坐岗观察井口和钻井液池液面动态，发现溢流，应立即采取应急措施。

在注水开发区钻调整井，应分片停注泄压。最好集中力量，停注一片，施工一片。井内停止循环的时间越短越好，起钻后必须立即下钻。若要搞设备检修，也应在钻具下到技术套管鞋处再进行。若没有技术套管，也应下入适量的钻具，以便在万一出现问题时好控制井口。

钻开油气层后，不准在井场使用明火（包括吸烟、电气焊等）。如到了非使用明火不可时，应报告上级安全部门，做好一切防范准备，在专业人员监督之下，方可动用明火。

6. 井控技术的培训

井队人员特别是井队干部和正副司钻、井架工以上人员，必须经过井控技术培训，持证上岗。至少要能有条不紊地做到：能正确地安装、使用井控装置，经试压合格，使用起来得心应手。能尽早地发现溢流，正确地判断溢流。能正确及时地关井，合理地控制井口压力。

第四节　溢流的及早发现与处理

尽可能早地发现溢流显示，并迅速实现控制井口，是做好井控工作的关键环节。

一、及早发现溢流的重要性

（1）及时发现溢流并迅速控制井口是防止井喷的关键。

井喷或井喷失控大多是溢流发现不及时或井口控制失误造成的。在钻遇气层时，由于天然气密度小、可膨胀、易滑脱等物理特性，从溢流到井喷的时间间隔短。若发现不及时或控制不正确，就容易造成井喷，甚至失控着火。

（2）及早发现溢流可减少关井和压井作业的复杂情况。

溢流发现得越早，关井时进入井筒的地层流体越少，关井套压和压井最高套压就越低，越不易在关井和压井过程中发生复杂情况，有利于关井及压井安全，使二次井控处于主动。

进入井筒的地层流体越少，对钻井液性能破坏越小，井壁越不易失稳，压井作业越简单。所以及早发现溢流，直接关系到排除溢流、恢复和重建井内压力平衡时能否处于主动。

（3）防止有毒气体的释放。

在钻遇含硫化氢、二氧化碳的地层时，及时处理溢流可以防止这类气体造成更大的危害。

（4）防止造成更大的污染。

溢流发生后，为了不使井口承受过高的压力，必要时要通过放喷管线放喷，这样就使施工井附近的环境造成严重污染，危及到农田水利、渔场、牧场、林场等。

二、及早发现溢流的基本措施

溢流的发生标志着一级井控的失败。所以，严格遵守操作规程，努力避免溢流的发生，是搞好一级井控的关键。当一级井控失败，及早发现溢流就成了快速准确实施二级井控的关键环节。

及早发现溢流的基本措施是：

（1）严格执行坐岗制度。

坐岗人员负有监测溢流的岗位职责，要充分认识到及早发现溢流的重要性，它关系到溢流是否会发展成为井喷、井喷失控或着火。因此，在一口井的各个施工环节，都要坚持坐岗，严密注意以下几种情况：

①钻井液出口流量变化；

②循环罐液面变化；

③钻井液性能变化；

④起钻钻井液的灌入量；

⑤录井全烃值的变化。

（2）做好地层压力监测工作，特别是在探井的钻井过程中。

当 dc 指数偏离正常趋势线时，要及时校核井底压力能否平衡地层压力，调整钻井液密度。

（3）做好起下钻作业时的溢流监测工作。

起钻前要测油气上窜速度，进行短程起下钻，判断抽汲压力的影响。起钻时要及时准确地向井内灌满钻井液，下钻时要注意观察井口返出量的变化。

（4）钻进过程中要密切观察参数的变化。

遇到钻速突快、放空、悬重和泵压等发生变化，都要及时停钻，根据情况判断是否是发生了溢流。

第六章 关井程序

发现溢流时，准确无误地迅速关井，是防止井喷发生的唯一正确处理措施。迅速实现对井口的控制，有利于取得井控工作的主动权，有利于制止地层流体继续进入井内，有利于使井内保持有较多的钻井液以维持环空钻井液柱压力，防止关井套压值过高，有利于准确计算地层压力和压井钻井液密度。

第一节 关井方法

一、正常工况下节流、压井管汇所处的状态

1. 节流、压井管汇的流程及阀门编号

正常工况下节流、压井管汇流程和各阀门的编号及开关状态，如图 6-1 所示。

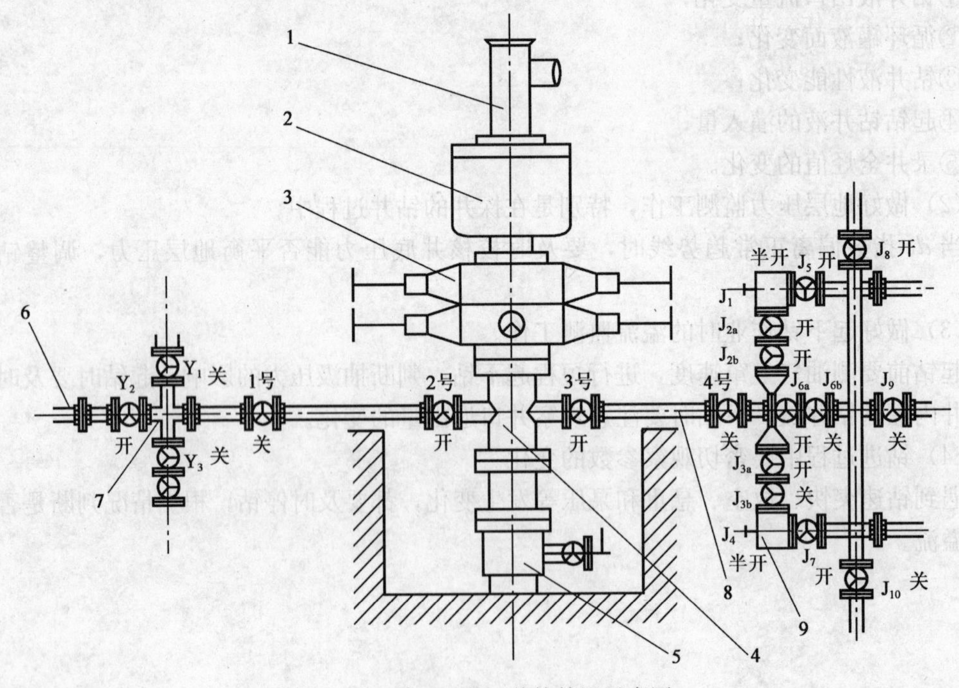

图 6-1 单四通井口井控管汇示意图

1—防溢管；2—环形防喷器；3—双闸板防喷器；4—四通；5—套管头；6—放喷管线；7—压井管汇；8—防喷管线；9—节流管汇

管汇和各阀开关位置见表6-1。

表6-1　管汇各阀开关位置

阀 门 编 号	开 关 位 置
2号，3号，J_{2a}，J_{2b}，J_{3a}，J_5，J_{6a}，J_7，J_8，Y_2	开
J_1，J_4	开3/8～1/2圈
1号，4号，J_{3b}，J_{6b}，J_9，J_{10}，Y_1，Y_3	关

2. 节流、压井管汇关井时的正确操作

软关井时，迅速打开4号（单四通）或8号（双四通）阀门再关防喷器，试关J_1节流阀。若关至最小后套压未超过最大允许关井套压则再关J_{2a}。这样操作是考虑J_1节流阀是筒式节流阀而不能断流，要断流必须关它前面的平板阀J_{2a}；若J_1节流阀是针式节流阀则不必关它前面的平板阀。

硬关井时，直接关闭防喷器。

二、关井原则

1. 关井要及时、果断

发现溢流后，关井越迅速，溢流量就越小；溢流越小，越容易控制，也越安全。要做到这一点就必须进行防喷演习训练，因为这样的操作通常需要多人的配合，全体井队人员必须熟练本岗位的操作，并且要对整个过程有统一认识。司钻岗位是关井环节的关键，此时必须反应迅速，行动果断。

2. 关井防止压裂地层、保护好井口和套管的安全

关井中为确保地面设备、套管和地层三方面的安全，必须控制关井套压不大于最大允许关井套压。最大允许关井套压应是井口装置额定工作压力、套管最小抗内压强度的80%和地层破裂压力所允许的关井套压值中的最小值。通常一口井的薄弱部分是在最后一层套管鞋附近。确定地层破裂压力梯度的最好办法是在下套管后进行地层破裂压力试验。从试验中获得的地层破裂压力梯度可以告诉操作者在关井或压井过程中地面最高能用多大的回压（最大允许关井套压）来控制。这个资料很重要，必须使现场有关人员都清楚。另一个必须要记住的是最大允许关井套压并不是一成不变的，它与井内钻井液密度的增加成反比。

防止井口压力和液气分离器承压过高的技术策略是：根据地层流体压力和流量大小合理配置液气分离器；开井泄压先打开放喷管线节流阀泄压放喷，再逐步打开液气分离器节流阀，关闭放喷管线节流阀，在液气分离器及其管线承压的能力范围内分离回收钻井液。

在井口关井和泄流的操作中一定要对井口压力进行精心控制，要避免井口压力过高压漏地层、破坏井口，还要注意保护好液气分离器，保证连续有效地回收钻井压井液，这样才能确保压井作业连续和可持续地进行。

三、关井方法

发生溢流后，有两种关井方法：一是硬关井；二是软关井。硬关井是指关防喷器时，节

流管汇处于关闭状态；软关井是指先开通节流管汇，再关防喷器，最后关节流管汇的关井方法。

硬关井时，由于关井动作比软关井少，所以关井快；但硬关井时，液流通道突然关闭，将引起系统中流体动能的迅速变化，产生“水击效应”。特别是高速流体冲向井口时，若突然关井，井口装置、套管和地层所承受的压力将急剧增加，甚至超过井口最大允许关井压力。我国大多数油田一般不推荐采用硬关井的方法。只有在特殊情况下，如钻井四通两侧平板阀均打不开，溢流量没有超过最大允许溢流量时，才可采用硬关井的方法，实现迅速关井。

软关井尽管比硬关井慢，但它防止了对井口装置的“水击效应”，还可在关井过程中试关井，操作起来比较安全。各油田一般采用软关井方法制定关井程序。

第二节　常规关井程序

发生溢流后，首要的工作就是迅速关井。关井的原则是：在能够控制溢流的情况下，保护好井口装置、套管，防止压漏地层，尽可能为下一步压井创造有利条件。不同的施工工况有不同的关井程序，但主要内容和目的都是一样的。在国内，由四川石油管理局提出的关井“四·七”动作，得到了普遍认可。以下介绍的关井程序，就是以“四·七”动作为主并结合井控实际制定的。

一、钻进过程中发生溢流的关井程序

1. 软关井

（1）发报警信号。发报警信号的目的是通报井上发生了溢流，井处在潜在的危险中，指令各岗人员迅速就位，执行其井控职责，迅速实现对井口的控制。信号的方式一般为：

①报警：一长鸣笛信号（鸣笛时间不少于30s）。

②关井：两短鸣笛信号（鸣笛时间每声2s，间隔1s）。

③关井结束：3短鸣笛信号（鸣笛时间每声2s，间隔1s）。

（2）停止钻进。发现溢流后，立即停止钻进作业。

（3）上提钻具至合适位置，停泵。即把方钻杆下的第一个单根下接头提出钻盘面0.4～0.5m，在使用顶驱时将井口内钻杆的下接头提出钻盘面0.4～0.5m。使用海底防喷器时，在打开油气层前应计算好钻杆接头位置，上提钻杆使接头高于防喷器位置，目的就是确保封井时半封闸板位于钻杆本体位置。

把钻具提到合适位置后再停泵，这样可延长环空流动阻力施加于井底的时间和压力，从而抑制溢流、减少溢流量，保持井内有尽可能多的钻井液。如果发生气体溢流，还可起到分散气柱的作用，使井底不积聚形成气柱，有利于压井，有利于录取关井立管压力。

（4）开节流阀前的平板阀。打开液动平板阀（或手动平板阀），准备软关井。

（5）关防喷器。先关环形防喷器，再关半封闸板防喷器。关井完成后，应及时打开环形防喷器。因为环形防喷器不能长时间关井。

（6）关节流阀试关井。关节流阀时，应注意观察套管压力表的变化，防止关井套压超过最大允许关井套压。关井套压不超过最大允许关井套压时，把节流阀关至最小，再关节流阀前的平板阀；关井套压将达到最大允许关井套压时，不能再继续关节流阀。应在控制接近最大允许关井套压的情况下，节流循环并迅速向井内注入加重钻井液，重建井内压力平衡。

（7）录取关井压力数据和钻井液增量。一般关井 10～15min 后录取立管压力、套管压力及钻井液增量。此时从立管压力表上读到压力值，即是地层压力与钻柱内钻井液静液压力之差。

2. 硬关井

（1）发报警信号。

（2）发现溢流后，立即停止钻进作业。

（3）上提钻具至合适位置，停泵。

（4）关防喷器。

（5）录取关井压力数据、钻井液增量。

二、起下钻杆时发生溢流的关井程序

1. 软关井

（1）发报警信号。

（2）停止起下钻作业。

（3）抢装钻具内防喷器。迅速把负荷吊卡坐于转盘面上，强装钻具内防喷器。如果喷势不大，可直接装回压阀；如果喷势大，可采取以下步骤实现对钻具内溢流的控制：

①装开着的旋塞阀。

②关旋塞阀。

③装钻具回压阀。

④开旋塞阀。

起下钻发生溢流时环空及钻具内都有流体在喷，应先控制钻具内溢流，这有利于控制井口及准确计算地层压力。

使用顶驱钻井时，可直接利用顶驱装置。实现关闭钻杆内喷。

（4）开节流阀前的平板阀。

（5）关防喷器。

（6）关节流阀试关井。

（7）接方钻杆（用顶驱时没有此步骤），录取关井压力数据、钻井液增量。

2. 硬关井

（1）发报警信号。

（2）停止起下钻作业。

（3）抢装钻具内防喷器（或顶驱装置）。

（4）关防喷器。先关环形防喷器，再关半封闸板防喷器。

（5）接方钻杆（用顶驱时没有此步骤），录取关井压力数据、钻井液增量。

三、起下钻铤发生溢流的关井程序

1. 软关井

（1）发报警信号。

（2）停止起下钻作业。

（3）抢装钻具内防喷器。抢接带钻具内防喷器的钻杆（带顶驱的钻机直接接钻杆）。钻铤只能用环形防喷器封井；若喷势大来不及抢接钻杆，可直接用环形防喷器封井；若喷势不强烈，应抢接钻杆，以便用半封闸板封井，增加控制手段。接钻杆时，接一根接几柱要根据防喷器闸板的位置而定。

（4）开节流阀前的平板阀。

（5）关防喷器。

（6）关节流阀试关井。

（7）接方钻杆（用顶驱时没有此步骤），录取关井压力数据、钻井液增量。

2. 硬关井

（1）发报警信号。

（2）停止起下钻作业。

（3）抢装钻具内防喷器（或顶驱装置）。

（4）关防喷器。

（5）接方钻杆（用顶驱时没有此步骤），录取关井压力数据、钻井液增量。

四、空井发生溢流的关井程序

1. 软关井

（1）发报警信号。

（2）停止其他作业。

（3）开节流阀前的平板阀。

（4）关防喷器。

（5）关节流阀试关井。

（6）接方钻杆（用顶驱时没有此步骤），录取关井压力数据、钻井液增量。

2. 硬关井

（1）发报警信号。

（2）停止其他作业。

（3）关防喷器。

（4）录取关井套压、钻井液增量。

空井发生溢流时，若井内情况允许，可在发出信号后抢下部分钻杆，然后实施关井，这有利于下一步的压井。是否抢下钻杆，应根据溢流量大小、由具有决策权的人员做出决定。

测井作业时发生溢流，若喷势不大，可起出电缆再关井；若喷势大来不及起出电缆时，应切断电缆，迅速关井。

第三节 关井立压的确定

1. “U”形管原理

如图6-2所示，将钻柱和环空视为一连通的“U”形管，井底所在地层视为“U”形管底部。若环空发生溢流后关井，则钻柱、环空、地层压力系统有如下关系：

$$p_d + p_{md} = p_p = p_a + p_{ma}$$

式中 p_d——关井立管压力，MPa；

p_{md}——钻柱内钻井液柱压力，MPa；

p_p——地层压力，MPa；

p_a——关井套压，MPa；

p_{ma}——环空液柱压力，MPa。

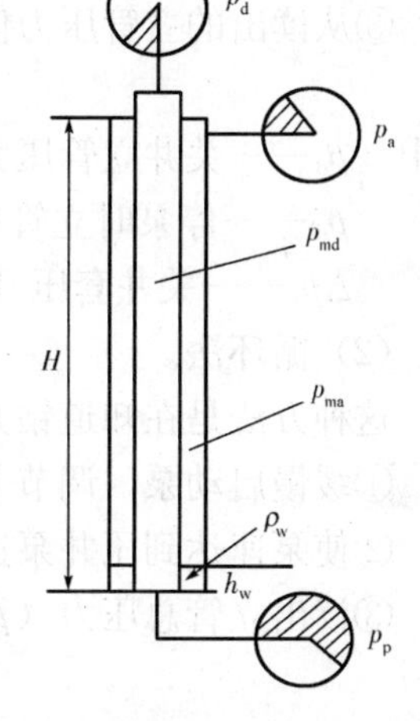

图6-2 溢流关井水力学系统

由这一关系式可知，地层压力可由关井立管压力和关井套压两个方向进行求取，但由于环空受进入井筒地层流体的影响，钻井液密度难于精确计算，因此一般由立管压力计算地层压力。

2. 钻柱中未装钻具回压阀时测定关井立管压力

钻柱中未装钻具回压阀时测定关井立管压力，值得注意的是，发生溢流后由于井眼周围的地层流体进入井筒，致使井眼周围的地层压力形成压降漏斗，此时井眼周围地层压力低于实际地层压力，越远离井眼，越接近或等于原始地层压力。一般情况下，待关井后10～15min，井眼周围的地层压力才恢复到原始地层压力，此时读到的立管压力值才是地层压力与钻柱内钻井液静液柱压力之差。

井眼周围地层压力恢复时间的长短与地层压力和井底压力的差值、地层流体种类、地层渗透率等因素有关。为了更准确地确定关井立管压力，一般是在关井后每2min记录一次关井立压和关井套压，根据所记录的数据，做关井压力—关井时间的关系曲线，如图6-3所示。借助曲线，找出关井立压值。

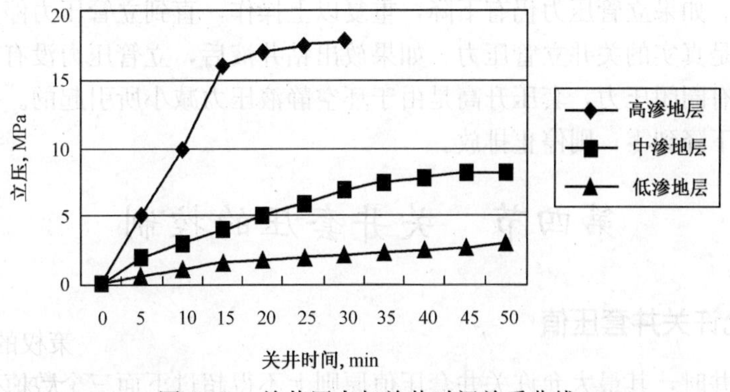

图6-3 关井压力与关井时间关系曲线

3. 钻具中装有钻具回压阀时测定关井立管压力的方法

如果所装钻具回压阀是带有传压孔的，则不影响在立压表上读取关井立压。如果是普通回压阀，关井立管压力可以用以下方法确定。

（1）不循环法。

这种方法在不知道钻井泵泵速和该泵速下的循环压力时采用。

①在井完全关闭的情况下，缓慢启动泵并继续泵入钻井液。

②注意观察套压，当套压开始升高时停泵，并读出立管压力值（p_{dl}）。

③从读出的立管压力值中减去套压升高值，则为所测定的关井立管压力值：

$$p_d = p_{dl} - \Delta p_a$$

式中 p_d——关井立管压力值，MPa；

p_{dl}——停泵时立管压力值，MPa；

Δp_a——关井套压升高值，MPa。

（2）循环法。

这种方法是在知道钻井泵泵速和该泵速下的循环压力时采用。

①缓慢启动泵，调节节流阀保持套压等于关井套压。

②使泵速达到压井泵速，套压始终等于关井套压。

③读出立管总压力（p_t），减去循环压力，则差值为关井立管压力值：

$$p_d = p_t - p_{ci}$$

式中 p_t——立管总压力，MPa；

p_{ci}——已知泵速下的循环压力，MPa。

4. 圈闭压力对关井立管压力的影响

所谓圈闭压力，是在立管压力表或套管压力表上记录到的超过平衡地层压力的压力值。产生圈闭压力的原因主要有两点，一是停泵前关井，二是关井后天然气溢流滑脱上升。显然，用含有圈闭压力的关井立管压力值所计算出来的地层压力是不准确的。

检查或消除圈闭压力的方法是，通过节流管汇，从环空放出少量钻井液，这样可排除钻柱内被污染的钻井液。每次放出钻井液40～80L，然后关闭节流阀和平板阀，观察立管压力的变化。如果立管压力下降，说明有圈闭压力。应再次打开节流阀和平板阀放40～80L钻井液，然后关井。如果立管压力仍有下降，重复以上操作，直到立管压力停止下降为止。此时的立管压力才是真实的关井立管压力。如果放出钻井液后，立管压力没有变化，而套压有所增加，说明没有圈闭压力，套压升高是由于环空静液压力减小所引起的。排放钻井液过程使立管压力一直下降到零，则停止排放。

第四节 关井套压的控制

一、最大允许关井套压值

发生溢流关井时，其最大允许关井套压值原则上不得超过下面三个数值中的最小值：

（1）井口装置的额定工作压力；

（2）套管最小抗内压强度的80%所允许的关井压力；

（3）地层破裂压力所允许的关井套压值。

按规定，井口装置的额定工作压力要与地层压力相匹配，如果井口装置是严格按规定进行选择、安装和试压的，其承压能力应完全满足关井的要求。在一口设计正确的井中，该数值通常是最大的。

二、套管抗内压强度

套管抗内压强度可以在相关的钻井手册中查到，其数值的大小取决于套管外径、壁厚与套管材料。根据套管抗内压强度确定关井套压时需要考虑一定的安全系数，即一般要求关井套压不能超过套管抗内压强度的80%。一旦在施工中出现了套管磨损，或溢流物中有硫化氢存在，以及其他一些影响套管强度的因素，需要考虑重新确定该数值。另外，在具体计算时还要考虑套管外水泥封固，管内外流体密度不同带来的影响，管内为施工中所用的钻井液，管外流体密度选择尚无统一定论，有的油田按清水或地层盐水考虑，有的油田则根据地层压力确定。

三、地层所能承受的关井压力

地层所能承受的关井压力，取决于地层破裂压力梯度、井深以及井内液柱压力。一般情况下，套管鞋通常是裸眼井段最薄弱的部分。因此，现场以套管鞋处的地层破裂压力所允许的关井套压值作为最大允许关井套压，其计算方法如下：

$$p_{max}=(\rho_e-\rho_m)gh$$

式中　p_{max}——最大允许关井套压，MPa；

ρ_e——地层破裂压力当量钻井液密度，g/cm^3；

ρ_m——井内钻井液密度，g/cm^3；

g——常数，0.00981；

h——地层破裂压力试验层（套管鞋）垂深，m。

第五节　特殊情况下的关井程序

一、剪切闸板剪断钻具

因钻具内防喷工具失效或井口处钻具弯曲等原因，造成无法关闭井口时，可用剪切闸板剪断井内钻杆实施关井。其关井程序如下：

（1）发报警信号。

（2）停止其他作业。

（3）调整钻具位置。在确保钻具接头不在剪切闸板防喷器剪切位置后，锁定钻机绞车刹车装置。

（4）开节流阀前的平板阀。

（5）打开主放喷管线泄压。

（6）关闭剪切闸板防喷器以上的环形防喷器。

（7）使用预先计算好的间距，将钻杆坐挂在全封闸板或剪切闸板下面的半封防喷器闸板上。

（8）在钻杆上（转盘面上）适当位置安装相应的钻杆死卡，用钢丝绳与钻机连接固定牢靠。

（9）打开防喷器远程控制装置储能器旁通阀，关闭剪切闸板防喷器，直到剪断井内钻杆。

（10）上提钻具关闭全封闸板防喷器，控制井口（使用剪切/全封闸板防喷器时不进行此操作）。

（11）手动锁紧全封闸板防喷器或剪切/全封闸板防喷器。

（12）关防喷器远程控制装置储能器旁通阀。

二、下套管和尾管时发现溢流的关井程序

下套管时发生溢流，通常的处理方法与钻井过程中发生溢流一样。若溢流情况较轻、确认不致发生失控井喷时，可允许进行下列操作：

下尾管作业，如尾管已接近井底，应尽量下到预定位置再关井；假如尾管不能下到预定位置，则考虑强行起到套管内。任何强行起、下作业都必须以确保安全为前提，必须保持灌满钻井液。

下套管作业，假如还剩下很少几根就强行下到位置；若套管下得很少，环空的压力将有顶出套管的可能，在这种情况下就必须顶住套管，并灌入钻井液。若是下入套管太多，由于组合拉力、环形空间的外压力和防喷器的关闭压力可能挤扁套管，故在关闭环形防喷器之前必须十分注意将节流管汇全部打开。下套管时由于环形空间小，很容易发生井漏和地下井喷的危险。井控的最后一个手段，可能要通过套管泵入重晶石塞子或是将套管注入水泥封固。

三、在气候寒冷地区钻井溢流的关井程序

在极冷情况下，设备和技术都容易出现问题，如使用钻井液的类型、节流阀和节流管线的情况、电器控制和方钻杆连接等问题。在北方钻进时，通常是把节流阀关上，并在管线内注满特殊液体以防止水基钻井液冰冻。另一个问题是方钻杆冰冻问题，如关井后等待压力稳定的时候，悬在空气中的方钻杆会冻结。类似这些问题可按以下程序操作：

（1）发出报警信号。

（2）停转盘，如需要，停泵检查井口是否有钻井液溢出。

（3）上提方钻杆，使第一根钻杆接头出转盘面 0.4～0.5m。

（4）开液（手）动平板阀，打开节流阀。

（5）关防喷器。

（6）关节流阀。

（7）关方钻杆下旋塞并卸开方钻杆，防冻（如需要可重复操作）。

（8）待套管压力稳定后接方钻杆，开泵加压并慢慢打开方钻杆下旋塞（如需要可重复操作）。

(9) 观察并记录压力及钻井液池增减量。

在压井作业之前，若长时间等待，需要重复第 (7)、(8) 步。用这种方法，有可能由于压差大而导致方钻杆下旋塞打不开，那就需要启动钻井泵使泵压等于这个压力。

四、防止关井压裂地层的分流程序

关井时，超过最大允许关井套压会压漏地层，这在较浅的地层是比较普遍的。在井内压力高的情况下，关井而不破坏最薄弱的地层，控制起来是比较困难的。分流系统的发展，很好地解决了这个问题。分流器（或旋转防喷器）阻止流体喷向钻台，通过大直径放喷管线将流体引出井场外。这个系统能够自动工作，当分流器关闭时，放喷管线上的全开闸门就会自动打开，流体被引向井场外。在钻遇浅气层时，溢流到达地面的速度很快，这就要求人们能够迅速地判断出地层流体侵入井内的情况。分流器的操作，除了在关闭环形胶芯时要打开分流放喷管线外，还要遵守基本的关井方法。打开分流器时，应关闭去钻井液池的钻井液出口管线，以免井口充满天然气。以下为分流的基本程序：

(1) 发报警信号。

(2) 停转盘。

(3) 上提钻具使第一根钻杆接头出转盘面 0.4～0.5m 后，停泵。

(4) 确定风向，打开分流器放喷管线（有些分流器上的放喷管线阀门当分流器关上时能自动打开，可不执行此动作）。

(5) 关分流器。

(6) 检查出口管是否关闭，分流器是否关闭，分流器放喷管线是否朝下风方向打开。

(7) 开双泵以最大排量向井内注入一定量的重钻井液。

(8) 熄灭所有明火，断开电路系统。

在现场，当正规的分流防喷器组装好后，分流井控可以得到保障。如果没有分流器或分流器已拆除，就得使用全开节流管汇关上环形防喷器的办法来分流。

五、各岗位在井控中的职责

1. 接班检查

(1) 值班干部：

①检查工程、地质、钻井液记录，了解所钻地层、岩性、井深、压力梯度、钻井液密度、井下情况。

②检查井控主要设备的完好状况，防喷器、监测仪表、节流压井管汇、控制系统的待命工况。

③检查重钻井液储备和重晶石储备情况。

④检查各岗位执行井控职责情况。

(2) 司钻：

①了解所钻地层、岩性、井深、压力梯度、钻井液密度、井下情况及上一个班的井控工作情况。

②检查司钻控制台气源、各压力表的压力、手柄是否符合要求。

③指重表、立压表、报警喇叭是否灵活好用。

④接班后，测压井泵速、立压。

（3）副司钻：

①检查控制系统表压、油量、电控箱、电泵、气泵、管汇及阀件是否符合要求，是否处于待命工况。

②检查加重、除气、搅拌装置及净化系统是否处于随时可运转状态。

③加重材料、重钻井液储备是否满足要求。

④钻井泵系统工作是否正常。

（4）井架工：

①井口防喷装置、防护罩、手动锁紧操纵杆、节流管汇、防喷管线的固定、清洁卫生是否符合规定。

②各阀门的开启与关闭是否符合规定要求。

③检查立压表、套压表、溢流监测装置是否齐全、灵敏、可靠。

（5）内、外钳工：

①井口工具齐全、灵活好用，旋塞扳手放在明显处。

②立管压力表灵活可靠。

③止回阀接头等内防喷工具无锈蚀、阻卡，螺纹清洁并涂有螺纹油脂。

（6）场地工：

①钻井液净化系统电路无裸线；照明灯开关及电机防爆、有保护罩。

②消防器材、工具齐全，完好。

2. 钻进

（1）值班干部：

①听到井控报警信号后，组织并监督各岗位人员立即处于临战状态，迅速就位，各司其职。

②上钻台，协助并监督各岗位正确实施关井操作程序。

③关井后，立即将溢流原因及井上情况上报钻井公司或钻井监督办公室。

④组织防火、警戒工作以及压井前的准备工作。

⑤遇到特殊情况，来不及上报请示时，可与司钻等人员协商，果断迅速处理；同时向上一级主管部门报告。

⑥填写压井施工单，指挥压井。

（2）司钻：

①发现溢流，立即发出溢流报警信号。

②按正常关井程序组织实施关井。

③将溢流量、关井立压、关井套压报告值班干部。

④做好压井前的准备工作。

（3）副司钻：

①听到报警信号、看到司钻上提钻具后停泵，迅速赶到远程控制台。

②密切注视钻台，接到司钻关井的指令后，在远程控制台关井。

③检查控制对象是否操作到位。

（4）井架工：

①钻井时负责观察井口钻井液返出情况，做好钻井液池液面变化情况记录，发现溢流及时报告司钻。

②听到溢流报警信号，立即到节流管汇处，迅速打开3号平板阀（该阀是液动的，由司钻打开）。

③关防喷器后，慢慢关闭节流阀试关井（如果节流阀为液动的，则在钻台上操作）。

④记录关井稳定后的立管压力、套管压力和钻井液池增量，并报告司钻或值班干部。

⑤关井后密切监视立压和套压的变化，如果超过允许的安全关井套压，则要开启节流阀降压。

（5）内、外钳工：

①听到溢流报警信号后，立即上钻台。

②内、外钳工相互配合，待方钻杆接头（顶驱钻机待钻杆下接头）出转盘后立即扣上吊卡。

③准备好旋塞扳手（顶驱钻机没有此项），听从司钻指挥。

④观察立管压力变化。

（6）场地工：

①听到溢流报警信号后，停止振动筛工作；夜间开探照灯，关掉井架照明、循环系统用电。

②赶到节流管汇处，协助井架工操作。

③做好消防设备、器材、工具的准备。

3. 接单根

（1）值班干部职责与钻进时相同。

（2）司钻：

①发现溢流，立即发出溢流报警信号。

②若刚卸开方钻杆，则应强接止回阀（有方钻杆下旋塞的，可不接止回阀），再迅速接上方钻杆。

③若已在小鼠洞接上单根，则应在井口快速接止回阀，然后上提小鼠洞单根并与止回阀相接，下放钻具方钻杆下接头至转盘面。

④按正常关井程序组织实施关井。

（3）副司钻：

①听到溢流报警信号后，迅速赶到远程控制台待命。

②密切注视钻台，接到司钻关井指令后，按常规关井程序关井。

③检查控制对象是否操作到位。

（4）井架工职责与钻进时相同。

（5）内、外钳工：

①听到溢流报警信号后，听从司钻指挥，快速、准确地接好止回阀及方钻杆。

②观察记录关井立管压力。

（6）场地工职责与钻进时相同。

4. 起下钻和空井

（1）值班干部起下钻和空井时的职责与钻进时相同。

（2）司钻：

①接到溢流信号，立即发出溢流报警信号。

②停止作业。

③按正常关井程序组织实施关井。

（3）副司钻的职责与钻进时相同。

（4）井架工：

①听到溢流报警信号，看到游车不再上行，立即停止起下钻作业（空井时，立即赶到节流管汇处）。

②迅速从二层台下来，赶到节流管汇处。迅速打开 3 号平板阀（该阀是液动的，由司钻打开）。

③关防喷器后，慢慢关闭节流阀试关井（如果节流阀为液动的，则在钻台上操作）。

④记录关井稳定后的立管压力、套管压力和钻井液池增量，并报告司钻或值班干部。

⑤关井后密切监视立压和套压的变化。如果超过允许的安全关井套压，则要开启节流阀降压。

（5）内、外钳工：

听到溢流报警信号后，坐好吊卡或卡瓦，接上止回阀（顶驱钻机可直接接顶驱），待防喷器关闭后迅速接上方钻杆。空井时，立即赶到钻台，听从司钻指挥。

（6）场地工：听到溢流报警信号，立即赶到钻台，协助内、外钳工操作。

（7）柴油司机、司助：

①钻入油气层后，要保证机房及周围无油污，排气管通冷却水，消除一切火灾隐患。

②听到溢流报警信号后，先开 2 号、3 号车，运转正常后再停 1 号车（电动钻机不进行此项操作）。

③密切注视钻台，接受司钻各项指令。

（8）发电工：

①听到溢流报警信号后，切断钻井液循环系统电源。

②夜间打开探照灯，关闭井架灯、钻台灯、机房灯。

六、关井过程中易出现的问题及对策

1. 措施不当

（1）发现溢流后不及时关井，仍循环观察。

这样操作不能及时阻止溢流，只会使溢流更严重，并造成关井、压井时，井口、套管、地层承受更高的压力，甚至超过允许值，致使关井、压井变得困难或不可能。因此，发现溢流后无论严重与否，必须及时迅速地关井。

（2）先坐好吊卡或卡好卡瓦，再关防喷器。

因钻具与防喷器不能相对居中而造成井口关不严，刺坏防喷器胶芯。

正确做法是：在关防喷器时使钻具悬持居中，关完防喷器后再根据具体情况坐吊卡或卡瓦。

（3）起下钻中途发现溢流，仍继续起下钻工作。

这种情况，要具体分析，具体对待，不能一概而论。

①如果溢流是天然气，无论是起钻还是下钻，发现溢流就应立即关井。

②如果溢流是油水，发现溢流后就不一定立即关井，因为由溢流发展到井涌、井喷，有一个渐变过程，完全可以利用这段时间，争取多下入一些钻具。所以无论是起钻还是下钻，都应立即下钻，在井喷以前，下入的钻具越多越好。

③如果没有安装井控装置，在起下钻中途发现溢流，不管是什么性质的溢流，都应立即强行下钻，能下入多少算多少。

（4）关井时，把钻具提离井底很高，甚至提到套管鞋内。

这样做是出于防止卡钻的考虑，但这样做恰恰贻误了关井时机；同时，钻具提离井底过高，会给以后循环排除溢流和压井带来困难。

正确的做法是：及时关井，并使钻柱尽可能靠近井底。

（5）在压力未超过最大允许关井套压的情况下放喷。

应合理控制井口压力，井口压力未超过最大允许关井套压不允许放喷。若井喷后不得不放喷时，也应控制一定的回压，防止大量溢流，以及防止井下垮塌物堵塞管线。

因此，关井后应控制尽可能大的井口回压。即使放喷，也应控制较小的放喷量。

（6）强烈井喷时，硬关井。

这样做会产生强的“水击效应”，产生很大的附加压力。

正确做法是：除非十分特殊的原因，都应采取软关井。

（7）发现溢流后起钻。

人们担心在关井期间，钻具处于静止状态而发生粘吸卡钻，所以力图把钻头起入套管内，这样做既延误了关井时间，又因起钻时的抽汲压力而使地层流体更易侵入井内。要知道，钻柱越深，对压井越有利，起出部分钻柱，就会增加压井钻井液的密度，而且地层压力也无法求准。特别是天然气溢流，当其运移至井口而发生井喷时，来得那么突然，以致没有时间接回压阀和方钻杆，很容易造成失控井喷。

（8）在关井的情况下活动钻具。

如果有性能可靠的备用防喷器，为了防止粘卡，活动钻具是可以的。这个防喷器发生故障，还可以用另一个防喷器关井。而且只允许上下活动，不允许转动，不允许钻杆接头撞击防喷器闸板，同时要适当地控制防喷器的关井压力，在能有效关井的情况下，尽量减少钻具与防喷器胶芯之间的摩阻力。如果不具备这个条件，那就最好不要活动钻具，因为此时保护好井口装置是首要任务，是否卡钻已经是次要的问题，可以暂不考虑，因为井口装置如果发生问题，其后果不仅仅是卡钻，还会因井喷失控而导致更为严重的后果。

（9）压井钻井液密度过大或过小。

压井钻井液密度应按计算密度再附加 0.1～0.15g/cm^3，因为高密度钻井液在环空上返时，不可能把被污染的钻井液顶替干净，而有一个混浆过渡带，它的密度肯定要降低。若压井钻井液密度低于计算密度，会使地层流体继续侵入，不仅会延长压井时间，还可能导致压井作业失败。但又不能使压井钻井液密度过高，过高的钻井液密度会形成过高的液柱压力，可能将裸眼井段的较薄弱地层压漏，使压井工作复杂化。

（10）关井后长时间不进行压井作业。

发现溢流关井后，压井工作应以最快的速度进行，不能长期关井不压井，因为可能会出现如下危险情况。

①天然气向上运移，井口压力升高，有可能超过井口允许压力，不得不定期泄压，放出一部分钻井液。这样又使液柱压力降低，气体更容易侵入。

②在长期高压关井的情况下，一旦某一部分出现刺漏，或地层憋裂冒气，势必迫使泄压，形成无控制的敞喷，给压井工作带来极大的困难。

③长期关井，不活动钻具，很容易产生粘吸卡钻。如果溢流物含有硫化氢的话，还可能导致钻具氢脆折断。

（11）敞开井口压井。

如果能控制井口，就必须控制井口，按正常程序压井，不能在敞喷的情况下压井。在敞喷的情况下不仅要消耗大量的高密度钻井液，还可能导致压井失败。而且还可能刺坏钻具，喷垮地层，使事故更加复杂化。

若虽有井控装置，但由于种种原因，只能控制较低的回压，那也应在控制一定回压的情况下压井，起码也应该导流放喷，保持一个较好的工作环境。

若没有安装井控装置，或者虽然装了井控装置，但不能控制回压（如闸板芯子尺寸不对、闸板刺漏、法兰刺漏、表层套管深度太浅），此时，只能在敞喷的情况下提高钻井液密度，加大钻井液排量压井。环空液柱压力的建立也是一个渐变过程，不可能企图在一两个循环周内将井压稳，而要用较长的压井时间和较多的高密度钻井液量。在地层压力下降较多的情况下，在一个循环周内把井压稳的事也是常有的，所以不能一概认为不能敞口压井，要视具体情况而定。

2. 操作失误

（1）关闸板防喷器时，三位四通转阀扳至关位后直接回中位。

关井后未进行手动锁紧，直接将三位四通转阀手柄扳回中位，这将导致防喷器泄压封井失效。应在关闭闸板防喷器并进行手动锁紧后，再扳至中位。

（2）井内有钻具试图用关全封闸板的方法剪切钻具。

这种做法是错误的。全封闸板只能封闭空井，起不到剪切闸板的作用。

（3）把闸板关在钻杆接头上。

事先应计算好闸板至转盘的距离，以便确定方钻杆的提升高度。万一关在接头上的情况发生，应打开闸板，调整接头位置，重新关井。

3. 设备损坏

（1）节流阀堵塞或刺坏。

流体从地层进入井眼，携带出岩石和岩屑。大块硬岩屑能堵塞节流阀，高速喷出的岩屑可能刺坏节流阀内的碳化钨元件，这两类问题在关井时都要考虑。

节流阀堵塞时，通过节流阀的流动受到限制或被中断，此时套管压力会马上增加，立管压力在几秒钟后会与套管压力同时上升；附加在泵上的载荷将减小泵速，通常用快速开启的方法可以疏通节流阀（疏通后应当转回原有的固定位置，以减少岩屑的进一步进入）。如果这样不行，应当立即将流动改道到第二节流阀，遥控可调节节流阀，否则就必须用手动来完成。

节流阀刺坏的显示与堵塞的显示正好相反。如果严重刺坏，也要用第二节流阀，然后把冲蚀的元件换掉。

（2）关井过程中，平板阀出现故障。阀门有的打不开，有的关不上，有的刺漏。

（3）所用防喷器闸板与钻具外径规范不配套。

这在使用复合钻具时尤其容易发生。因此在使用复合钻具时应准备好一根外径与防喷器芯子相一致的钻杆及与不同钻具连接的配合接头，以便在发生溢流时接在井口。

（4）全封闸板或剪切闸板的控制手柄被锁。

这两个闸板通常是很少用到的，一旦发生误操作，其后果又是相当严重的，因此井队人员往往把它的控制手柄锁住或用绳索绑死，一旦需要时又解脱不了，贻误时机，酿成大祸。因此不能把手柄锁死或绑死，而应采取其他有效的办法，防止误操作。

（5）储能器的隔离阀处于关闭状态。

为了检修方便，设置了这个隔离阀，检修完毕，应将这个隔离阀打开。在钻井过程中，这个阀应永远处于开启位置。不幸的是曾发生过因隔离阀关闭而导致井控失效的例子。

（6）储能器没有压力。

防喷器本来是经常处于戒备状态的设备，储能器应经常打足额定压力。但有的井队在平时储能器不打压力，待发生溢流时，仓促应战，已经丧失了最有利的关井时机。

（7）没有随着井口压力的升高而调节关井压力。

关井后，井口压力会随着油气的上移而增高，当压力上升到某一值时，防喷器特别是多效能防喷器会发生泄漏，如不及时增加关井压力，会导致严重的后果。因此，关井后并不等于万事大吉，要密切注意井口动态。

（8）在钻杆敞开下关闭环空。

这将迫使溢流从钻杆内喷出，使安全阀难于或不可能接上，所以在溢流发生时，应先接安全阀和方钻杆，然后再关闭环空。

（9）回压阀或方钻杆接不上。

当井喷从钻杆内发生时，碟形回压阀或方钻杆很难接在井口，但为了制止井喷，这又是必须完成的工序，因此可以采取下列的办法：

①采用可以完全打开的安全阀，减少喷流的冲击力，接在井口，如果有困难，可将完全打开的安全阀，接在一根或一柱钻铤下面，利用钻铤的重量将安全阀接好，然后，关闭安全阀，卸掉钻铤，再接好方钻杆；

②打开高压管汇上的放空阀，抢接带下旋塞的方钻杆，这样做，可以减少喷流的冲击力，当方钻杆接好之后，再关闭放空阀。

（10）方钻杆上、下旋塞的扳手不适用或者找不到。

开关方钻杆上、下旋塞的扳手应灵活好用并放在全体人员都知道的、可靠的、容易拿到的地方，这对于控制钻具内井喷是非常重要的。

（11）防喷器控制管线装反。

最好是不发生这种情况，但现场却经常发生这种情况，只要进行防喷器组的压力或功能试验，就不难发现。发现之后，应该把管线改正过来，或者把标志牌的指示方向改正过来。

（12）防喷系统工作压力不足。

井口控制压力不能超过防喷器额定工作压力、套管抗内压强度的80%、裸眼井段的地层破裂压力三者之中的最小者，如果事先没有进行测试，或者关井后未注意观察，使关井压力超过其中最薄弱的一项强度，将导致严重的后果。因此，关井后，必须限定一个可以承受的最高压力，并注意观察，当压力接近最高限额时，可以进行有控制的放喷。

4. 固井时导致井喷

在钻进时往往很注意井控工作，而在固井时往往忽略了这一点，导致不可收拾的惨局，在全国发生的这类问题不少。其原因主要是：

（1）没有换用与套管尺寸相应的防喷器芯子，井口失去控制。

（2）水泥浆初凝时，产生失重现象，减轻了环空压力，水泥石收缩又会产生微细裂纹，导致高压油气上窜。

（3）固井时，注入的前置液过多，减轻了环空压力，导致油气上窜。

（4）下套管时，没有按规定灌钻井液，导致回压阀压坏，诱使油气从套管内喷出。

5. 职责不明，配合失误

在关井过程中，作业人员应十分清楚本岗位的井控职责，做到分工负责，密切配合。关井应由司钻统一指挥，严防乱指挥造成误操作；要经常进行防喷演练，做到班自为战；要从严格管理和井控培训上下工夫。只有这样，才能迅速、准确无误地控制住井口。

第七章　井内气体的特点、膨胀及运移

在钻井过程中，常见的也是最危险的溢流是气体溢流。由于它在不同温度、压力下具有溶解、膨胀和易燃易爆的特性，使井控过程更加复杂。气体溢流的种类有天然气、硫化氢、二氧化碳等。地层中流体存在的状态既有油、气、水单独存在的，也有油气水共存的。然而，即使是油侵、水侵，也往往伴随有一些天然气的侵入。天然气无论是在侵入的方式方面，还是在井内的运动状态方面，都不同于油侵和水侵。为了有效地进行井控作业，熟悉掌握气侵的一些特点是十分必要的。

第一节　天然气的来源、特点及危险

一、天然气的来源

天然气形成的多种来源是天然气区别于石油的一个重要特点。主要体现在天然气成因类型的多样性。首先，天然气的成因类型多样，既有有机成因气、亦有无机成因气。在有机成因气中既有油型气、煤层气，又有生物气、热解气、裂解气等。天然气的成因类型有十几种之多，而且在自然条件下天然气气藏中的天然气常以复合形式存在。这无疑凸显了天然气来源的复杂性。其次气态烃形成机制与液态相比具有更多的成烃机制，在天然气生成过程中多种成气机制在不同的生气阶段同一成气过程发挥不同的作用。特别是早期有不溶有机质形成的分散状的液态烃可以作为重要的气源。

二、天然气的特点

气体虽然也是流体的一种，但它和水、油等液体有着很大的区别。气体的特点主要有以下几个方面。

1. 气体的可压缩特性

气体是可压缩的流体，其体积取决于压力的大小。压力增加，其体积减小；压力减小，其体积增加。气体的压力和体积的关系随气体类型不同而变化，对天然气来说，在不考虑温度对压力影响的情况下，其体积与压力成反比例关系。

2. 气体的密度低的特性

由于气体的密度远小于液体的密度，在液体中的气体总是有一个向上运移的趋势。不管关井与否，气体的运移总是要发生的。

气体的可压缩性和低密度性这两个特点，使得井控工作变得复杂化。只有了解气体在钻井液中运移所造成的静液压力和井底压力的变化，才能真正了解钻井液气侵的特点，并根据其变化采取相应的措施来控制钻井液气侵。

3. 气体的膨胀特性

气体与液体最显著的差别，在于其可压缩性或膨胀性。气体受压增高，其体积减小；气体受压减小，体积增加。这种特性可用下面的公式来描述：

$$pV = ZnRT$$

或

$$\frac{p_1 V_1}{Z_1 T_1} = \frac{p_2 V_2}{Z_2 T_2} = \text{常数}$$

式中 p——气体所受到的绝对压力，MPa；

V——气体的体积，m^3；

Z——气体的压缩系数；

n——气体的物质的量；

R——气体常数，$MPa \cdot m^3/K$；

T——气体的热力学温度，K。

如果不考虑气体的压缩系数及温度的变化，则上式变为波义耳—马略特定律：

$$p_1 V_1 = p_2 V_2$$

即气体压力增加一倍，体积减小一倍；相反，气体压力减小一倍，体积增大一倍。

4. 天然气具有易扩散、易燃、易爆的特点

天然气与空气的混合浓度达到5%～15%（体积分数）时，遇到火源会发生爆炸，低于5%既不爆炸也不燃烧，高于15%不会爆炸，但会燃烧。天然气的这一特点导致大部分天然气井井喷失控后都引发着火，或是在关井和压井过程中，由于井口设备刺漏，最终引发井口爆炸着火。如果井喷失控瞬间未着火，或在抢险过程中某种原因导致火焰熄灭，由于天然气的扩散性，会以井眼为中心向井场四周扩散，或沿风向向下风向扩散，在这个过程中，遇到火源同样可能发生着火或爆炸。

因此，天然气井的井场设备布置，要充分考虑防火要求。另外，在关井和压井以及在抢险过程中，要做好井场及周围的消防工作，防止着火。

三、天然气的危险

1. 溢流显示种类多，来得快，烈度大

钻天然气井，易发生溢流，且溢流显示的种类多。从溢流到井喷，虽然与诸多因素有关，但由于天然气的密度低和可压缩易膨胀等特性，其间隔时间比油井短得多。据资料统计，从发现溢流到井喷的间隔时间，小于30min的占2/3，其中1/2在10min以内，且来势凶猛，容易失控。中29井下油管至井深896.46m发生井喷，井内89根油管全部喷出。天东5井钻至井深3570.72m起钻井喷，井内重150kN的158.8mm钻铤全部从井内冲出，断成9节，落点最远处距井口91.4m。井喷空后压井，常导致井内钻具被卡，许多井常因此而

侧钻甚至报废。

2. 关井压力高

由于天然气密度低，仅为原油的 0.07%，不能靠自重平衡大部分地层压力，不仅井涌井喷临时关井压力高，完井后井口关井压力也高。某井钻达井深 6026m，完井试油最高关井压力达 103.95MPa，压力还在上升，超过安装使用的 15000psi 卡麦隆采气井口允许关井压力 103.42MPa，被迫放喷，最后导致该井暂闭。关基井井深 7175m，预计地层压力约为 153MPa，完井试油亦用 15000psi 采气井口测试，测试完不能实行关井求压，只好随即压井。1988 年 4 月 5 日完钻的土扁 1 井，完钻井深 6006m，各种解释气显示很好，测算地层压力为 126～129MPa，含硫化氢，因当时缺乏完井条件，最近才决定射孔测试完井。

3. 地层压力梯度差异大，产量差异亦大

在四川地区，既有因地层压力异常而出现的高压气井，如某井（3809m）在钻井液密度已达 2.54g/cm^3 情况下，井口仍出现溢流，地层压力系数 0.0282MPa/m，也有因开采气层压力梯度已低于 0.01MPa/m 的气田。有的区块产层纵横压力梯度差异大，同一井场同一产层所钻的两口井中，一口井的压力可为另一口井的 1.8 倍，而两井井底位移仅相差 10m（卧 88 和卧 111 井）。同一井眼，直井为干井（池 35 井），换一定方位从井下某处侧钻的池 35－1 井却为测试日产达 $62\times10^4m^3$ 的大气井。由于天然气可压缩可膨胀的特性，因而对压力特别敏感。它既具有高压强烈显示的一面，而在一些低压区块，它又表现出易漏易伤害的一面。

4. 天然气井易窜漏

由于天然气的分子小、密度低、粘度小、吸附能力小、易滑脱、扩散能力大，因此具有很大的活动能量。气层中钻井液容易气侵，使平衡地层压力的液柱压力降低，导致井涌，甚至井喷；固井时容易出现气窜，有些井在固井候凝水泥浆“失重”时还曾发生过井喷；关井时，套管、油管螺纹及井口装置易渗漏刺漏；浅气层井或若表层套管下得较浅时，遇气显示易发生气窜，有时出现地下井喷，有时表现为地面窜漏。温泉 4 井钻至井深 1869.60m 意外地发生井喷（同构造，同层位，已钻 4 口井均无气显示），估计天然气日产量 $70\times10^3m^3$，处理时天然气窜至距井口周围 750～800m 范围内的好几个煤窑，有两个煤洞燃起熊熊大火，井场周围地面大面积冒气。

5. 天然气井易燃易爆易中毒

天然气井在发生井喷后，由于各种原因容易引起钻机着火。含硫化氢天然气井钻具易氢脆折断，含硫化氢天然气井一旦井喷失控，大大增加了处理的难度，此方面的例子是很多的。

第二节　天然气侵入井内的方式

一、岩屑气侵

随破碎岩屑的侵入。钻遇气层时，钻屑将随钻井液上返，钻屑中的气体随着液柱压力的减小而释放到井内。侵入的气体量显然与岩石的孔隙度、天然气饱和度、钻速、井径等有关。如果是薄气层，就没有多少天然气侵入钻井液；如果是大段含气岩层，侵入钻井液的天然气总量就可能相当大。

二、扩散气侵

浓度扩散侵入。气层中的气体透过泥饼向井内扩散。扩散进入井内的气体量主要取决于钻开的气层表面积、浓度差和泥饼性质。一般经过滤饼扩散进入井中的气体量并不大，但是，当滤饼由于压力激动等原因受到破坏以及长期停止循环时，则扩散进入的气体量就会增加。以上这两种途径表明：即使在地层压力小于钻井液柱压力时，气体也不可避免地会侵入井中。

三、置换气侵

重力置换的侵入。当钻到大段的气层，特别是大裂缝或溶洞时，由于钻井液密度大，与气体产生重力置换，天然气会被钻井液从地层中置换出来，在井底容易积聚形成气柱。

四、溢流气侵

压力差的侵入。井底压力小于地层压力（$p_b < p_p$）时，气体由气层以气态或溶解状态大量地流入和渗入钻井液。由前面知道，起钻时由于停止循环、抽汲作用等原因会使 p_b 降低，同时又较长时间地停止循环，这就可能在井底积聚起大量气体而形成气柱。

五、气体在井内的状态

（1）分散的气泡状态。大多数情况下，由于钻井液流动和钻柱旋转的影响，气体以气泡的形式散布在钻井液中。

（2）连续气柱状态。如果发生重力置换或长期关井，或者定向井水平段较长时，可在井内形成连续气柱。

第三节　气体溢流对井内压力的影响

一、气侵对钻井液液柱压力的影响

气体侵入钻井液后，以游离状态——微小气泡吸附在钻井液的颗粒表面，随着钻井液循环上返。气泡在上升过程中，由于所处的压力不断减少，体积就逐渐膨胀增大，如图 7-1 所示。

因此，气侵钻井液的密度在不同深度是不同的，这时绝不能再以地面气侵钻井液的密度乘以井深来计算钻井液柱压力。即使返到地面时的钻井液气侵得很厉害，形成许多泡沫，密度降低得很多，但是井底钻井液柱压力的减少却并不大。下面计算气侵后钻井液柱压力 p_m 的变化。

钻井液具有粘度和切力，因此可以假定侵入的气体与钻井液同时均匀地向上运动而无滑脱。

设气侵前原钻井液密度是 ρ_m，返至地面的气侵钻井液的密度为 ρ_s，每 1L 地面气侵钻井液中所含气体体积为 m（L）（图 7-1），地面气体的密度为 ρ_g，则 1L 地面气侵钻井液的质量为：

$$1\times\rho_s=(1-m)\rho_m+m\rho_g$$

因 $m\rho_g$ 很小，可忽略不计，所以上式可写为：

$$\rho_s=(1-m)\rho_m \tag{7-1}$$

钻井液返至地面时压力为 p_s，而在井深 H 处压力为 p_s+p（p 为钻井液柱压力）。在井深 H 处，上述 1L 地面气侵钻井液中的钻井液体积不变，仍为 $(1-m)$（L）。

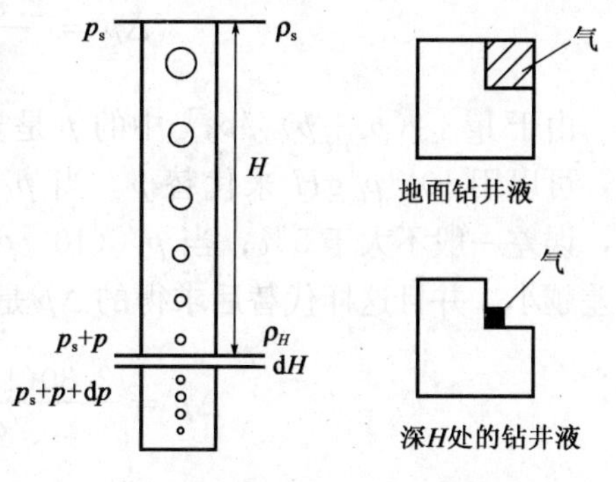

图 7-1　气侵钻井液静液柱压力变化示意图

但气体体积则随温度、压力而变化。如果认为气体膨胀是等温过程，则气体体积为 $mp_s/(p_s+p)$（L）。

因此，井深 H 处的气侵钻井液的密度为（同样可忽略气体重量）：

$$\rho_H=\frac{(1-m)\rho_m}{(1-m)+\dfrac{mp_s}{(p_s+p)}} \tag{7-2}$$

在井深 $H+dH$ 处，压力将为 p_s+p+dp，如图 7-1（a）所示。

因为 dH 很小，可以认为这部分钻井液的密度是一常数，则：

$$dp=10^{-3}\rho_H g dH=\frac{10^{-3}\rho_m g(1-m)(p_s+p)dH}{(1-m)(p_s+p)+mp_s}$$

或

$$\left[1+\frac{mp_s}{(1-m)(p_s+p)}\right]dp=10^{-3}\rho_m g dH$$

积分后可得：

$$p+\frac{2.30mp_s}{1-m}\lg(p_s+p)=10^{-3}\rho_m gH+G$$

因 $H=0$ 时，$p=0$，则：

$$G=\frac{2.30mp_s}{1-m}\lg p_s$$

所以

$$p+\frac{2.30mp_s}{1-m}\lg\frac{p_s+p}{p_s}=10^{-3}\rho_m gH \tag{7-3}$$

为了便于计算，令气侵后与气侵前钻井液密度的比值为 $a=\rho_s/\rho_m$，则由式（7-1）可得 $a=1-m$。将之代入式（7-3）中，并整理得：

$$10^{-3}\rho_m gH=p\,\frac{2.30(1-a)p_s}{a}\lg\frac{p_s+p}{p_s} \tag{7-4}$$

上式中等号的左边是气侵前后钻井液柱压力的减少值，以 Δp 表示，则：

$$\Delta p = \frac{2.30(1-a)p_s}{a}\lg\frac{p_s+p}{p_s} \tag{7-5}$$

由于 $\lg[(p_s+p)/p_s]$ 中的 p 是未知数，直接计算 Δp 有一定困难。但考虑到这是对数，可以用 $10^{-3}\rho_m gH$ 来代替 p。当 $p/(10^{-3}\rho_m gH)=0.8$（这是气侵相当严重的情况）时，误差一般不大于5%；当 $p/(10^{-3}\rho_m gH)=0.9$ 时，误差一般不大于2.5%。井越深，误差越小。并且这样代替后求得的 Δp 是偏大的，也就是较为安全的。因此，

$$\Delta p = \frac{2.30(1-a)p_s}{a}\lg\frac{p_s+10^{-3}\rho_m gH}{p_s} \tag{7-6}$$

式中 Δp——气侵前后井内钻井液柱压力的减少值，MPa；

a——返至地面的气侵钻井液的密度 ρ_s 与气侵前钻井液密度 ρ_m 的比值；

ρ_m——气侵前钻井液密度（也可采用泵入的钻井液经过充分排气后测得的密度），g/cm^3；

H——井深，m；

p_s——井口环形空间的压力，MPa。

如果气体的膨胀不是等温过程，同时把温度考虑进去，那么式（7-6）将变为：

$$\Delta p = \frac{2.30(1-a)Z_a T_a p_s}{aZ_s T_s}\lg\frac{p_s+10^{-3}\rho_m gH}{p_s} \tag{7-7}$$

式中 Z——压缩系数（是为了将理想气体状态方程运用于实际气体所引入的系数，Z 值由状态温度与该气体的临界温度的比值及状态压力与该气体的临界压力的比值决定，既可大于1，也可小于1，无量纲。一般可由《采气手册》的图或表查得）；

Z_s——地面压缩系数；

Z_a——平均压缩系数［如井底压缩系数为 Z_b，则 $Z_a=(Z_s+Z_b)/2$］；

T_s——井口天然气温度，K；

T_a——天然气平均温度［如井底天然气温度为 T_b，则 $T_a=(T_s+T_b)/2$］，K。

由于式（7-6）中 a、ρ_m、H 及 p_s 都是已知的，因此可以算出 Δp。还可以将式（7-6）作成图7-2所示的图表。由图可见，即使地面气侵钻井液的密度降至只有原来密度的一半（$a=0.5$），井底钻井液柱压力的减少值也不超过0.75MPa。如果考虑到气体的溶解度，那么井底钻井液柱压力的减少值将更小。

图7-2的横坐标是气侵前钻井液静液柱压力。从图中可以看出，气侵对井底钻井液压力减少的影响，就相对值来说，浅井要大于深井。例如，原浆密度为 $1.20g/cm^3$，$a=0.5$，5000m深井井底的钻井液柱压力减少值为0.64MPa，约为原来钻井液压力的1.1%；而对于500m的浅井，则井底钻井液柱压力减少值为0.41MPa，占原来钻井液柱压力的6.8%。然而，无论是深井还是浅井，气侵后钻井液柱压力减少的绝对值都是很小的。这表明，地面气侵很严重的钻井液，看起来好像有大量气体侵入钻井液，但是实际上井底只有少量的气体进入钻井液。由于气体的可压缩性，少量气体在井中并不会排代许多钻井液，只有在气体接近地面时，才膨胀得非常快，才会排代许多钻井液。确立这种认识对于正确估量井底天然气侵

入的程度是十分必要的。

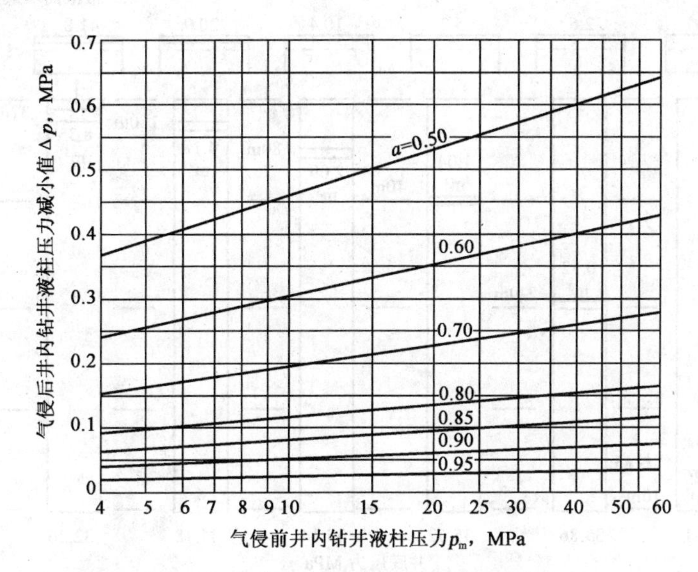

图 7-2　气侵前后对钻井液柱压力的影响

从以上分析可以得出重要结论：仅仅由于气侵，井底钻井液柱压力的减少是非常有限的。只要采取有效的除气措施，保证使泵入井内的钻井液保持原有的密度，就不会有井喷的危险。但是如果没有及时有效地除气，让气侵钻井液重新泵入井内，而且继续不断地受到进一步气侵，则井底钻井液柱压力将不断下降，最终会失去平衡，导致井喷。

二、井下积聚有气柱时，造成钻井液自动外溢和井喷的条件

上面讨论了气侵时气体在钻井液中均匀分布、向上膨胀运动的情况，实际中还常常会遇到另一种情形：由于各种原因而较长时间停钻停泵时，侵入井底的气体往往不是均匀分布，而是产生积聚现象形成气柱；气柱在井中上升或被循环的钻井液推着上行时，体积会大大膨胀。

图 7-3 表明在 3000m 处有 0.26m^3 天然气柱的膨胀上升情况 ϕ216mm 井眼与 ϕ127mm 钻杆的环形空间，钻井液密度 1.20g/cm^3。这种情况在一些起钻开始时发生局部抽汲的井中是容易发生的。起初，膨胀是很小的，但是当天然气接近地表时膨胀迅速增加。例如，在到达井深 750m 时，天然气体积将增为 4 倍，而在井深 187.5m 时为 16 倍。当天然气上升到一定高度后，由于上面压力的减少，气柱体积的膨胀就足以使上部钻井液自动外溢喷出。

1. 造成钻井液自动外溢喷出的条件

如图 7-4 所示，设井下有一段气柱或严重气侵的钻井液，高度为 x；上面为未气侵的钻井液柱，高度为 h；钻井液密度为 ρ_m，井筒截面积为 A。则作用在气柱上的初始压力为 $p_s+10^{-3}\rho_m gh$，气柱的初始体积为 A_x。如果钻井液柱的高度减少 Δh，则作用在气柱上的压力将减为：$p_s+10^{-3}\rho_m g\ (h-\Delta h)$。由于压力的减少，气柱将发生膨胀而高度将增加，即气柱膨胀后的终了体积为 $A\ (x+\Delta x)$。

为简便起见，认为气体的膨胀过程是等温的，则：

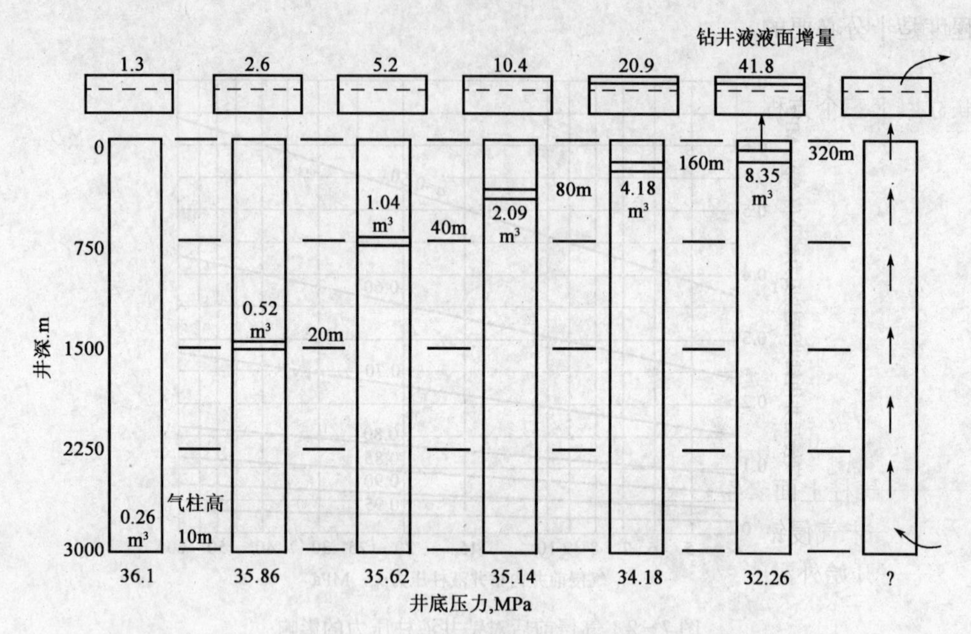

图 7-3 井底气柱自动外溢的条件

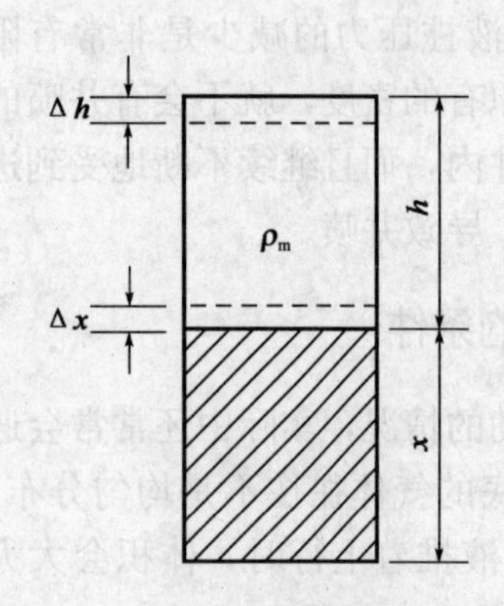

图 7-4 钻井液自动外溢的条件

$$(p_s + 10^{-3}\rho_m gh) \cdot A \cdot x =$$
$$[p_s + 10^{-3}\rho_m g(h - \Delta h)] \cdot A \cdot (x + \Delta x)$$

显然，如 $\Delta x < \Delta h$，不会发生外溢；如 $\Delta x > \Delta h$，则将发生外溢；而 $\Delta x \approx \Delta h$，则为不稳定的临界条件。将 $\Delta x \approx \Delta h$ 及 $p_s = 0.1$MPa（因为外溢时井口是开启的）代入上面方程式中，可得：

$$x = h - \Delta h + \frac{10}{\rho_m} \tag{7-8}$$

令 $\Delta h = 0$，则：

$$x = h + \frac{10}{\rho_m} \tag{7-9}$$

式中 x——井下积聚的气柱或严重气侵的钻井液柱的高度，m；

h——气柱上面未气侵的钻井液柱的高度，m；

ρ_m——未气侵钻井液的密度，g/cm³。

式（7-9）表明的是静止不稳定平衡状态，钻井液稍一流出就会随之外溢井喷。但是这需要在井眼下部积聚大量的气体，其体积超过在其上面的将被喷出的钻井液体积。在停止循环的状况下，要积聚起这样大量的气柱（其高度超过井深的一半以上）是不大可能发生的。然而应该考虑气柱上升时的情况。

2. 循环时可能将其上部的整个钻井液柱喷出的条件

如图 7-5（a）所示，各符号代表意义同前，但此时并不发生外溢。设当整个钻井液及气体柱上行到距井底 L 时，产生如前所述钻井液开始外溢的临界条件，如图 7-5（b）所示。此时未气侵的钻井液柱高度为 h_1，气柱高度为 x_1。显然有 $x_1 = h_1 + 10/\rho_m$，而 $h + x_1 =$

h_1+x_1+L 以及 $(p_s+10^{-3}\rho_m gh)A_x=(p_s+10^{-3}\rho_m gh_1)A_{x_1}$。

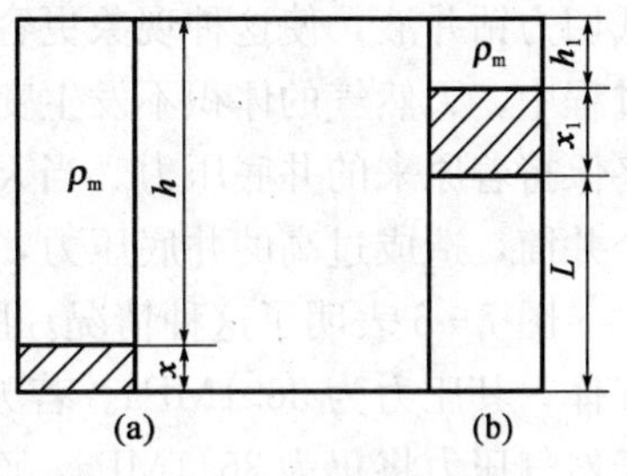

图 7-5 钻井液喷出的条件

联立以上三个方程式，求解可得：

$$L=h+x+\frac{10}{\rho_m}-2\sqrt{x\left(h+\frac{10}{\rho_m}\right)} \quad (7-10)$$

$$x_1=\sqrt{x\left(h+\frac{10}{\rho_m}\right)} \quad (7-11)$$

$$h_1=-\frac{10}{\rho_m}+\sqrt{x\left(h+\frac{10}{\rho_m}\right)} \quad (7-12)$$

式中 x——井下积聚的气柱或严重气侵的钻井液柱的高度，m；

h——气柱上面未气侵钻井液柱的高度，m；

ρ_m——未气侵钻井液的密度，g/cm^3；

L——开始外溢时气柱下端离井底的距离，m；

x_1——开始外溢时气柱或严重气侵的钻井液柱的高度，m；

h_1——开始外溢时气柱上面未气侵钻井液柱的高度，m。

例 7-1 已知井深 $H=3000$m，井底气柱高度 $x=10$m，上部未气侵钻井液密度 $\rho_m=1.20g/cm^3$，则：

$$x_1=\sqrt{10\times\left(2990+\frac{10}{1.20}\right)}=173.16(m)$$

$$h_1=-\frac{10}{1.20}+\sqrt{10\times\left(2990+\frac{10}{1.2}\right)}=164.82(m)$$

$$L=2990+10+\frac{10}{1.20}-2\sqrt{10\times\left(2990+\frac{10}{1.2}\right)}=2662.02(m)$$

也就是说，循环钻井液时，当气柱上行到距井底 2662.02m 处，就会发生外溢。由于气体膨胀而溢出的钻井液量（包括气柱体积）相当于 338.5m 环形空间的体积，井底压力将从 36.1MPa 下降到 32.04MPa。如果气层的压力梯度为 0.011MPa/m，则这时已经构成了 $p_m<p_p$ 的井喷条件。

从上面可以知道，对于因换钻头、电测等作业而起出钻杆的井，虽然在早先检查的时候是平静的，但是有可能由于抽汲以及较长时间停止循环，而在井底积聚相当数量的天然气气柱。然后，由于天然气气柱轻于钻井液而上升膨胀，或者在下钻循环时上行膨胀，当到达某井深时就会发生钻井液外溢喷出；并且，由于天然气上升接近地表时，在低的压力下它将取代大量的钻井液，大大降低了井底压力，使更多的天然气以更快的速度侵入井中。因此，实际钻井液外溢喷出现象要早得多。

三、关井时气侵钻井液对作用在井筒（从井底到井口）的压力的影响

在一口受到气侵而已经关闭的井中，环形空间仍是不稳定的。天然气由于其密度小于钻井液的密度而滑脱上升，有穿过钻井液在井口蓄积起来的趋势。目前，广泛使用的低黏度、

低切力钻井液，使这种现象更容易发生。由于井已关闭，天然气不可能膨胀。因此，在上升过程中，天然气的体积不发生变化，这就使得天然气的压力在上升过程中也不发生变化，始终保持着原来的井底压力。当天然气升至地面时，这个压力就被加到钻井液柱上，作用于整个井筒，造成过高的井底压力，而在井口则作用有原来的井底压力。

图 7-6 表明了这种情况。所用钻井液密度为 1.20g/cm³，如果在 3000m 深的井底处有气体，其压力为 36.1MPa。若天然气上升而不允许其体积膨胀，则当其升至 1500m 井深处，天然气压力将仍为 36.1MPa，而此时井底压力增加为 54.1MPa，同时将有 18.1MPa 的压力作用于井口。而当此天然气升至地面时，其压力仍为 36.1MPa，而此时井底压力将高达 72.1MPa。压力的数值表明早在套管压力达到最大压力以前，就几乎一定会压裂地层引起井漏。

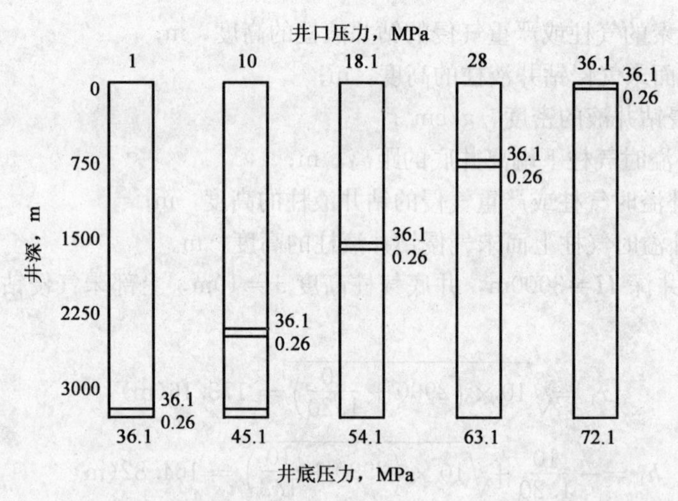

图 7-6　关井情况下气侵钻井液的压力（钻井液密度 1.20g/cm³）

充分认识天然气在井内上升过程中体积不能膨胀所带来的上述影响是很重要的，从中可以得出一些对实际工作有重要意义的结论：

(1) 考虑到关井时井口将有相当高的压力，因此要求井口装置必须能承受足够高的工作压力。

(2) 不应该使井长时间关闭而不循环。因为长期关井将使井口作用有很高的压力，而井底压力则更高。这就可能导致井口压力超过井口装置的耐压能力，或者井内压力超过井中套管柱或地层所能承受的压力，造成井口失去控制，套管憋破，地层憋漏，以致发生井喷、井漏等严重复杂情况。

因此当关井一段时间后，如果井口压力不断上升，井口和井内的压力有可能超过上述压力极限时，应该开启节流阀以释放部分压力。

必须指出，固然应该注意钻井液已喷尽而井中全为天然气的那些井，因为这些井井口和井内有着非常高的压力。但是，还需要注意的是：一口关着的、有钻井液柱和天然气在井口不断积蓄的井，与喷空的井相比，其井内不同深度处将作用着更高的压力。

(3) 循环排气时，为了避免井口和井内产生过高的压力，必须让气体膨胀降低自身的压力。在允许井底压力膨胀时，应保持井底压力不变，通过调节节流阀控制一定的回压。

以前，在压井时有的采用循环时保持钻井液池液面不变的方法，认为只要保持循环钻井液量不增加，地层流体就不会再流入井内。实际上，这就是让天然气在井内上升而不膨胀；它会带来过高压力的危险，因此不应该采用。

在后面将要介绍的压井方法是以压力控制为基础的，这种方法将允许天然气在循环上升时膨胀，因此较少发生过高压力。

(4) 长期关井后，由于天然气在井内上升而不能膨胀，井口压力不断上升。这时容易产生误解，认为地层压力非常高，等于井口压力再加上钻井液柱压力，并且想据此算出所需要的钻井液密度。实际上，这是错误的。从前面所述已经知道，这时井口压力的增加是由于天然气不能膨胀的结果。因此，在天然气上升而不能膨胀的情况下，地层压力并不等于井口压力加钻井液柱压力，也不应这样来计算所需的钻井液密度。

第四节　在开井和关井状态下气体的运移

一、在开井状态下气体的运移

在开井状态下，侵入井内的天然气靠密度差形成的浮力在钻井液中滑脱上升，并逐渐形成气泡甚至段塞。气泡或段塞所受的钻井液柱压力会随着气体上升而逐渐降低，因此气体随之膨胀，并逐渐将其上的钻井液排出地面。

假设井深3000m，钻井液密度1.20g/cm³，井眼直径215.9mm，钻杆外径114.3mm，环空有0.26m³ 天然气，当井口敞开时其上升膨胀情况如图7－7所示。在一些开始起钻就发生局部抽汲的井中，这种情况很容易发生。

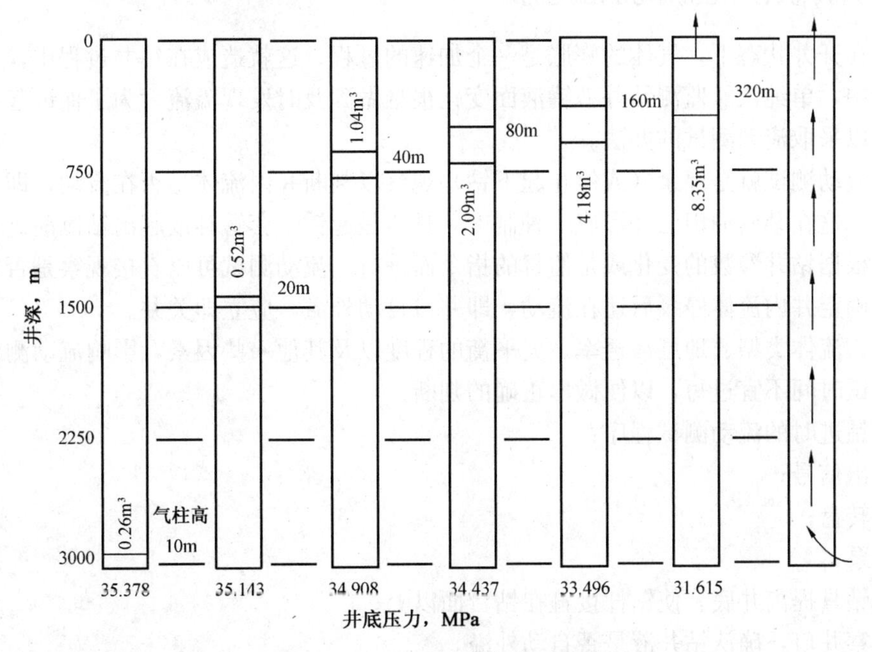

图7－7　开井状态下气体的运移

气体上升到井深 1500m，气体体积变为 0.52m³，高度变为 20m，井底压力降到 35.14MPa。在这个过程中，气体运移了 1500m 的距离，体积只增加了 0.26m³。气体继续上升到井深 750m 处时，体积变为 1.04m³，高度变为 40m，井底压力 34.9MPa。在这个过程中，气体运移了 750m 的距离，体积增加了 0.52m³。气体继续上升到井深 375m 处时，体积变为 2.09m³，高度变为 80m，井底压力 34.4MPa。在这个过程中，气体运移了 375m 的距离，体积增加了 1.04m³。当气体上升到井口附近时，气体体积变为 8.32m³，高度变为 320m，井底压力下降到 31.62MPa。

气体上升到一定高度后，气体体积的膨胀就足以使上部钻井液自动外溢喷出，导致井底压力小于地层压力，使天然气进入井内造成更严重的井喷。

通过上面的例子可以得出以下结论：

(1) 开井状态下，气体在井内上升时体积一直在膨胀，在井底时体积增加较小，越接近井口膨胀速度越快。

(2) 气体越接近井口，钻井液罐液面上升速度越快，溢流量才变得比较明显。

(3) 气体膨胀上升开始时对井底压力的影响很小，到接近井口时，井底压力明显降低。

由此可见，由于长时间停止循环或起钻抽汲，井底可能会聚集了相当数量的天然气并形成气柱，由于密度差作用导致气柱上升膨胀，或开泵循环钻井液时造成气柱膨胀，到达某一深度时，就会发生钻井液外溢，尤其是天然气上升接近地面时，体积会迅速膨胀，从而取代井筒内大量的钻井液，大大降低井底压力。为防止出现这样的情况，现场作业时应该尽量减少停止循环的时间，起钻要避免抽汲，起完钻后尽快下钻，等钻头下至一定深度，再做其他必要的辅助工作。

二、开井状态下的流动测试程序

由于在开井状态下，气体的膨胀是一个加速的过程，这就造成在钻井过程中，特别是在起钻过程中，单纯依靠监测钻井液罐液面变化很难做到及时发现溢流。为了保证起钻作业的安全，可以采取流动测试的办法。

所谓流动测试就是停泵（或停止起下钻）观察以判断井内流体是否在流动，即井口是否自动外溢。这在某些油田已经形成一种制度，具体是起钻至套管鞋或起出钻铤前进行，有时则是司钻根据钻井参数的变化或是监督的指令而进行。流动测试可以直接观察是否发生了溢流。一旦确定井内流体停泵后还在流动，即井口自动外溢，应立即关井。

井深、流体类型、地层渗透率、欠平衡的程度以及其他一些因素，影响流动测试时间的长短。测试时间不宜过短，以便做出正确的判断。

(1) 钻进时的流动测试程序：

①发出信号；

②停转盘；

③停泵；

④将钻具提离井底，使钻杆接箍在钻台面以上；

⑤观察井口，确认钻井液是否自动外溢。

(2) 起下钻时的流动测试程序：

①发出信号；

②坐吊卡；

③安装内防喷工具；

④观察井口，确认钻井液是否自动外溢。

(3) 还有一种比较灵敏的方法是声波气侵检测法。这需要在井口安装声波发射传感器和声波接受传感器，声波在气体中的传播速度比在钻井液中慢，传播时间的急剧增加就说明井下有气体进入。

另外，对于油气活跃的井，在做好油气上窜速度监测的同时，下钻应分段循环排除油气。若后效严重，应通过液气分离器节流循环以便排除油气，防止发生因判断失误而引起的井喷。

三、关井状态下气体的运移

发生天然气溢流关井，或因起钻抽汲导致天然气溢流而关闭的井中，天然气在关井状态下滑脱上升。气体滑脱上升的速度主要取决于环空大小、钻井液粘度、气体与钻井液密度差等因素。

已有一些预测气体运移速度的模型，但这些模型太复杂，在现场难以应用。为了指导井控作业，可根据地面压力的变化，近似预测井内气体的运移速度，其前提是气体体积和温度保持不变。

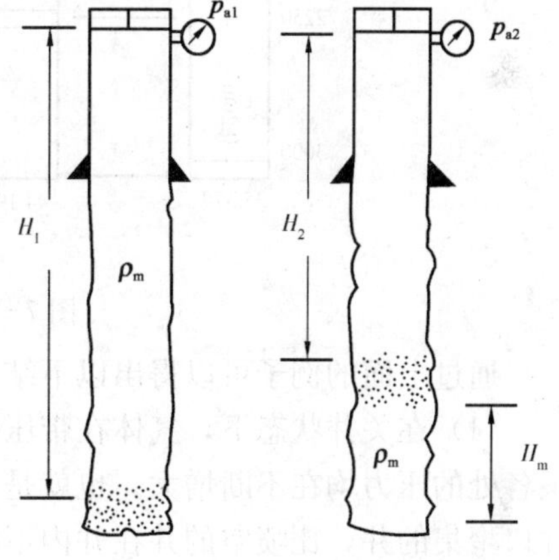

图 7－8　关井状态下气体运移速度

如图 7－8 所示，假设在 $t=t_1$ 时刻，气体处于井底，此时井口压力为 p_{a_1}，则 $p_{a_1}=p_{气}-\rho_m gH_1$。

在 $t=t_2$ 时刻，气体向上运移了 H_m 的距离，此时井口压力为 p_{a_2}，则 $p_{a_2}=p_{气}-\rho_m gH_2$。

如果气体的温度和体积未发生变化，那么气体的压力也不变，所以，

$$p_{a_2}-p_{a_1}=\rho_m gH_1-\rho_m gH_2=\rho_m gH_m$$

$$H_m=\frac{p_{a_2}-p_{a_1}}{\rho_m g}$$

因此，计算出气体的运移 H_m 距离之后，就可用下式求出气体的运移速度：

$$v_m=\frac{H_m}{t_2-t_1}$$

由此可见，只要记录下地面压力的变化和相对应的时间，就可以计算出气体的运移速度及其在井眼内的位置。但由于上述公式是在假设气体为单一体积单元的前提下推导出来的，而事实上，某些情况下气体常是以气泡的形态存在的，因此，运移高度和速度的计算值是近似值。

关井状态下，井内容积固定，假如钻井液未发生漏失，气体就不能膨胀，所形成的气柱会始终保持原来的井底压力值不变。从上面的公式可以看出，气体滑脱上升过程中，气柱以上的液柱压力减小使井口压力增加，气柱以下的液柱压力增加使井底压力增加。所以在关井

状态下，气体的滑脱上升会导致整个井筒的压力不停地增加。

假设井内钻井液密度 1.20g/cm³，井深 3000m，0.26m³ 气体侵入井内关井，此时的井底压力为 35.378MPa。天然气滑脱上升时，井底压力和井口压力的变化情况如图 7－4 所示。

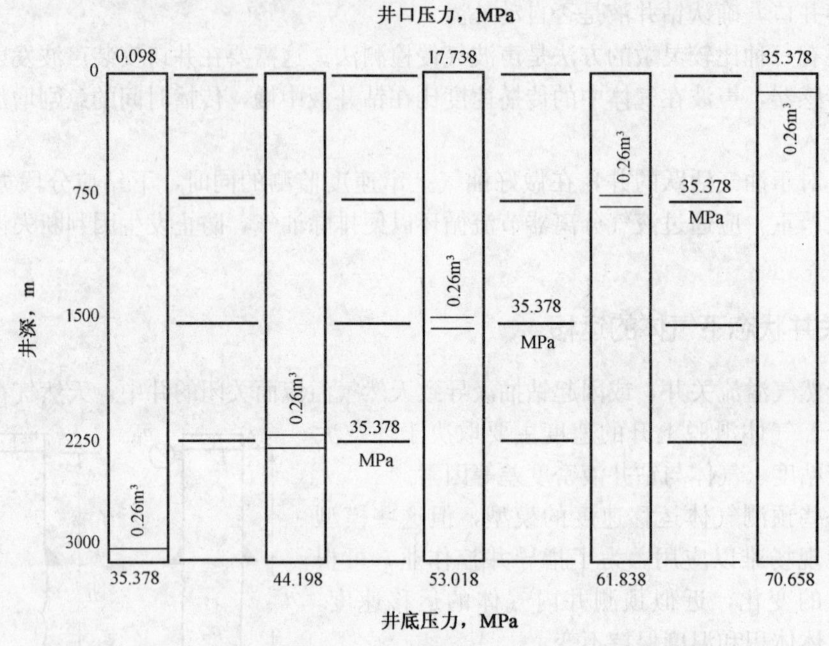

图 7－9　关井状态下气体的运移

通过上面的例子可以得出以下结论：

(1) 在关井状态下，气体在带压滑脱上升过程中，关井立压、套压不断上升，作用在井眼各处的压力均在不断增大。也就是说，一口关井后井内存在钻井液液柱，而天然气不断在井口聚集的井，比喷空的井在井内不同深度处的压力更高。

(2) 关井时，天然气上升至地面，井口要承受原作用于井底的压力，所以要求井口防喷装置能承受足够高的工作压力。

(3) 气体滑脱上升引起井口压力不断升高，这个压力加上天然气以下的钻井液静液柱压力，造成过高的井底压力，不能认为地层压力也在增大，不能录取这时的井口压力计算地层压力。

(4) 发生气体溢流不应长时间关井，避免超过最大关井套压，造成井口、套管损坏，或套管鞋以下地层破裂，天然气地面窜通，此时要尽快组织压井或通过节流阀释放部分压力。

第五节　井口放压的方法

一、立管压力法

1. 立管压力法原理

通过节流阀，间断放出一定数量的钻井液，使天然气膨胀，气体压力降低。在释放钻井液的过程中，要控制立管压力始终大于关井立压，从而保证井底压力始终略大于地层压力，以防止天然气再进入井内。

2. 操作方法

(1) 先确定一个比初始关井立管压力高的允许立管压力值 p_{d_1} 和放压过程中立管压力的变化值 Δp_d。通常取 p_{d_1} 比初始关井立压大 0.7～1.4MPa，防止释放钻井液时，由于压力波动或压力传递的滞后现象导致井底压力小于地层压力。Δp_d 的确定要考虑地层的承压能力，一般取 p_d=0.35～1MPa。例如，关井立压 p_d=3MPa，可取 p_{d_1}=4MPa，Δp_d=1MPa。

(2) 当关井立管压力 p_d 增加到 $p_{d_1}+\Delta p_d$，即增加到 5MPa 时，通过节流阀放钻井液，立管压力下降到 p_{d_1}，即下降到 4MPa 时关井。

(3) 关井后，天然气继续上升，立管压力再次升到 $p_{d_1}+\Delta p_d$ 时，即增加到 4+1=5MPa 时，再按上述方法放压，然后关井。这样重复进行，可使天然气上升到井口。放压过程中，由于环空放出钻井液，环空静液压力减小，因此套压增加一个值，增加的值等于环空静液压力所减小的值。

3. 不适用立管压力方法的情况

当发生如下情况，则不能应用立管压力法，而要采用体积法（容积法）：

(1) 钻头水眼被堵死，或钻具内有回压阀（单流阀），立管压力不能读值；

(2) 钻头位置在气体之上；

(3) 钻具被刺漏等。

二、体积法（容积法）

1. 体积法的原理

通过节流阀释放钻井液，使气体膨胀，环空静液压力由于钻井液量的减少而降低，为保证井底压力略大于地层压力，环空静液压力减小值通过增加套压补偿。

2. 操作方法

(1) 先确定一个大于初始关井套压的允许套压值 p 和放压过程中的套压变化值。其确定原则和取值方法同立管压力法。例如，初始关井套压 p_a=5MPa，可以取允许套压值 p_{a_1}=6MPa，套压变化值 Δp=0.5MPa。

(2) 计算出套压变化值 Δp_a 对应的释放钻井液量 ΔV。由于井径不同，计算出的 ΔV 会有所不同。

(3) 当关井套压由 p_a 上升到 $p_{a_1}+\Delta p_a$=6+0.5=6.5MPa 时，保持套压等于 6.5MPa 不变，从节流阀放出钻井液 ΔV_1，关井。

(4) 当关井套压由 6.5MPa 上升 0.5MPa 达到 7MPa 时，保持套压等于 7MPa 不变，通过节流阀放出钻井液 ΔV_2，关井。

(5) 当关井套压由 7MPa 上升 0.5MPa 到 7.5MPa 时，保持套压等于 7.5MPa 不变，通过节流阀放出钻井液 ΔV_3，关井。

(6) 按上述方法放出钻井液，使气体上升膨胀，让套压增加一定数值，补偿环空静液压力减小值，保证井底压力略大于地层压力。气体一直上升到井口。

三、套压的控制

使用上述两种方法处理气体的滑脱上升时，由于环空钻井液不断地放掉，关井套压会不断地上升，有可能会导致套管鞋处钻井液的漏失。所以，在施工前，要先校核套管鞋处的承压能力。套管鞋处地层所受最大压力发生在天然气溢流顶面到达套管鞋处时，其计算公式如下：

$$p_{hmax} = \frac{B}{2} + \sqrt{\frac{B^2}{4} + C}$$

其中

$$B = p_p - \rho_m g(H - h)$$

$$C = p_p \rho_m g h_w$$

式中 p_{hmax}——套管鞋处地层所受最大压力，MPa；

p_p——井底压力，MPa；

ρ_m——井内钻井液密度，g/cm³；

H——井深，m；

h——套管鞋深度，m；

h_w——井内溢流物所占据的高度，m；

g——0.00981。

只要套管鞋处地层所受最大压力小于该处地层破裂压力，施工就可以顺利进行。

四、天然气上升到井口的处理

天然气上升到井口后，不能放气泄压，此时的井口压力值是平衡地层压力所必需的，一旦放气泄压，井底压力就不能平衡地层压力了。处理方法是采用置换法，从井口注入钻井液置换井内气体，以降低井口压力。具体操作方法见本书第八章相关内容。

对于高含硫的气井，不宜采取上述立管压力法和体积法进行处理。因为这两种方法均是通过放掉一定量的环空钻井液，使侵入井筒的气体逐渐到达井口，在井口将会有一段纯气柱存在。由于硫化氢气体对钻具的氢脆腐蚀作用，很可能使井口附近的钻具发生断裂落井，从而导致井内断口以上的钻具冲出转盘，发生井喷失控，甚至着火。因此，对高含硫的气井，应事先准备充足的高密度钻井液，一旦发生溢流关井后，尽快调配适当密度的压井液，组织压井作业，建立新的压力平衡，恢复正常钻井作业。

第八章　井底恒压的井控方法

第一节　井控的目的和井底恒压法的原理

一、井控的目的

控制一口井有许多技术，在钻井或修井期间井涌是否发生或者油气井是否被控制，基本方法是一样的，这些方法是保证井底压力在预期的水平。为了预防地层流体的进一步侵入需要维持井底压力等于或高于地层压力。本章讨论的是控制井底压力的方法和节流反映的方法。如果目的是清除井涌流体，有两种方法预防额外的流体侵入。第一，是增加足够的回压给钻井液柱来平衡地层压力；第二，是用足够的回压和用密度等于或超过地层压力的钻井液流体取代原井内的钻井液流体。

井底恒压要考虑的重要因素：

（1）一定要使作用在地层上的井底压力高于地层压力，否则地层内的各种流体就会更多地流入井内。若对流入井内的流体完全失去控制，就会发生井喷。

（2）在超平衡地层压力时，决不能使井口压力过高。在钻井液柱上部需要有回压控制地层压力，但回压过大，将破坏地层、套管或防喷设备。任何基于以上考虑的技术都属于井控的井底常压法。

最常用的压井方法有常规压井方法、非常规压井方法、特殊情况下的压井方法，并且通过以上压井方法把井内受污染的钻井液循环出地面，重新恢复井内的静液压力平衡。

在井控作业期间，资料的收集和编制文件是有价值的工作，帮助认识作业和在工作中树立信心，井队能够知道将要发生什么和懂得控制井况。但是，恰当的文件是井控作业中最易忽视的，清晰的简明扼要的记录是必须的，以保证提供合适的压力和能被认证和评价的依据，一个好的记录阐明问题时对于解决问题的方法是一个依据。

二、井底恒压法的原理

（1）当井底压力与地层压力相等时，关井将会停止流体的进一步侵入。

由于钻柱水眼与环形空间是一个连通体系。因此，压井是以 U 形管原理为依据。利用地面节流阀产生的阻力（即回压）和井内的钻井液柱压力所形成的井底压力来平衡地层压力。在压井过程中始终保持井底压力等于或稍大于地层压力并保持井底压力不变。

根据 U 形管的平衡原理可求得关井立管压力和套管压力。反之，可根据关井后的立管压力或套管压力求得地层压力。

关井后，在地面上可以读得关井立管压力和关井套管压力两个压力值。溢流发生时，地层流体进入环形空间，环形空间的液柱压力减小，而钻柱内的钻井液因未受地层液体的污染，钻井液柱压力不变，因此，关井套管压力通常比关井立管压力大。环空钻井液柱压力减小值的大小与侵入井内的地层液体的种类和数量有关，由于受井径不规则、天然气在井内分布的不均匀和井温等客观条件的影响，不可能准确掌握地层液体侵入井内的数量。因此关井套管压力不能作为判断井底压力的依据，而钻柱中的钻井液因未受到地层液体的污染，仍保持原钻井液的静液压力不变，故可根据关井立管压力和钻柱内的钻井液柱压力确定地层压力。

地层压力等于立管压力与钻柱内的钻井液柱压力之和。

当井深和钻井液密度一定时，关井立管压力的大小就可反映地层压力的大小。因此，把关井立管压力作为判断地层压力或井底压力的压力计来使用。

上面我们讨论的是井内钻井液处于静止状态，而且井口是关闭情况下的压力平衡关系。在压井过程中，通过节流阀循环时，管柱内外的压力是怎样平衡的呢？由于循环钻井液时要产生流动阻力，包括有地面管线、钻柱水眼、钻头水眼和环形空间内产生的流动阻力，这些流动阻力之和就等于循环时的泵压和立管压力（不包括地面管线的流动阻力）。其中环形空间的流动阻力要作用于井底，而钻柱和钻头水眼内的流动阻力则不加在井底，因此，循环时压力平衡关系为：

循环时的立管总压力－钻柱、钻头水眼内的流动阻力＋钻柱内的钻井液压力＝（或略大于）地层压力。

环空内的流动阻力＋环空内的钻井液柱压力＋套管压力＝（或略大于）地层压力。

在钻具及井眼尺寸一定的循环系统中循环钻井液，当钻井液性能和排量一定时，钻柱、钻头水眼内的流动阻力、环空内的流动阻力和钻柱内的钻井液柱压力、环空内的钻井液柱压力均为常数。那么在循环时，保持井底压力不变，就可以通过控制循环立管总压力不变来实现，而循环立管总压力又是通过调节节流阀的开启程度来控制。可见，压井循环时的立管总压力仍可作为判断井底压力的压力计来使用。

在压井时，不论采用什么方法压井，均应达到下列基本要求：

①压井时的井底压力必须等于或稍大于地层压力，并保持井底压力不变，使地层流体在压井过程中和压井结束后不能再进入井内。

②在压井过程中，不应发生溢流失控造成井喷事故。

③在压井时不能使井筒受压力过大，要保证不压漏地层，避免出现井下复杂情况或地下井喷。

④保护好油、气层，防止损害油、气层的生产能力。

井底压力分以下几种情况：

①在静止状态下：井底压力等于钻柱内液柱压力或环空静液柱压力。

②在静止关井条件下：井底压力等于关井钻杆压力加上钻柱内静液压力或等于关井套管压力加上环空静液压力。

③在动态条件下：井底压力是环空静液压力、环空和节流管线压力损失及套管压力的总和。

U形管的一个重要的概念是套管与立管压力紧密相关，通过调节节流阀保持一定的回压，可以控制井底压力避免地层流体进一步侵入。

关井后，立压、套压的显示情况：

①立压等于0，套压等于0。

钻井液柱压力能平衡地层压力，钻井液受污染不严重。

处理方法：循环排污。

②立压等于0，套压大于0。

钻井液柱能平衡地层压力，环空受污染严重。

处理方法：关井通过节流阀排出受侵钻井液，同时观察立压等于0不变。

③立压大于0，套压大于0。

钻井液柱不能平衡地层压力，套压大于立压。

处理方法：压井。采用某种方法重建井内压力平衡的过程。

(2) 通过节流阀保持一定的回压，在保证井底压力等于或略高于地层压力的情况下循环出溢流。

控制井涌的压力即是在循环出气侵钻井液时，所需要或出现的压力，它包括地面回压与节流管线压力损失。有助于控制地层压力的地面回压是由节流阀产生的。

一定要使作用在地层上的井底压力高于地层压力，否则地层内的各种流体就会更多地流入井内。若对流入井内的流体完全失去控制，就要发生井喷。在超平衡地层压力时决不能使井口压力过高。在钻井液柱上部需要有回压来控制地层压力，但回压过大，将破坏地层、套管或防喷设备。这就是说，既要把井涌控制住，不使其发展成为井喷，又不能把地层压裂导致井漏或地下井喷。只有通过调节节流阀，控制立压和套压保持一定的回压，在保证井底压力等于或略高于地层压力的情况下，循环出溢流。

正确的节流调节，一旦泵以合适的速度运行时，通过节流调节来调整和维持适当的循环压力。如果立压认为太高，尽可能正确地计算超出量。正确的循环压力，要决定于套管压力。计算值由计算者、管线上仪表决定。然后，仔细调整节流阀到更大的开位。如果循环压力太低，使用同样的步骤调整到更小的关位。发生溢流后，侵入井内的地层流体是单纯的油、气或水呢？还是它们的混合液呢？有时是不知道的，需要进行判别。

地层流体进入环空后，因其密度小于钻井液的密度，使环空内的液柱压力小于钻柱内液柱压力，造成关井套管压力大于关井立管压力。如果侵入环空的地层流体和体积相同，则地层流体的密度或压力梯度越小，环空的液柱压力就越小，关井立管压力和套管压力的差值就越大。因此，根据此差值的大小即可判断溢流的种类。

(3) 钻具底部必须处于溢流的层位或井底，从而有效地压住井中溢流，并恢复正常作业。

如果钻具离开井底，井仍是可以控制的，但不能把井压住。有两种办法可以使用：第一，钻柱可以强行下入井底，如井内压力高、强行下入困难，可循环一段重钻井液以减少压力；第二，是关井让气体运移到钻柱底部以上。如果井涌是气体，则压力增加，就要求对钻井液进行仔细的排放。只要气体移动到钻柱底部以上，就可以被循环出来。

第二节　保持井底压力恒定的步骤及方法

一、压井循环压力损耗（低泵速泵压）p_L 的确定

p_L 可用三种方法求得：

(1) 第一种方法：低泵冲试验法。

一般在即将钻开目的层时开始，每只钻头入井开始钻进前以及每日白班开始钻进前，要求井队做低泵冲试验，用选定的压井排量循环，并记录下泵冲数、排量和循环压力，即低泵速泵压。当钻井液性能或钻具组合发生较大变化时应补测。

压井排量一般取钻进时排量的 1/3～2/3。这是因为：

①正常循环压力加上关井立压可能超过泵的额定工作压力；

②大排量高泵压所需的功率，也许要超过泵的输出功率；

③大量流体流经节流阀可能引起过高的套管压力，如果压井循环时，节流阀阻塞，可能导致地层破裂。采用较低排量时，由于降低了泵等钻井设备负荷，提高了钻井设备在压井中的可靠性，所以在关井立压较大时也能压井，不致泵压太高。同时，较低的循环速度，有利于压井作业加重钻井液时对密度的控制，并且在调节节流阀时，有较长的反应时间。

(2) 第二种方法：根据水力学公式计算，但误差较大。

若已知钻进排量为 Q 时，泵压为 p_c，压井排量为 Q_L 时，根据循环系统压力损耗公式：

$$p_c/p_L=(Q/Q_L)^2$$

(3) 第三种方法，关井情况下求出压井排量下的循环压力 p_L。

①确保泵操作者和节流阀操作者之间很好的配合，在作业中相互作出反应。

②慢慢启动泵，在开泵时迅速打开节流阀。

③保持关井套压不变，启动钻井泵至压井排量的泵速。当启动泵速到压井排量时如果套压允许下降，那么井底压力也会下降。这会导致更多流体侵入。如果泵启动时节流阀没被打开或操作太快，就会导致井底压力快速增加和设备损坏，这种情况应该避免。应该注意套压是回压，当泵启动和运行到压井排量时，套压回到它的适当值。

④在泵压表上看到的循环压力叫做初始循环压力。

⑤维持压井排量，一旦选定一定的泵速，它就不应该被改变，如果泵速改变，初始循环压力、终了循环压力和压力图表等数值也会改变。

二、压井基本数据计算

1. 溢流在环空中占据的高度（h_w）

$$h_w=\Delta V/V_a$$

式中 h_w——溢流在环空中占据的高度，m；

ΔV——钻井液增量，m^3；

V_a——溢流所在位置井眼单位环空容积，m^3/m。

2. 溢流物的密度（ρ_w）

$$\rho_w = \rho_m - (p_a - p_d)/0.00981h_w$$

式中　ρ_w——溢流物的密度，g/cm³；

ρ_m——当前井内钻井液密度，g/cm³；

p_a——关井套压，MPa；

p_d——关井立压，MPa。

如果 ρ_w 在 0.12～0.36g/cm³ 之间，则为天然气溢流。

如果 ρ_w 在 0.36～0.60g/cm³ 之间，则为油、气混合溢流。

如果 ρ_w 在 0.60～0.84g/cm³ 之间，则为油溢流。

如果 ρ_w 在 0.84～1.07g/cm³ 之间，则为油、水混合溢流。

如果 ρ_w 在 1.07～1.20g/cm³ 之间，则为盐水溢流。

3. 地层压力（p_p）

$$p_p = p_d + \rho_m gH$$

式中　ρ_m——钻具内钻井液密度，g/cm³；

H——垂直井深，m。

4. 压井钻井液密度（ρ_k）

$$\rho_k = \rho_m + p_d/(gH)$$

压井钻井液密度的最后确定要考虑安全附加值，同时其计算结果要适当取大。

5. 初始循环压力（p_{ti}）

压井钻井液刚开始泵入钻柱时的立管压力称为初始循环压力：

$$p_{ti} = p_d + p_L$$

式中　p_{ti}——初始循环压力，MPa；

p_L——低泵速泵压，即压井排量下的泵压，MPa。

因为压井施工很难调节节流阀使立压刚好等于计算值，为保证压井成功，可考虑给理论计算结果附加一定数值，根据施工经验，一般可取 1.5～3.5MPa。

6. 终了循环压力（p_{tf}）

压井钻井液到达钻头时的立管压力称为终了循环压力：

$$p_{tf} = (\rho_k/\rho_m) \cdot p_L$$

7. 压井钻井液从地面到达钻头的时间（t_d）

$$t_d = 1000V_d/(60Q)$$

式中　t_d——压井钻井液从地面到达钻头的时间，min；

V_d——钻具内容积，m³；

Q——压井排量，L。

8. 压井钻井液从钻头到达地面的时间（t_a）

$$t_a = 1000V_a/(60Q)$$

式中 t_a——压井钻井液从钻头到达地面的时间，min；

V_a——环空容积，m^3；

Q——压井排量，L。

9. 钻井液加重

(1) 配制一定量加重钻井液所需加重材料的计算：

$$G = \rho_s V_1 (\rho_1 - \rho_0)/(\rho_s - \rho_0)$$

式中 G——需要的加重材料质量，1000kg；

ρ_s——所用加重剂密度，g/cm^3；

ρ_1——加重后的钻井液密度，g/cm^3；

ρ_0——原钻井液密度，g/cm^3；

V_1——加重后钻井液体积，m^3。

在这种情况下，需要的原浆体积为加重后钻井液体积减去所加入的加重剂体积。

(2) 定量钻井液加重时所需加重材料的计算：

$$G = \rho_s V_0 (\rho_1 - \rho_0)/(\rho_s - \rho_1)$$

式中 G——需要的加重材料质量，1000kg；

ρ_s——所用加重剂密度，g/cm^3；

ρ_1——加重后的钻井液密度，g/cm^3；

ρ_0——原钻井液密度，g/cm^3；

V_0——加重前的钻井液体积，m^3。

在这种情况下，加重后的钻井液总体积为加重前的钻井液体积加上所加入的加重剂体积。

三、常规压井法

1. 司钻压井法

用两个循环周，第一个循环周用原钻井液循环（排污），第二个循环周用重钻井液循环（图 8-1）。

1) 泵出口压力分析

初始循环压力的计算：

$$p_{ti} = p_d + p_L$$

式中 p_{ti}——初始循环压力，MPa；

p_d——关井立管压力，MPa；

p_L——低泵速泵压，MPa。

终了循环压力的计算：

$$p_{tf} = (\rho_{m1}/\rho_m) p_L$$

式中 p_{tf}——终了循环压力，MPa；

ρ_{m1}——重钻井液密度，g/cm^3；

ρ_m——原钻井液密度，g/cm^3；

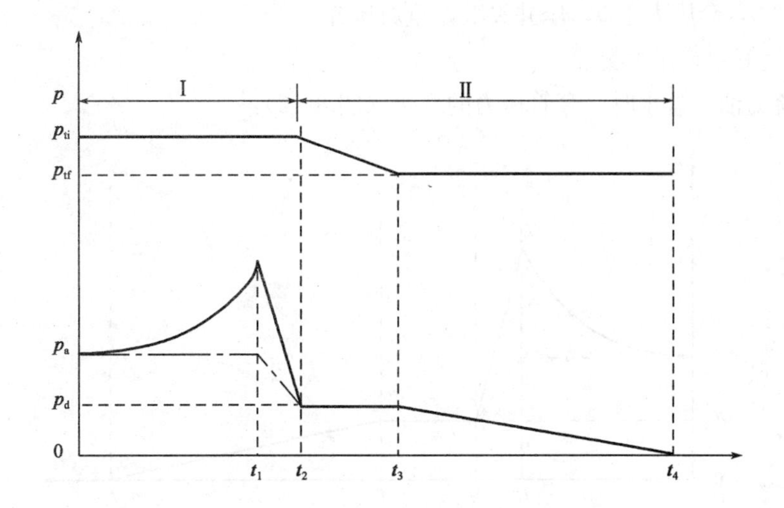

图 8-1　司钻法压井立管和套管压力的变化

p_L——低泵速泵压，MPa。

2）操作步骤

（1）发现溢流按正确程序关井。

（2）记录立压、套压、钻井液增量：并检查是否有圈闭压力，若有释放掉。

（3）计算加重钻井液密度及有关数据。

（4）开泵，调节排量到压井排量循环，调节节流阀，保持套管压力不变，此时泵出口压力应为初始循环立管总压力。

（5）向井内替入原浆，保持排量为压井排量不变，通过节流阀使泵压为初始循环立管总压力；直到受污染钻井液返出地面排完，停泵关井。

（6）加重钻井液到压井钻井液密度。

（7）作出压井施工单。

（8）开泵，调整排量到压井排量，向井内注入重钻井液，通过节流阀控制泵压，按施工单规定下降到终了循环立管总压力。

（9）重钻井液到钻头时，（立压为 0，泵压为终了循环压力）调节节流阀，保持泵压为终了循环压力直到压井结束。

（10）停泵、关井、检查立压、套压是否为 0，如果为 0，开节流阀，检查是否有溢流。如无溢流，将钻井液按规定的附加值加重，恢复钻进。

3）司钻法压井过程注意事项

（1）调节节流阀勿过度（压力传递滞后时间）。

（2）压井过程中，保持压井排量不变（备用泵）。

（3）压完井后，井口压力显示有以下几种情况：

立压等于套压等于 0，压井成功；

立压等于 0，套压大于 0，继续打重钻井液 1～3m^3，按终了循环压力进行；

立压不等于 0，套压等于 0，后打入钻井液密度不够，继续打入重钻井液；

立压大于0，套压大于0，压井失败，重新压井。

4）压井过程中套压的变化

（1）溢流为油、盐水时，套管压力的变化（图8-2）：

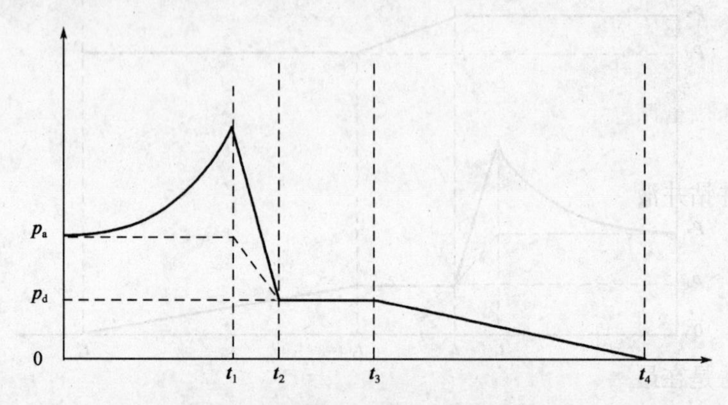

图8-2　压井过程中套压变化曲线

第一循环周：（0～t_1），溢流由井底到井口上返的过程中，由于溢流的体积不发生变化，套压值不变；（t_1～t_2），溢流从井口开始返出，环空柱压力逐渐增大，套压下降溢流排完后，立管压力等于套管压力。

第二循环周：（t_2～t_3），重钻井液由井口到达钻头，环空钻井液柱压力未发生变化，套压保持关井立压值。（t_3～t_4），随重钻井液上返高度增加，钻井液柱压力逐渐增大，套压下降，重钻井液到井口时套压为0。

（2）溢流为天然气时套压变化：

第一循环周：（0～t_1），天然气上部受到钻井液柱压力逐渐减小，天然气体积不断膨胀，套压逐渐增大，当天然气顶端到达井口时，套压达到最大。（t_1～t_2），环空钻井液高度增加，套压下降，当天然气排完后套压等于立压。

第二循环周：套压的变化与溢流为油、盐水时的变化相同。

值得注意的是：在第一循环周时，当天然气顶上返至接近井口时，其体积迅速膨胀，套压迅速升高，这是正常现象，这时不要开大节流阀降压，仍控制立压不变。否则会造成井底压力减少。使地层流体再次进入井内。导致压井失败。

5）钻井液池增量的变化

（t_1）：天然气上部受到钻井液柱压力逐渐减小，天然气体积不断膨胀，溢流量逐渐增多，当天然气顶端到达井口时，溢流量达到最大（图8-3）。

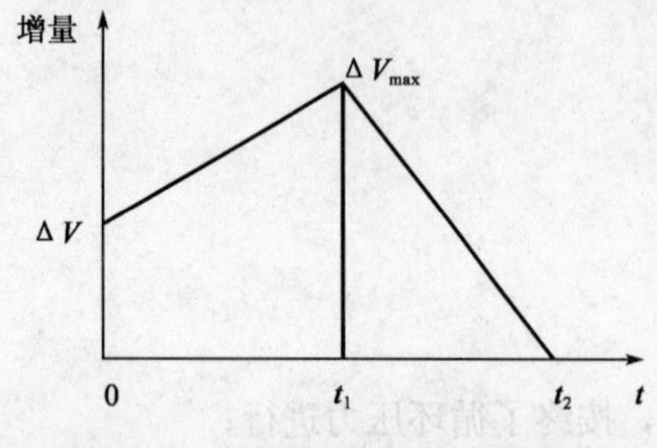

图8-3　钻井液池增量的变化曲线

（t_1～t_2）：天然气从井口不断排出，环空钻井液柱增加，钻井液池增量逐渐减小，直至钻井液池增量为0。

6）司钻法压井小结

（1）开始循环原钻井液慢慢地使泵达到压井排量，这时使用节流阀维持套压在关井值。

（2）对比泵压和计算的初始循环压力，如果不相等，重新调节。

（3）以压井排量循环出侵入井内的流体，用节流阀保持泵压不变。

（4）可从独立的钻井液池中继续循环，也可同时关泵，打开节流阀预防圈闭压力或其他的流体侵入（关井立压应等于关井套压）。

（5）加重实际的钻井液密度到计算的压井钻井液密度。

（6）以压井排量循环，使钻杆内充满压井钻井液，这时使用节流阀保持套压为上次关井值不变。

（7）当压井钻井液到达钻头，把控制套压改变为控制泵压（应等于计算的终了循环压力）。

（8）关泵检查溢流量，关节流阀检查压力降。

2. 等待加重压井法（工程师法）

等待加重法是在最短的时间内压井，它保持井眼和地面压力比其他方法低。它需要比较好的加重材料来加重钻井液。在等待加重法中，井涌后关井，记录稳定后的压力和井涌大小。在循环钻井液前，增加钻井液密度，这就是等待加重法名字的由来。

1）施工步骤

（1）井涌后关井。

（2）记录稳定后的关井立压和关井套压。

（3）加重钻井液池内钻井液到计算后压井钻井液密度。

（4）准备压井施工单。

（5）加重完钻井液开始压井循环：

①缓慢启动泵并打开节流阀，使套压等于关井时的套压值。当泵速和排量达到选定泵速或排量时，并保持其不变，调节节流阀的开启度使立管压力等于初始循环立管总压力。

②重钻井液由地面到达钻头的这段时间内，通过调节节流阀控制立管压力，使其按照“立管压力控制表”变化，由初始循环立管总压力降到终了循环立管总压力。

③继续循环，重钻井液在环空上返，调节节流阀，使立管压力保持终了循环立管总压力不变，当重钻井液到达地面后，停泵，关节流阀。检查套管和立管压力是否为0，若为0说明压井成功。

2）压井过程套压变化

当溢流为油或水时，套压的变化（图8-4）：

（t_1）：重钻井液由地面到钻头，套压不变（曲线①）。

（$t_1 \sim t_2$）重钻井液在环空上返，重钻井液返高增加，钻井液柱压力增加，套压下降（曲线②）；（$t_2 \sim t_3$）溢流由井口排出的过程，随着重钻井液返高的增加，套压迅速下降（曲线③）。

（$t_3 \sim t_4$）这段时间是排出原钻柱中的轻钻井液，随着重钻井液返高的增加，套压下降，当重钻井液返出地面，套压为0（曲线④）。

3）当溢流为天然气时的套压变化

（t_1）：重钻井液由地面到钻头，天然气由环空上升，体积膨胀，环空钻井液柱压力减

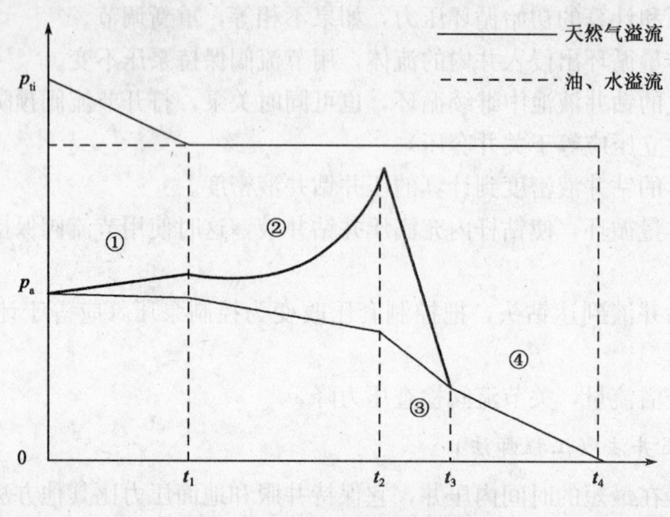

图 8-4　压井过程套压的变化

小，套压不断增大（曲线①）。

（t_1～t_2）：重钻井液在环空上返，重钻井液返高增加，套压下降，同时天然气在环空上升，体积膨胀，又会使钻井液柱压力减小，引起套压增加。套压变化受上面两个因素的影响，不论出现上述哪种情况，天然气上升到接近井口时，由于天然气迅速膨胀，均会使套压出现迅速升高的趋势（曲线②）。

（t_2～t_3）：天然气由井口排出的过程，随着天然气的排出，套压迅速下降（曲线③）。

（t_3～t_4）：排除轻钻井液的过程，最后重钻井液返出地面，套压为 0（曲线④）。

4）等待加重法小结

（1）加重实际的钻井液密度到计算的压井液密度。

（2）计算立压变化。

（3）如果由于气体运移，关井压力增加显著，使用容积法从环空排出钻井液，维持立压不变。

（4）开始循环压井重钻井液慢慢地使泵达到压井排量，这时使用节流阀维持套压在关井值。

（5）对比泵压和计算的初始循环压力，如果不相等有必要重新研究和计算。

（6）用压井重钻井液置换钻柱，根据计算表使用节流阀调整立压。

（7）用压井重钻井液到达钻头，循环压力应是计算的终了循环压力。

（8）当泵速达到压井排量使用节流阀维持终了循环压力直到井涌被循环出井内，环空充满压井重钻井液。

（9）关泵检查溢流量，关节流阀检查压力下降。

3. 边循环边加重压井法

边循环边加重法压井是指发现溢流关井求压后，一边加重钻井液，一边即把加重的钻井液泵入井内，在一个或多个循环周内完成压井的方法。

这种方法常用于现场，当储备的高密度钻井液与所需压井液密度相差较大，需加重调整，且井下情况复杂需及时压井时，多采用此方法压井。此法在现场施工中，由于钻柱中的压井液密度不同，给控制立管压力以维持稳定的井底压力带来困难。若压井液密度等差递增，并均按钻具内容积配制每种密度的压井液量，则立管压力也就等差递减，这样控制起来相对容易一些。

将密度为 ρ_m 的钻井液提高到密度为 ρ_k 的压井液，当其到达钻头时的终了立管压力为：

$$p_{tfl}=(\rho_1/\rho_m)p_L+(\rho_k-\rho_1)gH$$

式中　p_{tfl}——终了立管压力，MPa；

ρ_1——第一次调整后的钻井液密度，g/cm^3；

ρ_k——压井液密度，g/cm^3；

ρ_m——原钻井液密度，g/cm^3；

H——井深，m；

p_L——低泵速泵压，MPa。

4. 常规压井方法的基本原则

（1）在整个压井过程中，始终保持压井排量不变。

（2）采用小排量压井，一般压井排量为钻进排量的 1/3～2/3。

（3）压井钻井液量一般为井筒有效容积的 1.5～2 倍。

（4）压井过程中要保持井底压力恒定并略大于地层压力，通过控制回压（立压、套压）来达到控制井底压力的目的。

（5）要保证压井施工的连续性。

5. 压井作业中应注意的问题

（1）开泵与节流阀的调节要协调。从关井状态改变为压井状态时，开泵和打开节流阀应协调，节流阀开得太大，井底压力就降低，地层流体可能侵入井内；节流阀开得太小，套压升高，井底压力过大，可能压漏地层。

（2）控制排量。整个压井过程中，必须用选定的压井排量循环并保持不变，由于某种原因须改变排量时，必须重新测定压井时的循环压力，重算初始压力和终了压力。

（3）控制好压井液密度。压井液密度要均匀，其大小要能平衡地层压力。

（4）要注意立管压力的滞后现象。压井过程中，通过调节节流阀控制立压、套压，从而达到控制井底压力的目的，压力从节流阀处传递到立压表上，要滞后一段时间，其长短主要取决井深、溢流的种类及溢流的严重程度。

（5）节流阀堵塞或刺坏。钻井液中的砂粒、岩屑很可能堵塞节流阀，高速液流可能刺坏节流阀。堵塞时套压升高，解决的办法是迅速打开节流阀，疏通后，迅速关回到原位，若不能奏效，应改用备用节流阀。若节流阀刺坏严重，应改用备用节流阀或更换节流阀。

（6）钻具刺坏。钻具刺坏，泵压下降，泵速提高，钻具断，悬重减小。可观察立压、套压，若两者相等，说明溢流在断口下方，若是气体溢流，让气体上升到断口时，再用高密度钻井液压井；若关井套压大于关井立压，说明溢流已经上升到断口上方，可立即用高密度钻井液压井。

（7）钻头水眼堵。水眼堵时，立管压力迅速升高，而套压不变。记下套压，停泵关井，确定新的立管压力值后，再继续压井；水眼完全堵死，不能循环时，先关井，再在钻具内进行射孔，然后压井。

（8）井漏。压井过程中若发生井漏，应先进行堵漏作业，然后再进行压井。

四、非常规压井方法

非常规压井方法是溢流、井喷井不具备常规压井方法的条件而采用的压井方法，如空井井喷、钻井液喷空的压井等。

1. 平衡点法

平衡点法适用于井内钻井液喷空后的天然气井压井，要求井口条件为防喷器完好并且关闭，钻柱在井底，天然气经过放喷管线放喷。这种压井方法是一次循环法在特殊情况下压井的具体应用。

此方法的基本原理是：设钻井液喷空后的天然气井在压井过程中，环空存在“平衡点”。所谓平衡点，即压井钻井液返至该点时，井口控制的套压与平衡点以下压井钻井液静液柱压力之和能够平衡地层压力。压井时，当压井液未返至平衡点前，为了尽快在环空建立起液柱压力，压井排量应以在用缸套下的最大泵压求算，保持套压等于最大允许套压；当压井液返至平衡点后，为了减小设备负荷，可采用压井排量循环，控制立管总压力等于终了循环压力，直至压井钻井液返出井口，套压降至0。平衡点按下式求出：

$$H_B = p_{aB}/(0.0098\rho_k)$$

式中 H_B——平衡点深度，m；

p_{aB}——最大允许控制套压，MPa。

根据上式，压井过程中控制的最大套压等于“平衡点”以上至井口压井钻井液静液柱压力。当压井钻井液返至“平衡点”以后，随着液柱压力的增加，控制套压减小直至0，压井液返至井口，井底压力始终维持一常数，且略大于地层压力。因此，压井液密度的确定尤其要慎重。

2. 置换法

当井内钻井液已大部分喷空，同时井内无钻具或仅有少量钻具，不能进行循环压井，但井口装置可以将井关闭，压井液可以通过压井管汇注入井内，这种条件下可以采用置换法压井。通常情况下，由于起钻抽汲，钻井液不够或灌钻井液不及时，电测时井内静止时间过长导致气侵严重引起的溢流，经常采用此方法压井。

操作方法：

（1）通过压井管线注入一定量的钻井液，允许套压上升某一值（以最大允许值为限）。

（2）关井一段时间，使泵入的钻井液下落，通过节流阀缓慢释放气体，套压降到某一值后关节流阀。套压降低值与泵入的钻井液产生的液柱压力相等，即：

$$\Delta p_a = 0.0098\rho_k(\Delta V/V_h)$$

式中 Δp_a——套压每次降低值，MPa；

ΔV——每次泵入钻井液量，m^3；

V_h——井眼单位内容积，m^3/m。

重复上述过程就可以逐步降低套压。一旦泵入的钻井液量等于井喷关井时钻井液罐增量，溢流就全部排除了。置换法进行到一定程度后，置换的速度将因释放套压、泵入钻井液的间隔时间变长而变慢，此时若条件具备下钻到井底，采用常规压井方法压井。下钻时，钻具应装有回压阀，灌满钻井液。当钻具进入井筒钻井液中时，还应排掉与进入钻具之体积相等的钻井液量。置换法压井时，泵入的加重钻井液的性能应有助于天然气滑脱。

3. 压回法

所谓压回法，就是从环空泵入钻井液把进井筒的溢流压回地层。此法适用于空井溢流，天然气溢流滑脱上升不很高、套管下得较深、裸眼短，具有渗透性好的产层或一定渗透性的非产层。特别是含硫化氢的溢流。

具体施工方法是：以最大允许关井套压作为施工的最高工作压力，挤入压井液。挤入的压井液可以是钻进用钻井液或稍重一点的钻井液，挤入的量至少等于关井时钻井液罐增量，直到井内压力平衡得到恢复。使用压回法要慎重，不具备上述条件的溢流最好不要采用。

4. 低节流压井方法

这种方法是指发生溢流后不能关井，关井套压超过最大允许关井套压，因此只能控制在接近最大允许关井套压的情况下节流放喷。

（1）不能关井的原因：

①高压浅气层发生溢流；

②表层或技术套管下得太浅；

③发现溢流太晚。

（2）低节流压井原理就是在井不完全关闭的情况下，通过节流阀控制套压，使套压在不超过最大允许关井套压的条件下进行压井。当高密度钻井液在环空上返到一定高度后，可在最大允许关井套压范围内试行关井，关井后，求得关井立管压力和压井液密度，然后再用常规法压井。

（3）减少地层流体的措施。在低节流压井过程中，由于井底压力不能平衡地层压力，地层流体仍会继续侵入井内，从而增加了压井的复杂性，为减少地层流体的继续侵入。则可以：

①增大压井排量，使环空流动阻力增加，有助于增大井底压力。

②提高第一次循环的压井液密度，高密度压井液进入环空后，能较快地增加环空的液柱压力，抑制地层流体地侵入。

如果地层破裂压力是最小极限压力时，当溢流被顶替到套管内以后，可适当提高井口套压值。

五、特殊情况下的压井作业

1. 起下钻中发生溢流后的压井

在起下钻过程中，常常由于抽汲或未及时灌钻井液使井底压力小于地层压力而引起溢流发生。在起下钻过程中发生溢流后，因钻具不在井底，给压井带来很多困难，必须根据不同情况采用不同方法进行控制。在起下钻中，如发现溢流显示，则必须停止起下钻作业，抢装钻具止回阀，立即关井检查。根据具体情况采取以下方法压井。

(1) 暂时压井后下钻的方法。

发生溢流关井后，由于一般溢流在钻头以下，直接循环无法排除溢流，可采用在钻头以上井段替换压井液暂时把井压住后，开井抢下钻杆的方法压井。钻具下到井底后，用司钻法排除溢流即可恢复正常。

这种方法实际上就是工程师法的具体应用，只是将钻头处当成“井底”。根据关井立压确定暂时压井液密度和压井循环立管压力的方法同工程师法类似，但是要注意此时的低泵速泵压需要重新测定。压井循环时，在压井液进入环空前，保持压井排量不变，调节节流阀控制套压为关井套压并保持不变；压井液进入环空后，调节节流阀控制立压为终了循环压力并保持不变。直到压井液返至地面，至此替压井液结束。此时关井套压应为 0。井口压力为 0 后，开井抢下钻杆，力争下钻到底，下钻到底后，则用司钻法排除溢流，即可恢复正常。如下钻途中，再次发生井涌，则重复上述步骤，再次压井后下钻。

(2) 等候循环排溢流法。

这种方法是：关井后，控制套压在安全允许压力范围内，等候天然气溢流滑脱上升到钻头以上，然后用司钻法排除溢流，即可恢复正常。通常，天然气在井内钻井液中的滑脱上升速度大致为 270～360m/h。

2. 井内无钻具的空井压井

溢流发生后，井内无钻具或只有少量的钻具，但能实现关井。这种情况通常是由于起钻时发生强烈的抽汲或起钻中未按规定灌满钻井液，使地层流体进入井内，或因进行电测等空井作业时，钻井液长期静止而被气侵，不能及时除气所造成。

在空井情况下发生溢流后，不能再将钻具下入井内时，应迅速关井，记录关井压力。然后用体积法（容积法）进行处理。

体积法的基本原理是控制一定的井口压力以保持压稳地层的前提下，间歇放出钻井液，让天然气在井内膨胀上升，直至上升到井口。

操作方法是：先确定允许的套压升高值，当套压上升到允许的套压值后，通过节流阀放出一定量的钻井液，然后关井，关井后气体又继续上升，套压再次升高，再放出一定量的钻井液，重复上述操作，直到气体上升到井口为止。

气体上升到井口后，通过压井管线以小排量将压井液泵入井内，当套压升高到允许的关井套压后立即停泵。待钻井液沉落后，再释放气体，使套压降低值等于注入钻井液所产生的液柱压力。重复上述步骤，直到井内充满钻井液为止。

根据实际情况，也可以采用压回法或置换法压井。

3. 又喷又漏的压井

当井喷与漏失发生在同一裸眼井段时，这种情况需首先解决漏失问题，否则，压井时因压井液的漏失而无法维持井底压力略大于地层压力。根据又喷又漏产生的不同原因，其表现形式可分为上喷下漏，下喷上漏和同层又喷又漏。

(1) 上喷下漏的处理。

上喷下漏俗称“上吐下泻”。这是因在高压层以下钻遇低压层（裂缝、孔隙十分发育）

时，井漏将使在用钻井液和储备钻井液消耗殆尽，井内得不到钻井液补充，因液柱压力降低而导致上部高压层井喷。其处理步骤是：

①在高压层以下发生井漏，应立即停止循环，定时定量间歇性反灌钻井液，尽可能维持一定液面来保持井内液柱压力略大于高压层的地层压力。确定反灌钻井液量和间隔时间有三种方法：第一种是通过对地区钻井资料的分析统计出的经验数据决定；第二种是测定漏速后决定；第三种是由建立的钻井液漏速计算公式决定。

最简单的漏速计算公式是：

$$Q=\pi D^2 h/(4T)$$

式中　Q——漏速，m^3/h；

h——时间 T 内井筒动液面下降高度，m；

T——时间，min；

D——井眼平均直径，m。

②反灌钻井液的密度应是产层压力当量钻井液密度与安全附加当量钻井液密度之和。

③也可通过钻具注入加入堵漏材料的加重钻井液。

④当漏速减小，井内液柱压力与地层压力呈现暂时动平衡状态后，可着手堵漏并检测漏层的承压能力，堵漏成功后就可实施压井。

（2）下喷上漏的处理。

当钻遇高压地层发生溢流后，提高钻井液密度压井而将高压层上部某地层压漏后，就会出现所谓下喷上漏。处理方法是：立即停止循环，定时定量间歇性反灌钻井液。然后隔开喷层和漏层，再堵漏以提高漏层的承受能力，最后压井。在处理过程中，必须保证高压层以上的液柱压力大于高压层的底层压力，避免再次发生井喷。隔离喷层和漏层及堵漏压井的方法主要是：

①通过环空灌入加有堵漏材料的加重钻井液，同时从钻具中注入加有堵漏材料的加重钻井液。加有堵漏材料的钻井液，即能保持或增加液柱压力，也可减小低压层漏失和堵漏。

②在环空中灌入加重钻井液，在保持或增加液柱压力的同时，注入胶质水泥，封堵漏层进行堵漏。

③上述方法无效时，可采用重晶石塞—水泥—重晶石塞—胶质水泥或注入水泥隔离高低压层，堵漏成功后继续实施压井。

（3）同层又喷又漏的处理。

同层又喷又漏多发生在裂缝、孔洞发育的地层，或压井时井底压力与井眼周围产层压力恢复速度不同步的产层。这种地层对井底压力变化十分敏感，井底压力稍大则漏、稍小则喷。处理方法是：通过环空或钻具注入加重后的钻井液，钻井液中加入堵漏材料。此法若不成功，可在维持喷漏层以上必需的液柱压力的同时，采用胶质水泥或水泥堵漏，堵漏成功后压井。

4. 浅井段溢流的处理

浅层段溢流的处理，在有井口装置或允许最大关井套压很低的情况下，建议采用非常规压井方法中介绍的方法进行处理。在未安装防喷器，条件具备的情况下应抢下钻具，为处理溢流提供必需的通道，根据现场的具体情况进行处理。在处理过程中，因缺乏井口控制装置，要十分注意人员安全，防止井口着火。

六、压井作业期间出现问题的处理

1. 钻井泵出现故障及换泵

泵的排量和泵入的容积是非常重要的。如果在井控操作期间，泵坏了或者不能正确操作，将使用下列的步骤更换另一台泵。

（1）当保持套压为一个常数时，缓慢停泵。

（2）关井。

（3）转换到另一台的泵，并调整使其达到要求的压井排量。

（4）当另一台泵达到了要求的压井排量时，这时套压应该与第二次关井时套压是一样的，记录这时的循环压力。

（5）泵压将是新循环压力。由于 2 台泵的排量或功率不同，泵的循环压力也不同。根据作业的不同时期，循环压力可能是初始的、终了的或中途循环压力。

2. 水眼被堵

钻头水眼被堵，但未堵死时，立管压力会迅速升高，而套管压力不变。此时，应记下套管压力，然后停泵关井，确定新的立管压力值后，再继续进行压井。

如果水眼完全堵死，不能循环时，应先关井，这种情况，可考虑在钻杆内进行射孔，然后再进行压井。关井期间，天然气上升，套压升高很大时，可以适当放压。

3. 钻具被刺或断裂

在压井过程中，钻具被刺坏的显示是泵压下降，泵速加快。如果是钻柱折断，悬重则会减少。如果是钻柱折断，首先应根据悬重变化确定断口位置。观察关井立管压力和套管压力，若二者相等，说明溢流在断口下方，此时，如溢流是天然气，应让天然气上升膨胀。当天然气上升至断口处时，再用重钻井液压井。若关井套压大于关井立管压力时，说明溢流已上升到断口上方。此时可立即用重钻井液压井。

4. 封井器失效

封井器失效可导致地层流体侵入井内发生井涌，导致地层受到破坏和损坏钻井设备。当防喷器关闭时，如有泄漏，通过提高关井压力可停止泄漏，如果泄漏很严重，应立刻使用替换的封井器。

在地面封井器组，大多数闸板封井器有观察孔，能指示闸板密封失效，一些封井器厂家提供一种暂时性方法来弥补这个问题。一个六角螺钉位于在观察孔上游，当紧固螺钉时，迫使密封材料进入到密封区，以降低或停止封井器泄漏，井内压力重新得到控制后，再处理封井器失效问题。

井队人员应熟悉可替代的关井设备，万一液压关井失败，可采用手动关井。如果是两个封井器间法兰密封失效，关下部闸板控制住井内的压力，继续井控作业。根据密封失效的严重性和位置，另一种可能性是扔掉钻杆，关闭盲板。法兰密封失效的另一个办法是将一个分等级的密封剂泵入到井口，最后一个办法是泵入水泥塞。

5. 节流阀被堵或冲坏

节流阀堵塞时，通过节流阀的流动受到限制或者被中断。此时，套管压力立即增加，立管压力在几秒钟后与套管压力同时上升。附加在泵上的载荷将减小泵速。通常用快速开启的方法，可以疏通节流阀。如果这样还不行，就应当立即把这种流动改道到第二节流阀。节流阀刺坏的显示与节流阀堵塞的显示正好相反。如果严重刺坏。就要使用第二个节流阀。然后将冲蚀的元件换掉。

6. 钻井液漏失

在最薄弱的地层处，若钻井液当量密度超过地层压裂梯度，就会产生循环漏失现象。如不加制止，就可能恶化，引起井下井喷。

潜在井漏问题的显示可以从最大允许关井套管压力看出。如最大允许关井套管压力低，而且套管下得很浅，则必须分流。这就减少了地面憋裂的机会。将井内流体安全分流之后，立即以最快的泵速把钻井液送入井内，这样可以使井内静液压力增加而停止地层流体流入。

当最大允许关井套管压力低而且套管下得比较深时，有两种变通办法可用。首先关井，如果关井套管压力与最大允许关井套管压力一致，或者关井钻杆压力稳定下降（即使下降到快要达到负压），那么漏失的位置要予以估算。打一个重晶石塞在井涌层与漏失层之间。重晶石塞密度大而有堵塞作用，可以停止地层流体流动，并且使漏失层及时得以修复。

另外的一个办法是试用低节流压力把井涌循环出来。由于保持不了足够的井底压力，所以地层液体可以继续流到井内。为了防止地层压裂，最大节流压力应当比最大允许值小一些。

将套管压力低限问题减到最小程度，可从三个方面来估算。

第一、压井泵排量可以增加，甚至可比正常钻进排量还大。这样就减少岩屑，有助于降低地层流体流入量。同样，环空压力损失大时有助于不使地层过载而又增大井底压力。

第二、在第一个循环中使用较高的钻井液密度，新钻井液达到环空时，这附加静压力将有效地降低套管压力。

第三、气柱高于套管鞋时，可放宽套管压力极限。气体静压力梯度低。当气体在套管鞋上方时，作用在地层上的静液压力会减小。在不压裂地层的情况下，套管压力可以增加一些。

7. 节流管汇的下端出现问题

在节流管汇上通常有一套备用管线。目的是当节流管汇出现问题时备用。节流管汇上游或下游堵塞可由节流管汇上的压力表来显示。例如；如果节流压力迅速下降，即使关小节流阀，压力表的显示仍下降，说明压力传感器上游堵塞。如果压力表的压力升高，即使开大节流阀，压力表显示仍不下降说明管线下游堵塞。一旦出现上述问题就应使用备用管线。如果钻井液气体分离器堵塞，改变钻井液流动的方向，使钻井液进一步净化，通过旁通管线到钻井液气体分离器，直到钻井液气体分离器不堵为止。钻井液含有可燃气体时注意防火。

8. 霜冻

霜冻是一种密封管子、钻杆、套管或地面设备的一种技术。这种技术应用于其他设备损坏或其他方法不安全时使用。应用这种技术可以把损坏的设备拆下或按需要更换。这个工艺所要求的压力超过 10000psi（68.95MPa），才能成功。它的一些应用如下：

（1）在发生溢流后，由于方钻杆上没装回压阀或方钻杆下旋塞泄漏，方钻杆不能卸下应用此技术。

（2）采油树总阀或防喷器失效，需要更换时应用此技术。

（3）用来拆下一个损坏的阀或用来安装回压阀时应用此技术。

进行霜冻作用时，在想要冻结的点必须液体处于静止状态，这种技术需配制特殊的胶状钻井液，并由钻井泵通过方钻杆把所配制的钻井液输送到所需要霜冻的点。这种配方具有较高的颗粒物质浓度，它是由膨润土和水混合而成的（必须保证所配制胶体的泵入）。胶体必须具有一定粘度和凝固体颗粒，保证这种胶体溶液停留在要霜冻的位置。如果在气体或空钻杆中使用就需要更大粘度的胶状液，以便它能堵塞在霜冻位置。要想成功必须使胶状液处于静止状态，如果胶状液不静止，成功率低。当水冻结时将膨胀，可能使管柱胀裂。这种胶状液它是由水和固体颗粒配制，因此，当水冻结膨胀时，固体颗粒将被压缩给水提供缓冲空间。

9. 节流管汇液控箱的故障

出现故障时，采用手动节流阀来控制，检修液控箱。

10. 地面压力表出现问题

在压井过程中应一直监控泵压表和套压表，发生的问题通常通过压力表的反应来诊断。监控这些表是很有必要的，如果一个改变影响另一个，应立即通知。

（1）井口压力不高时，关井检修或更换。

（2）井口压力较高时，先开节流排气变压井，然后关井检修或更换。

11. 环空堵塞

在钻井作业中，环空堵塞或井塌，泵压会开始上升，而节流管汇压力下降，如果泵不停，有泵压下降，证明地层漏了，增加了地层破坏的危险性，应该停泵，关节流管汇。

有许多方法来解决这一问题。井控应该是首选的。必要时可以切断井塌点以上部分，用重钻井液进行控制。尽管没有压井，钻井液也可能不流动。等到能够循环后，再进行打捞，套铣作业。

第三节　井控操作注意事项

一、用节流阀调节

用节流阀调节在关泵与开泵以及泵速变化时保持井底压力不变。在压井循环时，最理想的情况是节流阀应在钻井泵启动的瞬间打开。这两个动作的配合是比较困难的。如节流阀打开得太快，就使井底压力降低，使地层流体进一步的侵入井内。如果节流阀的启动落后于钻井泵的启动较大，就会使套压过高而压漏地层。另外泵压和套压之间的迟后时间，使操作上的配合更加复杂（通常 300m 迟后 1s）。因此，要求在启动泵和节流阀时，必须仔细操作。

在打开节流阀时，应尽力维持原关井套压不变，随着泵速的增加逐渐开大节流阀，当泵速达到压井泵速时，使立管压力正好等于初始循环立管总压力。一旦泵停止，节流阀必须迅速关上，以维持预定压力。如果压力降到计划值，地层流体侵入就会发生。另一方面，停泵落后于关节流阀就会产生圈闭压力，导致地层破裂。

二、确定初始循环压力

1. 用已经记录的关井立管压力确定初始循环压力

当钻至高压油、气层时，要求井队在每天的早班用选定的压井排量进行循环试验，测得相应的立管压力值即压井排量的泵压，在压井时就可用来计算初始循环压力。

初始循环压力＝压井排量的泵压＋关井立管压力

2. 在没有记录的压力值情况下，初始循环压力的确定

通过循环钻井液直接实测初始循环压力值。测法是：缓慢启动泵并打开节流阀，控制套压等于关井套压不变，当排量达到压井排量时，记录立管压力，然后停泵，关井。所记录的立管压力就是初始循环压力。

3. 压力读数与计算循环压力之间误差的调整

直接实测初始循环压力值时，因循环时天然气上升膨胀会影响初始循环压力的准确性，为了缩短与计算循环压力之间误差，就应尽可能缩短循环时间。

三、在井控作业期间，节流阀的调整

1. 静液压力或循环速率的改变对地面压力的影响

缓慢启动泵，并打开节流阀，使套压等于关井时的套压值。当泵速或排量达到选定的泵速或排量时，保持泵速或排量不变，调节节流阀的开启程度使立管压力等于初始循环压力。

重钻井液由地面到达钻头的这段时间内，静液压力不断增大，通过调节节流阀控制立管压力，使其按照“立管压力控制表”变化。

可能较普遍的错误之一是，看节流阀关位指示仪表和通过相同的值估计每一个增值来调节压力。通过一个孔的流量与压力降不是线性的关系。当节流口增加或减少，节流指示仪并不代表压力调节。节流指示仪只显示节流相对的位置和节流阀开关的方式，压力调节应该使用仪表压力而不是指示仪。

流体类型，流速和节流阀尺寸是与维持正确压力相联系的。如果不同的流体类型通过节流阀，它的摩擦系数和流速也会增加或降低。这就导致当气体或随着流体通过节流阀时，通过节流阀的压力就会突然降低。如果发生这种情况，整个井内压力降低，就会导致井涌。

当气体存在于节流阀时，液体取代气体会导致钻杆内循环压力增加，计算钻杆压力增加值和调整节流阀到更大开位以给钻杆回压到计划值。这一步骤可以重复几次，直到循环气体通过节流阀。

当泵速降低时，循环压力降低和通过节流阀流速降低，如果套压开始降低，调整节流阀到更大的关位以维持上次记录值。当泵速冉次减小时，压力会再次降低，调整更大节流阀的位置是必须的。一旦泵停止，节流阀必须迅速关上以维持预定压力。如果压力降到计划值以下，额外流体侵入就会发生，另一方面，高压可能导致地层破裂。

2. 压力反应时间

在调节节流阀的开大或关小和立管压力呈上升或下降之间，由于压力传递需要一定的时间，因此存在着一迟后现象。其迟后时间取决于液柱传递压力的速度和井深，液柱传递压力的速度大约 300m/s。如在井深 3000m 的井中，在调节节流阀后的压力要经过约 20s 才能显现在立管压力表上。应该指出有许多因素可影响滞后时间，钻井液柱中天然气的含量和钻井液密度的影响，天然气可压缩性会使反映时间下降，其他因素（如循环速度、流体类型）也会有影响，认识到立压反应不是瞬时的。在实际施工中，如果不注意迟后的时间，就会造成调节节流阀过头，导致井底压力的控制不准。

四、用导流器分流

在钻浅气层前要仔细计划，确认是关井，还是应该分流。当关闭防喷器控制浅气层压力时，地层因破裂压力低而会破裂，又因导管下得浅，地层裂缝可延伸到地表，窜到地表的天然气着火便会烧毁钻井设备。所以在钻井设计中即应详细说明何时关井，何时使用导流器或打开节流管线。一般情况下，在软地层套管下入深度为 450～600m、硬地层套管下入深度小于 300m 时不能关井。

关井还是导流取决于套管的最大允许压力，下面公式表示套管最大允许压力限定了引起地层破裂压力的地面压力。

最大允许套管压力＝9.81×（地层破裂当量密度－钻井液密度）×套管鞋处深度。

原则上，在套管鞋处地层不能承受应有的关井压力。套管下得浅，井涌流体有可能沿井口周围窜到地面的危险时，均不能关井，而要使用导流器放喷。

导流器的操作，除了在关闭环形胶芯时要打开导流放喷管线外，都要遵守基本的关井方法，打开导流器时，应关闭去钻井液池的钻井液出口管线，以免井口充满天然气。

导流放喷的程序如下：

（1）上提钻具，使方钻杆接头露出钻台面；

（2）停泵

（3）检查井口是否有钻井液外流；

（4）打开导流防喷管线；

（5）关闭导流器胶芯；

（6）检查出口管线是否关闭，导流器胶芯是否关闭，导流器放喷管线是否朝下风打开；

（7）按照导流器防喷设计要求，启动钻井泵，开双泵以最大泵速泵水或一定量的重钻井液。

五、井控作业中易出现的错误做法

井控作业中的错误做法会带来不良后果，轻者会拖延井内压力系统实现动平衡的时间，重者会造成井喷失控，甚至井口着火。

1. 发现溢流后不及时关井、仍循环观察

这只能使地层流体侵入井筒更多，尤其是天然气溢流，在气体向上运移的过程中因体积膨胀而排替出更多的钻井液。此时的关井立管压力就有可能包含圈闭压力，据此计算的压井液密度就偏高，压井时立管循环总压力、套压、井底压力也就偏高；发现溢流后继续循环还可能诱发井喷，增加压井作业的难度。所以，发现溢流或疑似溢流，必须毫不犹豫地关井。

2. 发现溢流后把钻具起到套管内

操作人员担心关井期间钻具处于静止状态而发生粘附卡钻，即使钻头离套管鞋很远也要将钻具起到套管内，从而延误了关井时机，让更多的地层流体进入了井筒，其后果是所计算的压井液密度比实际需要的偏高。其实，处理溢流时防止钻具粘附卡钻的主要措施是尽可能地减少地层流体进入井筒。

3. 起下钻过程中发生溢流时仍企图起下钻完

这种情况大多发生在起下钻后期发生溢流时，操作人员企图抢时间起完钻或下钻完。但往往适得其反，关井时间的延误会造成严重的溢流，增加井控的难度，甚至恶化为井喷失控。正确方法是关井后压井，压井成功后再起钻或下钻。

4. 关井后长时间不进行压井作业

对于天然气溢流，若长时间关井天然气会滑脱上升积聚在井口，使井口压力和井底压力显著升高，以致会超过井口装置的额定工作压力、套管抗内压强度或地层破裂压力。若长期关井又不活动钻具，还会造成卡钻事故。

5. 压井液密度过大或过小

时常会因为地层压力求算不准确，而使得压井液密度偏高或偏低。压井液密度过大会造成过高的井口压力和井底压力，过小会使地层流体持续侵入而延长压井作业时间。

6. 排除天然气溢流时保持钻井液罐液面不变

地层流体是否进一步侵入井筒，取决于井底压力的大小。排除天然气溢流时，判断井底压力是否能够平衡地层压力，天然气是否在继续侵入井内，不能根据钻井液罐液面升高来判断。若把保持井底压力大于地层压力等同于保持钻井液罐液面不变，唯一的办法是关小节流阀，不允许天然气在循环上升中膨胀，其后果是套压不断升高、地层被压漏，甚至套管断裂、卡钻，以致发生地下井喷和破坏井口装置。排除溢流保持钻井液罐液面不变的方法仅适于不含天然气的盐水溢流和油溢流。

7. 企图敞开井口使压井钻井液的泵入速度大于溢流速度

当井内钻井液喷空后，因其他原因无法关井，在不控制一定的井口回压，企图在敞开井口的条件下，尽可能快地泵入压井液建立起液柱压力，把井压住往往是不可能的。尤其是天然气溢流，即使以中等速度侵入井筒，它从井筒中替出的钻井液也比泵入的多。该做法的实际后果是替喷，造成溢流以更大的量和速度进入井筒。

8. 关井后闸板刺漏仍不采取措施

闸板刺漏将造成闸板胶芯不能密封钻具，若不及时处理则刺漏越加严重，甚至会刺坏钻具，致使钻具断落。正确的做法是带压更换闸板，为压井提供保证。

第九章 特殊井井控技术

第一节 小井眼井控技术

使用小井眼技术钻井时，环空容积大大减小，其井控工作主要有以下两个特点：第一，小井眼环空体积小，对井底溢流的监测比常规井敏感；第二，常规的压力损失计算模式和传统的压井方法不一定适应。

一、环空体积的影响

环空体积小是小井眼与常规井之间最显著的差异。从井控观点来考虑，当发生溢流时，地层侵入井中的流体高度对井控难度的影响非常大。同样的流体侵入量，小井眼与常规井眼相比，流体在环空占据的高度大大增加，上返速度是常规井眼环空上返速度的数倍，因此井控的难度就大得多。

由于从井底循环到井口过程中气体要膨胀，为保证钻井液对井底的压力不变，就必须要增加井口的套管压力。

二、系统压力损失

掌握系统压力损失是小井眼井控的关键，有关测试数据表明，小井眼中的压力损失分布与正常井是相反的。在正常井中，大约90%的泵压损失在钻柱内及钻头处。而在小井眼中，泵压的90%损失在环空。传统的环空压力损失计算方法对小井眼也是不适用的，而且钻柱在井内的偏心度对小井眼环空压力损失也有很大影响。由此可见，传统的计算方法不适用于小井眼，但除环空以外的其他部分的压力损失，仍然可以用传统的方法计算。

在小井眼中起钻时产生的抽汲压力也是很可观的，尤其是起钻速度高时抽汲压力是非常大的，所以需要保持钻井液有良好的流变性能，以降低抽汲压力。

由于在小井眼系统压力损失中环空压力损失占主要地位，因此可以利用这个大的环空压力损失实现井控，即可以通过改变流量、钻柱旋转速度及钻井液性能等对失去平衡井进行控制。

三、小井眼的井控方法（动态压井法）

1. 小井眼井控的特点

小井眼井控最关键的问题是及早发现溢流。传统的溢流检测方法是观察并测量钻井液罐液面的变化，这种方法的灵敏度取决于计量设备及仪器的精确度。在正常井的钻井过程中，

$2m^3$ 左右的溢流量并不算异常，但这对于井眼直径小于 6in 的小井眼问题就严重了。在小井眼钻井过程中要求能发现小于 0.16L 溢流量，所以测量钻井液体积变化的仪器灵敏度是远远不够的。要解决这个问题，可以在泵的吸入口或立管及井的出口安装电磁流量计，在钻井过程，经常观察流量变化，最好能把入井流量、出口流量及地面钻井液体积随时间变化作出曲线图。从曲线的变化及时发现溢流。用流量的变化来发现溢流比测量地面钻井液体积变化效果要好得多，流量计不仅精确，而且反映速度快。仪表读数不一定能明显地立即反映井下溢流，但把读数实时地作出曲线图，从曲线的变化就可立即发现溢流。

小井眼中的环空压力损失在钻井及井控过程中有正反两方面的影响：一方面，对某些弱地层或低压层可能造成井漏；另一方面，大的环空压力损失可用来实施动态压井技术达到井控目的。利用循环过程中的环空压力损失来控制地层压力的方法叫动态压井法。

这种动态压井法与常规压井方法（司钻法、等待加重法）相比有它的优越性。动态压井法压井速度快，在压井过程中套管鞋处压力小，而且压井操作简便。一般情况下，在发现溢流以后，只要把排量增到一定值就可以控制溢流，在加大排量时要考虑地面管汇、泵、裸眼段破裂压力及预测的地层压力等限制条件。若在低转速或低泵速情况下发生溢流，只提高转速或泵速就可能控制住溢流，若起下钻过程中发生溢流，要视具体情况而定。

动态压井法与传统的压井法相比，套管鞋处压力最小。在压井过程中，小井眼中任何深度对地层的平衡力等于这一深度的静液柱压力加上这一深度到井口的环空压力损失。而传统的压井法是用地面节流阀来对地层施加一定压力达到平衡地层的目的。某一深度对地层平衡力等于这一深度的静液柱压力加上地面节流阀的回压。若钻井液密度一定，某一深度到地面的环空压力损失一般小于节流阀回压，因此，使用动态压井法就减少了压井过程中地层破裂的可能。

在钻井设计时，压井参数的确定要根据预测的地层压力及各深度的环空压力损失，环空压力损失取决于井径、钻柱尺寸、深度、钻井液性能及泵的排量，这些参数除井径外其他都是可以控制的，而井径可由钻头尺寸及井壁冲刷情况来确定。

在钻井过程中要确定实际的环空压力损失，要定期进行实际环空压力损失试验，就像常规压井法要求进行低泵速试验一样。当钻头接近井底时，缓慢开泵使排量从零逐渐增大，并算出每一排量的地面管汇、钻头和钻柱内压力损失，环空压力损失就等于记录的泵压减去地面管汇、钻头及钻柱内的压力损失。然后做出当量循环密度与排量的关系曲线以表明动态压井法可控制的地层压力。如地层压力还需增大当量循环密度，可以通过提高钻井液密度、改变流变性等方法提高环空压力损失。

2. 动态压井的实施过程

（1）首先钻井过程要实测环空压耗的大小。

在各种排量下实测环空压耗，并记录下来，以备动态压井时使用。

（2）若检测到溢流，立即增大排量，从而增大钻井液柱对地层的压力。

最大排量取决于地面管汇的额定压力、地面泵的能力和裸眼井段的地层破裂压力。不能超过三者中的最小值。

（3）将钻柱稍稍提起，关闭环行防喷器，使钻井液通过节流管线流出。在钻进过程中发生井涌，也可不停钻，通过增大排量和钻柱的旋转速度来控制溢流。

3. 动态压井的优越性

动态压井法优于常规压井的等待加重法和司钻法，具有如下优越性：

（1）不用加重钻井液；（2）可以尽快地实施；（3）可最大限度地减小套管鞋处的压力。

对裸眼井段而言，动态压井比常规压井对井壁产生的压力小。动平衡压井时，钻井液系统的欠平衡压力是均匀地作用在整个井壁上的，井壁上任意深度处所受的压力等于该深度以上钻井液静液柱的压力与环空压降之和。常规压井是利用节流产生的套压来增大井底压力的，任意深度处所受的压力等于该深度以上钻井液柱的动压力与井口套压之和。

4. 应注意的问题

（1）采用动态压井法还是常规压井法，取决于地层压力预测值和可获得的环空压耗。环空压耗的大小取决于设备能力（额定排量、功率）、井径、井深、钻井液性能、钻柱直径等。动态压井法的环空压耗对井眼冲蚀严重。

（2）动态压井有利有弊，用环空压耗控制井底压力容易压漏地层，从而进一步加重井控问题，所以选择和实施动态压井要审慎行事。实践证明，某些小井眼也可用常规法压井，这要根据具体情况而定。

决策程序如下：计算压井排量下的环空压降；计算常规压井时的井底压力。

如果常规压井不会引起井漏而且环空压降不大于 1.4MPa 时，采用常规压井；如果常规压井会引起井漏，降低压井排量能使环空压降减少到 1.4MPa 或以下，可采用小井眼压井。

第二节 水平井井控技术

水平井主要用于已知油气藏地质或油起藏压力的油气藏开发，因而钻井液密度可以确定。而在衰竭油气藏中钻水平井时，井漏的几率增大。一旦发生井漏，由于油气层裸露长度过大，因而整个水平段可能同时有地层流体侵入，会引起更大的溢流；如果穿过高压层，可能导致地下井喷。水平段剖面设计，见图 9-1。

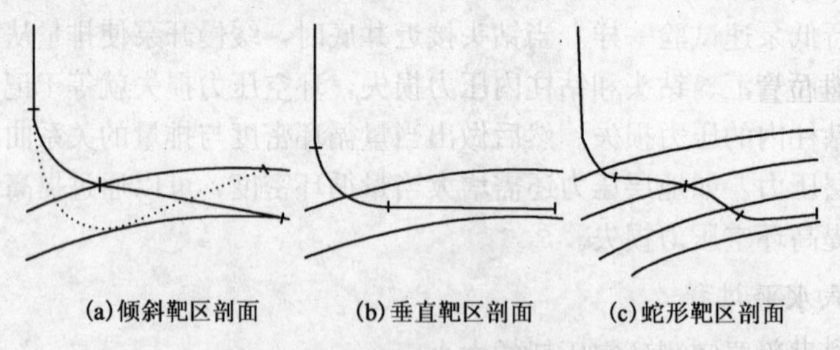

图 9-1 水平段剖面设计示意图

水平井井控的原理与直井一样，水平井段仍保持垂直井段的液柱压力，但由于实际井深与垂直井深的差别，水平井井控与直井井控存在着差异（图 9-2、图 9-3）。

一、侵入流体分析

当在油气层中水平钻进时，一旦井底压力小于地层压力，地层流体会既多又快地侵入井内。当侵入流体处于水平井段时，它很少流动，而且井底压力也不减小；当侵入流体循环出水平井段时，井底压力就受其影响。气体处在水平段时，钻井液罐液面不一定有变化，而当移近地面时钻井液罐液面变化则很明显。侵入流体在水平井中运行的一般特征：

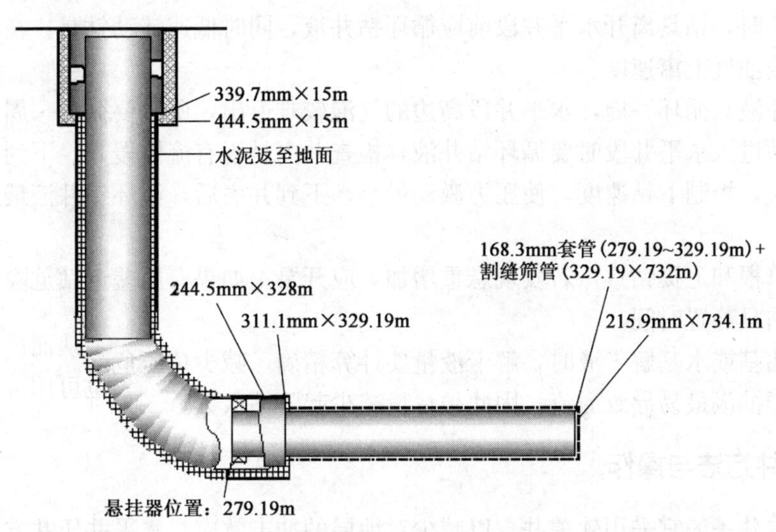

图 9－2　水平井井身结构示意图

（1）水平井段的起伏，使气体形成圈闭的气泡。钻井液推动气泡移动，一旦气泡离开水平井段，由于气泡膨胀使液柱压力减小。

（2）侵入流体沿井眼高边上行，移动速度在大倾角井段可能加快。

（3）大斜度井钻井液循环倾向于沿高边流动，由于通道面积小，井底钻井液返出比预期要快。

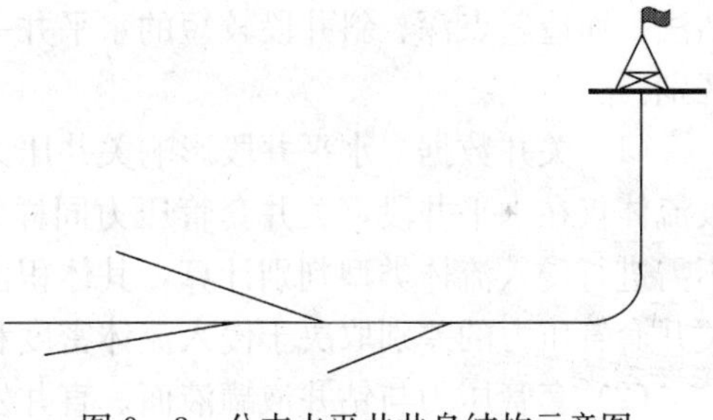

图 9－3　分支水平井井身结构示意图

（4）因套管鞋位置与垂直井深有关，关井时可达到最大套管压力。

（5）压井操作时，侵入流体从水平井段进入斜井段，套管压力增加、钻井液罐液面并不相应上升。

（6）下钻进入水平井段时，侵入流体向上移动进入斜井段，导致井底压力减小。

（7）如发现钻井液罐液面上升，钻进前必须循环出井底侵入流体。

（8）水平井起钻抽汲影响钻井液灌入量，侵入流体离开水平井段前，对液柱压力影响较小或没有影响。

二、影响井控的因素

水平井井控比直井复杂，需考虑的因素很多，主要包括：

（1）水平井套管柱设计时，应确保套管下深尽可能接近水平井段。

(2) 水平井段钻进不超过30m时，应循环钻井液检查，确保有足够的液柱压力，设计中应清楚地写明“过平衡”压力值。

(3) 水平井段易形成岩屑床，增加引起抽汲的机会，因此井眼清洁措施必须能有效地减少岩屑床的形成。

(4) 起钻时，钻具离开水平井段前应循环钻井液，同时低速转动钻具。在钻头离开水平井段前，要测油气上窜速度。

(5) 钻井液只循环一周，水平井段高边的气泡较难返出，所以要循环一周以上。

(6) 下钻进入水平井段时要循环钻井液，检查井内是否有流体侵入。下到井底前，也要循环一周以上，控制下钻速度，使压力激动最小。下到井底后，循环钻井液最后阶段可通过节流管汇。

(7) 接单根和上提钻具，若发现悬重增加，应开泵。如果有压差卡钻危险，须随时转动钻具，减少钻具静置时间。

(8) 用油基或水基解卡液时，解卡液量要计算精确，减少负压危险。

(9) 由于抽汲最易导致溢流，因此须尽量减少起下钻次数。

三、压井方法与操作

水平井关井一般宜采用软关井，以减少对地层的冲击效应。水平井压井方法主要有司钻法和工程师法，其方法的选择取决于井眼条件。一般浅或中深的斜井段长的水平井最好用司钻法；而造斜点深、斜井段较短的水平井一般采用工程师法。水平井压井操作与直井有如下区别。

(1) 关井数据。水平井段影响关井压力。抽汲引起的溢流，关井立管压力为0，如果抽汲流体仅在水平井段，关井套管压力同样为0。计量罐可测出抽汲。侵入流体的类型已知，不需进行侵入流体类型判别计算，其体积由钻井液罐液面升高多少来决定。关井立管压力与关井套管压力的差别取决于侵入流体密度和侵入流体在井内的垂直高度。

(2) 套管压力与钻井液罐液面。直井发生气侵时，侵入气体循环上移会逐步膨胀，因钻井液被替出，导致钻井液罐液面上升，液柱压力下降，套管压力上升，这种现象持续到侵入气体上升到地面。油基钻井液的这种影响可能延迟到侵入气体接近地面时才会明显。当水平井发生气侵，侵入气体没有循环出水平井段时，不会影响钻井液静液柱压力；当侵入气体循环离开水平井段时，钻井液静液柱压力减小，套管压力上升；侵入气体从水平井段到直井段距离短时，很少甚至没有膨胀，套管压力上升、钻井液罐液面上升很少甚至没有。

(3) 循环出侵入流体。因抽汲导致溢流时，钻头已离开井底，在水平井段或在水平井段以上，可采取的压井方法与直井一样，推荐用司钻法循环出侵入流体，然后检查压力和流量。如果无异常，可开井继续循环。循环时，要慢慢转动钻具，以防止卡钻。

(4) 压井液循环到钻头。用工程师法压井，需预先作立管压力与泵入钻井液量关系图。直井中压井液泵到钻头为终了循环压力，而在水平井中压井液泵到水平井段为终了循环压力，此时，离钻头还有一段距离。因此，如把水平井像直井一样对待，会产生一过高的压力，会引起井漏。当压井液刚到水平井段时，达到最大的“过平衡”压力值，水平井段越长，这个“过平衡”压力值越大。

第三节 欠平衡井控技术

欠平衡钻井是指人为地将钻井流体静液（气）柱压力设计成低于所钻地层孔隙压力，使地层流体有控制地进入井筒并循环到地面，并在地面进行有效控制与处理的钻井方式。其井身结构如图 9-4 所示。地面流程见图 9-5。

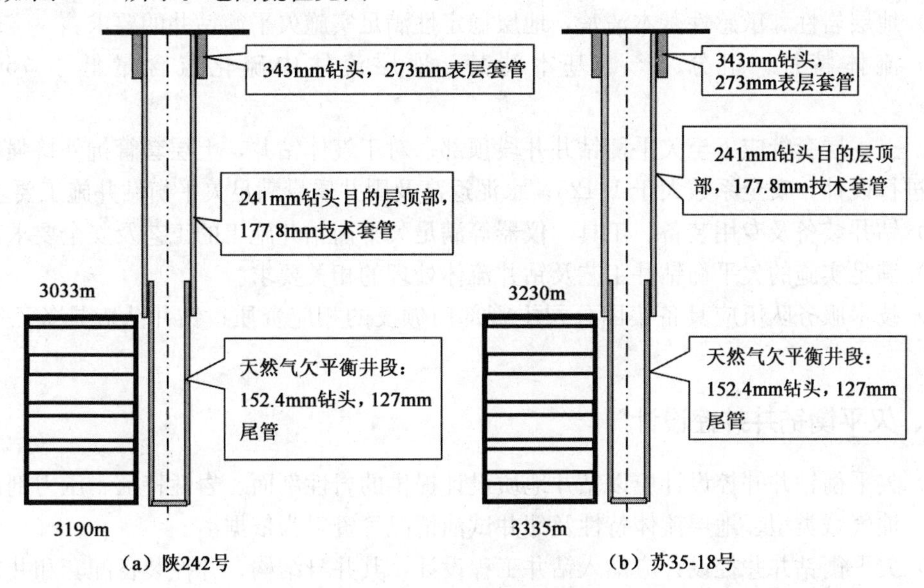

图 9-4 欠平衡井身结构

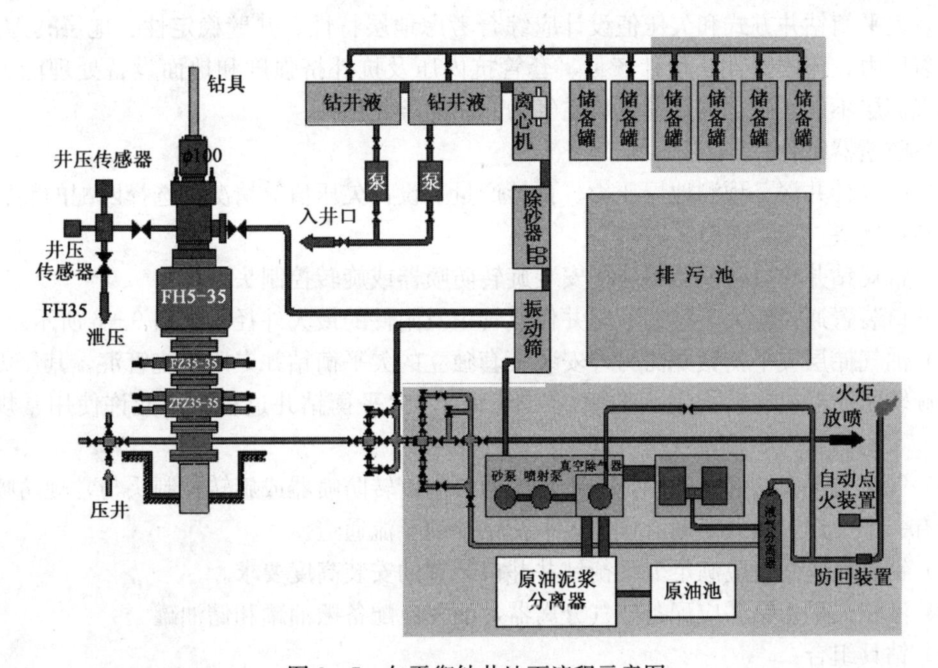

图 9-5 欠平衡钻井地面流程示意图

施工时通过旋转防喷器（或旋转控制头）和节流管汇控制井底压力，允许地层流体进入井内，在井口回压（套压）超过一定值时，采用常规井控技术来控制井底压力以防止井喷。欠平衡钻井不存在常规井控中的一次井控阶段。

一、实施欠平衡钻井的基本条件

（1）地层压力、温度基本清楚。

（2）地层岩性、敏感性基本清楚，地层稳定性满足实施欠平衡钻井的要求。

（3）流体特性、组分、产量基本清楚，地层流体中硫化氢含量低于 75mg/m^3（50ppm）。

（4）上一层套管应下至欠平衡钻井井段顶部；对于气体钻井，上层套管抗外挤强度应按全掏空进行设计，安全系数大于 1.125；水泥返高及固井质量满足欠平衡钻井施工要求。

（5）钻井装备及专用装备、工具、仪器等满足欠平衡钻井施工的工艺及安全要求。

（6）满足实施的欠平衡钻井工艺及钻井流体处理的相关要求。

（7）技术服务队伍应具备集团公司主管部门颁发的相应资质；钻井队应具备乙级以上资质。

二、欠平衡钻井井控设计

（1）欠平衡钻井井控设计应以钻井地质设计提供的岩性剖面、岩性特征、压力剖面、地温梯度、油气藏类型、地层流体特性及邻井试油情况等资料为依据。

（2）欠平衡钻井井控设计应纳入钻井工程设计，其井身结构、井控装备配套和井控措施等方面的设计应满足欠平衡钻井的安全要求。

（3）欠平衡钻井方式和欠压值设计应综合考虑地层特性、井壁稳定性、地层孔隙压力、地层破裂压力、流体特性、预计产量、套管抗内压及抗外挤强度和地面设备处理能力等因素。油气储层不能实施空气钻井或以空气为介质的雾化钻井。

（4）防喷器组合：

①根据设计井深、预测地层压力、预计产量及设计欠压值等情况，选择匹配的旋转防喷器或旋转控制头。

②在常规钻井井口防喷器组合上安装旋转防喷器或旋转控制头。

③井口装置通径应大于钻井、完井作业管串及附件的最大外径。如图 9－6 所示。

（5）油气储层欠平衡钻井需另外安装一套独立的欠平衡钻井专用节流管汇，其压力级别不低于旋转防喷器或旋转控制头的额定工作压力。欠平衡钻井过程中不允许使用常规节流管汇。

（6）气体欠平衡钻井施工中，在不带旁通口的旋转防喷器或旋转控制头与常规防喷器组之间应有一个专用三通或四通，作为欠平衡钻井的导流通道。

（7）钻机底座高度应满足欠平衡钻井井口装置的安装高度要求。

（8）液相欠平衡钻井应配备液气分离器，油井应配备撇油罐和储油罐。

（9）钻具组合：

①转盘钻进使用六角方钻杆。

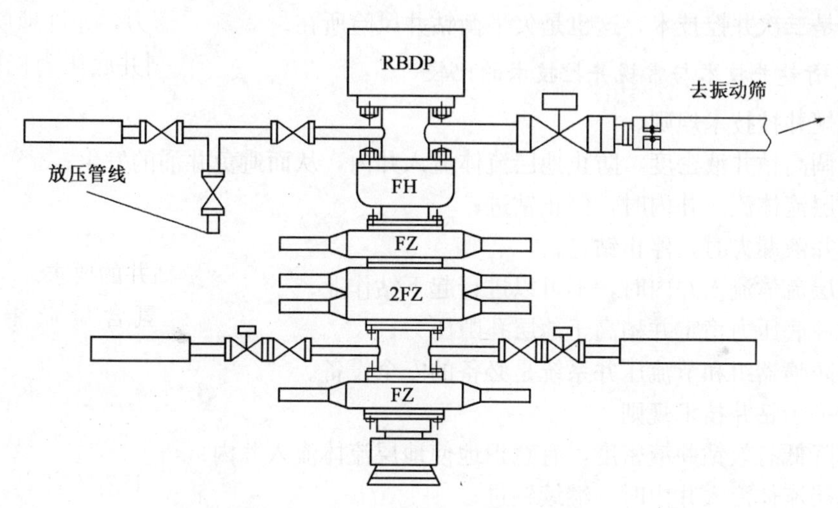

图 9-6　欠平衡一级井口装置

②使用达到一级钻具标准的 18°台肩钻杆。

③在近钻头位置至少安装一只常闭式钻具止回阀，气体钻井使用的所有钻具止回阀应是气密封试压合格产品。

(10) 燃烧管线或排砂管线应延伸到季风方向距井口 75m 以远的安全地带，并修建燃烧池和挡火墙。燃烧池大小和挡火墙的高度应满足欠平衡钻井安全要求。燃烧管线上安装防回火装置，出口应安装自动点火装置，点火间隔时间不大于 3s。另外，还要同时备用其他点火手段。

(11) 欠平衡钻井应配备综合录井仪。录井队和欠平衡钻井服务队伍的监测设备应满足实时监测、参数录取的要求。气体钻井时，岩屑取样器距井口不少于 30m。

(12) 井场条件应满足欠平衡钻井装备的布置和安全作业基本要求。实施气体钻井时，供气设备中的内燃机排气管应加装防火罩，供气设备至井口的距离不小于 15m。

(13) 应编制欠平衡钻井 HSE 计划书，对健康、安全与环境保护方面的风险进行识别，并针对所识别出的风险，制定具体的风险防范措施，以满足技术、工艺、设备等方面安全生产的要求。

三、欠平衡钻井技术与常规井控技术的区别

1. 常规井控技术分级

(1) 一级井控技术：通过调整钻井液密度，保持井筒内钻井液柱压力大于地层孔隙压力，避免发生井喷。钻井液静液柱压力是第一级屏障。

(2) 二级井控技术：当发生溢流时，进行关井作业，避免发生井喷。井口防喷器组提供第二级屏障。

(3) 三级井控技术：当发生井喷失控时，进行抢险作业，有时需要重新安装井口，进行抢险作业，或进行关井和压井作业。

2. 欠平衡钻井技术的本质

通俗称欠平衡钻井技术为“边喷边钻”，关键是在钻进过程使地层流体连续进入井筒，

因此其本质是二次井控技术，这也是欠平衡钻井风险所在。

3. 欠平衡钻井技术与常规井控技术的比较

（1）常规井控技术规则。

①通过调高钻井液密度，防止地层流体流入井内，从而避免井涌的发生；

②有地层流体流入井内时，停止钻进；

③有钻井液漏失时，停止钻进；

④有地层流体流入井内时，不可以进行起下钻作业；

⑤保持井底压力稳定并稍高于地层孔隙压力；

⑥井口防喷器组和节流压井系统是必备的安全设备。

（2）欠平衡钻井技术规则。

①通过降低有效钻井液密度，有意识地使地层流体流入井内；

②有地层流体流入井内时，继续钻进；

③有钻井液漏失时，继续钻进；

④有地层流体流入井内时，钻具可以离开井底；

⑤保持井底压力低于地层孔隙压力；

⑥井口防喷器组和节流压井系统是必备的安全设备。

通过比较这两套规则，显示出后者与前者完全相反结论。这也同样解释了将开发欠平衡钻井技术的公司称之为“一群得克萨斯牛仔”的原因。然而，在钻一个特定的地层时，如果只从所遵循的井控规则进行草率的解释，也会得出错误的结论。目前存在的常规井控规则是为了使井控简单化，随着欠平衡钻井技术的发展，尤其目前该技术主要用于钻探井，风险大，为了避免灾难性事故发生，我们必须在进行井控培训的基础上对从事欠平衡钻井工作的人员专门进行欠平衡钻井技术培训。

四、欠平衡钻井施工前的准备

（1）由建设方组织相关施工单位成立现场欠平衡施工领导小组，明确岗位、职责及权限；由该领导小组组织施工前现场办公，落实施工作业各项准备工作、技术要求等事项，组织所有作业人员进行技术培训和技术交底。

（2）旋转防喷器或旋转控制头试压：在不超过套管抗内压强度80%和井口其他设备额定工作压力的前提下，静压用清水试压到额定静密封压力的70%，动压试压不低于额定动密封压力的70%，稳压时间不少于10min，最大压降不超过0.7MPa。

（3）所有欠平衡钻井装备安装完毕后，做欠平衡钻井循环流程试运转。运转正常，连接部位不刺不漏，正常运转时间不少于10min。

（4）在开发井实施欠平衡钻井时，现场至少储备1.5倍以上井筒容积、密度高于设计地层压力当量钻井液密度0.2g/cm³以上的钻井液；在探井实施欠平衡钻井时，现场至少储备2.0倍以上井筒容积、密度高于预计地层压力当量钻井液密度0.2g/cm³以上的钻井液；现场应储备足够的加重材料和处理剂。

（5）在欠平衡钻井施工前，建设方组织相关施工作业单位按规定进行检查验收，不满足欠平衡钻井安全施工条件的，不得批准开钻。

五、欠平衡钻井施工作业

（1）在欠平衡钻井全过程中，井场24h要有钻井监督和井队干部值班。

（2）严格按照设计及井控规定进行施工。若需对设计内容进行变更，现场领导小组研究后以书面形式上报，由建设方出具书面变更通知单后执行。对于危及人身、井下安全的紧急情况，现场应先处理，后补办设计变更手续。

（3）欠平衡钻井中，当发现返出量明显增多或套压明显升高，应考虑关井求压，并根据地层压力重新确定合理的钻井液密度。

（4）液相欠平衡钻井时，钻井队坐岗人员、录井队和欠平衡服务单位值班人员应根据职责分工，实时观察循环罐液面、钻井参数、钻井液性能、气测烃值、返出量、火焰高度等变化情况，发现异常按规定及时报告。

（5）套压控制以立管压力、循环罐液面和排气管出口火焰高度或喷出情况等为依据，综合分析，适时进行调整。

（6）气基流体钻井时，如果钻具内压力无法正常泄掉，不允许卸开钻具，应进行压井处理。

（7）每趟起钻前，应对半封闸板防喷器进行关、开检查；每趟下钻前，应对全封闸板防喷器进行关、开检查，并对控制系统进行检查。

（8）带压起下钻期间，根据设备作业能力控制井口套压，专人观察、记录套压变化，发现异常应及时处理；当上顶力达到钻具重量的80%时，必须使用不压井起下钻装置。

（9）液相欠平衡钻井带压起钻作业期间，注入钻井液量应与起出钻具体积（以钻具外径计算）相同，发现异常情况及时处理并报告。

已入井使用的具有单向流动控制作用的阀，每趟起钻，均要卸下，专人检查，功能完好后，方可再次入井。

（10）带压测井应使用专用电缆防喷器，其上要安装防喷管，测井仪器长度应小于防喷管长度；带压测井防喷装置的压力等级应满足井口控制压力要求；带压测井过程中，录井队、钻井队均应派专人观察记录套压，发现异常及时报告。

（11）带压下油管作业，如果油管串底部连接有筛管，其长度应小于全封闸板到旋转防喷器下胶芯底端的距离。

六、欠平衡钻井的终止条件

欠平衡钻井作业过程中，若出现以下情况应立即终止欠平衡钻井作业：

（1）自井内返出气体，包括天然气，在未接触大气之前所含硫化氢浓度等于或大于75mg/m³（50ppm）；或者自井内返出气体，包括天然气，在其与大气接触的出口环境中硫化氢浓度大于30mg/m³（20ppm）。

（2）实施液相欠平衡钻井时，地层油、气、水严重影响钻井液性能，并导致欠平衡钻井不能正常进行。

（3）钻具内防喷工具失效。

（4）欠平衡钻井设备不能满足欠平衡钻井要求。

(5) 实施空气钻井时，监测到可燃气体含量超过3%，停钻循环观察10min若可燃气体含量仍继续上升达到5%，则应立即停止空气钻井。

(6) 井眼条件不满足欠平衡钻井正常施工。

七、欠平衡钻井应急处理

欠平衡钻井的应急预案应至少包括以下六个方面：

(1) 出现有毒、有害气体；

(2) 套压超过设计上限；

(3) 发生井下复杂；

(4) 钻遇高产、高压油、气、水层；

(5) 循环压力出现异常变化；

(6) 地面关键设备出现故障。

八、欠平衡钻井HSE管理

(1) 现场施工作业人员应服从钻井队统一的安全、环保、井控管理。

(2) 欠平衡钻井设备安装完毕后，现场领导小组负责组织应急预案演练。

(3) 在钻台、振动筛、井场、燃烧口等位置设立风向标，并在有关的设施、设备处设置相应的安全警示标志。

(4) 施工现场应适当增加灭火器材，必要时增派消防车现场监护。

(5) 现场作业队伍应配备便携式可燃气体监测仪、硫化氢气体监测仪，按作业人员数量配备相应的正压式空气呼吸器。

(6) 作业区应设置安全警戒线，禁止非作业人员及车辆进入作业区内；禁止携带火种或易燃、易爆物品进入作业区域。

(7) 环保要求依照当地的法律、法规执行。

第四节　浅气层的处理

一、事故的发生原因与时机

一般说来，在快速沉积的多数地区常碰到浅气层。由于沉积速度快，地层压力来不及释放。所以，海湾地区和大陆架地区常会遇到浅层气井喷的问题。

其之所以危险，是因为：

(1) 体积小，难以预测，层位浅，经常是突然出现；

(2) 压力高，一旦井喷，能使油井迅速卸载，使所有的钻井液喷出；

(3) 层位浅，井眼内液柱压力与深层比相对低得多，由于浅层的压力高，地层流体进入井眼后，很容易使井内压力系统失去平衡，使报警信号反应的时间短，天然气可能在几乎没有报警的情况下到达地面，起钻时尤其危险；

(4) 表层一般是薄弱地层，容易憋裂，造成井漏或井喷起火；

（5）钻浅井段时井口的控制装置也较少。

二、压井步骤

在钻浅气层前要仔细计划，确认是关井，还是应当分流。

钻表层时，司钻应注意井涌信号，出口管流量传感器发出的井涌信号，使得有尽可以多的时间处行分流或关井。在浅井段钻井时，即使钻到黏性页岩，使用流量传感器有困难，也要尽可能保证流量传感器可靠工作。因为流量传感器发生的信号比钻井液池液面增加发出的信号来得早，能够争取较多的时间。如有怀疑，就要停泵检查井口是否有钻井液外流。

浅气层会很快产生井涌。浅井段起钻时，司钻要特别注意最初几个立柱是否灌满，注意观察在每两根立柱之间井口有无钻井液外流。起最初几个立柱时，不要装胶皮刮泥器。

一般情况下，在软地层套管下入深度为450～600m，在硬地层套管下入深度小于300m，便不能关井。

1. 关井与分流

关井还是分流、取决于套管的最大允许压力。

套管最大允许压力限定了引起地层破裂的地面压力：

$$p_{cmax}=9.81(\rho_f-\rho_m)h$$

式中　p_{cmax}——最大允许套管压力；

ρ_f——地层破裂当量密度；

ρ_m——钻井液密度；

h——薄弱地层的深度。

在大多数情况下，薄弱地层是在套管鞋处，不管是下结构管，还是下导管，压裂梯度是非常低的。如果发生井涌，井涌流体就有可能憋裂地层窜到地面上来。这种液流可以冲掉土壤，使陆地钻机沉入地下。

根据实际密度、压裂梯度、套管下入深度的估计，在大多数情况下，分流的优点多于关井的优点。

原则上，在套管鞋处地层不能承受应有的关井压力，套管下得浅，井涌流体有可能沿井口周围窜到地面的危险时，均不能关井，而要使用分流器放喷。

2. 分流器的操作

分流器的操作，除了在关闭环形胶芯时要打开分流放喷管线外，都要遵守基本的关井方法。打开分流器时应关闭去钻井液池的出口管线，以免井口充满天然气。分流放喷程序如下：

（1）上提钻具，使方钻杆接头露出转盘面；

（2）停泵；

（3）检查井口是否有钻井液外流；

（4）打开分流器放喷管线；

（5）关闭分流器胶芯；

（6）检查：出口管是否关闭，分流器胶芯是否关闭，分流器放喷管线是否朝下风向打开。

（7）按照分流器放喷设计要求，启动钻井泵，开双泵以最大泵速泵水或一定量的重钻井液。

三、无隔水管钻井

隔水导管为钻井流体返回到钻井船提供了一个环形空间，如进行分流，则为浅层气通向钻台提供一个通道，把不受约束的天然气带到钻井船上来，其危险是显而易见的。现代钻机配备的分流系统是把天然气引向下风，远离钻机，从而减少火灾的危险。但这仅仅满足高压、小气量的情况。对于大气量情况，确实属于另外一个不同的问题。

当加重钻井液不能约束地层流体，而且又不能维持作用在地层上的回压时，压井成功的机会是很小的。压井作业将随着水深的增加而更加复杂化。天然气的潜在流量与井底压力随水深的增加而增加。在高压大流量的情况下，隔水导管内的水或钻井液很快地被喷空。这种情况同样包含一种危险，那就是由于导管里的气体与外面水的压力差把导管挤扁。

另外，对于900m水深下的导管，天然气的潜在流量远远超过钻井船上所能安全处理的流量，显然，必须有更好的办法，如图9－7所示。

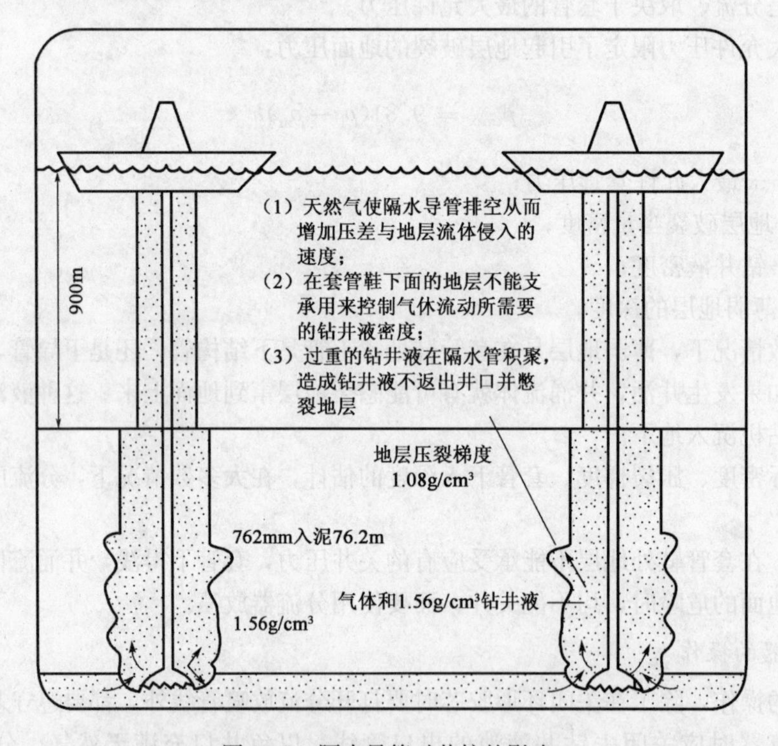

图9－7　隔水导管对井控的影响

地层的自然桥塞会制止天然气的流动。有些井是靠向井内泵送大量的加重钻井液压住的。重晶石塞子使用效果不好。通过一系列循环慢慢增加钻井液密度要增大钻井成本，因为钻井液通过分流管线损失掉了。在深水里，较高的侵入量，减少了泵控制井喷的机会。图9－7中表示在用隔水导管与不用隔水导管情况下的两种关系。事实是在不用隔水导管的情况下井涌流量总是受海水的静压头所限制，从而形成了较高的潜在压井曲线。

图 9－8 表明：(1) 在深水里压住一个通过隔水管的井涌，要比压住一个没有隔水管的井涌所要的排量大，因此，在钻表层井眼时不用隔水管是个好办法，但由于充气作用，使水的密度减小，所造成的船只下沉的严重威胁是不能忽视的；(2) 大多数新的海洋钻机泵组的能力，能够满足许多小井眼内的浅层井涌压井需要，所以，可以先钻一个达到表层套管深度的领眼，而后加以扩眼到所需尺寸。

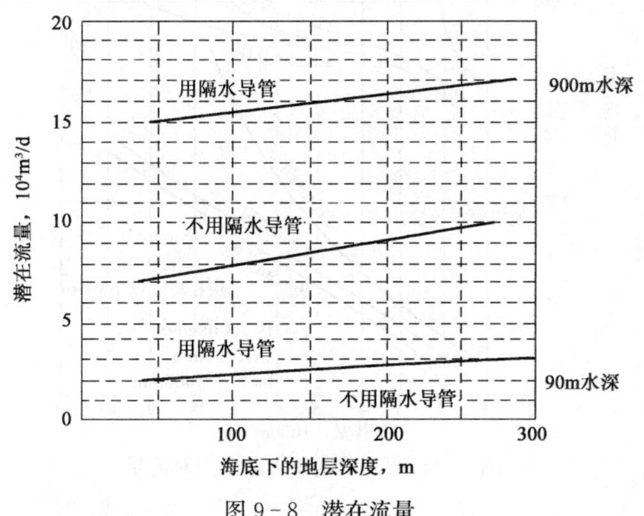

图 9－8　潜在流量

图 9－9 表示在不安装隔水管的条件下，控制浅气层井涌的一种可能的办法。如同任何一种压业作业一样，同样需要一个细致的执行计划。在压井时应当配制相当于几倍井眼容积的重钻井液，并储存起来。钻井液密度要稍小于海底到套管鞋处的压裂度（当量钻井液密度）。当测到浅层气流动时，所有泵的上水管应当立即从吸入罐换到储存重钻井液的罐，而且，泵的排量应当增到钻机允许的极限能力。由于钻井液密度和容积不可能计算，故第一步似乎有点试探，但是至少这种努力会有助于限制由于气体紊流卸载而造成的井眼扩大。在泵送较重的钻井液之后，如果仍未压住井，其他的办法是打重晶石塞或水泥塞或在等待可能发生的井内桥塞或衰竭停顿的同时，考虑打一口救援井的各种可能性等。

显然，这种办法有其自身的缺陷。在没有钻井液返回钻台的情况下，来检测高压浅气层是很难的。检测可能误认为钻杆有刺漏，但钻杆已开始被顶出井眼。最后可能造成钻机或附近的船只被吞没在环形充气的海水里。图 9－10 表示一种可能在钻表层井眼时，使用隔水管的办法，同样存在天然气憋裂地层、气体窜到海面上造成海水充气的问题，但是钻机可能离开卸载的天然气一段安全距离。

在钻表层井眼时，总要安装一个隔水管。尽管现在所遇到的地层深了一些，井底压力也高一些，但有关的压裂梯度没有增加多少。同样，如果没有地面控制，在井喷的情况下很可能把隔水管内的钻井液喷空。由于同样的理由，任何一种地面控制或者是重钻井液都会造成浅层的破坏，从而使天然气窜到地面。当然，试漏试验应当在套管鞋处做，以确定井眼能支撑多大的静液压力。

图 9－11 说明一种浅水情况与一种深水情况的比较。

图中有经过改进的隔水导管，底部最后一节上安装了一个放空阀。此阀可以从钻台上加

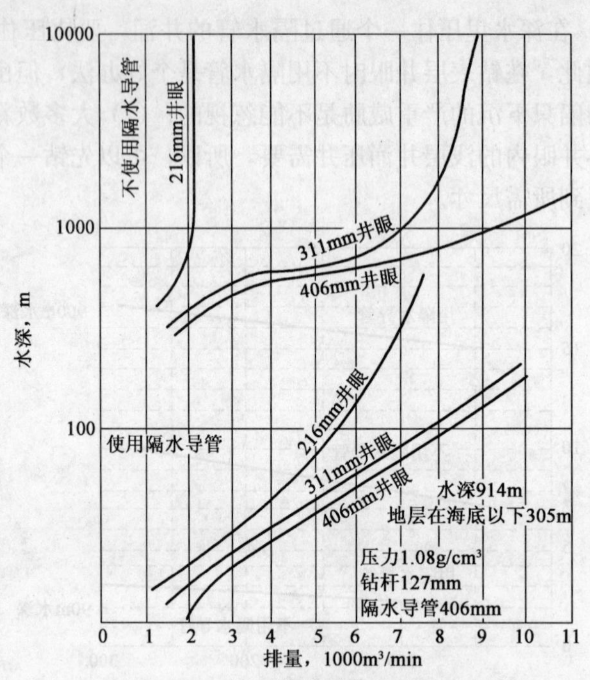

图 9－9 可压住的最大敞喷绝对流量

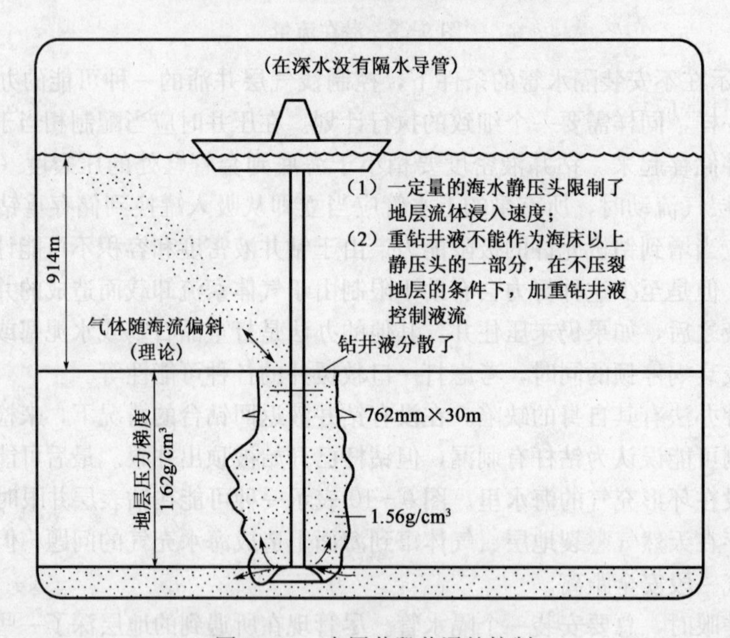

图 9－10 表层井段井涌的控制

以控制，用这种办法可以使用较重的钻井液安全地进行压井。此阀在分流器关闭时或者当隔水管确实卸载时，可以打开。开始，阀可以保证在天然气排出钻井液后，隔水管内可以充满水。事实上，就类似于在钻表层时不用隔水导管。这样做除了可以使隔水管不被挤扁外还维持一个隔水管高度的海水静液柱压头。

在压井的泵注过程中，在海底通过阀的液流压力应当维持平衡。每当水、钻井液与天然

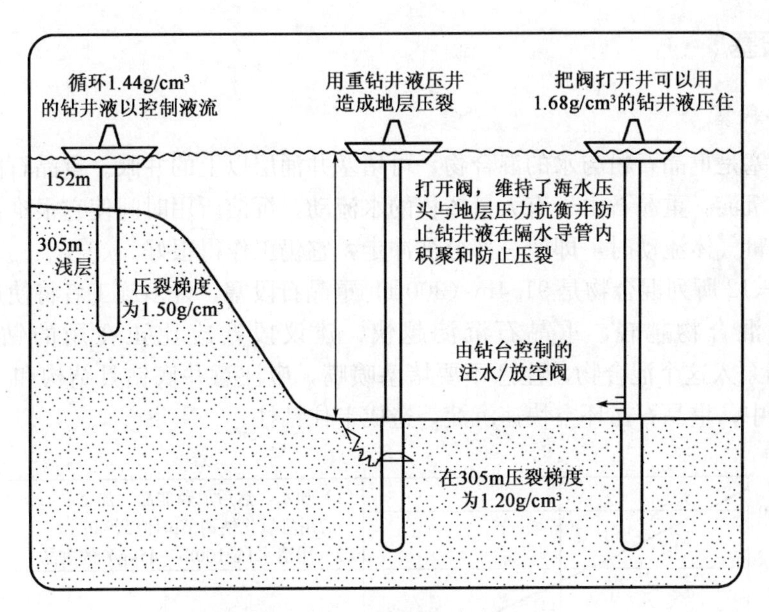

图 9-11　表层井眼的控制

气的总静压头变得比海水的静液压力大时，流体就从隔水管向外流出。若隔水管内的静液压头变得小于海水的压头相反情况就会出现。水中充气，浮力减小，有时会有失火的危险，其危险程序取决于水深、流量、气候条件及水流等。为预防浅层井喷，必须制定把船只移出井位或撤离钻机的日常应急计划。

四、固导管和表层套管

在浅层固井期间应采用防气体窜移或漏气等固井技术，从钻井液的设计到施工结束以及候凝期间始终把气体窜移问题考虑进去。

（1）由于水泥浆密度提高，存在憋漏地层问题，从而使气窜到地面，钻井液密度应稍低于破裂压力梯度。

（2）采用管外注水泥法。

（3）注水泥过程中，注意活动套管及提高顶替效率。

活动套管对有效地顶替钻井液有很大作用。在碰压之前，最好一直活动或旋转套管。注水泥过程中，当水泥浆在套管内下行时，活动套管（提放或旋转）的速度应慢；当水泥浆在环形空间上返以及将碰上胶塞时，活动套管要快。可以每隔 2min 活动一次，活动距离 4.5～6m。下放套管时产生高压和紊流。活动套管时，注意粘卡问题。

（4）确定套管鞋处能支承多大的静液压力。

（5）泵速不能过快，易造成钻井液不能及时上返而憋漏地层。

（6）如发生井漏，要立即按井漏时井控的操作程序进行。

（7）在钻井设计中，应详细说明关井、分流的时机。

（8）固井时，要针对浅气层的特点，采取防气窜的措施。

（9）候凝期注意地面井口有无气体泄漏现象。

五、打段塞

1. 重晶石段塞

重晶石段塞是重晶石粉与水的混合物，可堵塞井涌层以上的井眼。重晶石段塞在注入到井中后，必须沉淀。重晶石由于有大量体积的水流动，沉淀所用时间使它很难作为一个好的段塞，当有大量气体流动时，即使一部分被冲走，它仍工作得很好。

(1) 图 9-12 所列混合物是 91.4m (300ft) 重晶石段塞，许多施工者将使用 2636kg/m³ 混合物，然而混合物越轻，重晶石沉淀越快，建议段塞应比正在用的钻井液密度大 0.24g/m³，当泵入这个混合物，注意不要堵塞喷嘴，应注意井底钻具结构和一些钻杆。可能在这个过程中，重晶石在环空快速沉淀，造成卡住钻柱。

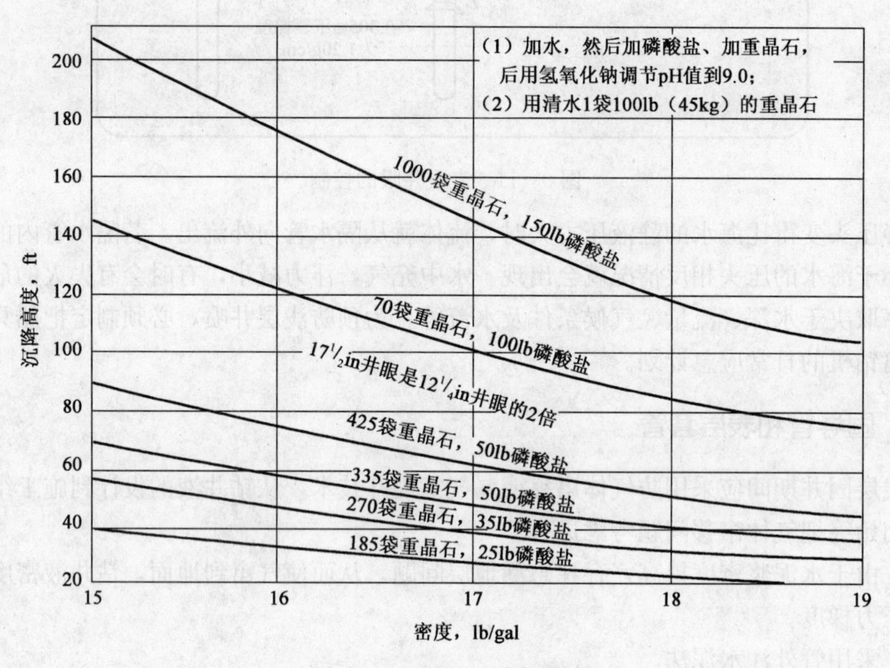

图 9-12　重晶石段塞性质

(2) 注入、观察、处理：

①等候 8~12h，待重晶石桥塞形成，维持回压以防地层流体进一步侵入，若塞子能够支撑，慢慢放掉环空压力。

②进行温度和噪声测井，以确定地下流体是否停止流动。

③循环并处理钻井液。

④钻具重新慢慢下入井内，探测重晶石塞子的顶部。

2. 柴油泥塞

当有水流动时，堵塞井眼的一个好方法是用柴油泥塞。柴油泥塞是膨润土和柴油的混合物，油作为膨润土的载体。当油被水或钻井液从膨润土中冲走，膨润土沉淀作为厚的黏土水泥。柴油泥塞不适合在干的气体流动条件下工作。如果放置好几天，最好在柴油泥塞上面放置一个水泥塞（表9-1）。

表9-1　300ft（91.4m）柴油泥塞的设计

井的尺寸		柴油		膨润土		总体积	
in	mm	bbl	m^3	100lb/袋	50kg/袋	bbl	m^3
6½	165.1	9	1.43	27	24.5	12	1.91
7⅞	200.3	13	2.07	40	36.3	18	2.86
8¾	222.25	14	2.23	49	44.5	22	3.5
9⅞	280.83	20	3.18	62	56.3	28	4.45
12¾	323.85	33	5.25	98	88.9	44	7
15	381	50	7.95	150	136.1	66	10.49
17½	444.5	66	10.49	200	181.4	89	141.5

3. 水泥塞

水泥可制成一个理想的塞，然而在移动的气、油或水中很难放入水泥。为达到这一目的，而设计的水泥混合物，可从水泥公司得到。

第五节　井漏的处理

一、部分循环漏失

在压井过程中，循环漏失的第一标志是压力表波动或钻井液池液面下降，如果井还在循环，但由于部分漏失，钻井液池液面下降，可使用以下方法：

（1）如果怀疑有漏失，就不再使用原有安全压力，如果钻井液体积能通过配制来维持，则继续循环，井涌被循环到漏失层以上后，漏失层的压力减少，问题就解决了。

（2）选择一个较慢循环速度，建立一个新的循环压力，较慢的泵速将减少环空中发生的摩擦压力损失，随着井关闭，建立一个新的循环压力的程序与调节泵速相同。

①打开节流阀。

②泵速达到新的较低的速度。

③调节节流阀，直到套管压力与关井时相同，钻杆或油管压力是新的循环压力。

如果井仍在循环：

①减低泵速。

②当减低泵速时，保持套管压力在当前值。

③到达想要速度时，保持套管压力，钻杆或油管压力是新的循环压力。

（3）当循环时，部分漏失，降低井底压力（通过调节节流阀）100Pa（最好是计算出来的环空压耗），并且等待观察是否漏失减少。应当明确，下降的压力可能造成井底压力降低，地层液体进入，使井况恶化。降低井底泵压超过200Pa（或环空压耗）不是个好办法，如果这样不能解决漏失问题，关井并试用另一种办法。

①起钻关井由井自行调整，保持关井钻杆压力不变，通过释放节流阀压力并使用体积法。

②混合一段重钻井液，下到井底压井，这适用于漏失层在井涌层上的少量井涌。

③如果使用循环漏失材料 LCM 可能会造成堵塞钻头、喷嘴或钻柱，仔细选择压井作业中所需的 LCM 的大小和型号，细小的 LCM 应首先使用，如有必要逐渐使用较大的 LCM。

二、严重循环漏失或地下井喷

1. 地下井喷的信号

标准的井喷控制程序，只有在井能循环情况下，才能起作用。如果全部漏失，可能有气体一直到地面，会造成地下井喷。地下井喷的信号如下：

（1）地面压力突然中断，可能指示地下漏失。

（2）套压波动可能很快，取决于地下井喷的严重性，套压可能增加到很高。

（3）钻杆或油管和环形空间的相互流动损失。

（4）钻杆或油管压力减少或处于真空。

（5）强行起下钻，环空压力无变化。

（6）当在井喷层移动钻杆时，钻杆或油管突然振动或拉力变化。

（7）防喷器或采油树振动。

（8）低于预期关井压力，环空压力由于气体运移可能增加，如果钻井液漏失并被地层流体取代，可能不得不将钻井液沿环空泵入，保持地下压力和套管极限。

如果有这些迹象，可能要进行试验，缓慢地往钻杆（油管）泵入钻井液，停泵并观察是否传送到环空的压力增加。如果压力没有被彻底传送，不要进行常规的压井方法。（注：如果钻杆卡住或泥包，压力将不会被传送，并可能在地面发现不了地下井喷的信号。）必须先识别漏失层的深度，一旦识别后，目标是停止或降低漏失，由此可用常规方法压井。吊测时（温度、声音和压力）也可按此方法做。

2. 解决方法

（1）由一个固井公司提供塑性段塞可能解决循环漏失。

（2）采用重晶石段塞，堵塞井涌层以上的井眼。

（3）有水流动时，堵塞井眼可采用柴油泥塞。

（4）执行夹心压井。沿环空泵入含有高浓度 LCM 的钻井液，而同时沿钻柱泵入重钻井液。在低于井喷层的一个漏失层，极少使用这种方法，另外，应使用低摩擦损失的钻井液，以地面或地下临界压力为限制（注：钻柱必须低于漏失层，才是有效的）。

（5）设计水泥混合物，可从水泥公司得到。

三、解除过压

事先在钻柱上适当安装一个分流短节。当出现危险溢流，在压井过程中可能出现压漏地层时，则可从地面向钻杆内投入一个起动器，打开分流短节上的侧孔，使泵入井内的压井钻井液分两路循环。一路由钻柱底部上返，顶替井内溢流。一路经分流短节上的侧孔进入环空，与上升的天然气混合，成为分散在钻井液中的气泡，与钻井液一同上返。这样可以增加排出溢流过程中，环空内的静液压力，降低套压，减小易漏层位所受的压力。

第六节 强行起下钻作业

一、目的和意义

钻具不在井底，发生井涌时，控制起来就很复杂，这时既要考虑压住井涌，也要防止卡钻，钻具在套管内或渗透很小的裸眼井段内，卡钻可能较小，但在渗透性大的裸眼井段，危险性就大。为控制井涌，强行起下钻是一个重要的选择。

二、强行起下钻及适用范围

关井时，在井内有压力的情况下，靠钻具的自重，将钻具下到井底的程序称为强行下钻。如情况需要强行起钻也能将钻具强行起出井眼。如钻具重量不够，井内压力向上顶钻具，此时必须用强力推钻具下行，这叫加压下钻。完成此作业可以只通过环形防喷器，也可以通过环形防喷器和一个闸板防喷器，或者通过两个闸板防喷器。

三、强行起下钻的计划与准备

钻机安装时，就要考虑强行起下钻的需要，防喷器组两个闸板之间必须有足够的距离使钻杆接头在其间没有阻碍。钻井四通要安装在两个闸板防喷器之间，不用底部的防喷器闸板就可强行起下钻。钻井液补充罐不能离井口太近，以防气侵钻井液释放出来，造成事故。释放液流必须通过可调节流阀引向补充罐，应安装压井管线以便在两个防喷器之间泵送压井液，这个系统应和防喷器组一起试压。

钻柱上每种钻杆旋塞阀和回压阀必须准备好，处于开启的位置，放在钻台上并要经过试压合格，在试压前要进行密封检查和拆卸检查。使用时，若有的设备没装好，必须备有补救的办法。设备安装好后，必须记录数据，以便在进行强行起下钻时不致混乱。记录的内容包括：工具接头的长度、外径、钻杆的容积和排开体积、转盘与每个防喷器顶面的距离、每一个防喷器闸板之间的距离，及其他可能需要的数据。此外，要画出防喷器组的示意图。

在关井起钻、钻具提离井底的情况下，没有时间指导井队每一个人的工作，所以必须提前演练。在固完井后，没钻水泥塞之前，可以进行演练。演练要派专人进行监督。开始可将钻具下到井内，关上防喷器，制造一个压力。然后，要求采用适当的技术，强行下入足够的钻具。演练使井队每个人都明白自己的岗位和如何完成岗位任务。演练也可以检查设备的可靠性和操作的难点。演练的岗位分工有：

（1）操作钻机，一人；

（2）操作节流阀，释放钻井液，一人；

（3）操作防喷器控制设备或遥控装置，一人；

（4）检测钻井液补充罐并指挥操作节流阀，一人；

（5）计算钻具并随时掌握钻杆接头所在位置，一人；

（6）如果从井里出来的钻井液不进入补充罐，要检查从井里出来的钻井液总量，一人；

（7）监视井内压力，一人；

（8）如果使用两个闸板防喷器进行强行起下，要注意两个防喷器闸板之间压力的上升，一人；

（9）如果是强行起钻，要负责向井内灌钻井液，检测和记录灌入钻井液的量，一人；

（10）强行起下钻总指挥，一人。

四、操作方法

确定用环形防喷器还是用2个闸板防喷器。

如果起钻时发生井涌，要把钻杆旋塞阀（已放在钻台上并处于开启位置）接上并关上，接上回压阀或内防喷器工具，才能打开钻杆旋塞阀。可能有的时候接上方钻杆后就可以制止井涌。在这种情况下，关上方钻杆旋塞阀后再卸方钻杆（假若方钻杆上没接旋塞阀，必须从这里开始），接回压阀并打开旋塞阀；假如没有别的选择，可先接上内防喷器，把释放工具置入密封部位，使阀密封，制止井涌。

当确定强行起下钻时，必须先明确两个问题：

（1）钻柱的重量允许不允许强行起下钻。

（2）如果能强行起下钻，是用环形还是用闸板，即钻柱有效重量必须大于井内的上顶力，才能靠其自重强行下入井内。

有效重量按下式计算：

$$W = \mu \sum_{i=1}^{n} G_i L_i$$

$$\mu = (\rho_{钢} - \rho_{m}) / \rho_{钢}$$

式中 W——钻具有效重量，kN；

μ——浮力系数；

G——钻杆的每米重量，kg/m；

L——钻杆长度，m；

$\rho_{钢}$——钢材密度，g/cm^3；

ρ_{m}——钻井液密度，g/m^3。

由于井内压力引起的力，可以通过分析作用在钻杆横断面上的力来求得：

$$p = 0.7854 p_{bh} \cdot D^2$$

式中 p——井内压力，kN；

p_{bh}——井底压力，kPa；

D——钻杆接头或接箍外径，mm。

摩擦阻力可能在4.50～9.00t范围内，该数值取决于管子的外径、粗糙度、防喷器元件的条件、作用在防喷器元件上的压力和其他因素。当管子的重量大于井内的压力时，摩擦阻力将阻止下行的钻具，因此，必须将摩擦力加到井内压力上。当钻柱的重量允许强行起下钻时，使用两个防喷器进行起下钻才有可能。然而使用两个防喷器强行起下需要更多的时间因为需要检查作用在环形防喷器钻杆接头上的力是否小于管子重量。

钻杆接头通过环形防喷器时，上提的重量卸载，这表明有关计算可以省略，否则，下一步需要求出在换成环形防喷器之前，有多少钻杆需要使用双防喷器进行强行下入。钻杆需要额外增加重量按下式计算：

$$W_{ad} = p - W$$

式中　W_{ad}——须要到钻杆上的有效重量，kN；

p——环空的井内压力，kN；

W——钻杆在井内的有效重量，kN。

该重量可以转换成钻杆长度：

$$L = \frac{W_{ad}}{\mu G}$$

例 9-1　已知从 3048m 起钻，起出 2621m 钻杆后，发现井涌，关井并接好回压阀，环空压力为 6.895MPa，井内有 165mm×63.5mm 钻铤 122m，143kg/m，钻杆是 114mm 的，24.7kg/m，E 级，带 156mm 钻杆接头，27.41kg/m，钻井液密度 1.56g/m^3，摩擦力为 9.072t。

求：（1）使用两个闸板防喷器还是使用环形防喷器进行强行下钻？

（2）如使用两个闸板防器进行强行下钻，在换成环形防喷器之前，使用双闸板防喷器强行下入多长钻杆？

解： 浮力系统

$\mu =（7.854-\rho_m）÷7.854=（7.854-1.56）÷7.854=0.801$

因井内现有钻杆 305m，钻铤 122m，故井内钻柱有效重量：

$W=305×27.41×0.801+122×143×0.801=20.607（t）=202.703（kN）$

钻柱重量要克服的井内压力和摩擦力：

使用两个闸板防喷器强行下钻时，井内压力：

$p=6895×0.785×（0.114）^2÷9.81+9.072=16.242（t）=159.338（kN）$

使用环形防喷器强行下钻时，井内压力：

$p=6895×0.785×（0.156）^2÷9.81+9.072=22.504（t）=221（kN）$

由以上计算可知，203kN 钻柱重量大于使用两个闸板防喷器强行下钻的井内压力 145kN，所以，使用这个方法是可行的。但是，作用在接头上的井内压力大于钻柱重量，所以使用环形防喷器强行下钻不可行。

在换成环形防喷器强行下钻前需要加到钻杆上的有效重量：

$W_{ad}=221-203=18（kN）=18000（N）$

在换成环形防喷器强行下钻前需要使用闸板防喷器强行下入钻杆的长度：

$L=18÷（0.801×9.81×27.41）=84（m）$

若是根据井内压力决定采用环形防喷强行下钻，则要考虑压力越高，磨损越大。考虑可以使用的最大典型压力为 10.343MPa，也有主张 13.790MPa。试验表明，Hydrill 和 Shaffer 防喷器足以承受 20.685MPa 的压力。此压力的极限值应按作业的条件决定。

五、强行起下原理

目的：是在保持井底压力不变的情况下，将钻具下到井底。

原理：压力和体积的关系可用图 9-13 说明。

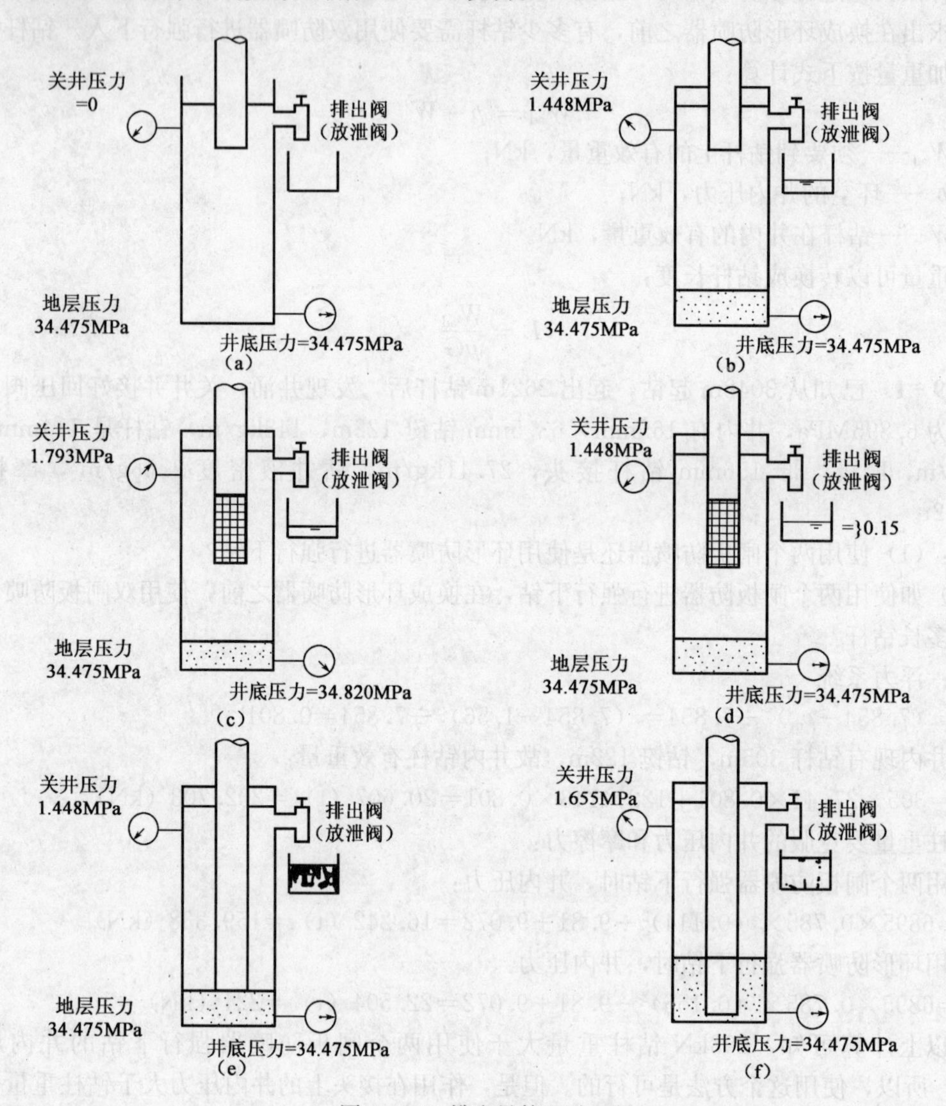

图 9-13 排出量等于进入量

(a) 图表明井内管子提离井底，开始地层压力和井底压力相等，为 34.475MPa。

(b) 图表明，由于起钻抽汲，一部分气体进到井内，同时防喷器关闭，这部分被顶替的静液柱压力等于关井的地面压力，1.448MPa。

(c) 图表明，钻杆已经强行下到井里，因为钻杆上接有回压阀，强行下入管子的体积等于钻杆排出的体积加上管子内部的容积。图中强行下入的体积是 0.159m³，这时，地面压力为 1.793MPa，井底压力为 34.820MPa，两个压力都增加了 345kPa。当这 0.159m³ 的管子体积的液体被用力压入井内，井内钻井液和气体受到压缩，而体积减少空出个容积来，因为这两者都不能排泄，故压缩使压力增高。

(d) 图表明，钻井液从井内排放出来，直到井底压力回到 34.475MPa。排放出来的钻井液等于 0.159m³。地面压力表的读数回到 1.448MPa。因为井底压力稳定在地层压力

34.475MPa 以上，没有气体进入井内，但是井内气体已经膨胀到（b）图所示。这证明两点：

（1）当钻杆强行下入或是加压强行下入，若排放出来的钻井液体积等于钻杆排出量和钻杆内的容积时，井底压力没有变化，同时没有地层流体流入井内；

（2）假若不是这样，井内将发生过大的压力。

（e）图表示钻杆强行下到气侵段的顶部。当钻杆下入以后，正确钻井液的体积是从环空放出来的，这时地面压力为 1.448MPa，同时井底压力读数为 34.475MPa。

（f）图表示钻杆强行下到井底，由于强行下钻而井内增加的体积，需要从环空放出相应体积的钻井液。地面压力增加到 1.655MPa，但是，井底压力稳定，保持在 34.475MPa。这样没有气体进入井内。

当钻杆进入到气侵带时，气体就被挤出并围绕在钻杆的周围，气柱变长。因为钻井液柱变得相对短，气柱变得比较长，所以地面压力上升，以保持井底压力为 34.475MPa。气侵段高度可按下式计算：

$$H_g = \frac{(V_{dpi} + V_{dp})l}{A_{an}}$$

式中　H_g——气侵段高度，m；

V_{dpi}——钻杆的容积，m^3；

V_{dp}——钻杆排开体积，m^3；

l——强行下钻下入的钻杆长度，m；

A_{an}——环空截面积，m^3。

由于气侵高度的增加所引起的压力的增加为：

$$\Delta p = 9.81(\rho_m - \rho_{in})l$$

式中　Δp——压力增量，kPa；

ρ_m——被顶替的钻井液密度，g/m^3；

ρ_{in}——地层侵入的流体的密度，g/m^3；

l——气侵段的高度，m。

例 9-2　已知有长 91.44m，重量为 29.02kg/m 的 127mm 钻杆，强行下入气侵段。井眼直径为 317.5mm，钻井液密度为 1.92g/m^3，求地面压力增加值。

解：气侵段高度 l=（0.009107+0.00393）×91.44÷0.06301=19（m）

如井涌是盐水，则是安全的，采用地层侵入流体密度为 1.02g/m^3，否则采用 0。此例采用的地层侵入流体密度为 0，则强行下入 91.44m 钻具。其压力增加为：

Δp=9.81×1.92×19=0.358（MPa）

由此可以看出，精确测量体积是非常重要的。所有从井内排放出来的流体，都必须放到起下钻补充罐里进行可靠的检查。关键是钻井液计量和防止漏测。检测排出体积很重要。连续检测也很重要；在强行下钻作业中，井内压力必须连续检测，压力不能释放到低于强行下钻开始时的压力。了解井内情况是很重要的，如果在下钻过程中井内吸收较多的钻井液，或者环形空间需要泵入部分钻井液以保持静液柱压力，就必须减少释放的钻井液量。

六、步骤

1. 用环形防喷器强行下钻

在强行下钻前，储能器必须充满工作压力，在泵失效的情况下，依靠储能器储存的能量就能关住防喷器。当钻杆接头强行通过防喷器时，关闭系统的泵要提供关闭的液体。在必要压力调配完成以后，环形防喷器应当自动调整压力。从 10.343MPa 降至为强行下钻所需的压力。为了获得密封元件的最大寿命，就必须调节关闭管线上的压力，使其保持最小的密封。在强行下钻的过程中，用很短的时间，引导钻杆接头进入防喷器以后，调节调压器，将压力调节到最好的关闭压力。

当钻杆接头进入环形防喷器时，驱动活塞必须向下运动，以便使密封元件适应比较大尺寸的钻杆接头。这个动作将增加防喷器关闭系统腔体内的液压。假如这个压力增加，没有排孔来释放，那么密封元件可能很快损坏。一旦将压力调节器的压力调到所需要的关闭压力后，就应力图保持这一压力。这可通过以下措施：当钻杆接头进入防喷器时，允许动力液释放一部分；当钻杆接头穿过防喷器时，开泵，泵注一部分动力液。接头离开防喷器时，开始泵压力液。膨润土和水的混合物应堆积在防喷器的上部，或是涂在钻杆的表面以减少防喷器元件的磨损。下放钻具要慢。关键要知道从参考点到环形防喷器顶部的空间距离，这样才能使接头易于进入密封元件中。如果井内压力高，当钻杆接头通过环形防喷器时一些漏失是允许的。但是，井内压力在 2.785～3.448MPa 范围内，漏失是不允许的。在这个压力范围内防喷器可能失去密封或打开，这是因为低的关闭压力要求借助于井内压力。

当钻杆强行下入时，应排放钻井液，以不致建立额外的压力。放掉这部分钻井液必须通过手动节流阀。遥控节流阀不能进行正确控制和达到精确的要求。井内压力能不能依据规程来释放应进行检查。因此，有一个好的压力表很重要。有时候，因为井内钻杆上有破口或是井内压力的一些问题，需要强行起钻，这需要在钻柱的下部接回压阀。如果在钻柱上预先装有特殊接头，可以采用投入的节流阀或采用缆绳下入桥塞。在强行起钻过程中，应边起边向井内泵注钻井液以保持必要的液柱压力。按前面介绍的计算方法，确定在换成使用两个闸板防喷器操作之前能起出多少钻具，要提前作好这项操作的准备工作，同时也需要决定是否需要强行起钻的加压设备。在强行起钻的实际操作中，环形防喷器的压力调节器要将压力调节到井下的压力。起钻速度要慢，并应向环空内注入正确的钻井液量。井内压力必须在整个作业过程中连续检测。

2. 用双闸板强行下钻

采用防喷器组合，使钻杆接头通过两个以上防喷器进行强行下钻。这种综合的防喷器组合可以是一个环形防喷器和一个闸板防喷器，也可以是两个闸板防喷器。钻井四通下面的防喷器唯一的作用是使钻杆接头通过上防喷器下行一足够的距离。从参考点到每一个防喷器空间距离必须清楚，以便随时确定钻杆接头的位置。

两个防喷器之间必须增压，使这个压力等于井内压力，使下防喷器的压力达到平衡，以便在强行下钻过程中能打开防喷器，这个程序是必要的。如果不平衡，井内液流到低压处会损坏橡胶密封。使用关闭系统的泵或是水泥泵提供这个压力。井眼压力不能用来平衡闸板上下的压力，这就要求在钻井四通和井口之间装一条管线，如果这条管线漏了，就没有方法关井，因为井口是安在防喷器下面的。另外来自环空的液流每次都将充满防喷器组，并且闸板上下的压力是平衡的，这个液体将被井内附加的地层流体所代替。

防喷器组的最下面的防喷器不能用来强行起下钻，要把这个防喷器考虑为总阀门。假如上部发生漏失，可以将下防喷器关上进行修理，如果它被强行下钻作业损坏了密封能力，是不能修理的。如防喷器有排出口，并接上放喷管线，闸板之间又能允许钻杆接头存放，在四个防喷器的组合中安放钻井四通则在强行下钻时可以应用主闸门这个概念。在由三个防喷器各种组合中就可能需要在最上一个防喷器的上面安装另外的四通和防喷器。使用两个闸板防喷器强行下钻的程序如下：

（1）上防喷器采用小的关闭压力，使用 0.7～3.5MPa 的压力，这要取决于井内压力，以延长防喷器橡胶芯子的寿命。见图 9－14（a）。

（2）强行下钻直到钻杆接头达到上防喷器闸板以上时，要在钻杆上画上调整速度的符号，钻杆上涂油，帮助润滑，下放钻杆后，同时适当排放钻井液。见图 9－14（b）。

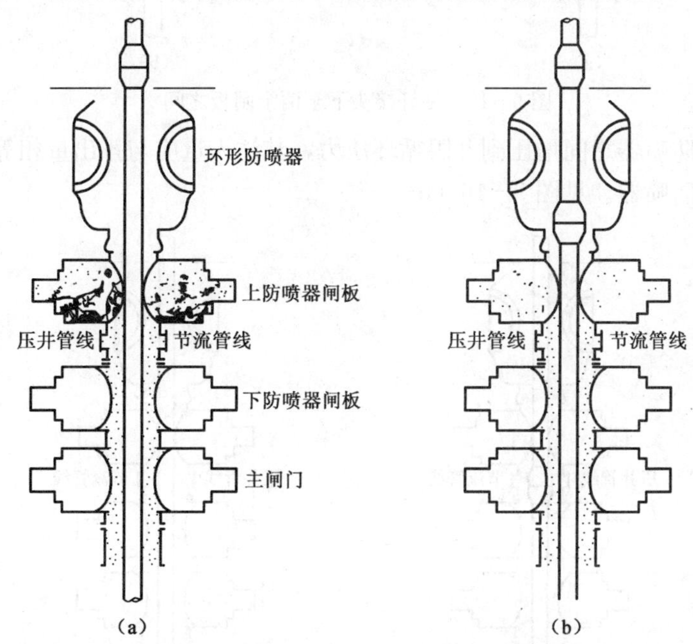

图 9－14　钻杆接头达到上防喷器闸板

（3）增大关闭系统的关闭液压，直到压力调节器压力达到 10.3MPa 时，关强行下钻用的下防喷器。见图 9－15（a）。

（4）释放两个闸板间的压力到 0。

（5）打开上防喷器。见图 9－15（b）。

（6）降低关闭压力到密封压力。

（7）强行下入钻杆通过下防喷器，直到钻杆接头在两个闸板之间。

（8）提高关闭压力到 10.3MPa。见图 9－16（a）。

（9）关上防喷器。

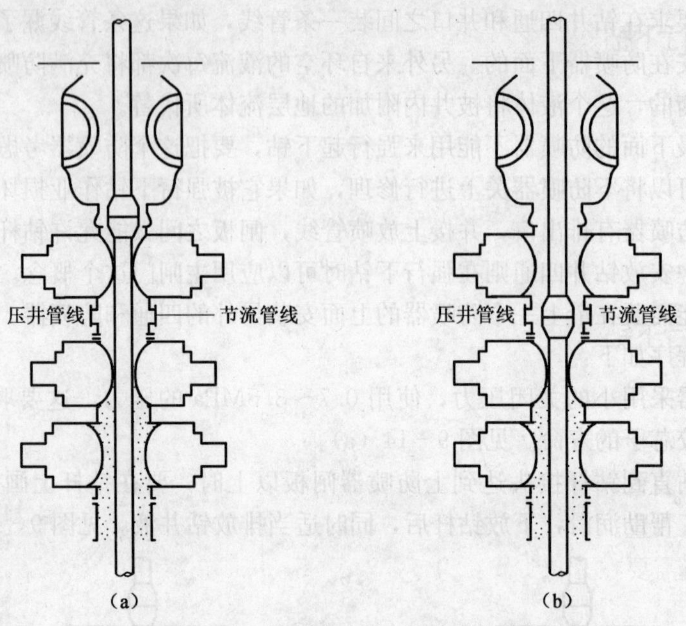

图 9-15　钻杆接头下至两个闸板之间

（10）在两个防喷器之间增压到井眼循环压力，其注入量应与排出量相等。

（11）打开下防喷器。见图 9-16（b）。

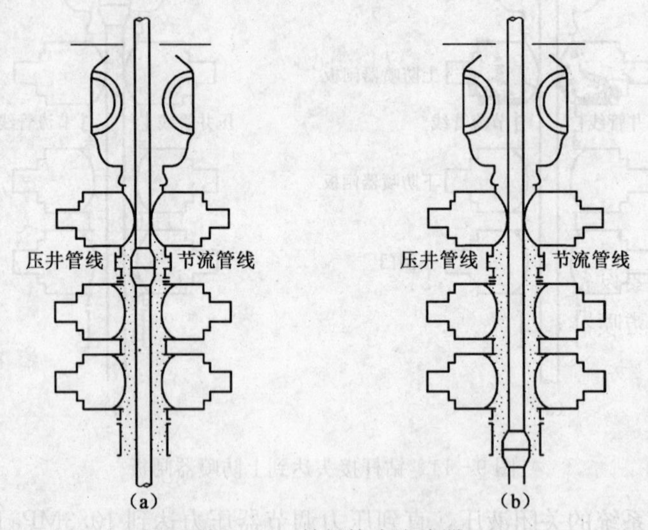

图 9-16　钻杆接头防喷器

（12）降低上防喷器的关闭压力。

（13）强行下钻直至下一个钻杆接头到开始的位置。

（14）在强行下入下一根单根前，检查补充罐里的体积和地面压力。

环形防喷器可代替上闸板防喷器，但这会使环形防喷器在通过钻杆接头时发生较大的磨损，如使用长钻杆强行下入，则会增加环形防喷器的寿命。在这种情况下和已讨论过的环形防喷器操作一样，需要相同的关闭压力。

七、其他强行下钻需要考虑的问题

井内气体侵入是一个特殊问题，因为假如不立即补偿，它有增加的趋势，气泡上行，会形成附加的压力。当强行起钻时，井要关一段时间，套管压力开始增加，井内气泡可能上升，若需要释放钻井液来补偿，这种释放必须从强行下钻一开始就连续进行。

同样，必须知道井内的薄弱位置，这是决定对地层或是对套管实施控制的最大允许套管压力。

八、加压强行下钻

假若井内作用在钻杆断面上的力大于钻柱的重量，就需要在钻杆上加外力，使之强行通过防喷器。当前有两种型式的加压强行下钻设备，能提供的力超过井内压力：

(1) 机械加压装置；

(2) 液压加压装置。

机械加压装置需要在井场上有钻机。一套滑轮系统和缆索或链子与钻机上的游动滑车和钻台相连接，以提供动力将钻杆强行下井。当游动滑车向上提时，游动的强行下入工具抓紧钻杆并用力将其下入井中。

标准的液压强行下钻装置本身设备齐全，并且不需要在井场上有钻机。典型设备可产生强行下钻力为45.360MPa，使用12.7～89mm的管子，液压下入工具的极限压力用114mm的管子。

第七节 控压钻井井控技术

一、控压钻井设备

控压钻井的主要设备分两类，一类是旋转防喷器，一类是旋转控制头，限于篇幅仅以美钻生产的旋转万能防喷器和卫东旋转控制头为例进行介绍。

1. RUBOP 旋转万能防喷器

RUBOP旋转万能防喷器设备（图9－17）由以下几个部分组成：旋转万能防喷器（RUBOP），液压控制系统（HCU），司钻操作台（DRILLER'S PANEL）。

1）性能特点

(1) RUBOP旋转万能防喷器是欠平衡钻井边喷边钻的必备设备，并具备常规万能防喷器的性能，因而可替代常规万能防喷器使用。

(2) 11in（279mm）通径设计，不需任何拆装工作部件即可顺利通过各种钻头及井下工具。

(3) RUBOP旋转万能防喷器具备胶芯自动补偿功能，在钻井过程中，它可以自动补偿密封胶芯的磨损量，从而保持可靠的密封性能。

(4) 胶芯采用特殊设计，可密封任何截面形状的钻柱，可用于11in及11in以下规格各

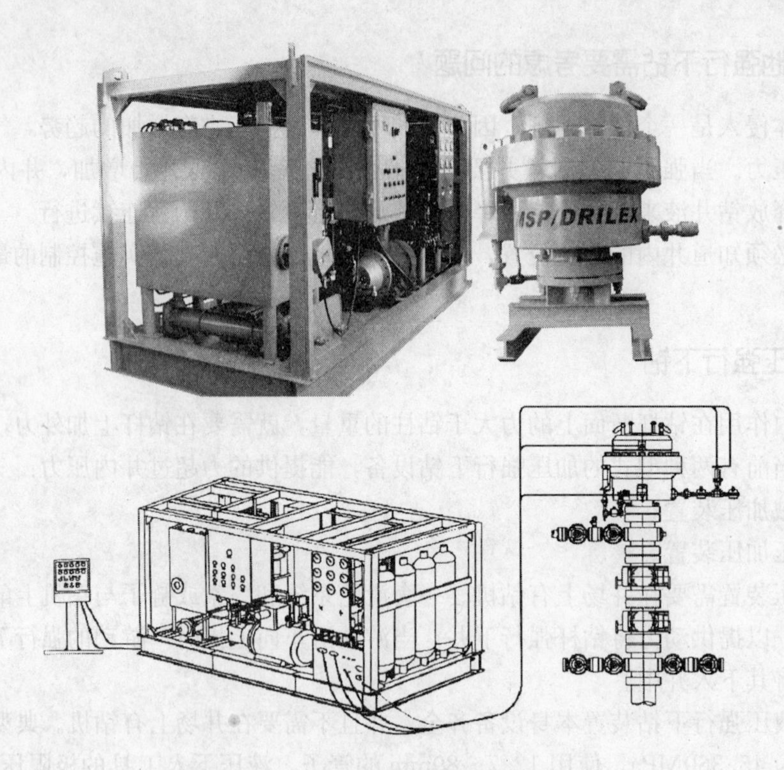

图 9－17　旋转万能防喷器连接示意图

种型号的钻杆。

（5）特殊情况下，井筒中无钻柱时胶芯可进行封零。

（6）紧急维修时，密封胶芯可切口，以便不拆除钻柱而更换胶芯，从而大量节省更换胶芯时间。

（7）液压系统具备自动跟踪井筒压力的调整功能，确保井筒中的钻井液不会侵入液压系统，保证系统可靠性及使用寿命。

（8）液压系统自动调整压力功能使动密封两侧压差最小，从而延长了动密封的使用寿命。

（9）可以人为调节液压系统压力，使设备达到最佳的密封效果及最小的胶芯磨损状态。

2）技术参数

（1）最大井口（静态）压力：35MPa（5000psi）；

（2）最大井口（动态）压力：21MPa（3000psi）；

（3）最大井口（封零）压力：17.5MPa（2500psi）；

（4）通径尺寸：279mm（11in）；

（5）底部连接：346mm（13⅝in）35MPa（5000psi）法兰；

（6）顶部连接：279mm（11in）35MPa（5000psi）双头螺栓；

（7）最大外径：1321mm（52in）；

（8）最大高度：1080mm（42.5in）双头螺栓式或 1245mm（49in）法兰式；

（9）重量：6.8T（15000LB）；

（10）电源：380V/50Hz 或 460V/60Hz；

（11）设计环境温度：−29～+121℃；

（12）防喷器井筒材料：抗硫化氢（H_2S）；

（13）设计参考原则：API 16A。

3）RUBOP 旋转万能防喷器结构

（1）如图 9-18 所示，其主要由上壳体、下壳体、胶芯、活塞等元件组成，另外，为吸收旋转万能防喷器油缸因突发性容积变化而产生的液压冲击，特配有蓄能器作为缓冲设备。

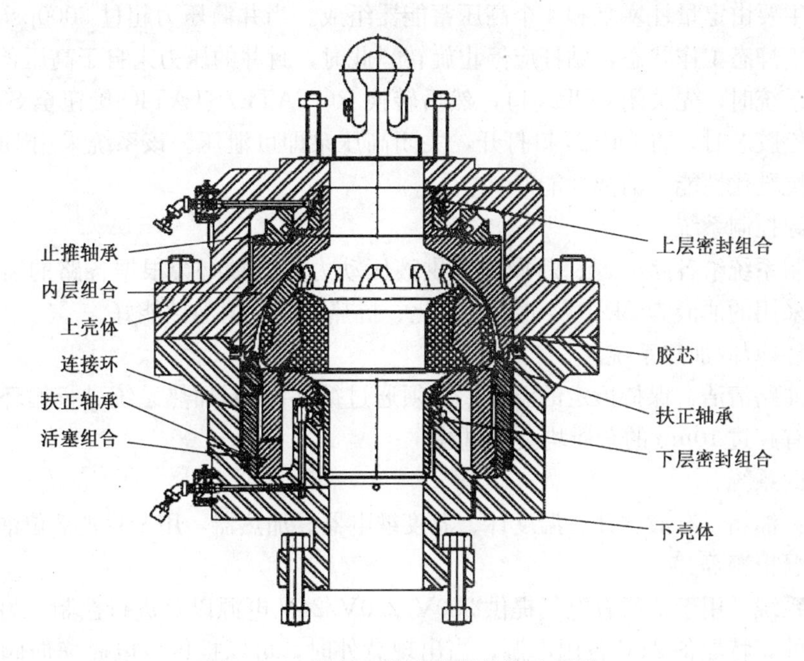

图 9-18 旋转万能防喷器结构示意图

（2）上、下壳体通过高强度螺栓组成一个经过 10000psi 承压密封检验的密封壳体，使内部所有部件的机械动作保持在有效的密封环境中。

（3）上下动密封总成是由双层特殊形式的橡胶密封环组合成，能保证在高压条件下进行轴向密封和形成旋转过程中的润滑油膜。上部动密封垫环起到上部动密封总成的定位、降压、油路建立和保持的作用。

（4）止推轴承的作用是减小所有转动部件与壳体之间的轴向摩擦，而上、下径向扶正轴承的作用是为了减小所有转动部件与壳体之间的径向摩擦。

（5）液缸总成包括液缸外套，其作用是依靠液压介质的动力推动并压缩密封胶芯从而实现密封胶芯对钻杆或其他柱体的密封。

（6）密封胶芯的密封作用是通过液缸向上推动胶芯，使其在顶盖内部的球形弧面内相对滑动、收缩而实现的。

4）RUBOP 液压控制系统的组成

液压控制系统的功能是操作、控制旋转万能防喷器的正常工作。液压控制系统包括 5 个子系统：主控制系统、高压应急系统、先导控制系统、循环冷却/加热系统、辅助系统。各个系统中均采用溢流阀保证压力稳定。

(1) 主控制系统。

该系统提供比井口压力高出 500～1200psi 的控制压力（用于动态操作）。通过井筒压力和叠加压力（500～1200psi）的反馈，变量柱塞泵自动相应调整流量和压力，液压油进入旋转万能防喷器，推动活塞运动。当打开胶芯时，先将泵压降低，把 OPEN 口接通，使压力油从 OPEN 口进入，推动活塞打开胶芯。

(2) 高压应急系统。

该系统主要由定量柱塞泵和 4 个高压蓄能器组成。当井筒压力超过 3000psi 时，旋转万能防喷器处于静态工作状态，钻杆应停止旋转。此时，封井的压力来自于高压蓄能器。

启动该系统时，先关闭 OPEN 口，然后转换 ROTATE/STATIC 旋钮至 STATIC 状态即可。欲放松胶芯时，将 OPEN 口打开，关闭高压泵即可泄压。该系统采用 BP320 油，油液粘度高，抗乳化性能、消泡性能好。

(3) 先导控制系统。

先导控制系统给各路的通、断操作提供液压动力，电磁阀会根据各路的需要连通、换向。该系统采用的油液为 BP10 号油，抗乳化、抗热膨胀、消泡性能好。

(4) 循环冷却/加热系统。

为保证油路清洁，保持恒定的温度，必须通过循环冷却/加热系统进行循环过滤，冷却和加热。所有超过 10μm 的杂质均会被过滤。

(5) 辅助系统。

①油箱：油箱备有液位计、温度计、温度继电器、加热器，用于目视液位油温、低液位报警、高油温报警等。

②电气系统：用于给所有电气提供 380V/220V/24V 电源以及进行控制。另外，为防止停电导致意外，特配备 24V 备用电源，当出现意外时，可以提供各电磁换向阀的方向切换所需动力。

2. 旋转控制头（金湖卫东旋转控制头）

1) 用途和适用范围

旋转控制装置，安装于环形防喷器顶上，在实施欠平衡钻井工艺等带压钻井作业时，用以密封旋转钻具及起分流作用。它与液压防喷器、钻具止回阀，液气分离器和不压井起下钻加压装置等设备配套后，可安全地进行带压钻进与不压井起下钻作业。它在进行如释放低压油气层时，能有效地防井喷、井漏，气体钻井，在不压井钻井、修井等特殊作业中有很重要的作用。

2) 主要工作原理

钻具通过旋转控制装置上轴承总成，橡胶密封胶芯与钻柱一起旋转。胶芯依靠自身的弹性变形和井压助封来对钻柱周围实施密封。中心管与旋转总成之间的动密封靠上、下动密封总成来实现。

液压动力系统用以控制卡箍的开启和关闭，同时提供总成的润滑和冷却，保证总成正常工作。

3）结构组成

旋转控制装置主要由旋转总成、壳体、动力控制装置、控制管线、液动平板阀、辅助工具等组成（图 9－19 至图 9－23）。

图 9－19　旋转总成

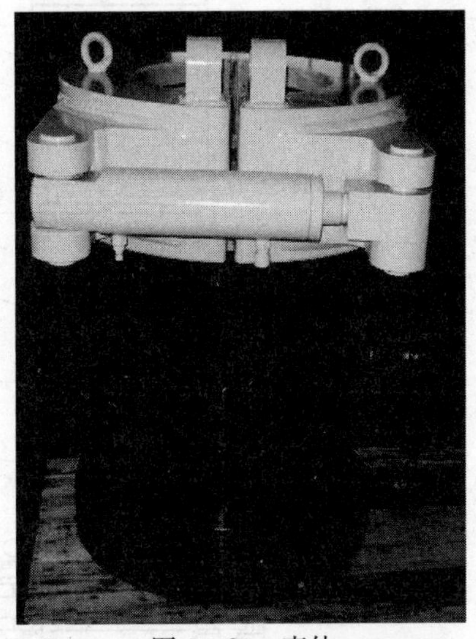

图 9－20　壳体

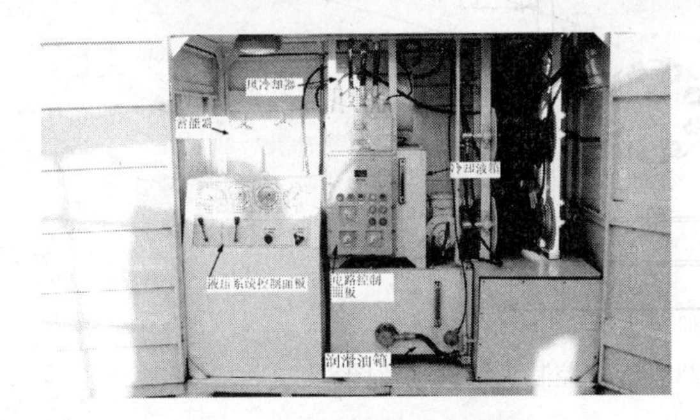

图 9－21　动力房控制装置

图 9－22　液动平板阀

4）结构特点

（1）双胶芯密封钻具，密封可靠，密封寿命长。

（2）现场能方便快捷更换密封胶芯。

（3）结构简单，维护方便，适用范围广。

（4）旋转总成整体拆装方便，有效地提高了工作效率。

（5）最大可封钻具 $2\frac{7}{8}$～$5\frac{1}{2}$in 钻杆。

5）技术参数

型号：WDXK35－17.5/192、WDXK35－17.5/197。

壳体通径：346mm（$13\frac{5}{8}$in）。

底法兰规范：346mm（$13\frac{5}{8}$in），35MPa 6BX 型钢圈。

侧出口连接：180mm（$7\frac{1}{16}$in），35MPa 6B 型钢圈；侧进口连接：52mm（$2\frac{1}{16}$in），35MPa 6B 型钢圈（用户可选用油管螺纹或活接头）。

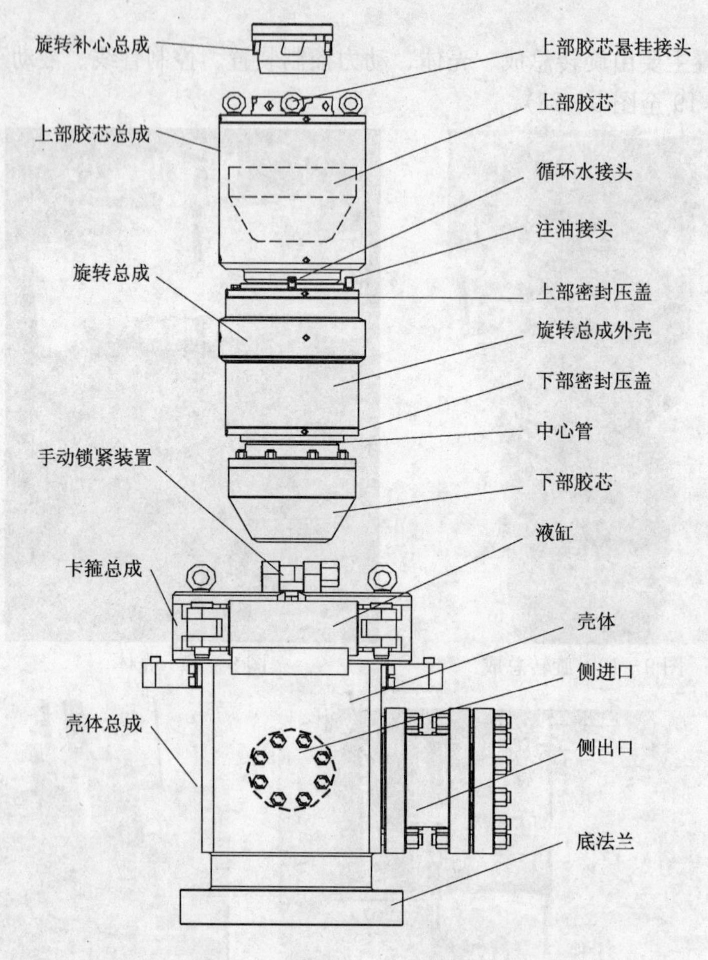

图 9-23　旋转控制头结构示意图

总成通径：192mm。

工作压力：最大动压 17.5MPa，最大静压 35MPa，最大转速 100r/min。

可封钻具尺寸：5½in 钻杆，5in 钻杆，3½in 钻杆、2⅞in 钻杆等。

工作介质：气体、泡沫和各种钻井液。

总体尺寸：总高 1750mm，旋转总成外径 460mm，壳体高度 1000mm。

二、控压钻井工艺

1. 控压钻井的概念与特点

MPD 不是一种新概念，它属于过平衡钻井通过控制钻井液密度、当量循环密度和套管回压，使井底压力几乎保持恒定。IADC（国际钻井承包商协会）对 MPD 的定义如下："MPD 是一种改进的钻井程序，可以精确地控制整个井眼的环空压力剖面。其目的在于确定井底压力窗口，从而控制环空液压剖面。"

MPD 是在封闭系统中更精确地控制整个井眼的压力剖面，不会诱导地层流体侵入，不同于常规过平衡钻井所存在的风险。该技术具有以下几个特点：

（1）低于常规密度的钻井液钻进，避免超出井眼破裂压力梯度。

（2）关井接单根时施加回压，如果与循环和继续钻进时的井底压力不同，施加回压即可使关井压力非常接近循环和钻进时的井底压力。

（3）使用闭合、承压的钻井液循环系统，或许还可使用欠平衡钻井设备，如可用绳索收回的钻柱浮阀、井下套管阀（downhole deploymentvalve）等，以便控制作业中可能出现的任何流体侵入。

2. 欠平衡和控压钻井的分类标准

（1）按风险等级分类。

通常作业风险随着作业的复杂性和油井产能的提高而增加，下面的例子仅为指导性说明。

0级：仅仅提高钻井效率，不涉及油气层。例如利用空气钻井提高机械钻速。

1级：靠自身压力油气无法流到地面，油井是稳定的并且从井控的角度来看风险较低。例如低于正常压力系统的油井。

2级：依靠自身压力油气可以流到地面，但是可以通过常规的压井方法进行控制。如果发生设备失效仅能带来有限的影响。例如异常压力水层、低产的油井或气井、产能衰竭的气井。

3级：地热井和非产层。最大预计关井压力（MASP）小于欠平衡作业/控制压力钻井设备的额定压力。例如含硫化氢的地热井。

4级：油气储层。最大预计关井压力（MASP）小于欠平衡作业/控制压力钻井设备的额定操作压力（动压），如果发生设备失效可能会立即导致严重后果。例如，高压或高产油藏、酸性油气井、海洋环境、同时钻井和生产的作业。

（2）按应用类别分类。

A类：控制压力钻井（MPD），钻井液返至地面，保持环空内钻井液密度等于或大于裸眼井段孔隙压力当量密度。

B类：欠平衡作业（UBO），流体返至地面，保持环空内流体密度小于裸眼井段孔隙压力当量密度。

C类：钻井液帽钻井（MCD），钻井液和岩屑进入漏失地层而不返至地面，在漏失层上面的环空内保持一段钻井液液柱。

（3）按流体系统分类。

气体：气体作为流动介质，没有液体进入。

雾状流：有液体进入，气体为连续相，典型的雾状流液体小于2.5%。

泡沫：液体为连续相的两相流，泡沫来源于液体中添加的表面活性剂和气体。典型的泡沫包含55.0%～97.5%的气体。

充气液体；流体中还有气泡的钻井液体系。

液体：钻井液中仅含有单相液体。

（4）IADC UBO（欠平衡作业协会）的MPD子协会将MPD技术划分为两大类：

"被动型"MPD（ReactiveMPD）　采用常规钻井方法钻井，但将设备组装成能够迅速应对意料外的压力变化。钻井程序中至少需要装备有旋转控制装置（旋转防喷器或旋转头）、节流管汇，或许还有钻柱浮阀等，以使该技术能够更加安全有效地控制难以预测的井底压力环境，如孔隙压力或破裂压力高于或低于预测值。

“主动型”MPD（ProactiveMPD）　充分利用组装设备能够主动更改环空压力剖面这一优势，对整个井眼实施更精确的压力剖面控制。

被动型MPD技术已在复杂井上应用多年，但主动型的应用则很少，直到近年来需要增加钻井作业的替换方案才得到较多的应用。

3. 控压钻井与欠平衡钻井的共同点与差异

（1）应用目的。

MPD是一项平衡钻井技术，其目的是为了通过准确的管理和控制环空压力，解决钻井过程中由井眼压力控制不当引起的复杂问题，并可以通过快速改变操作来处理井底压力突变，使井底压力始终控制在安全操作范围内，避免地层流体侵入，改变缺乏经济效益井的钻探状况。

UBD主要用来解决油藏相关问题。通过控制井筒压力低于孔隙压力，降低储层伤害，及时发现常规钻井中易错过的储层，建立地面与油气藏之间良好的渗流通道。同时欠平衡钻井可以提高钻井速度，并解决钻井过程中的漏失、涌一漏等复杂情况。而气体钻井可以将井筒压力降低到尽可能小的值，到达最大限度提高钻速的目的。

（2）主要设备。

在很多情况下，UBD和MPD采用相同的设备。设备选择除根据不同的设计参数外，还应从以下几个方面来考虑：①油藏潜力；②当前储层压力；③储层平均渗透率；④循环当量密度；⑤地层流体中是否含有硫化氢及酸性气体；⑥是否是未知探井；⑦是否有达到欠平衡的可能；⑧单独采用静水压力能否阻止地层流体进入井筒；⑨钻井设备的质量；⑩自动控制系统的使用情况。

在MPD过程中，经常采用动态压力控制系统（DAPC）来控制地面环空压力，保持井底压力恒定。DAPC系统通常包括：精确的水力学计算模型及控制系统计算并提供保持井底压力所需要的回压；旋转控制装置封闭环空和允许环空增压；返出的钻井液通过旋转控制装置，进入节流阀组。在复杂高风险MPD操作中，常采用自动节流阀系统代替人工节流阀系统，确保操作的安全性。节流阀组完全独立于钻井泵系统，在连接钻杆及起下钻时向环空提供回压，来代替循环当量密度中的摩擦压耗部分；回压泵向环空流体提供能量提供精确的控制和调整回压。

MPD技术是采用UBD设备进行的平衡压力钻进，通过采用节流阀组及回压泵，在地面提供环空回压，使井底压力保持在井底压力平衡范围内。由于MPD技术在采用过程中，阻止了地层流体侵入，在处理相应复杂问题井的过程中采用的设备要相应简单，并且井底压力控制范围更大，解决了UBD无法解决的复杂问题（如井眼垮塌、盐膏层等）。

（3）优势。

相对常规钻井方式而言，二者都会对井底压力进行精确的控制解决窄钻井液密度窗口问题，降低钻井成本，避免钻井液漏失，降低粘附卡钻，提高钻井速度，延长钻头寿命等，并且可以增加钻井操作的安全性。

据统计，UBD技术可以减少钻井非生产时间75%，钻头使用数量降低50%，MPD可以使复杂井的钻井周期减少50%。但UBD和MPD要求采用先进设备，增加钻井作业日成本，钻井系统及起下钻作业复杂，对作业人员要求更高。并且UBD可能引起井壁稳定及增加扭矩和悬重等问题，操作风险比MPD更高。

另外，MPD对储层的保护远远不及UBD，但普遍认为其对底层伤害依然小于常规过平衡钻井。曾试图采用MPD消除钻井过程中引起的储层伤害，但完井之后近井地带的储层伤害依然存在。另外MPD对地层的永久性伤害甚至可能与常规钻井同样高。UBD技术在储层保护方面明显优于MPD技术，但是对于钻井过程中复杂情况的预防及处理，MPD技术有着更为广泛的适用范围，并且其成本相对低廉。

(4) 经济情况。

对于一口井，OBD（常规过平衡钻井）、UBD、MPD钻井方式的选择最终由经济评估结果来决定，其对产能提高能力的量化是一个非常重要的因素。根据国外某油田统计的UBD、MPD及OBD钻井经济效益的对比，同一口井采用UBD的产量是OBD的4倍，MPD的产量是OBD的2倍。这意味着如果产量被考虑在内，UBD是最好的钻井方式。UBD井净收入是OBD的21%，并且拐点在MPD及OBD之前出现，这是早期高产能的额外的优势。MPD的纯收益是OBD的5%。如果很少或者没有额外的产量的提高来弥补UBD额外地费用，只考虑UBD对钻井操作带来的好处，从经济的立场看，MPD是最好的选择。如果钻进非储层或者低产量边际品质的油藏或者地层伤害可以忽略的地层，钻井主要目的是解决钻进问题，减少钻进非生产时间及钻井液漏失的花费，MPD将会是最好的选择。

4. 控压钻井的系统组成

MPD钻井系统中的封闭系统依靠连接到位于旋转控制装置（the rotating control device，RCD）下方的钻井液返回出口的节流阀来控制压力。与此同时，环空压力剖面通过节流阀背压的增加或减少，以补偿由于环空流量增加或减少时产生的环空摩擦压力（annular friction pressure，AFP），如图9-24所示。

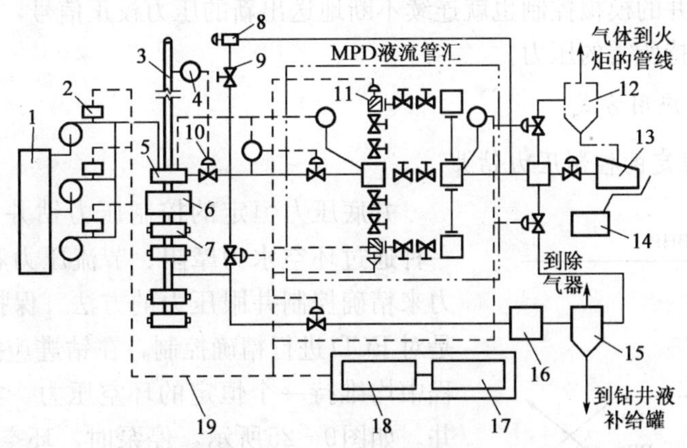

图9-24 MPD系统的构成示意图

1—钻井泵；2—开关；3—钻杆；4—压缩空气管件；5—旋转控制装置；6—环形防喷器；7—防喷器；8—减压阀；9—闸阀；10—气控阀；11—辅助控制；12—地面分离组件；13—振动筛；14—钻井液池；15—离心机；16—钻机井眼控制管汇；17—自动压力控制系统；18—命令中心和试验泵装置；19—信号和控制管线

封闭系统由浮阀［单向阀（nonreturn valve，NRV）］、旋转控制装置、封闭流动管线（不同于现有常规钻井的控制管汇）、脱气装置或钻井液气体分离系统（可选）等组成。

5. 控压钻井技术的原理

在 MPD 的封闭循环系统中，钻井液从钻井液池通过钻井泵进入立管下降到钻杆，通过浮阀和钻头上部的环空，然后从 RCD 下方的环形防喷器流出。再通过一系列的节流阀，到振动筛或脱气装置，最后回到钻井液池。

环空中的钻井液压力通过使用 RCD 和节流管汇，被保持在钻井泵出口和节流阀之间。RCD 允许管柱和全部钻柱旋转，所以，立管、钻杆和钻柱能连续工作。

（1）井的模拟控制。MPD 系统通过液力井的模拟程序来反馈数据，该程序能阅读和处理包括井身和直径、地层数据、钻柱转速、渗透率、钻井液粘度、钻井液密度和温度等数据，然后预测环空压力剖面。

任一点的环空压力由静钻井液量、环空摩擦压力和地面的背压三部分组成。由于静钻井液重力在给定的期间内基本上是常数，所以，能快速变化的其余 2 个参数是环空摩擦压力（适当改变钻井泵速度）和地面的背压（通过自动的节流系统控制）。

当决定需要调控压力剖面时，为了达到所需要的环空压力剖面，在模拟控制下，节流阀自动调节以改变因环空的钻井液流速增加或减小而引起的环空摩擦压力的变化。用于 MPD 系统的自动控制压力（PowerAMPS）系统能自动调节节流阀，产生必要的微小调节量来维持所需的环空压力剖面。

（2）下套管后钻井。下套管后钻井时，静态的钻井液重力、环空摩擦压力和节流阀背压的曲线是相对稳定的。当接钻杆时，就会产生由 MPD 系统提供的压力值，即使钻井泵因接钻杆而停泵，也能维持环空系统所需要的压力值。

在增强功能的 MPD 系统中，当钻井泵减速且钻井液流量减少时，由于 AFP 的减小，会出现较低的流动速度，也就会产生较低的环空摩擦力，AFP 的减小量一定会同时被节流阀的背压所代替，井的模拟控制也就连续不断地送出新的压力校正信号，并且自动控制压力系统就会调节并保持所需的压力。

6. 控压钻井的应用方式

1）井底压力恒定的控制压力钻井

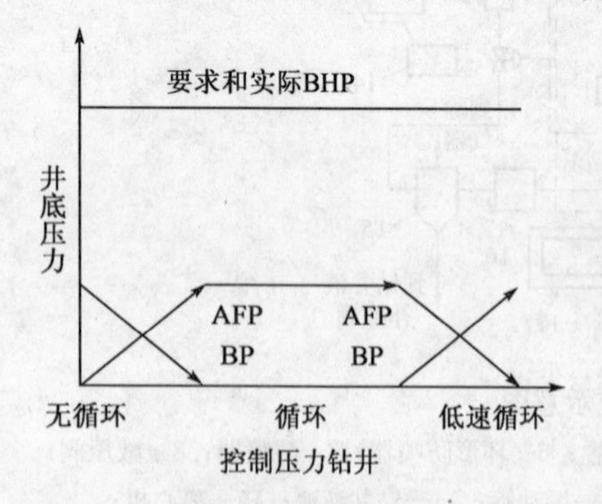

图 9－25　CBHPMPD 井底压力变化图

井底压力恒定的控制压力钻井（CBHPMPD）是一种通过环空水力摩阻、节流压力和钻井液静液柱压力来精确控制井眼压力的方法。保持井底压力恒定就是对 ECD 进行精确控制，在钻进、接单根或起下钻过程中均维持一个恒定的环空压力，实现“近平衡”钻井。如图 9－25 所示，停泵时，环空摩擦压力（AFP）升高，在井口施加一个水力回压，而开泵时，环空摩擦压力降低，此时则停止施加回压，这一操作使得井筒压力更为恒定，从而有效避免了开停泵时出现井涌—井漏的恶性循环。通常情况下，当地层破裂压力梯度接近孔隙压力时（即压力窗口窄）才会采用这种控制压力钻井工艺。

2）钻井液帽钻井（MCD）

钻井液帽钻井（MCD）有时称为加压钻井液帽钻井（PMCD），是一种处理严重漏失问题的方法。一般用于钻进大段裂缝性地层，尤其在采出流体呈酸性时。当遇到漏失时应用常规井控技术经常会影响钻进，而应用该技术则能够钻穿严重漏失层而不耽搁正常钻井，有利于提高机械钻速。

MCD属于“钻井液失返钻进”的一种形式，在得克萨斯和路易斯安那的Austin白垩岩勘探期间得到发展。在Austin白垩岩地层，从高压裂缝向衰竭裂缝层间窜流造成费用高昂的钻井液漏失以及危险的地面高压，当时采用了流动钻井（flow drilling）技术。在向钻杆注水的同时开始向环空注水，使环空压力低于旋转控制装置的作业限制。随着钻井作业的发展与改进，演化为MCD技术。在MCD作业期间，用旋转控制装置封闭环空，将加重的高粘钻井液向下泵入环空，见图9－26。将一段“牺牲流体”（sacrificial fluid，Sac流体，意指注入井筒但不返出的低成本流体，一般为淡水或盐水）注入钻柱，向上携带钻屑，使钻屑沉入钻头之上的孔洞或裂缝（孔洞为天然洞穴，因可溶性盐类溶解而形成），即钻井液和钻屑“单向进入”其他易发生复杂情况的地层。环空“钻井液帽”可起到环空隔离的作用，避免油气返出地面造成高压。

加压钻井液帽技术可以继续降低环空压力，使作业人员能够继续钻穿裂缝地层或断层钻达总井深，减少发生井下复杂情况的时间与费用，使钻井液漏失最小化。其结果是低密度钻井液提高了机械钻速，进入衰竭地层的钻井液费用低于常规钻井液。应用常规钻井技术会发生完全漏失或接近完全漏失，而该技术则提高了井控能力，对储层伤害也比较小。

3）双梯度MPD

双梯度MPD即是在预定井深向环空注入惰性气体或其他轻质流体，有效改变井眼部分的静水压头。应用该方法无需改变基浆密度即可将井底压力降低1磅/当量加仑（ppge）（0.1198g/cm³）或更多。其目的并非在于将井底压力降低至欠平衡状态，而是避免造成过高的过平衡，以免超出地层破裂梯度。可以通过寄生管或同心套管注入轻质流体（氮气、加有玻璃微珠的钻井液、低密度流体等）完成双梯度作业，注入点之上的压力梯度降低，而其下的压力梯度则保持不变，因此称为双梯度。图9－27为双梯度MPD钻井压力分布图。

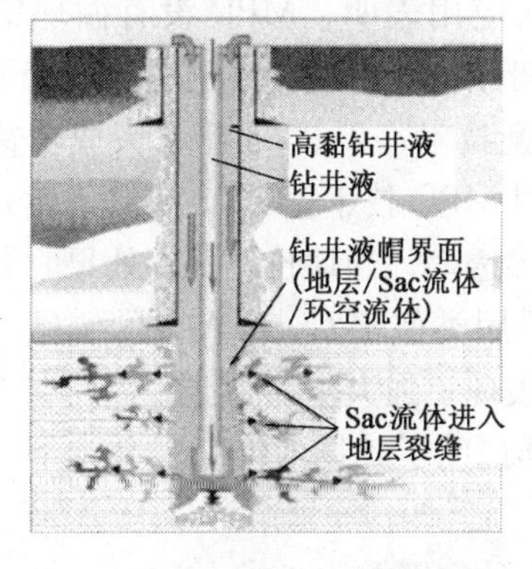

图9－26　典型的钻井液帽钻井方式

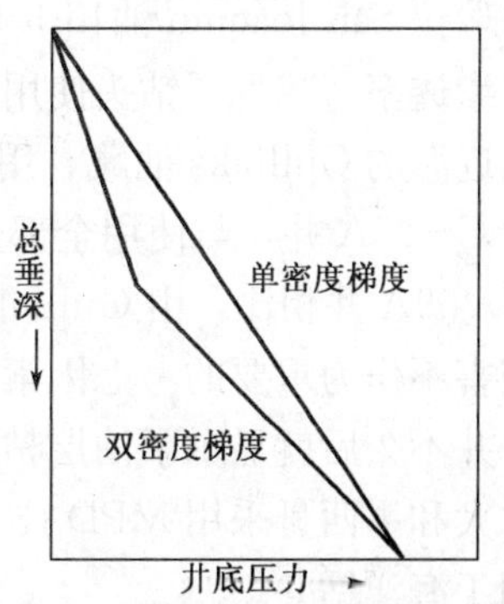

图9－27　双梯度MPD压力梯度分布
双梯度系统将打开下部上覆岩层压力窗口，
或者迅速扩大孔隙压力环境

4）HSE（健康、安全、环境）MPD

HSE MPD是IADC所列举的MPD形式之一。尽管技术应用可能有所变化，但与敞开式循环系统相比，HSE MPD应用了闭合、承压的钻井液循环系统，一般在发生危险而被迫停钻或因此影响开采时，应用该技术。闭合式钻井液循环系统可防止钻屑和气体从钻台进入大气，因此可降低 H_2S 气体的含量，减少钻台闪火花的危险。由于该技术可对整个井眼提供精确的压力控制，本身就比常规作业更安全，可以更好地解决前面所说的由于井下压力忽大忽小所造成的漏失—井涌现象。

7. 控压钻井技术的现场应用

目前，国外Weather-ford、Shell和Statoil等公司已进行了相关的控制压力钻井技术研究和现场试验应用，取得了较好的应用效果。由于MPD的技术特点，在现场有如下几方面的应用。

（1）开采天然气水合物

天然气水合物具有非常高的商业价值。全世界天然气水合物的资源量相当可观，仅美国探明的几块水域的最终可采水合物储量中的天然气含量就高达 $4125\times10^{13}\sim5166\times10^{13}\,m^3$，这虽接近美国目前国内天然气可采量，但可能还不足美国地下天然气水合物总储量的1%。

与常规油气钻井相比，在开采天然气水合物的钻井过程中，会打破水合物依存的平衡条件，由于压力的降低或温度的增加会造成水合物的分解并释放出游离气和水，由此会加重井眼的不稳定、井底压力的波动、水合物在井眼外的分解，以及在海洋开采时会有潜在的涌流和海床下沉。这就要求在钻井过程中，必须精确控制井眼压力和温度，以维持易碎水合物储存的应力和条件，在钻井过程中防止其分解。

可以认为MPD是目前唯一可用的开采天然气水合物钻井技术。

MPD系统能使储层保持规定的井底压力，以减少因压力降低而导致的水合物的分解；同时使用 $13\frac{5}{8}$in的隔热隔水管和冷却钻井液体系，使井底温度保持在11℃以下以避免水合物因温度升高而分解。

（2）在委内瑞拉、挪威、加拿大和墨西哥解决钻井中的技术问题已证实，将近有14种MPD系统可用于深水钻井。

在委内瑞拉San Joaquin油田5口井MPD的成功应用表明，MPD没有循环钻井液损失，增加了渗透率，减少了钻头使用数量，优化了井身结构，常规钻井问题也减少了。

在挪威近海的Gullfaks油藏，用欠平衡和压力平衡技术，于2004年夏天成功钻井和完井的第1口C-05A井，与使用全部欠平衡装置而应用MPD技术于2005年夏天钻井和完井的第2口C-09A井相比，由Gullfaks油藏有很强的渗透率，当评价钻井的效果时井眼壁附近的地层损害不作为重要的考虑因素。C-09A井是采用类似于C-05A井的侧钻。结果表明：第1口井不久后就显示了油层枯竭；而第2口井表现了强大生命力。

在加拿大和墨西哥采用MPD技术的现场应用同样证明了其技术价值。

（3）用于海洋钻井。

目前，在海洋环境下钻井，正在采用的MPD有4种方案：

第1种是井底恒压力MPD（Constant-bottom hole-pressure MPD）。为了克服井涌，井

底压力与地层压力之间的差值始终保持较小的常数值。在钻井过程中，地表的环空压力几乎为零，当接钻杆而关闭环空压力时，只需要 2～3MPa 的背压。

第 2 种是双梯度 MPD（Dual-gradient MPD）。

第 3 种是无隔水管双梯度 MPD（Risserless Dual-gradient MPD）。该方法实现了零排出无隔水管钻井或在无隔水管钻井中回收昂贵的钻井液，它综合利用了水下 ROD、水下泵和返回到钻机的管线。钻机的钻井泵加上钻井液粘度和岩屑从钻井液管线以下产生一个压力深度的梯度，水下泵的调节速度有利于从钻井液管线到钻机产生另一压力深度梯度。

第 4 种是加压钻井液帽 MPD（Pressured-mud-cap MPD，PMCD）。

第十章　井控设备概述

钻井液液柱压力是平衡地层压力、控制溢流、防止井喷的主要因素。井控设备是在地层压力超过钻井液液柱压力时，及时发现溢流，控制井内压力，避免和排除溢流，以及防止井喷和井喷失控事故处理的重要设备。如何及时发现、正确控制和处理，尽快重建压力平衡的钻井技术（简称平衡钻井及井控技术），不仅关系着地下油气资源的发现、保护和开发，而且还直接关系着钻井速度的提高，井喷事故的预防，所以井控设备是实施井控工艺技术的保证。

对于井控设备，不但配套要满足所在地区钻井作业要求，还要标准化安装，对所有设备进行正确操作和科学保养。因此，这就要求钻井员工对井控装置必须具有一定的理论基础知识和全面熟练的操作技能，使井控装置发挥其应有的工作效能，确保钻井工程的安全、优质与高速。

第一节　井控设备的功用与组成

井控设备是指实施油气井压力控制技术所需的专用设备、管汇、专用工具、仪器和仪表等。

一、井控设备的功用

在钻井过程中，为了防止地层流体侵入井内，始终要保持井筒内的钻井液静态液柱压力大于地层压力，这就是所谓对地层压力的初级控制。但在实际施工中，因各种因素的影响，使井内压力平衡遭到破坏而导致出现溢流，甚至井喷，这时就需要依靠井控设备实施压井作业，重新恢复对油气井的压力控制。有时井口设备严重损坏，油气井失去压力控制，这时就需采取紧急抢险措施，进行井喷抢险作业。所以，井控设备应具有以下功能：

（1）及时发现溢流。在钻井过程中，能够对地层压力、钻井参数、钻井液量等进行实时监测，以便及时发现溢流显示，尽早采取控制措施。

（2）能够关闭井口，密封钻具内和环空的压力。滥流发生后，能迅速关井，防止发生井喷，并通过建立足够的井口回压，实现对地层压力的二次控制。

（3）可控制井内流体的排放。实施压井作业，向井内泵入钻井液时，能够维持足够的井底压力，重建井内压力平衡。

（4）允许向钻杆内或环空泵入钻井液、压井液或其他流体。

（5）在必要时能将钻具强行下入井中或从井中起出工具。

(6) 井控设备要求操作方便，对操作人员安全，同时灵活可靠。

显然，井控设备是对油气井实施压力控制，对事故进行预防、监测、控制、处理的关键手段，是实现安全钻井的可靠保证，是钻井设备中必不可少的系统装备。

二、井控设备的组成

井控设备主要由以下几部分组成：

(1) 井口装置，又称井口防喷器组（图 10-1）。主要包括液压防喷器组、手动锁紧装置、套管头，钻井四通、过渡法兰等。

图 10-1 防喷器组

(2) 防喷器控制系统。主要包括司钻控制台、远程控制台、辅助遥控台等。

(3) 以节流、压井管汇为主体的井控管汇：包括防喷管线、节流管汇、压井管汇、放喷管线、反循环管线、点火装置等（图 10-2、图 10-3）；

图 10-2 压井管汇

图 10-3 节流管汇

(4) 钻具内防喷工具：包括方钻杆上、下旋塞阀，钻具回压阀，投入式止回阀等；

(5) 以监测和预报地层压力为主的井控仪表：包括钻井液返出量、钻井液总量和钻井参数的监测和液面报警仪器等（图 10-4）；

(6) 钻井液加重、除气、灌注设备：包括液气分离器、除气器、加重装置、起钻自动灌浆装置等（图 10-5、图 10-6）；

(7) 井喷失控处理和特殊作业设备：包括不压井起下钻加压装置、旋转防喷器（图 10-7）、旋转控制头、井下安全阀、灭火设备、切割、拆装井口工具等。

图 10-4 液面报警仪

图 10-5 液气分离器

图 10-6 除气器

图 10-7 旋转防喷器

根据有关规定的要求，首先应配齐的井控装置有：液压防喷器和节流压井管汇及控制系统、套管头、方钻杆上旋塞阀、方钻杆下旋塞阀、钻具旁通阀、钻具回压阀、钻井液除气器、液气分离器、起钻灌钻井液装置和循环罐液面监测装置等。井控设备中的不压井起下钻及加压装置与清障、井下安全阀、灭火设备是用于特殊作业的。

组成井控设备的设施很多（图 10-8），其中有些设备具有多种功能，比如钻井液罐液面监测仪又隶属钻井参数仪表，钻井液加重装置又隶属钻井液配制设备，这些设备在相应的资料中都有详尽记叙，因此，为突出重点，在井控设备的论述中以井控专用设备为主要研讨内容。

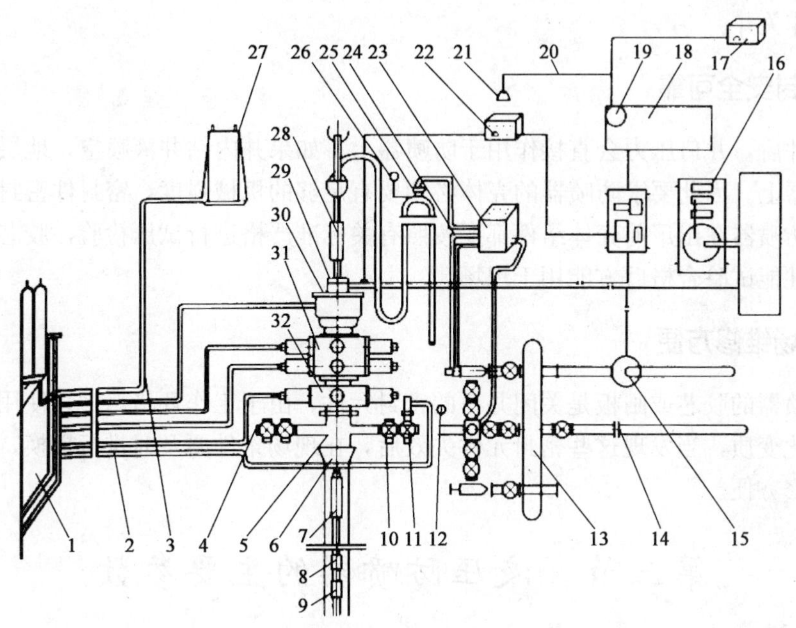

图 10－8 井控装置配套示意图

1—防喷器远程控制台；2—防喷器液压管线；3—远程控制台气管束；4—压井管汇；5—四通；6—套管头；7—方钻杆下旋塞；8—旁通阀；9—钻具止回阀；10—手动闸阀；11—液动闸阀；12—套管压力表；13—节流管汇；14—放喷管线；15—钻井液气分离器；16—真空除气器；17—钻井液罐液面监测仪；18—钻井液罐；19—钻井液罐液面监测传感器；20—自动灌钻井液装置；21—钻井液罐液面报警器；22—自灌装置报警器；23—节流管汇控制箱；24—节流管汇控制管线；25—压力变送器；26—立管压力表；27—防喷器司钻控制台；28—方钻杆上旋塞；29—防溢管；30—环形防喷器；31—双闸板防喷器；32—单闸板防喷器

第二节 钻井工艺对防喷器的要求

防喷器是井控设备的关键部分，其性能优劣直接影响油气井压力控制的成败。为保障钻井作业的安全，防喷器必须满足下列要求：

一、关井动作迅速

当井内出现溢流时，井已处在潜在的危险中，这时要求防喷器能够迅速关闭，防止事态进一步发展。防喷器的关井时间主要取决于控制系统的控制能力、地面管线的内径与防喷器液缸容积。按行业标准 SY/T 5964 规定，闸板防喷器关闭应能在等于或小于 10s 内完成；对于公称通径小于 476mm 的环形防喷器，关闭时间不应超过 30s，对于公称通径等于或大于 476mm 的环形防喷器，关闭时间不应超过 45s。

二、操作方便

防喷器的关井操作必须方便，以使在紧急情况下迅速关井。液压防喷器利用液压油以液压传动方式推动闸扳动作，而不是采用纯机械传动的方法，操作者只需在远程控制台或司钻台操作就能使液压防喷器迅速进行开或关，快速控制井口。同时还可以使用辅助遥控装置关井或手动操作关井。

三、密封安全可靠

一旦关井后，井口压力会直接作用于防喷器上。如果井内钻井液喷空，地层压力就直接作用于防喷器上。因此要求防喷器的壳体必须要有足够的机械强度，密封件密封必须安全可靠。所以，防喷器在出厂前壳体组件都要按照有关标准严格进行试压检验，胶芯或闸板经过严格的密封性能试验合格后方能用于现场。

四、现场维修方便

液压防喷器的胶芯或闸板是关闭井口的密封元件，由于工作环境恶劣，使用中除易磨损外，还易老化变质，当发现这些密封元件失效后，在现场条件要及时进行拆换，因此要求防喷器必须维修方便。

第三节　液压防喷器的主要参数

一、液压防喷器的最大工作压力

液压防喷器的最大工作压力是指防喷器安装在井口投入工作时所能承受的最大井口压力。最大工作压力是防喷器的强度指标。按石油天然气行业标准SY/T 5053.1《地面防喷器及控制装置》规定，我国液压防喷器的最大工作压力共分为6级，即14MPa、21MPa、35MPa、70MPa、105MPa、140MPa。

二、液压防喷器的公称通径

液压防喷器的公称通径是指防喷器的上下垂直通孔直径，公称通径是防喷器的尺寸指标。SY/T 5053.1《地面防喷器及控制装置》中规定我国液压防喷器的公称通径共分为11种，即103.2mm、180mm、230mm、280mm、346mm、426mm、476mm、528mm、540mm、680mm、762.2mm。

根据最大工作压力与公称通径两个参数，在SY/T 5052《液压防喷器》中将液压防喷器分为27个品种的规格系列，见表10-1。

表10-1　我国液压防喷器的规格系列

通径代号	通径尺寸 mm	额定工作压力，MPa					
		14	21	35	70	105	140
10	103.2	△	△	△	△	△	△
18	179.4	△	△	△	△	△	△
23	228.6	△	△	△	△	△	—
28	279.4	△	△	△	△	△	△
35	346.1	△	△	△	△	△	△

续表

通径代号	通径尺寸 mm	额定工作压力，MPa					
		14	21	35	70	105	140
43	425.4	△	△	△	△	—	—
48	476.2	—	—	△	△	△	—
53	527.0	—	△	—	—	—	—
54	539.8	△	—	△	△	—	—
68	679.5	△	△	—	—	—	—
70	762.2	△	△	—	—	—	—

注：△表示防喷器允许规格。

液压防喷器在设计、制造以及选用时应遵循表10－1中所规定的规格系列。

液压防喷器的公称通径虽有11种规格，但国内现场常用的公称通径多为230mm（9in）、280mm（11in）、346mm（13⅝in）、540mm（2½in）等。

三、液压防喷器的型号

防喷器的型号由产品代号、通径尺寸、额定工作压力值组成。产品代号由产品名称主要汉字汉语拼音的第一个字母组成。公称通径的单位为厘米（cm）并取其整数值。最大工作压力的单位则以MPa表示。

防喷器的型号表示如下：

单闸板防喷器FZ公称通径-最大工作压力；

双闸板防喷器2FZ公称通径-最大工作压力；

三闸板防喷器3FZ公称通径-最大工作压力；

环形防喷器FH公称通径-最大工作压力；

例如，公称通径230mm，最大工作压力21MPa的单闸板防喷器，型号为F223－21；公称通径346mm，最大工作压力35MPa的双闸板防喷器，型号为2FZ/35－35；公称通径280mm，最大工作压力35MPa的环形防喷器，型号为FH28－35。

第四节　井口防喷器的组合

钻井井口装置包括在钻井过程中各次开钻时所配置的液压防喷器及其控制装置、四通、转换法兰、双法兰短节、转换短节、套管头等。

由于油气井本身情况各不相同，井口所装防喷器的类型、数量、组合并不一致。确定防喷器的类型、数量、压力等级、通径大小是由很多因素决定的，简述如下。

一、防喷器公称通径的选择

液压防喷器的公称通径要与套管头下的套管尺寸相匹配，能通过相应钻头与钻具，进行钻井作业。

例如，井深4000～7000m的一口深井，井身结构为表层套管508mm（20in）；技术套管

339.7mm（13⅜in）与244.5mm（9⅝in）；油气层套管177.8mm（7in），与所下套管相应的井口防喷器公称通径为：

表层套管508mm（20in），防喷器公称通径504mm（21¼in）；

技术套管339.7mm（13⅜in），防喷器公称通径346mm（13⅝in）；

技术套管244.5mm（9⅝in），防喷器公称通径280mm（11in）；

油气层套管177.8mm（7in），防喷器公称通280mm（11in）。

由于公称通径230mm（9in）的防喷器通径偏小，起下钻作业时钻具与防喷器相互碰挂，因此在177.8mm（7in）套管上仍装公称通径280mm（11in）的防喷器。

液压防喷器公称通径的选择要根据钻井工程的实际情况决定。

二、防喷器压力等级的选择

防喷器压力等级的选用应与裸眼井段中最高地层压力相匹配。确保封井可靠，不致因耐压不够而导致井口失控。含硫地区井控装备选用材质应符合行业标准SY 5087《含硫油气井安全钻井推荐作法》的规定。在高危地区钻井，为确保关井的可靠性，也可提高防喷器的压力等级。

三、组合形式的选择

影响液压防喷器组合选择的因素主要有：井的类别、地层压力、套管尺寸、地层流体类型（是否含硫化氢等）、工艺技术要求、物资供应状况以及环境保护要求等。总的要求是：能实现近平衡钻井，确保钻井安全和节省钻井费用。

（1）防喷器压力等级应与裸眼井段中的最高地层压力相匹配，并根据不同井下情况选用各次开钻防喷器的尺寸系列和组合形式。

①选用的压力等级为14MPa时，其防喷器组合有五种形式供选择，如图10－9～图10－13所示。

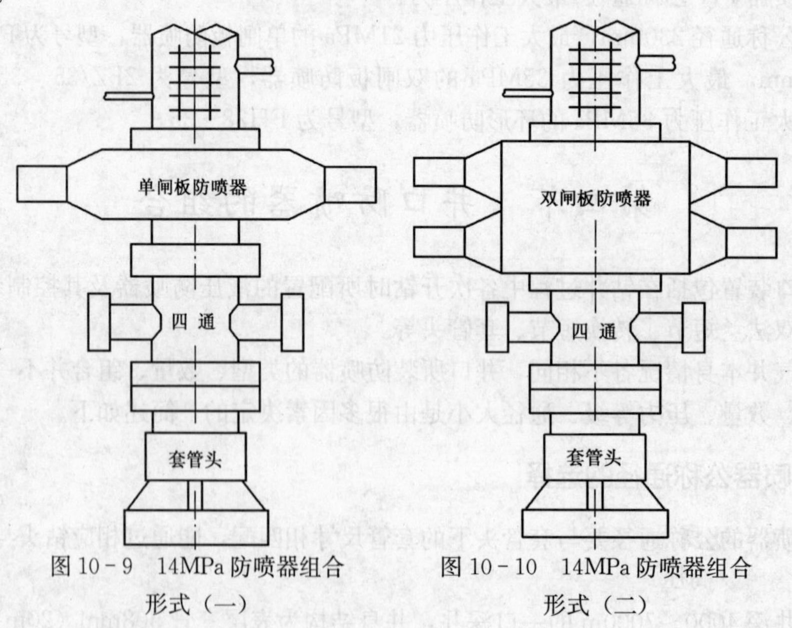

图10－9　14MPa防喷器组合形式（一）

图10－10　14MPa防喷器组合形式（二）

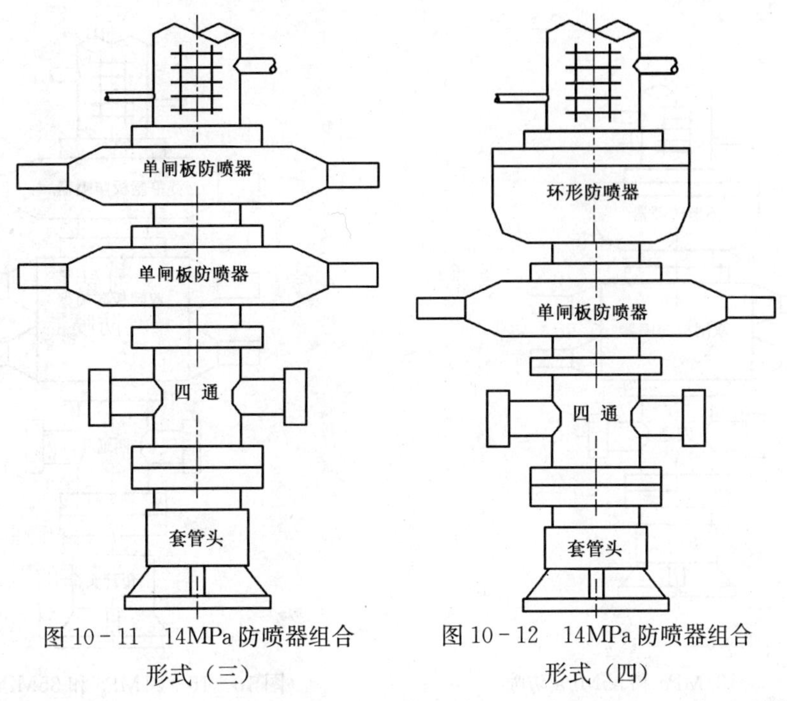

图 10－11　14MPa 防喷器组合形式（三）

图 10－12　14MPa 防喷器组合形式（四）

②选用的压力等级为 21MPa 和 35MPa 时，其防喷器组合有三种形式供选择，如图 10－14至图 10－16 所示。

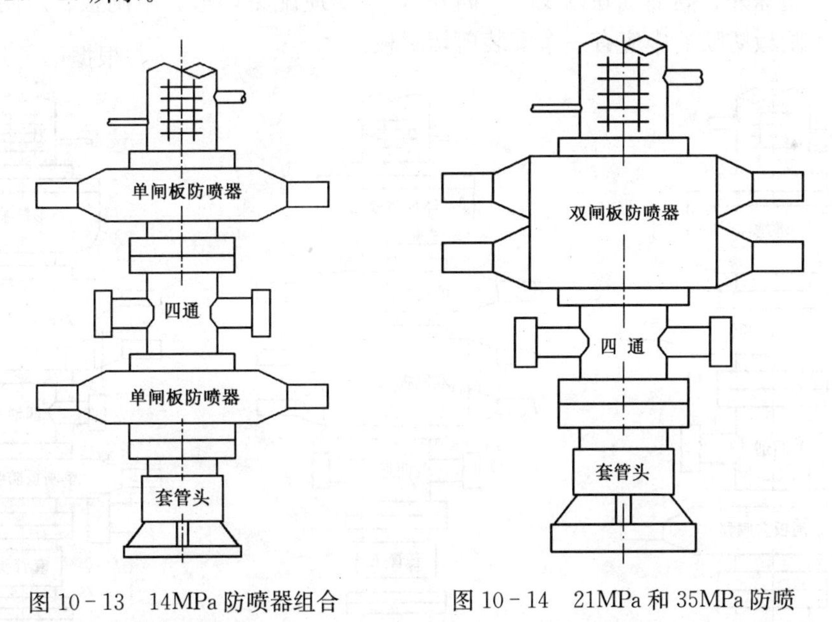

图 10－13　14MPa 防喷器组合形式（五）

图 10－14　21MPa 和 35MPa 防喷器组合形式（一）

③选用的压力等级为 70MPa 和 105MPa 时，其防喷器组合有五种形式供选择，如图 10－17至图 10－21 所示。

④在高含硫、高压地层和区域探井的钻井井口防喷器上应安装剪切闸板，如图 10－22 所示。

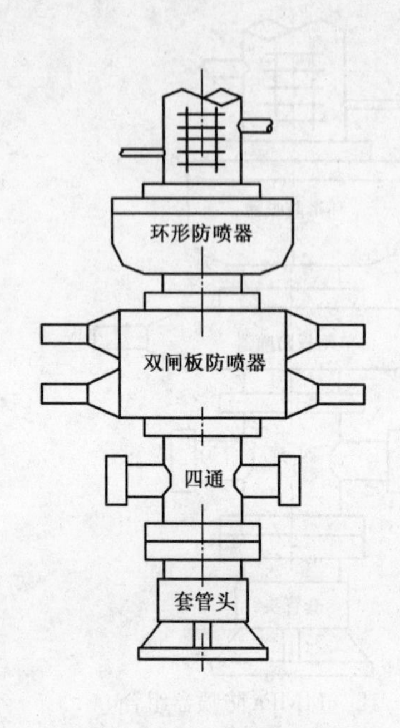

图 10-15　21MPa 和 35MPa 防喷器组合形式（二）

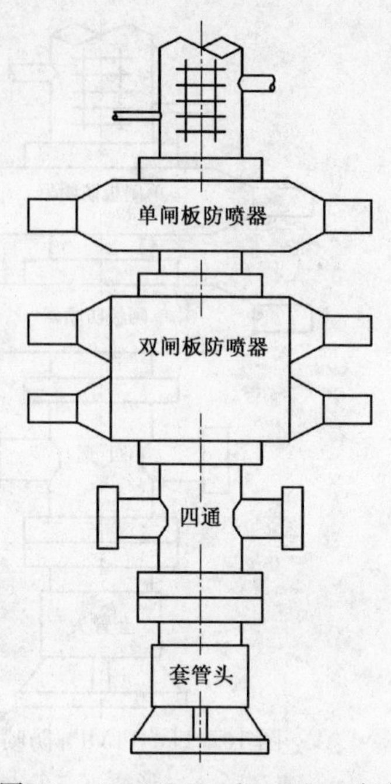

图 10-16　21MPa 和 35MPa 防喷器组合形式（三）

深井、超深井、高油气井以及“三高井”，至少应配备环形、单闸板、双闸板防喷器和钻井四通。闸板防喷器中应有一个安装剪切闸板。

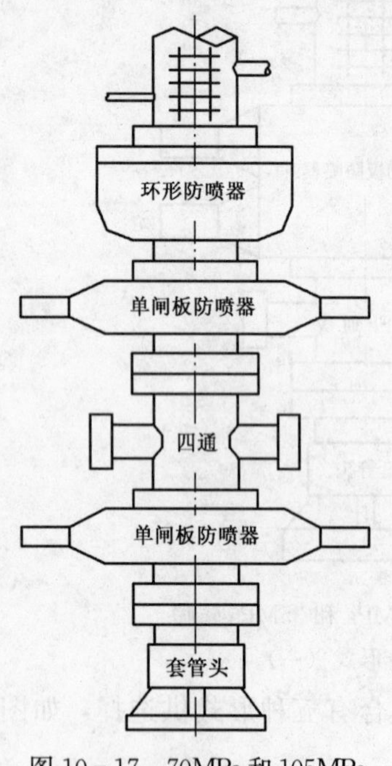

图 10-17　70MPa 和 105MPa 防喷器组合形式（一）

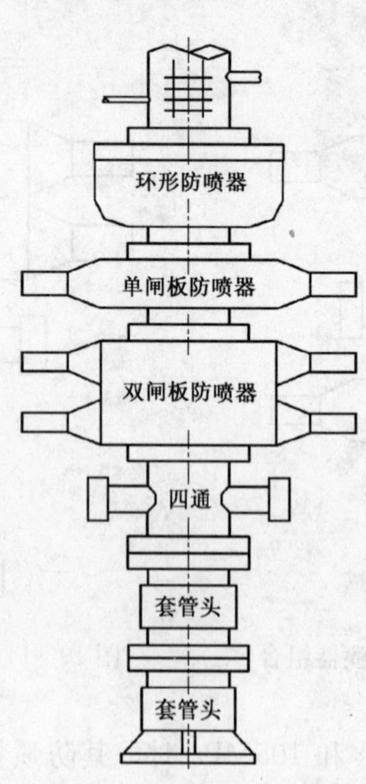

图 10-18　70MPa 和 105MPa 防喷器组合形式（二）

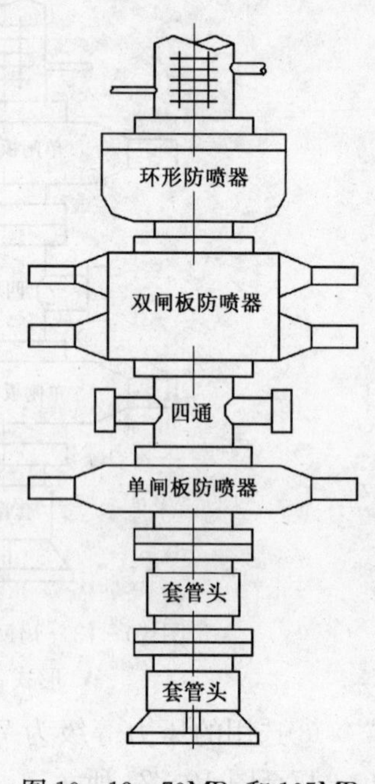

图 10-19　70MPa 和 105MPa 防喷器组合形式（三）

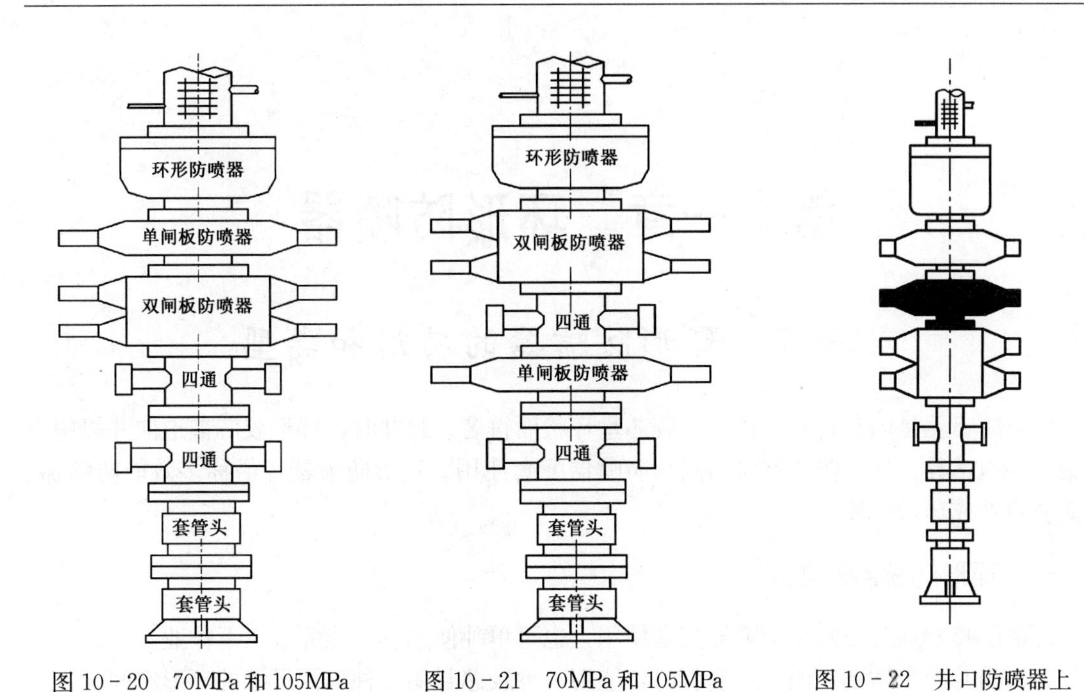

图 10-20　70MPa 和 105MPa 防喷器组合形式（四）

图 10-21　70MPa 和 105MPa 防喷器组合形式（五）

图 10-22　井口防喷器上安装剪切闸板

（2）深井井口防喷器组合所装的环形防喷器，其最大工作压力可以比闸板防喷器低一个压力等级，这是由于环形防喷器一般不用于长期关井。环形防喷器在应急关井时，通常预期井口压力较低，压力等级低的环形防喷器体积、重量都较小，有利于安装与减轻井口的负荷。

第十一章　环形防喷器

第一节　环形防喷器的功用和类型

环形防喷器是因其封井元件——胶芯呈环状而得名，封井时，环形胶芯被迫向井眼中心集聚、环抱钻具。环形防喷器常与闸板防喷器配套使用。环形防喷器，俗称多效能防喷器、万能防喷器或球形防喷器等。

一、环形防喷器的功用

环形防喷器通常与闸板防喷器配套使用，也可单独使用。它能完成以下作业：

（1）当井内有钻具、油管或套管时，能用一种胶芯封闭各种不同尺寸的环形空间。

（2）当井内无钻具时，能全封闭井口，即“封零”。环形防喷器现场操作中不推荐做封零试验。

（3）在进行钻井、取心、测井等作业中发生溢流时，能封闭方钻杆、取心工具、电缆及钢丝绳等与井筒所形成的环形空间。

（4）在使用减压调压阀或缓冲储能器的情况下，能通过18°台肩的对焊钻杆接头进行强行起下钻作业。强行起下钻具时，关井压力应适当降低，起下速度不大于0.2m/s，可允许胶芯与钻杆之间有少量泄漏以利于润滑。能否进行强行起下钻具作业，还必须考虑井下情况和安全施工的条件。

二、环形防喷器的类型

现场常用环形防喷器的类型，按其密封胶芯的形状可分为锥形胶芯环形防喷器、球形胶芯环形防喷器和组合胶芯环形防喷器。环形防喷器主要由顶盖、壳体、胶芯、活塞等组成（图11－1至11－3所示）。

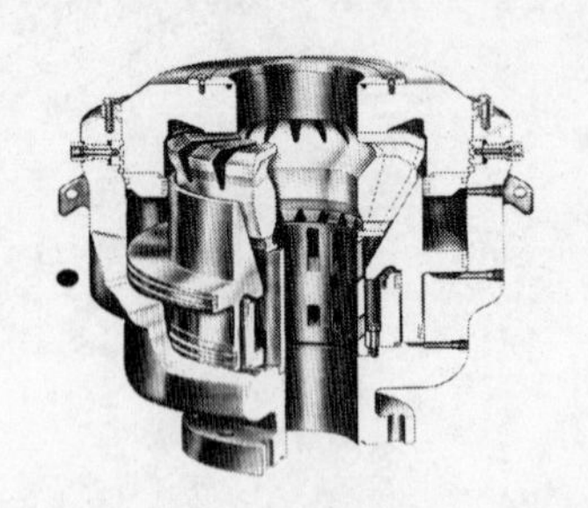

图11－1　锥形胶芯环形防喷器

图11－2　球形胶芯环形防喷器

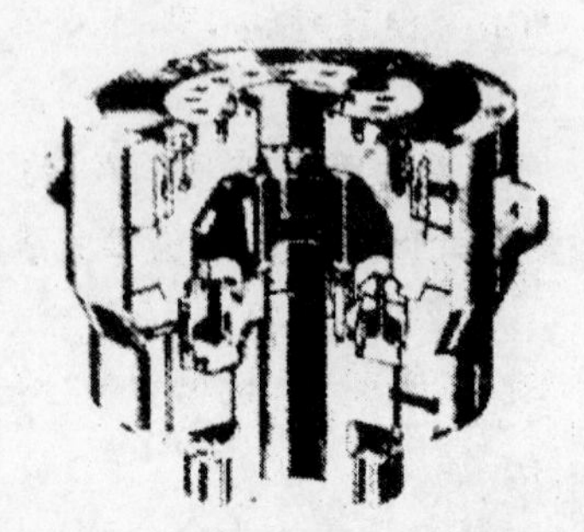

图11－3　组合胶芯环形防喷器

三、锥形胶芯环形防喷器

1. 胶芯结构特点

（1）胶芯呈锥形（图 11－4）。胶芯由支撑筋与橡胶硫化而成，支撑筋用合金钢制造。

（2）不易翻胶。在封井状态，井压使胶芯中部橡胶上翻，而支撑筋的顶部阻止上翻，使橡胶处于安全受压状态，可承受较大的压力而不至于撕裂。

（3）井压助封。在关井时，作用在活塞内腔上部环形面积上的井压向上推活塞，促使胶芯密封更紧密，增加密封的可靠性，降低所需的液控关闭压力。

（4）寿命可测。在现场可以对带有探测孔的锥形环形防喷器的寿命进行检测。其方法是自顶盖的探孔内插入一根测杆顶住活塞。防喷器封井后量出测杆的上移距离 $S_{实}$，然后再经计算即可得出胶芯的使用寿命（图 11－5）。

设防喷器处于全开状态时，活塞顶盖距上平面的垂直距离为 H_{max}，胶芯报废前最后一次封零时活塞顶端至顶盖上平面的垂直距离为 H_{min}，H_{max} 与 H_{min} 两者之差即为活塞的最大行程 S_{max}。

$$S_{max}=H_{max}-H_{min}$$

图 11－4　锥形胶芯

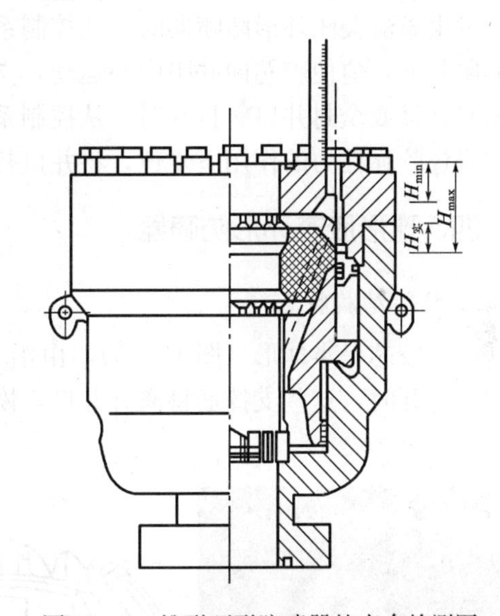

图 11－5　锥形环形防喷器的寿命检测图

H_{max} 与 H_{min} 的具体数值由防喷器说明书中给出，所以可以直接求出 S_{max}。S_{max} 与 $S_{实}$ 之差为剩余行程之差 $S_{余}$，即：

$$S_{余}=S_{max}-S_{实}$$

$S_{余}$ 即为锥形胶芯的寿命标志。$S_{余}$ 数值越大表明胶芯离报废还早；$S_{余}$ 数值越小表明胶芯越接近报废；当 $S_{余}$ 为零时表明胶芯已到寿命极限，必须予以更换。

2. 壳体结构特点

壳体与顶盖均为合金钢铸造成形，并经热处理，制造较易，成本较低，其外径较小，但高度较高。

3. 壳体与顶盖的链接

目前其壳体与顶盖连接有两种形式：螺栓连接、爪块连接。

4. 活塞及密闭结构的特点

1）活塞结构特点

①活塞上部内腔为圆锥形，母线与轴线的夹角为20°～25°，与胶芯背锥相配，由于锥度较小，封闭所需的活塞轴向上推力也小，但相应的活塞行程要增加。从而增加了整个防喷器的高度。故比同规格的其他类型环形防喷器高20%左右。

②活塞的上、下封闭支承部位间距大，扶正性能好，不易卡死、偏磨、拉缸或黏合，增加了密封寿命。

③结构简单制造容易、拆装方便。

2）密封结构特点

①固定密封采用矩形密封圈、O形密封圈或带垫环的O形密封圈。

②活动密封采用唇形密封圈或双唇形密封圈，具有压力自封作用。

5. 工作原理

发生溢流关闭环形防喷器时，从控制系统来的高压油进入关闭腔，推动活塞上行。在顶盖的限制下，迫使胶芯向井眼中心运动，支撑筋相互靠拢，将中间的橡胶挤向井口中心，实现密封钻具或全封井口。打开时，从控制系统来的高压油进入开启腔，推动活塞下行，胶芯在本身橡胶弹性力的作用下复位，将井口打开。

四、球形胶芯环形防喷器

1. 胶芯结构特点

（1）胶芯呈半球形（图11－6），由沿半环面呈辐射状的弓形支撑筋与橡胶硫化而成。在胶芯打开时，这些支撑筋将离开井口，恢复原位。即使在胶芯严重磨损时也不会阻碍井口畅通。

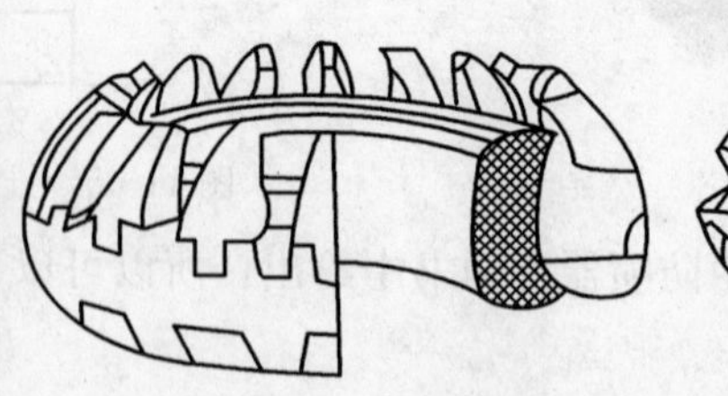

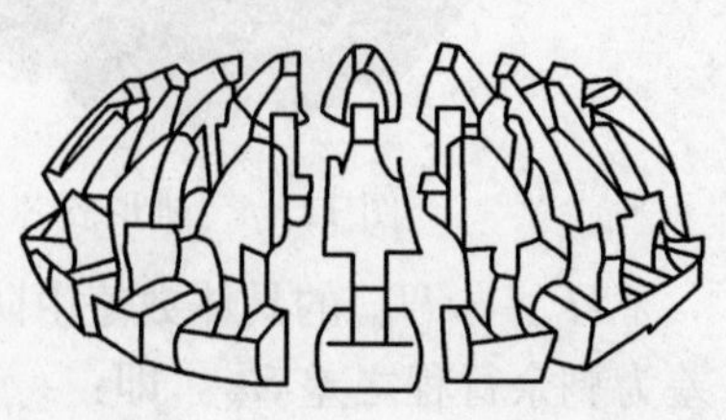

图11－6 球形胶芯

（2）不易翻胶。在封井状态，井压使胶芯中部橡胶上翻，而支撑在球面上的支撑筋阻止上翻，使橡胶处于安全受压状态，可承受较大的压力而不至于撕裂。

（3）漏斗效应。球形胶芯从自由状态到封闭状态，各横断面直径的缩小是不相等的。上部缩小的数值大，下部缩小的数值小。因而胶芯顶部挤出橡胶最多，底部最少，形成倒置漏斗状。这些橡胶的流向不仅可以提高密封性能，而且使钻杆接头易进入胶芯。在下钻时，因井压向上压缩胶芯免于受拉应力而提高了胶芯的使用寿命（图 11－7）。

（4）橡胶储量大。这种胶芯的橡胶储量比其他类型的胶芯大得多，在封井起下钻具被磨损的同时，有较多的备用橡胶可随之挤出补充，特别适于海洋浮式钻井船上由于海浪冲击而引起钻具和胶芯频繁摩擦的场合使用。

（5）井压助封。在关井时，作用在活塞内腔上部环形面积上的井压向上推活塞，促使胶芯密封更紧密，增加密封的可靠性。

（6）胶芯寿命长。FH23－35 环形防喷器试验表明，胶芯关闭 ϕ88.9 钻杆可通过 18°～35°斜坡接头 1000 个循环，通过钻杆 3000m（包括接头）并经耐久实验 380 次，性能试验 201 次。密封效果仍很稳定。

该型防喷器也具有结构简单、组成部件少、易于现场拆装维护、安全可靠的优点。特别是卡箍连接形式更适合安装于空间受限制的场合，结构非常紧凑（图 11－8）。

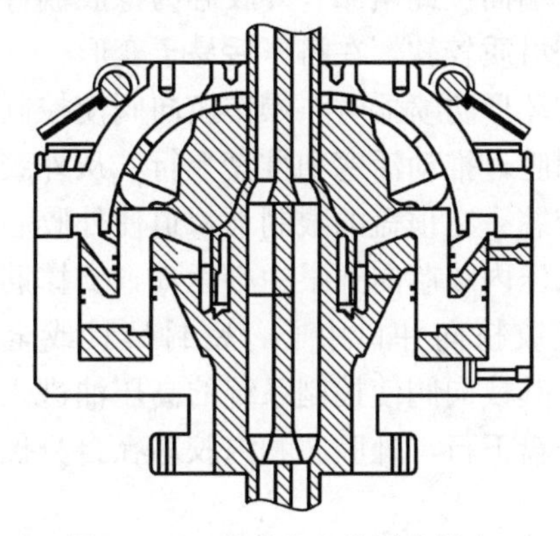

图 11－7　球形胶芯的漏斗效应

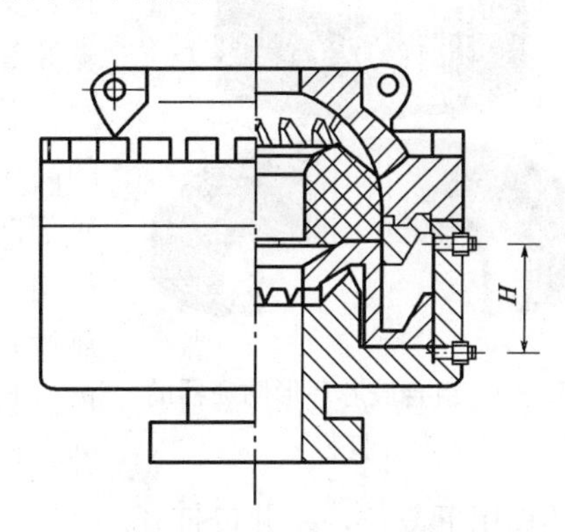

图 11－8　球形胶芯防喷器的结构

活塞、壳体及支持圈的动密封面均加有耐磨圈，避免运动中金属和金属的直接接触，保护了活塞和壳体。动密封均有唇形密封圈结构，最大限度地降低了密封圈的磨损，避免了漏失。采用抗硫化氢胶芯，可适应硫化氢环境，满足钻井安全的需要。

2. 活塞及密封结构的特点

1）活塞的结构特点

（1）活塞的径向断面呈 Z 字形，行程短、高度低、径向尺寸大，故球形胶芯环形防喷器较其他类型防喷器高度低，横向尺寸大，开关一次所需液油多。

（2）活塞高度低，扶正性能差。特别是关井接近终了时，活塞支撑间距更小，因此活塞易偏磨。如液压油不清洁，固体颗粒进入活塞与壳体间隙，易引起活塞卡死或拉缸，所以液压油应定期过滤与更换。

2）密封结构特点

活动密封处共分三个部位：

（1）活塞外径密封部位（在活塞外径上），封隔油缸开、关两腔；

（2）活塞内径密封部位（在壳体上），封隔井内压力与关闭腔；

（3）支承圈密封部位（在支承圈内径上），封隔井内压力与开启腔。

这些密封圈由 U 形圈夹 O 形胶条和双唇形密封圈组成。

3. 工作原理

关闭球形胶芯环形防喷器时，操作换向阀使控制系统的高压油进入关闭腔，推动活塞上行，在顶盖的限制下，迫使胶芯向井眼中心运动，支撑筋相互靠拢，将其间的橡胶挤向井口中心，实现密封钻具或全封井口。打开时，操作换向阀使控制系统的高压油进入开启腔，推动活塞下行，胶芯在本身橡胶弹性力的作用下复位，将井口打开。

五、组合胶芯环形防喷器

组合胶芯环形防喷器的结构如图 11－3 所示。

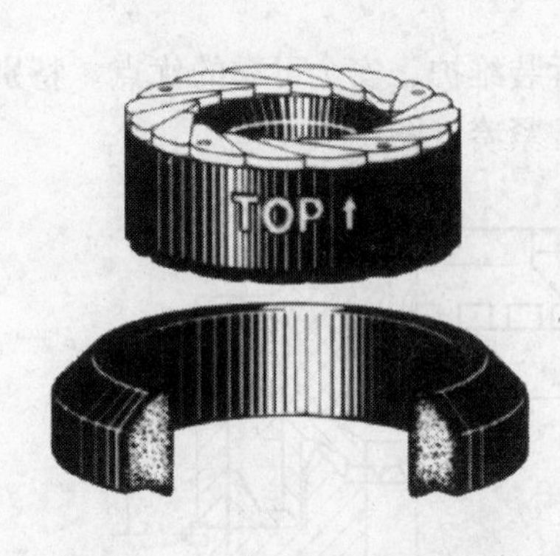

图 11－9　组合胶芯环形防喷器的内外胶芯

组合胶芯环形防喷器的胶芯（图 11－9），由内外两层胶芯组成。内胶芯内部含有支撑筋，支撑筋沿圆周切向配置，支撑筋的上下端面彼此紧靠。外胶芯为橡胶制件、无支撑筋，而且橡胶材质较软，在挤压后易于变形。

关闭组合胶芯环形防喷器时，操作换向阀使控制系统的高压油进入关闭腔，推动活塞和推盘上行，从外胶芯的底部向上挤压外胶芯。在顶盖的限制下，迫使外胶芯产生径向变形，同时挤压内胶芯向井眼中心运动，支撑筋相互靠拢，将其间的橡胶挤向井口中心，密封钻具或全封井口。打开时，操作其换向阀使控制系统的高压油进入开启腔，推动活塞和推盘下行，外腔芯和内胶芯在自身橡胶弹性力的作用下复位，将井口打开。

六、环形防喷器的比较

三种类型环形防喷器的比较见表 11－1。

表 11－1　环形防喷器的比较

性　能	锥形胶芯	球形胶芯	组合胶芯
内部结构	简单	简单	复杂
更换胶芯操作	容易	容易	较难（有管柱无法更换）
胶芯使用寿命	较短	较长	较长
开关所耗油量	中等	最多	最少
胶芯封零效果	较好	较好	较差
壳体外观尺寸	较高、径向小	较低、径向大	高度和径向尺寸最小
整体重量	中等	稍重	最轻

第二节　环形防喷器技术规范及使用

一、环形防喷器的技术规范

现场常用的锥形胶芯环形防喷器的技术规范见表11－2。

表11－2　现场常用的锥形胶芯环形防喷器的技术规范

型　号	公称通径 mm (in)	最大工作压力 MPa	关井时耗 s	液控油压 MPa	外形尺寸，mm	
					外径	高度
FH23－35	230 (9)	35	<30	≤10.5	φ900	1090
FH28－35	280 (11)	35	<30	≤10.5	φ1000	1205
FH35－21	346 (13⅝)	21	<30	≤10.5	φ1050	1117

现场常用的球形胶芯环形防喷器的技术规范见表11－3。

表11－3　现场常用的球形胶芯环形防喷器的技术规范

型　号	公称通径 mm (in)	最大工作压力 MPa	关井时耗 S	液控油压 MPa	外形尺寸，mm	
					外径	高度
FH28－35	280 (11)	35	<30	≤10.5	φ1138	1056
FH35－35	346 (13⅝)	35	<30	≤10.5	φ1270	1165

二、环形防喷器的合理使用、现场更换及故障处理

1. 环形防喷器的合理使用

（1）在井内有钻具时发生井喷，采用软关井的关井方式，则先用环形防喷器控制井口，但不能长时间关井，一是胶芯易过早损坏，二是无锁紧装置。非特殊情况，不用它封闭空井（仅球形类胶芯可封空井）。

（2）用环形防喷器进行不压井起下钻作业，应使用18°台肩接头的对焊钻杆，起下速度不大于0.2m/s。所有钻具不能带有防磨套或防磨带。

（3）环形防喷器处于关闭状态时，允许上下活动钻具，不许旋转和悬挂钻具。

（4）严禁用打开环形防喷器的办法来泄井内压力，以防发生井喷或防刺坏胶芯。但允许钻井液有少量的渗漏。

（5）每次开井后必须检查是否全开，以防挂坏胶芯。

（6）进入目的层时，要求环形防喷器做到开关灵活、密封良好。每起下钻具一次，要试开关环形防喷器一次。检查封闭效果，发现胶芯失效，立即更换。

（7）环形防喷器的关井油压不允许超过10.5MPa。

（8）橡胶件的存放：

①先使用存放时间较长的橡胶件。

②橡胶件应放在光线暗的室内，远离窗户和天窗，避免光照。人工光源应控制在最小量。

③存放橡胶件的地方必须按要求做到恒温27℃，同时保持规定的湿度。

④橡胶件应远离电动机、开关或其他高压电源设备。高压电源设备产生臭氧对橡胶件有影响。

⑤橡胶件应尽量在自由状态存放，防挤压。

⑥保持存放地方干燥，无水、无油。

如果橡胶件必须长时间存放，则可考虑放在密封环境中，但不能超过橡胶失效期。

2. 现场更换胶芯的方法

对于锥形胶芯环形防喷器和球形胶芯环形防喷器来说，其胶芯一旦损坏或失效，可按如下步骤在现场更换胶芯：

（1）卸掉顶盖与壳体的连接螺柱。

（2）吊起顶盖。

（3）在胶芯上拧紧吊环螺钉，吊出旧胶芯、装上新胶芯（图11-10）。若井内有钻具时，应先用割胶刀（借助于撬杠，用肥皂水润滑刀刃）将新胶芯割开（图11-11），割面要平整。同样将旧胶芯割开，吊出，换上割开的新胶芯。

（4）装上顶盖，上紧顶盖与壳体的连接螺栓。

（5）试压。

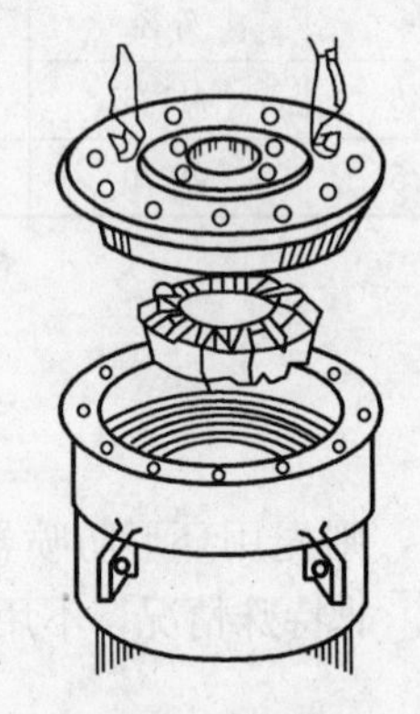

图11-10　无钻具时更换胶芯的方法

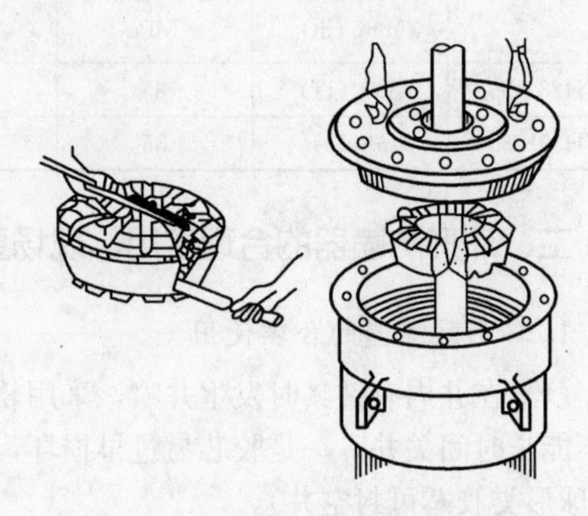

图11-11　有钻具时用切割法更换胶芯

3. 故障判断与排除方法

（1）防喷器封闭不严。

①若胶芯关不严，可多次活动解决；支撑筋已靠拢仍封闭不严，则应更换胶芯。

②对有脱块、严重磨损的旧胶芯并可能影响胶芯正常使用时，则应更换胶芯。

③若打开过程中长时间未关闭使用胶芯，使杂质沉积于胶芯沟槽及其他部位，应清洗胶芯并按规程活动胶芯。

（2）防喷器关闭后打不开，这是由于长时间关闭后，胶芯产生永久变形或固井后胶芯下有凝固的水泥浆而造成的。在这种情况下，只能清洗或更换。

（3）防喷器开关不灵活。

①若液控管线漏失，立即更换。

②若防喷器长时间不活动，有脏物堵塞，应立即清除。

第十二章　闸板防喷器

闸板防喷器（图 12-1）是井口防喷器组的重要组成部分。利用液压推动闸板即可封闭或打开井口。闸板防喷器的种类很多，但根据所能配置的闸板数量可分为单闸板防喷器、双闸板防喷器、三闸板防喷器；按闸板开关方式可分为液压闸板防喷器和手动闸板防喷器；按锁紧方式可分为手动锁紧闸板防喷器和液压锁紧闸板防喷器；按侧门开关方式不同可分为旋转式侧门闸板防喷器和直线运动式侧门闸板防喷器。目前，钻井作业所用的闸板防喷器，从结构形式上有 RSC 型（铸造结构）和 RSV 型（锻造结构）两大类。

图 12-1　闸板防喷器

国内常用的主要有单闸板防喷器与双闸板防喷器，其中双闸板防喷器应用更为普遍。

第一节　闸板防喷器的功用和结构

一、闸板防喷器的功用

（1）井内有钻具时，可用与钻具尺寸相应的半封闸板封闭井口环形空间。

（2）当井内无钻具时，全封闸板能全封闭井口。

（3）需将井内钻具剪断并全封井口时，可用剪切闸板剪切井内钻具全封井口。

（4）某些闸板防喷器的闸板允许承重，可用以悬挂钻具。

（5）闸板防喷器的壳体上有侧孔，可使用侧孔节流泄压。

（6）闸板防喷器可用来长期封井。

闸板防喷器的功用虽如上述，但在具体使用时仍有所限制。剪切闸板主要用于深井、超深井、高油气比井和“三高井”。国产闸板防喷器的半封闸板，一般不能悬挂钻具。从国外进口的闸板防喷器有的允许承重，有的则不允许承重。利用壳体侧孔节流泄压时，井内高压流体将严重冲蚀壳体，从而影响壳体的耐压性能。因此，通常并不使用壳体侧孔放喷，侧孔用盲板封闭。

闸板防喷器的闸板分全封闸板和半封闸板。闸板防喷器应备有一副全封闸板及若干副半封闸板。

半封闸板在封井时不能旋转钻具。

二、闸板防喷器的结构

由于生产厂家不同，闸板防喷器的结构并不完全相同而是各有特色，尤其是近几年，随着井控设备的发展，闸板防喷器的结构也不断地改进与更新。同一厂家所制造的闸板防喷器，早年的老产品与近年的新产品的差异很大。为了维护、使用好闸板防喷器，确保其封井效能，钻井工作者必须熟悉自己所用闸板防喷器的具体结构，使用前必须参阅厂家提供的使用说明。

闸板防喷器主要由壳体、侧门、油缸、活塞与活塞杆、锁紧轴、端盖、闸板等部件组成。图 12-2 为结构较为简单的具有矩形闸板室的双闸板防喷器结构图。

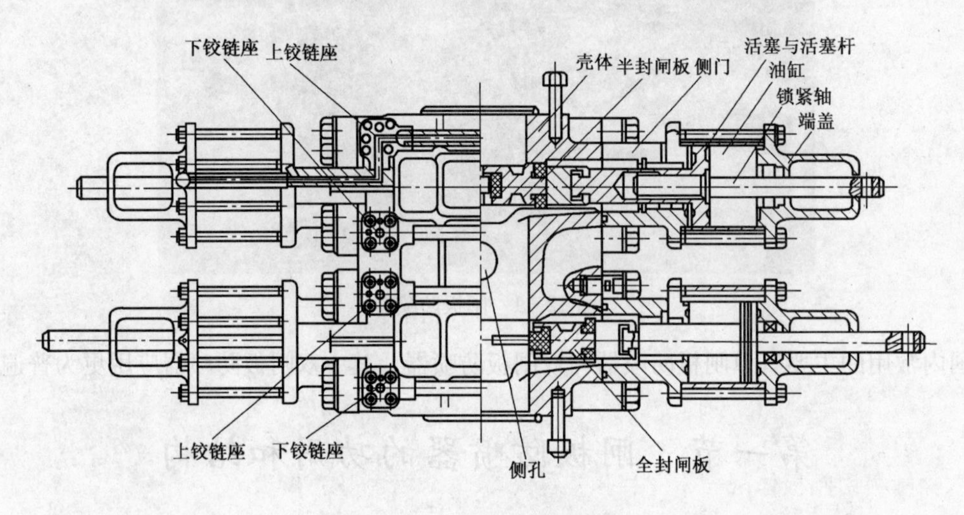

图 12-2　双闸板防喷器结构

1. 壳体的结构特点

闸板防喷器壳体上方连接环形防喷器或直接连接防溢管，下方连接四通或套管头，也可以上下方同时与闸板防喷器连接。连接方式分别是栽丝连接、法兰连接。

壳体由合金钢铸造或锻造成型，有上下垂直通孔与侧孔。

壳体内有闸板室，闸板室在垂直活塞杆的纵向截面上呈矩形，以容纳扁平的闸板。闸板室底部制成便于泥沙流入井筒的倾斜面，并制有支撑筋，闸板室顶部有一个经过加工的凸台密封平面，有的防喷器此处为一可拆卸更换的密封座圈。

侧孔位于上下闸板体腔中间或下闸板的下面，通径较小。

在壳体侧面上，还有紧固侧门及支撑侧门铰链座的螺孔。

2. 闸板结构特点

闸板是闸板防喷器的核心部件。按闸板的作用可分为半封闸板、全封闸板、剪切闸板（图 12-3）。半封闸板用于密封钻杆或套管与井眼的环空，全封闸板用于关闭空井，剪切闸板则主要是在特殊情况下剪切钻具同时密封井口。

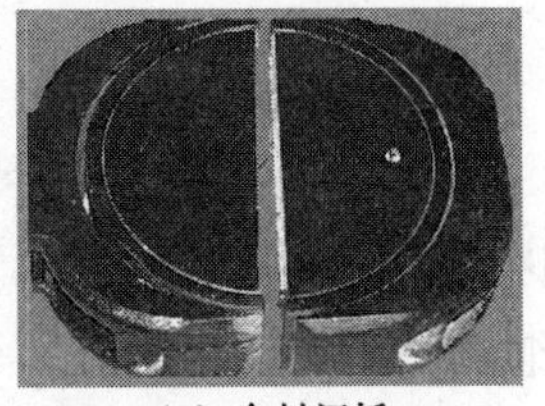
（a）全封闸板

（b）半封闸板

（c）剪切闸板

图 12-3　闸板的结构

闸板按结构可分为双面闸板和单面闸板（图 12-4），单面闸板又分为整体胶芯式和组合胶芯式两类。

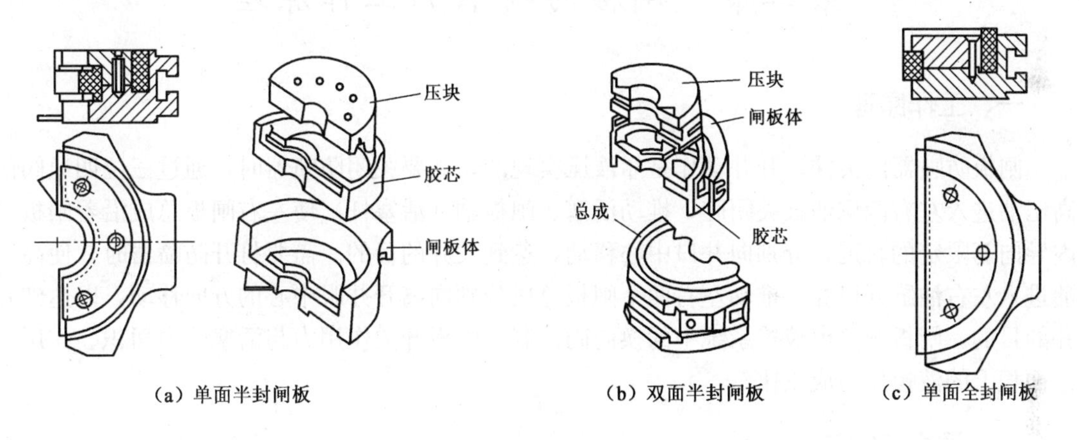

（a）单面半封闸板　（b）双面半封闸板　（c）单面全封闸板

图 12-4　闸板的类型

1）双面闸板

双面闸板由闸板体（简称闸板夹持器）、闸板压块（简称闸板体）、密封胶芯组成。这种闸板的特点是：

（1）闸板上下面对称。闸板体后部与活塞杆的连接设计为横向 T 形槽，从结构上来说，当上部胶芯密封面磨损较大时，可翻转使用另一面，但在现场一般不推荐这样使用。

（2）闸板浮动性能好。由于闸板与压块是分成两体的，同时连接螺栓钉在闸板体上的长形槽内，允许移动。因此，闸板体与压块之间有一定的相对运动，在活塞推力作用下，闸板胶芯顶部橡胶被挤压变形，增加了密封效果。

（3）对不同尺寸的钻具，只需更换密封胶芯和闸板压块，其余零件可通用互换。

2）单面闸板

（1）整体胶芯式。闸板由闸板体、橡胶密封半环、压块及连接螺钉组成，其结构特点是：

①在闸板体后部为 T 形槽，挂在活塞杆槽内，不能翻面使用。

拆换闸板胶芯比双面闸板方便，只需拧下连接螺钉，即可取出更换。对不同尺寸钻具不能只换橡胶密封半环，要全套更换。

（2）组合胶芯式。闸板由闸板体、顶部密封橡胶、前部密封橡胶构成。其结构特点：

①闸板后部为门形槽，呈马鞍形，垂直挂在活塞杆槽上，不能横向移动。为了在打开侧门时不遇卡，侧门采用平移式或采用将闸板缩回到侧门内的方法。

②无螺钉连接，拆卸胶芯方便。

3）剪切闸板

剪切闸板主要用于处理某些特殊情况，比如钻具内失控，可以剪断钻具并全封井口。剪切闸板分为上闸板和下闸板，关闭时上下闸板合拢将钻杆剪断，继续关闭实现密封。

4）变径闸板

变径闸板可适用于几个不同尺寸的钻具，特别适用于组合钻具及六角形方钻杆。

第二节　闸板防喷器的工作原理

一、工作原理

闸板防喷器的关井、开井动作是靠液压实现的。需要关闭防喷器时，通过三位四通阀使高压油进入左右两侧油缸关闭腔，推动活塞、闸板轴（活塞杆）使左右闸板总成沿着闸板室内导向筋限定的轨道，分别向井口中心移动，达到关井的目的。需要打开防喷器时，使高压油进入左右油缸开启腔，推动左右两个闸板总成分别向离开井眼中心的方向移动，以达到开井的目的。闸板开关由液控系统中的换向阀控制，闸板开关作用力与活塞受力面积、作用于该面积上的液控压力成正比。

二、闸板的密封

闸板防喷器必须保证四处密封、井压助封和自动清砂与自动对中，才能达到安全可靠的要求。

封闭井口时，四处密封要同时起作用，才能达到有效的密封。即：

前密封，闸板芯子前缘与钻具之间的密封；

顶密封，闸板芯子顶部与壳体内台阶之间的密封；

侧密封，壳体与侧门之间的密封；

轴密封，闸板轴与侧门之间的密封。

三、闸板的密封原理及特点

闸板的密封是在外力作用下，胶芯被挤压变形实现密封作用的。

1）闸板浮动

闸板总成与壳体放置闸板的腔体之间有一定的间隙，同时闸板总成与活塞杆是通过“T”形槽连接的，这种设计允许闸板在壳体腔内上下浮动。当闸板处于常开位置时，闸板上部密封橡胶不与闸板室顶部接触。关井后，在井内压力的作用下，闸板上部密封橡胶与壳体的上密封凸台实现密封（图 12－5）。

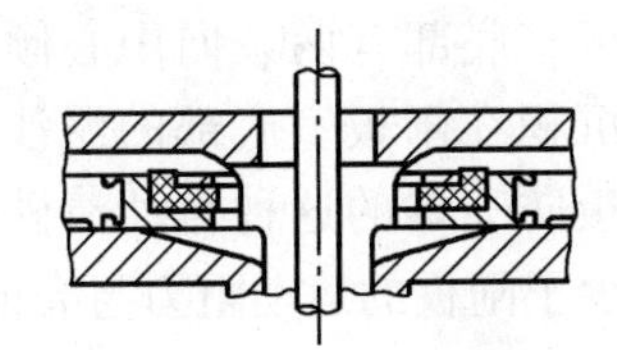
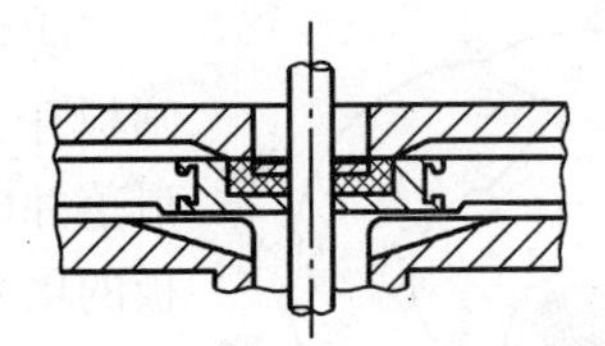

图 12－5　闸板浮动

对于压块与闸板体分成两体的闸板总成，关闭后继续施加压力，压块与闸板体间的橡胶被挤向上突起，在闸板室顶部的凸面形成顶部密封。当开启闸板时，闸板顶部密封橡胶离开壳体内上凸面，闸板缩回到闸板腔室平面内。

闸板这种浮动的特点，既保证了密封可靠，减少了橡胶磨损，又减少了闸板移动时的摩擦阻力。

2）井压助封

井内压力作用在闸板底部，上推闸板使闸板顶部与壳体凸缘贴紧。井内压力越高，闸板顶部与壳体越紧密，这种依靠井内压力上推闸板实现的密封称为井压助封。当井内压力很低时，闸板顶部可能有流体溢漏。为此，在现场对闸板防喷器进行试压检查时，需进行低压试验，检查闸板顶部与壳体凸缘的密封情况。井内压力也作用在闸板后部，向井眼中心推挤闸板，使前部橡胶紧抱井内管柱，这就是井压对闸板前部的助封作用。当闸板关井后，井内压力越高，井压对闸板前部的助封作用越大，闸板前部橡胶对管于封得越紧。闸板防喷器的井压助封如图 12－6 所示。

在闸板关井过程中，闸板前部有井压 $p_{井}$ 所形成的 $P_{助}$，与此同时，其后部也有井压 $p_{井}$ 所形成的推力。假设活塞杆截面积为 S，活塞截面积为 A，如果不考虑闸板关井动作中的各种摩擦损耗和锁紧轴的影响，那么只要活塞所受液压油的推力 $P_{油A}$ 大于井压作用于活塞杆截面积上的阻力 $P_{井S}$，就可以推动闸板关井。

正是由于井内压力对闸板的助封作用，且 A 比 S 大得多，所以关井液压油的油压值并不需要太高，通常调定为 10.5MPa。只有岩屑沉积造成的闸板严重砂卡时，才使用大于 10.5MPa 的液压油关井。

图 12－7 所示的是在关井过程中，井压对闸板前部的助封情况。

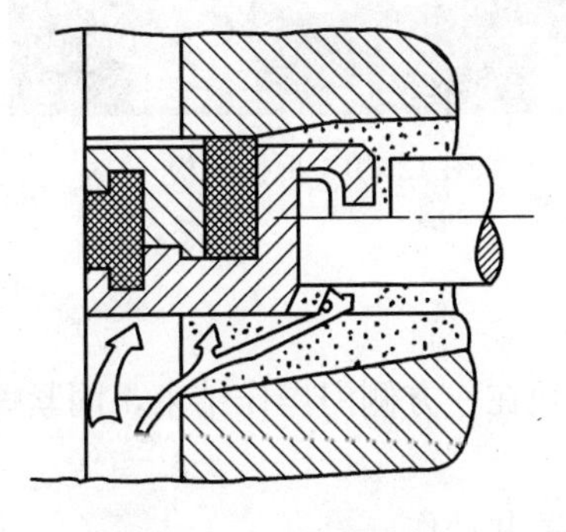

图 12－6　井压助封

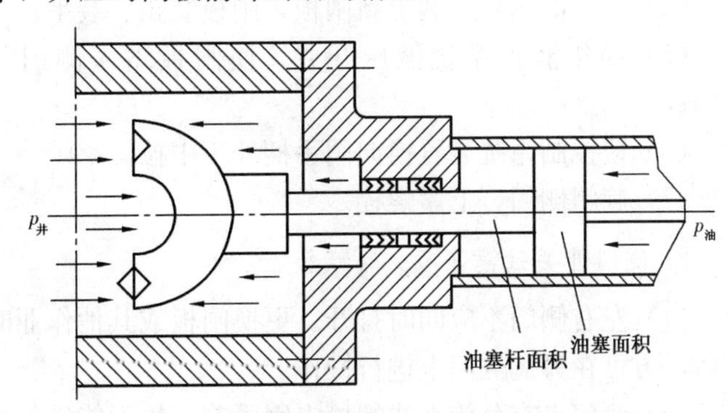

图 12－7　在关井过程中井压对闸板前部的助封情况

3）自动清砂，自动对中

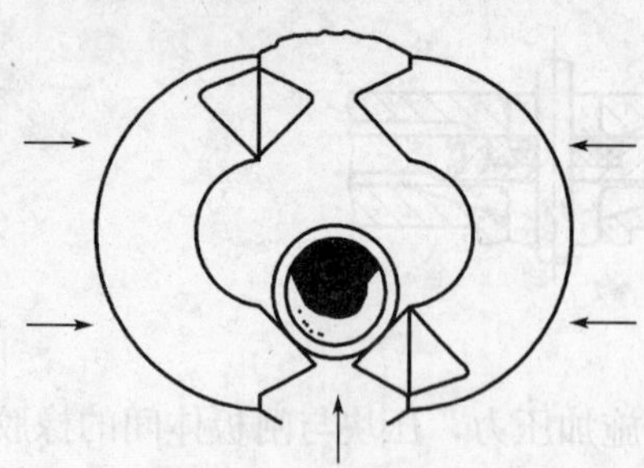

图 12-8　闸板自动对中示意

防喷器闸板室底部有两条向中心倾斜的排砂槽，当闸板开关时，沉积在闸板室底部的泥沙，将被排入砂槽滑落井内。闸板防喷器的这种自动清砂作用，防止了闸板的堵塞，减少了闸板的运动阻力与磨损。

在井内有钻具的情况下使用闸板防喷器关井时，因为钻具并不处于井眼中心而无法实现封井。为解决井内钻具的对中问题，闸板压块的前方设有突出的导向块与相应的凹槽。当闸板向井眼中心移动时，导向块可迫使钻具移向井眼中心，顺利实现封井，见图 12-8。

第三节　闸板防喷器的侧门

闸板防喷器的侧门有两种形式，即旋转式侧门和直线运动式侧门。当拆换闸板，拆换活塞杆密封填料盘根，检查闸板以及清洗闸板腔室时，需要打开侧门进行操作。

一、旋转式侧门

旋转式侧门由上下铰链座限定其位置，当卸掉侧门的紧固螺栓后，侧门可绕铰链座做120°旋转。

1. 旋转式侧门拆换闸板的操作顺序

由于闸板损坏或是钻杆尺寸更换，常在井场进行拆换闸板作业（图 12-9）。拆换闸板操作顺序如下：

（1）检查控制系统装置上控制该闸板防喷器的换向阀手柄位置，使之处于中位。

（2）拆下侧门紧固螺栓，旋开侧门。

（3）操作液控系统液压关井，使闸板从侧门腔内伸出。

（4）拆下旧闸板，装上新闸板，闸板装正、装平。

（5）操作液控系统液压开井，使闸板缩入侧门腔内。

（6）使控制系统装置换向阀手柄处于中拉。

（7）旋闭侧门，上紧螺栓。

图 12-9　拆换闸板

2. 侧门开关注意事项

（1）左右侧门不应同时打开。更换闸板或其他作业时，须在一方侧门操作结束，固紧螺栓后，方可在另一侧门上进行操作。

（2）侧门未充分旋开或螺栓未固紧前，均不能进行液压关井动作。

在这种情况下，如果进行液压关井，由于侧门向外摆动，闸板必将顶撞壳体以致蹩坏闸板，蹩弯活塞杆。

（3）旋动侧门时，液控管线油压应处于泄压状态。

（4）侧门打开后，液动伸缩闸板时须挡住侧门。闸板伸出或缩入动作时，侧门上也受液控油压的作用，侧门会绕铰链旋动，为保证安全作业，应设法稳固侧门。

（5）更换完防喷器密封部件，试压合格后方能使用。

二、直线运动式侧门

直线运动式侧门闸板防喷器，需要开关侧门时，首先拆下侧门紧固螺帽，然后进行液压关井操作，两侧门随即左右移开；最后进行液压开井操作，两侧门即从左右向中合拢。

这种直移式侧门在井场更换闸板的操作程序如下：

（1）检查控制系统装置上控制该闸板防喷器的换向阀手柄位置，使之处于中位。

（2）拆下两侧门紧固螺栓。用气葫芦或导链分别吊住两侧门。

（3）液压关井，使两侧门左右移开。

（4）拆下旧闸板，装上新闸板，闸板装正、装平。

（5）液压开井，使闸板从左右向中间合拢。

（6）在控制系统装置上将换向阀手柄扳回中位。

（7）上紧螺栓。

（8）对新换闸板进行试压合格后方能使用。

第四节　闸板防喷器的锁紧装置

闸板防喷器的锁紧装置分为手动机械锁紧装置和液压自动锁紧装置。

一、手动机械锁紧装置

1. 手动机械锁紧装置的功用

手动机械锁紧装置是靠人力旋转手轮关闭锁紧闸板。其作用是：当需要较长时间关井时，液压关井后可采用手动机械锁紧装置将闸板锁定在关闭位置，然后将液控压力油的高压卸掉，以免长期关井憋漏液控管线；控制系统装置无油压时，可以用手动机械锁紧装置推动闸板关井。

使用时需要注意：手动机械锁紧装置只能关闭闸板，不能打开闸板。若要开井，必须首先使手动机械锁紧装置解锁到位后，再用液压打开闸板，这是唯一的方法。

2. 手动机械锁紧装置的类型和组成

手动机械锁紧装置主要有两种类型，锁紧轴液压随动结构和简易式锁紧结构。

图 12－10 所示螺杆式锁紧轴液压随动结构由锁紧轴、操纵杆、手轮、万向接头等组成。锁紧轴与活塞以左旋梯形螺纹（反螺纹）连接。平时锁紧轴旋入活塞，随活塞运动，并不影响液压关井与开井动作。锁紧轴外端以万向接头连接操纵杆，操纵杆伸出井架底座以外，其端部装有手轮。

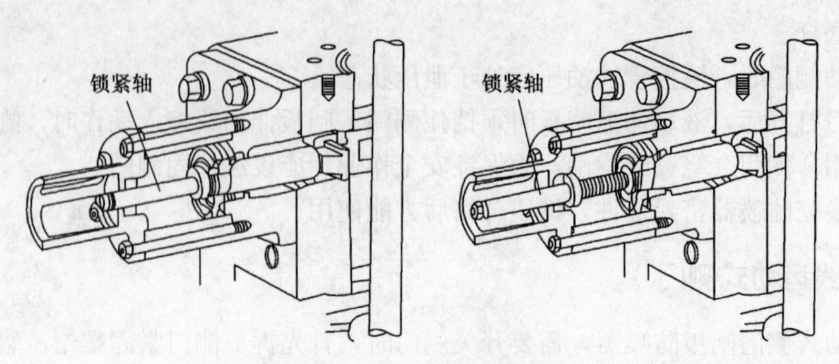

图 12－10　螺杆式锁紧轴

图 12－11 所示简易式锁紧机构是在缸体上直接加装一个带有锁紧轴的护套，护套内孔为正螺纹。锁紧轴并不与活塞连接，也不随活塞运动。活塞具有双活塞杆。锁紧轴后接手动杆及手轮。旋转手轮锁紧轴直接推动活塞杆前进，锁紧或关闭闸板。

3. 闸板的锁紧与解锁

锁紧轴液压随动结构的闸板锁紧的方法是：顺时针同时旋转两个手轮，使锁紧轴从活塞中伸出，直到锁紧轴台肩紧贴止推轴承处的挡盘为止，这时手轮被迫停止转动。如图12－12所示。这样，闸板就由锁紧轴锁定在关井位置，封井所需作用力由锁紧轴提供，而无须液控油压。

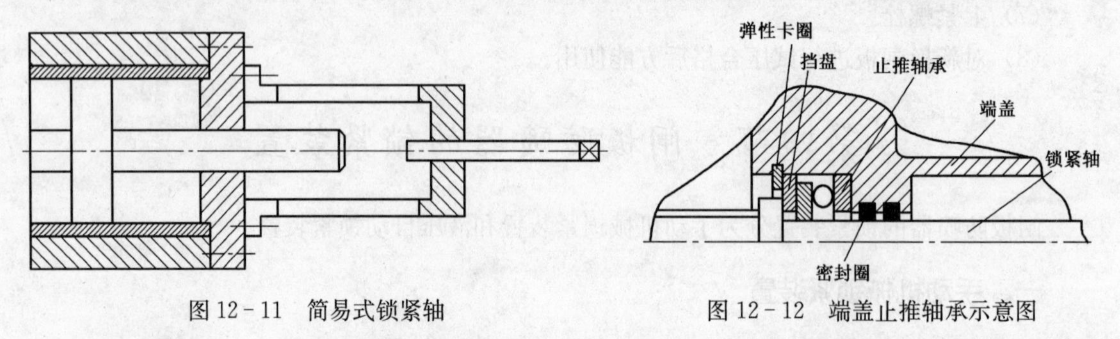

图 12－11　简易式锁紧轴

图 12－12　端盖止推轴承示意图

需打开闸板时，首先应使闸板解锁，然后才能液压开井。闸板解锁的方法是逆时针同时旋转两个手轮，直到手轮转够解锁的圈数。

为了确保锁紧轴伸出到位，手轮必须旋转应旋的圈数。手轮应旋的圈数，各闸板防喷器是不同的，井队人员应熟知所用防喷器手轮应旋圈数，并在手轮处挂牌标明。

简易式锁紧结构的各项操作方法以及动作要领与前述完全相同。关井后的锁紧情况从外观上更容易判断。关井后，当锁紧轴旋入护套内并顶住活塞杆时，是已机械锁紧工况；开井后，当锁紧轴伸出护套外并未顶住活塞杆时，表明已解锁到位。

二、液压自动锁紧装置

液压自动锁紧装置如图 12－13 所示。液压自动锁紧装置是通过装于主活塞上的锁紧活塞和装于活塞径向四个扇形槽内的四个锁紧块来实现的。当液压油作用于关闭腔时，推动主活塞和锁紧活塞向闸板关闭方向运动，由于锁紧块内外圆周上都带有一定角度的斜面，内斜面与锁紧活塞斜面相接触，使得锁紧块在锁紧活塞的推动下，有向径向外部运动的趋势。一旦主活塞到达关闭位置后，锁紧块在锁紧活塞的径向力作用下，向外运动坐于液缸台阶上，实现完全锁紧。液压油泄压后仅靠锁紧活塞弹簧力的作用，仍能保证可靠的锁紧状态。打开闸板时，液压油作用于开启腔，使锁紧活塞向外运动，锁紧块外圈斜面与液缸台阶斜面相互作用，产生使锁紧块向内收缩的分力，使锁紧块实现解锁，然后主活塞带动闸板轴及闸板实现开启动作。

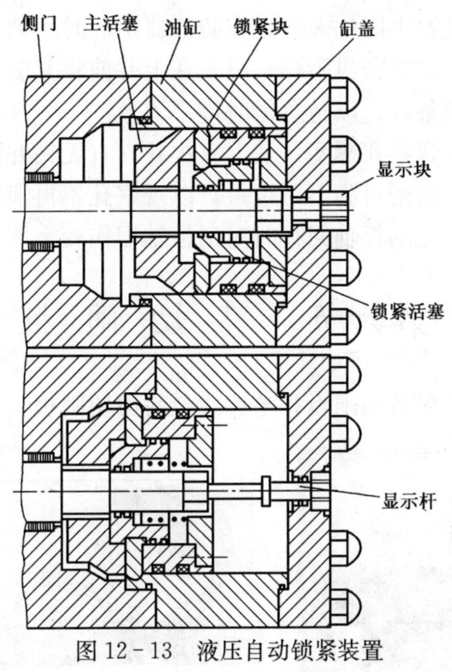

图 12-13 液压自动锁紧装置

第五节 活塞杆的二次密封装置

一、活塞杆的二次密封装置的作用

闸板防喷器的侧门内腔与活塞杆之间装有密封装置以密封其环形空间，保证防喷器正常工作。该密封装置的密封圈分为两组，安装方向相反，一组密封井内高压流体，一组密封液控高压油。密封圈具有方向性，只有正确安装才起密封作用。这种密封手段是活塞杆的一次密封装置。一次密封装置的密封圈在防喷器长期使用下，磨损严重后可能导致一次密封装置失效。如果在关井工况下密封圈损坏，尤其是密封井内高压流体的密封圈损坏，将给关井造成威胁。活塞杆的二次密封装置，就是当一次密封装置失效时，用以紧急补救其密封而设置的。活塞杆的二次密封装置如图 12-14 所示。

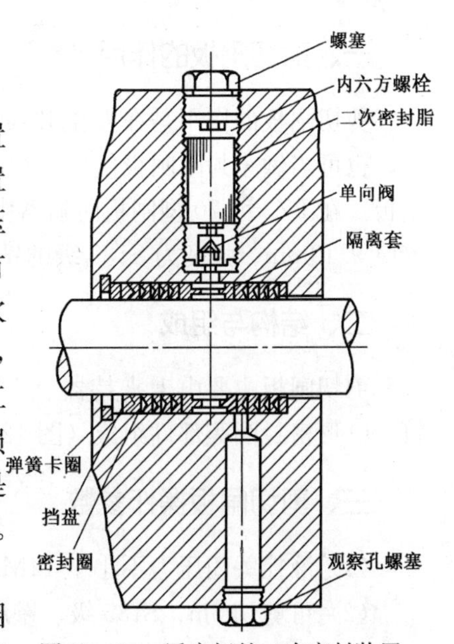

图 12-14 活塞杆的二次密封装置

在关井后如果观察孔有流体溢出，这就表明密封圈已损坏，此时应立即卸下六角丝堵，用专用扳手顺时针旋拧孔内内六方螺栓，推动二次密封脂通过单向阀、隔离套径向孔，进入密封圈的环形间隙。二次密封脂填补空隙后就可使活塞杆的密封得以补救与恢复。

二、活塞杆的二次密封装置使用注意事项

（1）为防止二次密封脂发生固化失效，在防喷器出厂时不装二次密封脂棒，并且在平时防喷器不使用期间也不安装二次密封脂棒，只是在上井前将其装入。

（2）将专用工具预先准备好，以防急需时措手不及。

（3）应经常观察下部的观察孔螺塞（其上有小孔）有无钻井液或油液流出。

（4）密封圈失效后注二次密封脂不可过量，以观察孔不再泄漏为准。二次密封脂摩擦阻力大而且粘附有颗粒物质，当闸板轴回程时对闸板轴损伤较大。

第六节 剪 切 闸 板

剪切闸板分为分体式全封剪切闸板和整体式全封剪切闸板。见图 12－15。

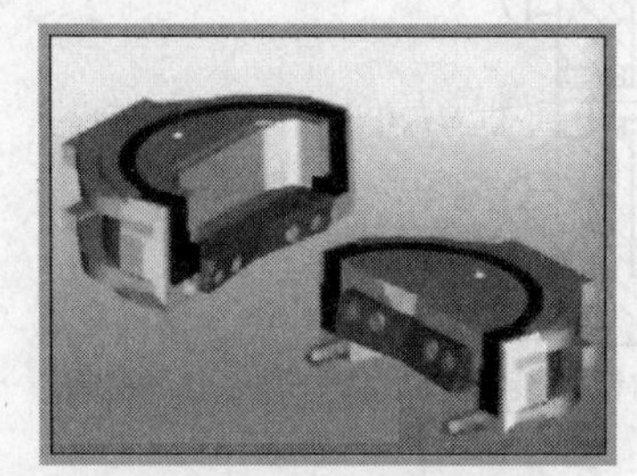

（a）分体式全封剪切闸板

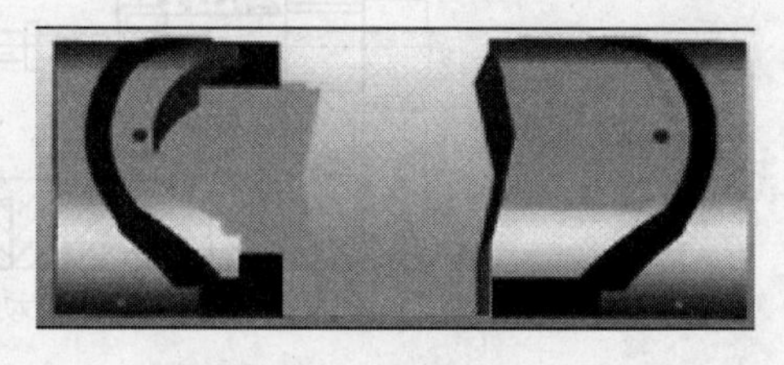

（b）整体式全封剪切闸板

图 12－15 剪切闸板

一、剪切闸板的作用

剪切闸板的作用是在发生井喷时将井内管柱剪断，达到完全封井的目的，在正常情况下，也可当做全封闭闸板使用。在高压、高含硫地层和区域探井的钻井作业中，应安装剪切闸板。在 FZ35－70 型闸板防喷器中配置 SR3570 型剪切闸板总成，可剪断 ϕ127mm（5in）、壁厚 9.19mm、强度为 S135 级的钻杆，并全封闭井口。

二、结构与组成

剪切闸板主要由上夹持器、下夹持器、上闸板、下闸板、剪切刀、下胶芯、内六角螺钉、O 形密封圈等部件组成（图 12－16）。

三、剪切闸板操作参数

（1）液控关闭压力不小于 14MPa，最大压力为 21MPa。

（2）可剪切 5in、S135 级、壁厚 9.19mm 的钻杆，剪切液控关闭压力不小于 14MPa。

（3）可密封最大工作压力 105MPa。

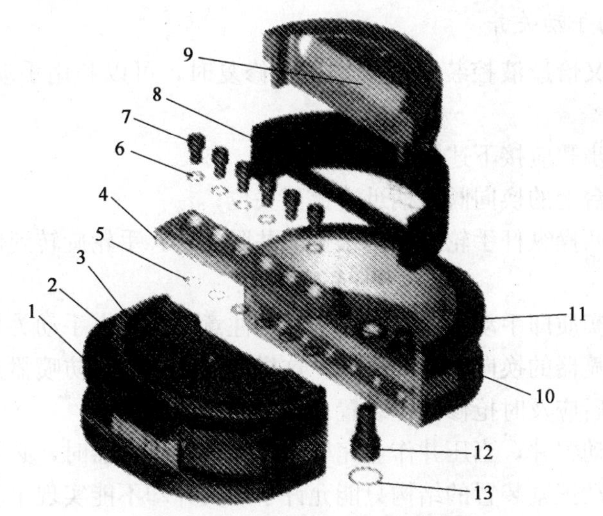

图 12－16　剪切闸板结构示意图

1—上夹持器；2—上胶芯；3—上闸板；4—剪切刀；5—O 形密封圈；
6—铜垫圈；7—内六角螺钉；8—下胶芯；9—下闸板；
10—O 形密封圈；11—下夹持器；12—螺钉；13—挡圈

第七节　闸板防喷器的关开井和合理使用

一、关开井操作步骤

闸板防喷器关开井时，其操作步骤应按下述顺序进行。

1. 正常液压关井

1）液压关井

（1）遥控操作：在司钻控制台上同时将气源总阀扳至开位，所关防喷器的换向阀扳至关位，两阀同时作用的时间不少于 5s。

（2）远程操作：将远程控制台上控制该防喷器的换向阀手柄迅速扳至关位。

2）手动锁紧

长时间关井时，顺时针旋转两操纵杆手轮，将闸板锁住，逆时针旋转两手轮 1/4～1/2圈。

2. 正常液压开井

1）手动解锁

逆时针旋转两操纵杆手轮，使锁紧轴缩回到位，顺时针操作两手轮 1/4～1/2 圈。

2）液压开井

（1）遥控操作：在司钻控制台上同时将气源总阀和所关防喷器的换向阀扳至开位，两阀同时作用的时间不少于 5s。

（2）远程操作：将远程控制台上控制该防喷器的换向阀手柄迅速扳至开位。

3. 闸板防喷器的手动关井

如果需要关井，又恰逢液控装置失效来不及修复时，可以利用手动机锁装置进行手动关井。

手动关井的操作步骤应接下述顺序进行：

（1）将远程控制台上的换向阀手柄迅速扳至关位；

（2）顺时针旋转两操纵杆手轮，将闸板推向井眼中心，手轮旋转到位，再逆时针旋转两手轮1/4～1/2圈。

手动关井操作的实质即手动锁紧操作。应特别注意的是：在手动关井前，应首先使远程控制台上控制闸板防喷器的换向阀处于关位。这样做的目的是使防喷器开井油腔里的液压油直通油箱。手动关井后应及时抢修液控装置。

液控失效实施手动关井，当压井作业完毕，需要打开防喷器时，必须利用已修复的液控装置，液压开井，手动锁紧装置的结构只能允许手动关井却不能实现手动开井。

二、闸板防喷器的合理使用

（1）半封闸板的通径尺寸应与所用钻杆、套管等管柱尺寸相对应。

（2）井中有钻具时切忌用全封闸板关井。

（3）双闸板防喷器应记清上下全封、半封位置，包括剪切闸板。

（4）长期关井时应手动锁紧闸板。

（5）长期关井后，在开井以前必须先将闸板解锁，然后再液压开井。未解锁不许液压开井；未液压开井不许上提钻具。

（6）闸板在手动锁紧或手动解锁操作时，两手轮必须旋转足够的圈数，确保锁紧轴到位，并反向旋转1/4～1/2圈。

（7）液压开井操作完毕后应到井口检查闸板是否全部打开。

（8）半封闸板关井后严禁转动或上提钻具。

（9）进入油气层后，每次起下钻前应对闸板防喷器开关活动一次。

（10）半封闸板不准在空井条件下试开关。

（11）防喷器处于“待命”工况时，应卸下活塞杆二次密封装置观察孔处丝堵。防喷器处于关井工况时，应有专人负责注意观察孔是否有液体流出现象。

（12）配装有环形防喷器的井口防喷器组，在发生井喷时应按以下顺序操作：首先关环形防喷器，保证一次关井成功，防止闸板防喷器关井时发生“水击效应”。第二步用闸板防喷器关井，充分利用闸板防喷器适于长期封井的特点。关井后，及时打开环形防喷器。

闸板防喷器的常见故障及处理方法，见表12-1。

表12-1　闸板防喷器的常见故障及处理方法

序　号	故障现象	产生原因	排除方法
1	井内介质从壳体与侧门连接处流出	（1）防喷器侧门密封圈损坏；（2）防喷器壳体与侧门密封面有脏物或损坏	（1）更换损坏的侧门密封橡胶圈；（2）清除密封面脏物，修复损坏部位

续表

序　号	故障现象	产生原因	排除方法
2	闸板移动方向与控制台铭牌标志不符	控制台与防喷器连接管线接错	倒换防喷器油路接口的管线位置
3	液控系统正常，但闸板关不到位	闸板接触端有其他物质或沙子、钻井液淤积等	清洗闸板及侧门
4	井内介质窜到液缸内，使油中含水气	闸板轴密封圈损坏，闸板轴变形或表面拉伤	更换损坏的闸板轴密封圈，修复损坏的闸板轴
5	防喷器液动部分稳不住压、侧门开关不灵活、锁紧解锁不灵活	防喷器液缸、活塞、闸板轴、缸筒、油管、开关侧门闸板轴、锁紧活塞密封圈损坏，密封表面损伤；防喷器液缸、活塞、锁紧轴、密封圈损坏，密封表面损伤	更换各处密封圈，修复密封表面或更换新件
6	闸板关闭后封不住压	（1）闸板密封胶芯损坏；（2）壳体闸板腔上部密封面损坏；（3）离合器活塞的O形圈损坏；（4）弹簧失去弹性；（5）前后离合器齿部损坏	（1）更换闸板密封胶芯；（2）修复壳体闸板腔密封面；（3）更换新的O形圈；（4）更换弹簧；（5）更换前后离合器
7	控制油路正常，用液压打不开闸板或侧门	（1）闸板被泥沙卡住；（2）离合器活塞的O形圈损坏，无法解锁	（1）清除泥沙，加大液控压力；（2）更换新的O形圈
8	显示杆不动作	显示杆的O形圈损坏	更换新的O形圈

第十三章 液压防喷器控制系统

第一节 液压防喷器控制系统的功用、组成及类型

液压防喷器控制系统外观，见图 13-1。

图 13-1 液压防喷器控制系统

一、功用

液压防喷器都必须配备相应的控制装置。防喷器的开关是通过操纵控制装置实现的；防喷器动作所需液压油也是由控制装置提供的。

控制装置的功用就是预先制备与储存足量的液压油并控制液压油的流动方向，使防喷器得以迅速开关。当液压油由于使用消耗，油量减少，油压降低到一定程度时，控制装置将自动补充储油量，使液压油始终保持在一定的压力范围内。

二、组成

控制装置由远程控制台（又称蓄能器装置或远控台）、司钻控制台（又称遥控装置或司控台）以及辅助控制台（又称辅助遥控装置）组成，另外，还可以根据需要增加氮气备用系统和压力补偿装置等，如图 13-2 所示。

远程控制台是制备、储存液压油并控制液压油流动方向的装置。它由油泵、蓄能器组、控制阀件、输油管线、油箱等元件组成。通过操作三位四通转阀（换向阀）可以控制压力油输入防喷器油腔，直接使井口防喷器实现开关。远程控制台通常安装在面对井场左侧，距离井口 25m 远处。

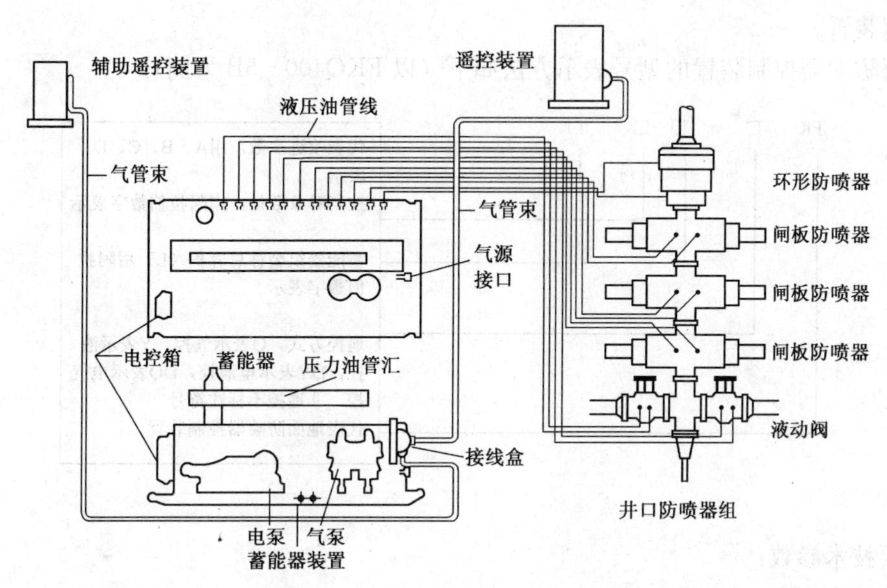

图 13-2　防喷器控制装置组成示意

司钻控制台是使远程控制台上的三位四通转阀动作的遥控系统，间接操纵井口防喷器开关。司钻控制台安装在钻台上司钻岗位附近。

辅助控制台安置在值班房或队长房内，作为应急的遥控装置备用。

氮气备用系统可为控制管汇提供应急辅助能量。如果蓄能器或泵装置不能为控制管汇提供足够的动力液，可以使用氮气备用系统为管汇提供高压气体，以便关闭防喷器。

压力补偿装置是控制装置的配套设备，在进行强行起下钻作业时，可以减少环形防喷器胶芯的磨损，同时确保过接头后使胶芯迅速复位，确保钻井安全。

三、类型

控制装置上的三位四通转阀的遥控方式有三种：即液压传动遥控，气压传动遥控和电传动遥控。据此，控制装置分为 3 种类型，即所谓液控液型、气控液型和电控液型。

(1) 液控液型。

利用司钻控制台上的液压换向阀，将控制液压油经管路输送到远程控制台上，使控制防喷器开关的三位四通转阀换向，将蓄能器的高压液压油输入防喷器的液缸，开关防喷器。

(2) 气控液型。

利用司钻控制台上的气阀，将压缩空气经空气管缆输送到远程控制台上，使控制防喷器开关的三位四通转阀换向，将蓄能器高压油输入防喷器的液缸，开关防喷器。

(3) 电控液型。

利用司钻控制台上的电按钮或触摸面板发出电信号，电操纵三位四通转阀换向而控制防喷器的开关。电控液型又可分为电控气—气控液和电控液—液控型两种。

防喷器控制装置型号表示方法如下：

示例：FKQ640-7 表示气控液型，蓄能器公称总容积为 640L、7 个控制对象的地面防喷器控制装置。

地面防喷器控制装置的型号表示方法如下（以 FKQ400－5B 为例）：

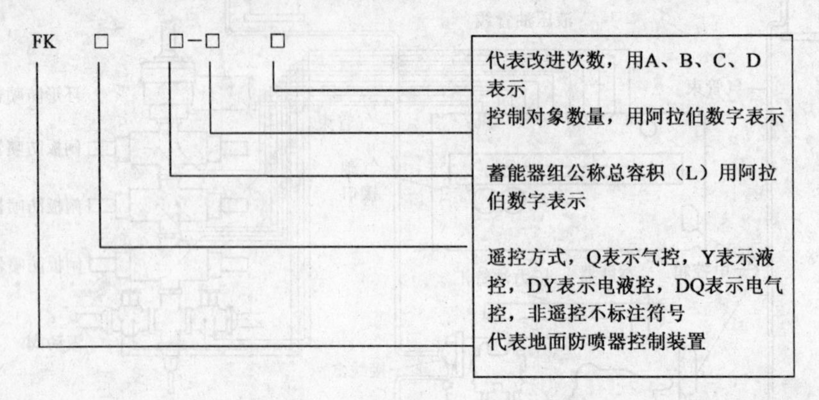

主要技术参数：

系统额定压力 21MPa（3000psi）；

系统最高压力 34.5MPa（5000psi）；

系统减压范围 0～14MPa（0～2000psi）；

储能器预充氮气压力 7MPa±0.7MPa（1000psi±100psi）；

液—电自动开关调压范围 18.5～21MPa（2650～3000psi）；

液—气自动开关调压范围 18.5～21MPa（2650～3000psi）；

气源压力 0.65～0.8MPa（93～115psi）；

电源 380V±19V，50Hz；

环境温度 －13～40℃。

第二节 气控液型控制装置工作原理

气控液型控制装置的工作过程可分为液压能源的制备、液压油的调节与其流动方向的控制、气压遥控等 3 部分，其工作原理并不复杂，现分别予以简述。

一、液压能源的制备、储存与补充

如图 13－3 所示，油箱里的液压油经进油阀、滤油器进入电泵或气泵，电泵或气泵将液压油升压并输入蓄能器组储存。蓄能器组由若干个蓄能器组成，蓄能器中预充 7MPa 的氮气。当蓄能器中的油压升至 21MPa 时，电泵或气泵即停止运转。当蓄能器里的油压明显降低时，电泵或气泵即自动启动往蓄能器里补充液压油。这样，蓄能器里将始终维持有所需要的压力。

气泵的供气管路上装有气源处理元件、液气开关以及旁通截止阀。通常，旁通截止阀处于关闭工况，只有当需要制备高于 21MPa 的压力油时，才将旁通截止阀打开，利用气泵制造高压液能。

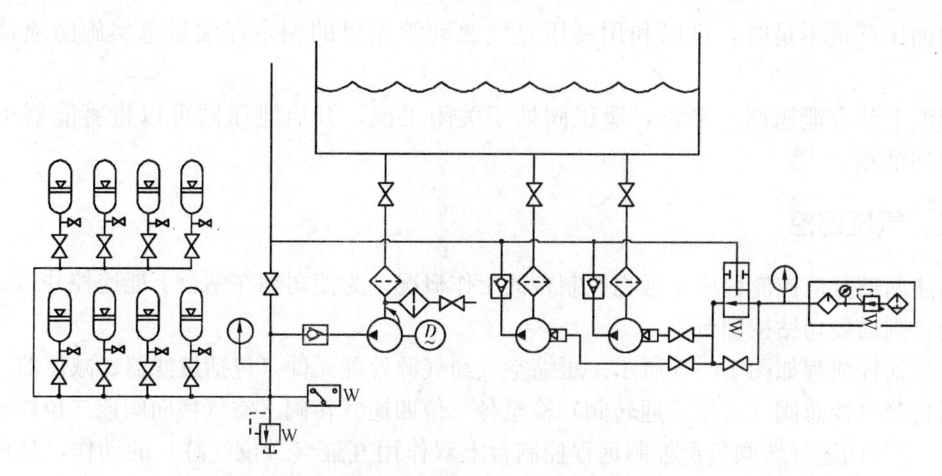

图 13-3　控制装置的液控流程——液压能源的制备

二、压力油的调节与流动方向的控制

如图 13-4 所示，蓄能器里的液压油进入控制管汇后分成两路：一路经气手动减压阀将油压降至 10.5MPa，然后再输至控制环形防喷器的三位四通转阀；另一路经手动减压阀将油压降为 10.5MPa 后再经旁通阀（二位三通转阀）输至控制闸板防喷器与液动阀的三位四通转阀管汇中。操纵三位四通转阀的手柄就可实现相应防喷器的开关动作。

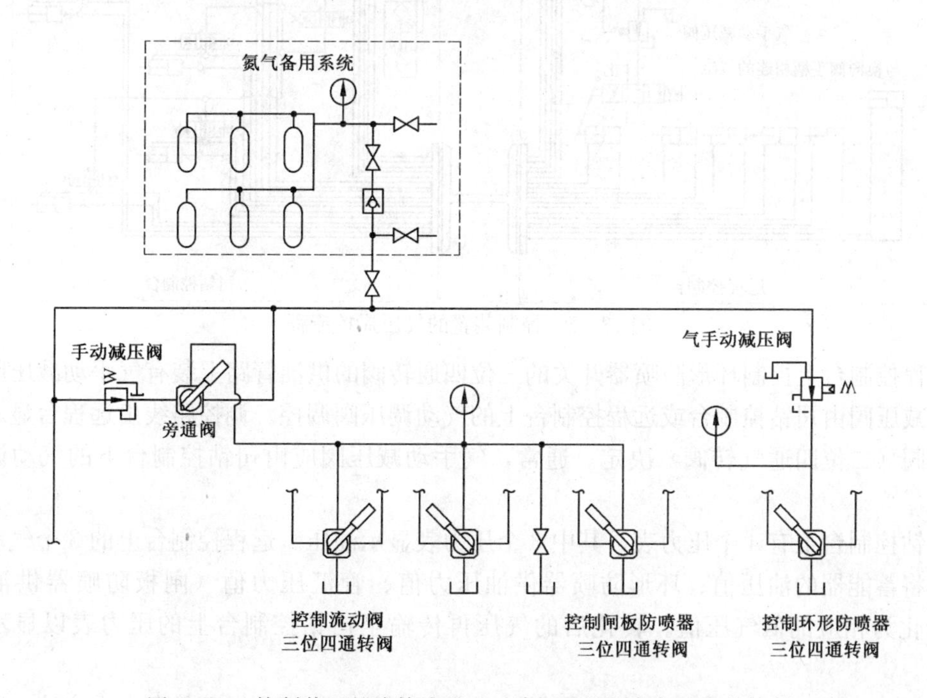

图 13-4　控制装置的液控流程——液压油的调节与流向的控制

当 10.5MPa 的压力油不能推动闸板防喷器关井时，可操纵旁通阀手柄使蓄能器里的高压油直接进入管汇中，利用高压油推动闸板。在配备有氮气备用系统的装置中，当蓄能器的油压严重不足时，可以利用高压氮气驱动管路里的剩余存油紧急实施防喷器关井动作。

管汇上装有泄压阀。平常，泄压阀处于关闭工况，开启泄压阀可以将蓄能器里的液压油排回油箱。

三、气压遥控

前述两部分液控流程属于远程控制台的工作概况。为使司钻在钻台上能遥控井口防喷器开关动作则需要司钻控制台。

气压遥控流程如图 13－5 所示。压缩空气经气源处理元件（包括过滤器、减压器、油雾器）后再经气源总阀（二位三通转阀）输至各三位四通气转阀（空气换向阀或二位四通换向滑阀）。三位四通气转阀负责控制远程控制台上双作用气缸（二位气缸）的动作，从而控制远程控制台上相应的三位四通转阀手柄，间接控制井口防喷器的开关动作。

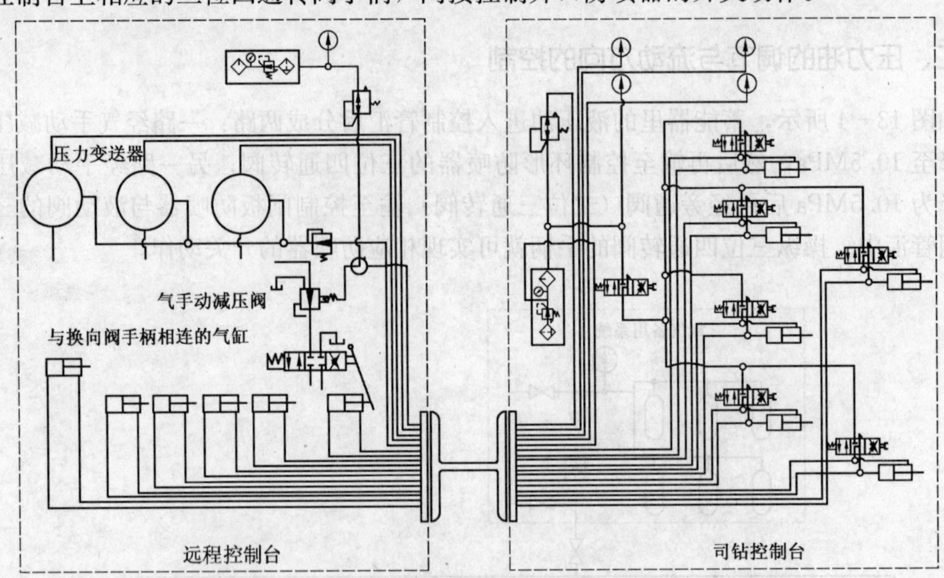

图 13－5　控制装置的气压遥控流程

远程控制台上控制环形防喷器开关的三位四通转阀的供油管路上装有气手动减压阀。该气手动减压阀由司钻控制台或远程控制台上的气动调压阀调控。调控路线由远程台显示盘上的分配阀（二位四通气转阀）决定。通常，气手动减压阀应由司钻控制台卜的气动调压阀调控。

司钻控制台上有 4 个压力表，其中 3 个压力表显示油压。远程控制台上的 3 个气动压力变送器将蓄能器的油压值、环形防喷器供油压力值、管汇压力值（闸板防喷器供油压力值）转化为相应的低气压值。转化后的气压再传输至司钻控制台上的压力表以显示相应的油压。

液压能源的制备、压力油的调节与其流向的控制等工作都在远程控制台上完成，典型的远程控制台其元件组成与管路情况如图 13－6 所示，安装在钻台上的典型司钻控制台及其元件组成与管路连接情况如图 13－7 所示。

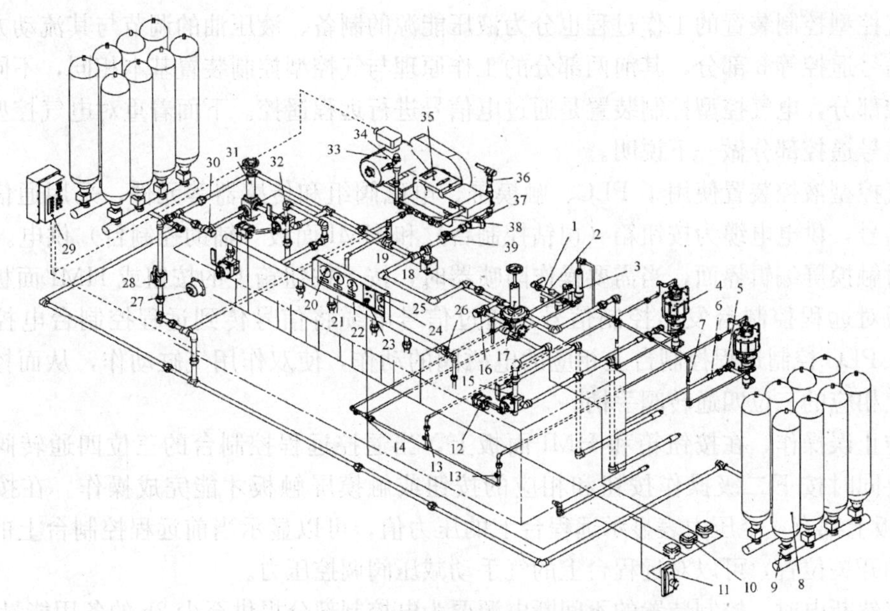

图 13-6　典型远程控制台结构组成示意图

1—气源处理元件；2—压力表；3—液气开关；4—气泵；5—1in 滤油器；6—球阀；7—单向阀；8—蓄能器；9—球阀；10—气动压力变送器；11—接线盘（方板）；12—双作用气缸；13—截止阀；14—截止阀；15—三位四通转阀；16—滤油器；17—气手动减压阀；18—高压球阀；19—溢流阀；20—蓄能器压力表；21—管汇压力表；22—环形防喷器供油压力表；23—气动调压阀；24—气源压力表；25—分配阀（三位四通气转阀）；26—泄压阀；27—压力控制器；28—球阀；29—电控箱；30—滤油器；31—手动减压阀；32—旁通阀；33—电动机；34—溢流阀；35—电泵；36—球阀；37—1½in 滤油器；38—单向阀；39—球阀

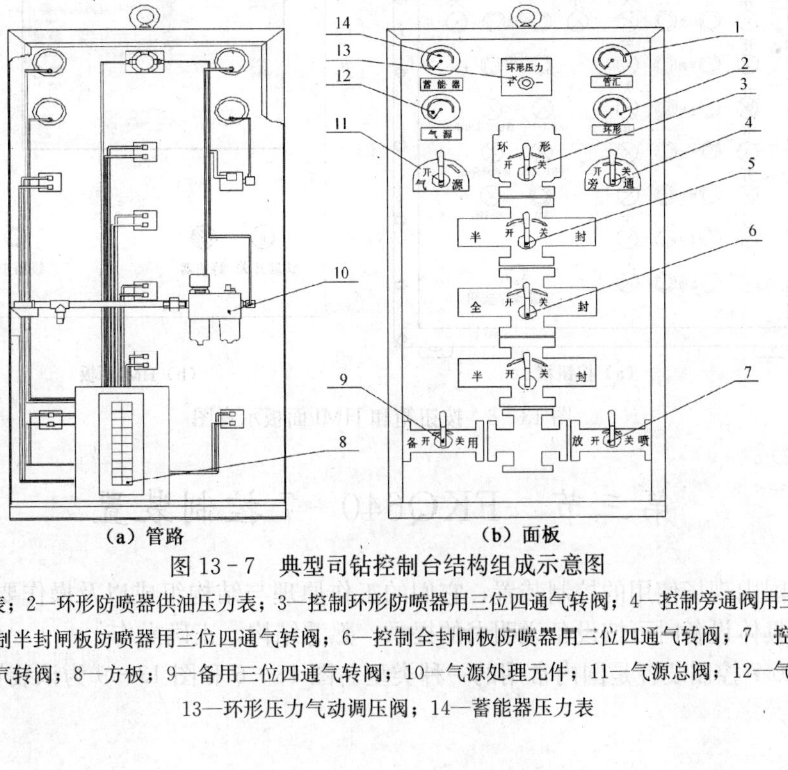

（a）管路　　（b）面板

图 13-7　典型司钻控制台结构组成示意图

1—管汇压力表；2—环形防喷器供油压力表；3—控制环形防喷器用三位四通气转阀；4—控制旁通阀用三位四通气转阀；5—控制半封闸板防喷器用三位四通气转阀；6—控制全封闸板防喷器用三位四通气转阀；7　控制液动阀用三位四通气转阀；8—方板；9—备用三位四通气转阀；10—气源处理元件；11—气源总阀；12—气源压力表；13—环形压力气动调压阀；14—蓄能器压力表

电气控型控制装置的工作过程也分为液压能源的制备、液压油的调节与其流动方向的控制、电信号遥控等 3 部分，其前两部分的工作原理与气控型控制装置基本相同，不同之处主要是遥控部分，电气控型控制装置是通过电信号进行远程遥控。下面着重对电气控型控制装置的电信号遥控部分做一下说明。

电气控型液控装置使用了 PLC、触摸屏、电磁阀组和传感器等元件，采用通信电缆传递控制信号，供电电缆为按钮箱（司钻控制台）和 HMI 面板（辅助控制台）供电。对 PLC 编程，对触摸屏编辑界面，当需要操作防喷器时，按下按钮箱上的按钮或 HMI 面板上的触摸屏触板对远程控制台发出控制信号，通过信号电缆将信号传到远程控制台电控箱内的 PLC 上，PLC 控制远程控制台上相应的电磁阀的动作，使双作用气缸动作，从而控制远程控制台上相应的三位四通转阀手柄。

为防止误操作，在按钮箱和 HMI 面板上，当遥控远程控制台的三位四通转阀的动作时，需要同时按下二级操作按钮和相应的按钮或触摸屏触板才能完成操作。在按钮箱和 HMI 面板上都有 4 个压力表显示远程台上的压力值，可以显示当前远程控制台上的三位四通转阀的开关位置，可以对远程台上的气手动减压阀调控压力。

当突然断电时，控制装置的不间断电源要为电控制部分提供至少 2h 的备用能量。

安装在钻台上的按钮箱和安装在值班室里的 HMI 面板的示意图，如图 13－8 所示。

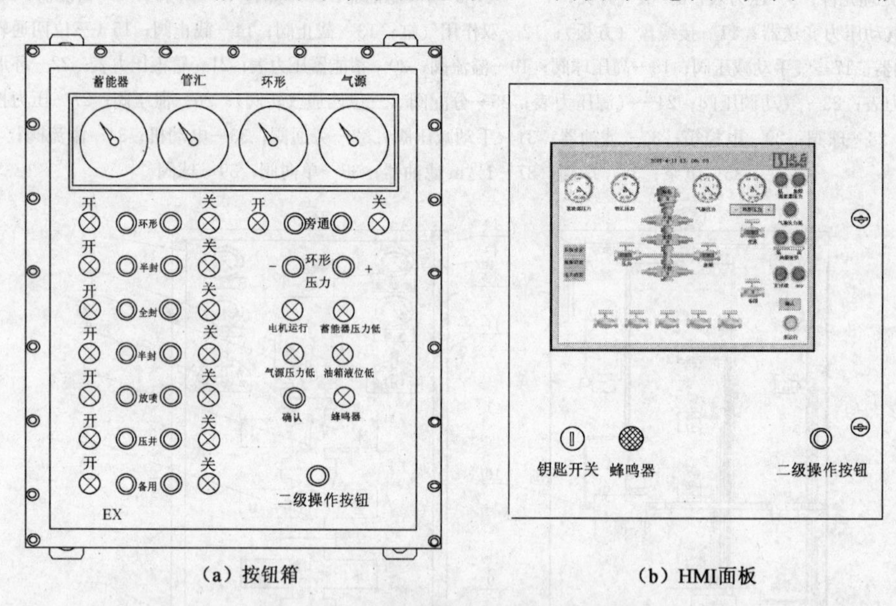

（a）按钮箱　　（b）HMI面板

图 13－8　按钮箱和 HMI 面板示意图

第三节　FKQ640－7 控制装置

目前，国内现场使用的控制装置，它们的工作原理与结构组成以及操作要领基本相同，操作者使用具体设备时可按设备说明书的提示，熟悉结构，正确操作。

FKQ640-7 控制装置是国内常用的一种类型。图 13－6 和图 13－9 为该装置组成示意图和工作原理。

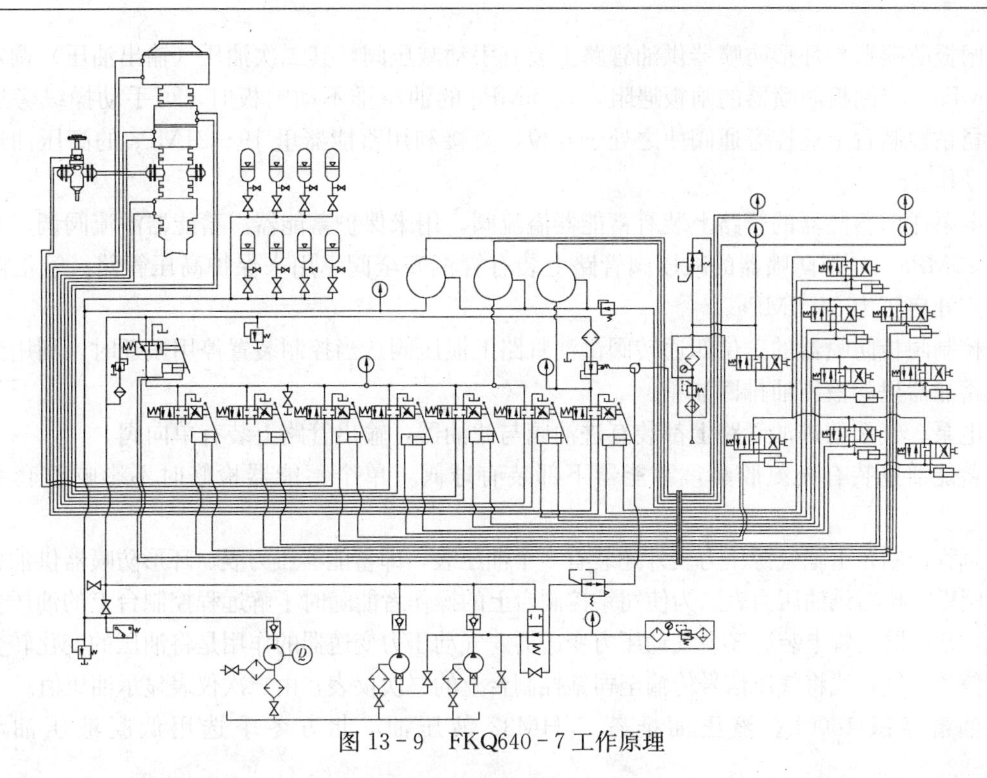

图 13-9　FKQ640-7 工作原理

该控制装置可以控制一台环形防喷器、一台双闸板防喷器、一台单闸板防喷器、两个液动阀、一个备用控制线路，共计可控制 7 个对象。

该装置的蓄能器组由 8 个蓄能器组成，单瓶公称容积 80L。因此蓄能器公称总容积为 640L。井口防喷器开关动作所需的液压油由蓄能器提供，蓄能器所储存的液压油则由电泵或气泵供应与补充。

电泵一台，电源由井场发电机组提供并由压力控制器实行自动控制，压力控制器上限压力调定为 21MPa。下限压力调定为 19MPa。当蓄能器油压升至 21MPa 时，压力控制器自动切断电源，电泵停止工作；当蓄能器油压降至 19MPa 时，压力控制器自动接通电源，电泵启动运转，蓄能器里液压油的油压始终保持在 21～19MPa 范围内。

气泵两台作为备用、辅助泵使用，气源来自井场钻机气控系统制备的压缩空气。0.65～0.8MPa 压力的压缩空气经气源处理元件（包括过滤器，减压器，油雾器）、液气开关、气泵进气阀进入气泵。液气开关对气泵的启停进行自动控制，控制压力调定为 21MPa。关蓄能器油压过低时，液气开火接通气源，气泵运转；当蓄能器油压升至 21MPa 时液气开关切断气源，气泵停止工作。

蓄能器的压力油流经截止阀，一路经滤油器、气手动减压阀输至控制环形防喷器的三位四通转阀；另一路则经滤油器、手动减压阀输至控制各闸板防喷器和液动阀的管汇中。

该装置所控制的 7 个对象分别由相应的三位四通转阀操纵，扳动三位四通转阀手柄使之处于开位或关位即可使井口环形防喷器、闸板防喷器、液动阀开关动作。三位四通转阀手柄连接有双作用气缸，因此可在司钻控制台上操纵气控阀件遥控三位四通转阀手柄，实现井口防喷器开关动作。

闸板防喷器与环形防喷器供油管路上装有手动减压阀，其二次油压（输出油压）调定为10.5MPa。当闸板防喷器的闸板遇阻，10.5MPa 的油压推不动闸板时，可手动操纵旁通阀或在司钻控制台上遥控旁通阀使之处于开位，直接利用蓄能器里 19～21MPa 的高压油迫使闸板动作。

电泵通向蓄能器的管路上装有蓄能器溢流阀，用来保护蓄能器。蓄能器溢流阀调定开启压力 23MPa。环形防喷器的减压阀管路上装有管汇安全阀，用来保护高压管路。管汇溢流阀调定开启压力 34.5MPa。

控制闸板防喷器的三位四通转阀供油管路上泄压阀。当控制装置停用搬迁时，利用泄压阀将蓄能器里的液压油排回油箱。

电泵、气泵的进油管路上都装有进油阀与滤油器，输出管路上装有单向阀。

蓄能器里装有充氮胶囊，蓄能器下部装有球阀，单个蓄能器检修时不影响整套系统工作。

远程控制台上除气源压力表外还装有 3 个油压表，即蓄能器压力表、环形防喷器供油压力表、闸板防喷器供油压力表。为使司钻控制台上的操作者能随时了解远程控制台上的油压变化情况，蓄能器装置上装有 3 个气动压力变送器。气动压力变送器的作用是将油压的变化转变为气压信号。气管线将气压信号传输至司钻控制台上的二次仪表，由二次仪表显示油压值。

油箱容积 1600L。液压油推荐 L-HM32 液压油，北方冬季选用低凝液压油，如 L-HS32。

电泵进油管路上设计有外接油口并备有软管附件，可将油桶中的油抽入油箱。

该装置有制备 34.5MPa 高压油的能力，以便为井场其他设施与工具提供压力试验的油源。制备高压油的操作要领是：将电泵与气泵输油管线汇合处的截止阀关闭，开启旁通阀，打开气泵进气管路上的旁通截止阀，开启气泵进气阀，气泵运转，就可以得到高达 34.5MPa 的液压油。油路恢复常态的操作要领是：关闭气泵进气阀，气泵停止运转；关闭气泵进气管路上的旁通截止阀；打开泄压阀，当闸板防喷器供油压力表显示 10.5MPa 时即关闭泄压阀；关闭旁通阀；打开气泵与电泵输油管线空交汇处的截止阀；一切恢复正常。气泵输油管线上设计有外接油口，可临时连接高压管线将高压油引出；亦可将备用液压源的高压油引入。

远程控制台的保护房分为非保温型、保温型及拖橇型，可根据不同的要求配置空调、电加热板、电暖气等。

司钻控制台由气控阀件组成，利用压缩空气遥控远程控制台上的 7 个三位四通转阀以及旁通阀。气源仍然来自钻机气控系统。压缩空气经气源处理元件，气源总阀进入各三位四通气转阀。当需井口防喷器开关动作时，司钻一手扳动气源总阀手柄；另一手操纵相应三位四通气转阀手柄使压缩空气输往远程。

控制台上的双作用气缸，推动三位四通转阀手柄动作。

通常，井口防喷器的开关动作都是由司钻在钻台上遥控操作的，只是在气控失灵或是井口严重井喷，钻台上不能容人时才在地面上的远程控制台上操作控制。务请注意：在钻台上操作司钻控制台只能使远程控制台上的三位四通转阀处于开位或关位，却不能使之处于中位。

司钻控制台上的三位四通气转阀都设有弹簧复位机构，操作者动作完毕松手后，三位四通气转阀会自动恢复中位，远程控制台上双作用气缸里的压缩空气立即逸入大气，因此远程控制台上的三位四通气转阀随时可以手动操作。这样就保证了司钻控制台与远程控制台对井口防喷器的控制器各自独立，互不干涉。

操作者在司钻控制台上同时操作气源总阀与三位四通气转阀时才能对远程控制台实行遥控。这样就避免了由于偶然碰撞、扳动三位四通气转阀手柄而引起井口防喷器误动作事故。

司钻控制台上装有4个压力表，显示气源压力、环形防喷器液控油压，闸板防喷器液控油压以及蓄能器油压。

司钻控制台具有操作记忆功能，每个三位四通气转阀分别与一个显示气缸相接，当操作转阀到“开”位或“关”位时，显示窗口便同时出现“开”字或“关”字，气转阀手柄复位后，显示标牌仍保持不变，使操作人员能了解前一次在司钻台上的操作的状态。

第四节　控制装置主要部件

一、蓄能器

1. 功用

蓄能器用以储存足量的高压液压油，为井口防喷器、液动阀动作时提供可靠油源。

2. 结构

蓄能器组由若干个蓄能器组成，FKQ640-7的蓄能器组由8个蓄能器组成。每个蓄能器中装有胶囊，胶囊中预充7MPa±0.7MPa的氮气。蓄能器结构如图13-10所示。

3. 工作原理

电泵将7MPa以上的压力油输入蓄能器内，瓶内油量逐渐增多，油压升高，胶囊里的氮气被压缩，直到蓄能器中油压达到21MPa为止。此时胶囊里的氮气体积约占蓄能器容积的1/3。在防喷器开关动作时，胶囊氮气膨胀将油挤出，瓶内油量逐渐减少，油压降低，通常油压降至19MPa时电泵立即启动向瓶内补充液压油，使油压恢复21MPa。

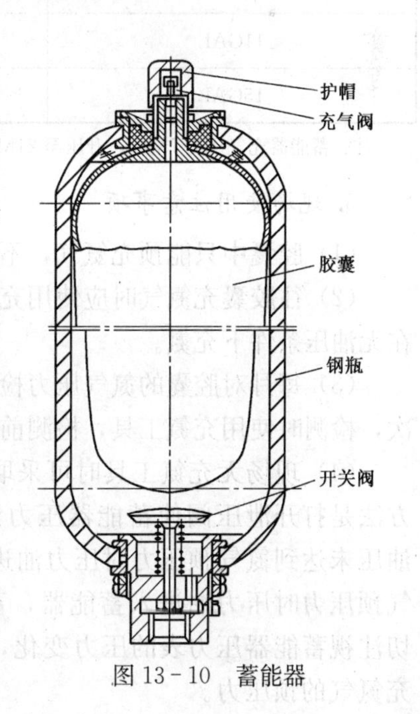

图13-10　蓄能器

防喷器开关动作所需压力油来自蓄能器，而电泵与气泵则为蓄能器充油与补油。在选用控制装置时其蓄能器能保证在停泵不补油情况下，只靠蓄能器本身的有效排油量（蓄能器油压由21MPa降至8.4MPa时所排出的油量）即能满足全部控制对象各关闭一次的需要。因此蓄能器的数量较多，而电泵与气泵却小巧轻便。当电泵与气泵发生故障甚至停电、停气情况下，仅靠蓄能器本身的液压能量也能确保井口防喷器动作，不致影响井控作业。

我国的防喷器控制装置已标准化。根据 SY/T 5053.2—2001《地面防喷器及控制装置》，蓄能器的标准系列如表13-1。

表 13-1 蓄能器的标准系列

控制对象数量，个	1	2	3	4	5	6	7	8
公称总容积，L	⩾40	⩾75	⩾125	⩾320	⩾400	⩾640	⩾720	⩾800

4. 主要技术规范

单瓶公称容积 80L；

胶囊充氮压力 7MPa+0.7MPa；

蓄能器设计压力 31.5MPa；

蓄能器额定工作压力 21MPa。

五种类型蓄能器的理论排液量和实际排液量见表 13-2。

表 13-2 蓄能器的排液量

蓄能器规格	理论排液量，L	实际排液量，L
25L	10.5	9
40L	16.8	16
80L	33.6	31
11GAL	16.8	16
15GAL	23.8	20

注：蓄能器充气压力 7MPa，升压至 21MPa 后，降压至防喷器最小工作压力（8.4MPa）时的排液量。

5. 现场使用注意事项

(1) 胶囊中只能预充氮气，不应充压缩空气，绝对不能充氧气。

(2) 往胶囊充氮气时应使用充氮工具并应在充氮前首先泄掉蓄能器里的压力油，即必须在无油压条件下充氮。

(3) 每月对胶囊的氮气压力检测一次。钻井周期快的井，每次搬迁新井安装好后检测一次，检测时使用充氮工具，检测前应首先泄掉蓄能器里的压力油。

(4) 现场无充氮工具时可采取往蓄能器里充油升压的方法检测胶囊中的氮气预压力。方法是打开泄压阀使蓄能器压力油流回油箱，关闭泄压阀，启动电泵往蓄能器里充油。油压未达到氮气预压力时压力油进不了蓄能器，蓄能器压力表升压很快，当油压超过氮气预压力时压力油进入蓄能器，蓄能器压力表升压变慢，在往蓄能器里充油操作时，密切注视蓄能器压力表的压力变化，压力表快速升压转入缓慢升压的压力转折点即胶囊预充氮气的预压力。

(5) 充氮工具如图 13－11 所示。充氮操作时，旋开蓄能器上部的护帽，卸下充气阀螺帽，将接头与蓄能器充气阀嘴相接，另一接头与氮气瓶相接。顺时针旋转充氮工具旋钮将蓄能器充气阀压开，然后缓慢旋开氮气瓶阀旋钮并观察压力表。当表压显示为 7MPa±0.7MPa 时，关闭氮气瓶阀旋钮，逆时针旋转充氮工具旋钮使蓄能器充气阀封闭，打开充氮工具放气阀使圈闭在工具中的氮气逸出直至压力表回零，最后将两接头从蓄能器与氮气瓶上卸下。使用充氮工具时应熟悉操作顺序，确保安全作业。

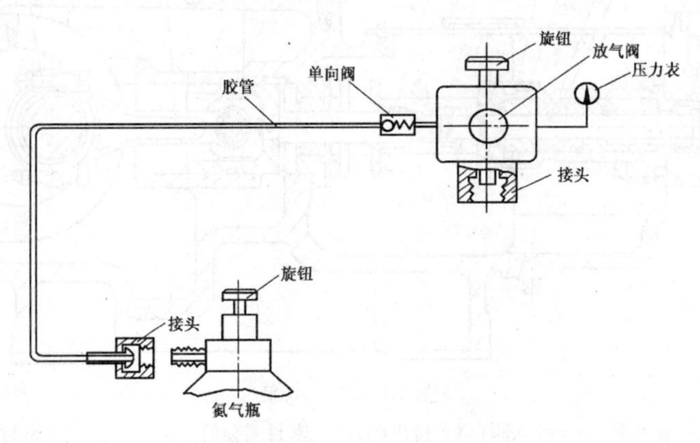

图 13－11　充氮工具示意图

6. 蓄能器数量的校核

在选用控制装置时应对蓄能器数进行校核，以确保井控作业安全可靠，现举例如下：

假设井口防喷器组为 2FZ35－70 双闸板、FZ35－70 单闸板与 FH35－35 环形的组合，控制装置为 FKQ640－7。已知 FH35－35 关闭一次耗油 94L，2FZ35－70、FZ35－70 关闭一次耗油 33.2L×3，液动平板阀开启一次耗油 3L。则控制对象各关闭一次（液动甲板阀开启一次）所需总油量为 94＋33.2×3＋3＝196.6L

蓄能器的选配原则：在停泵不补油情况下，只靠蓄能器本身的有效排油量应满足井口全部控制对象开或关操作各一次的需要。因此，控制装置的总有效排油量应不少于 196.6L。

已知 FKQ640－7 的单瓶实际有效排油量为 31L，则蓄能器的数量应为：

$$196.9 \div 31 = 6.35 \text{ 个}$$

根据蓄能器（单个或一组）失效时容量损失不大于蓄能器总容积的 25%，并且实际操作时有连接管线等，会有一定损失，所以适当增大蓄能器容积来保证安全，于是蓄能器数量设计为 8 个。FKQ640－7 的蓄能器数量为 8 个，因此 FKQ640－7 控制装置可以满足上述防喷器组的控制要求。

二、电泵

1. 功用

电泵用来提高液压油的压力，往蓄能器里输入与补充压力油。电泵在控制装置中作为主泵使用。

2. 结构与工作原理

电泵为三柱塞、单作用、卧式、往复油泵，由三相异步防爆电动机驱动。电泵的结构与井场钻井泵类似。其工作原理也相同。电泵结构如图 13-12 所示。

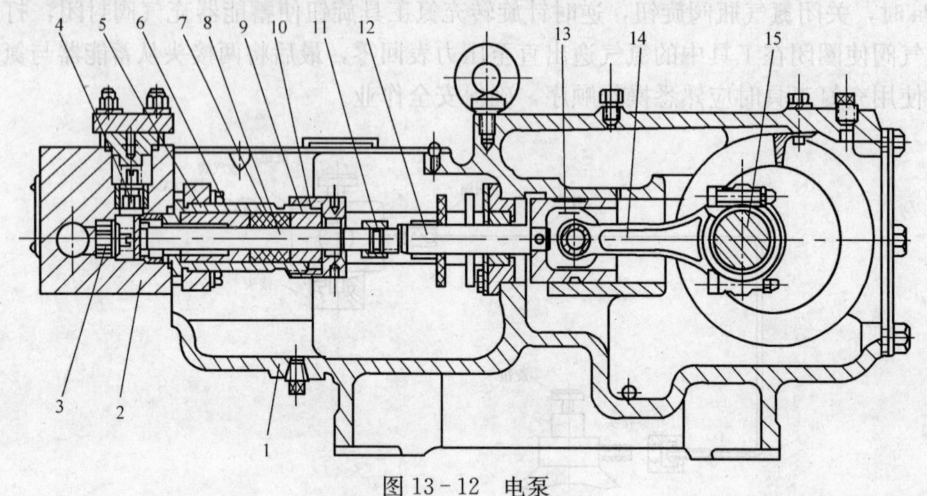

图 13-12　电泵

1—动力端；2—液力端；3—吸入阀；4—排出阀；5—密封圈套筒；6—衬套；7—密封圈；8—柱塞；9—压套；10—压紧螺帽；11—连接螺帽；12—拉杆；13—十字头；14—连杆；15—曲轴

电动机通过双排滚子链条驱动电动机动力端的曲轴，曲轴的旋转运动经连杆、十字头转变为拉杆与柱塞的水平往复运动。柱塞向后运动时，吸入阀进油；柱塞向前运动时，排出阀排油。电泵无缸套，柱塞即活塞。液力端有柱塞密封装置。柱塞与拉杆采用挡圈与连接螺帽的连接方式（图 13-13）。

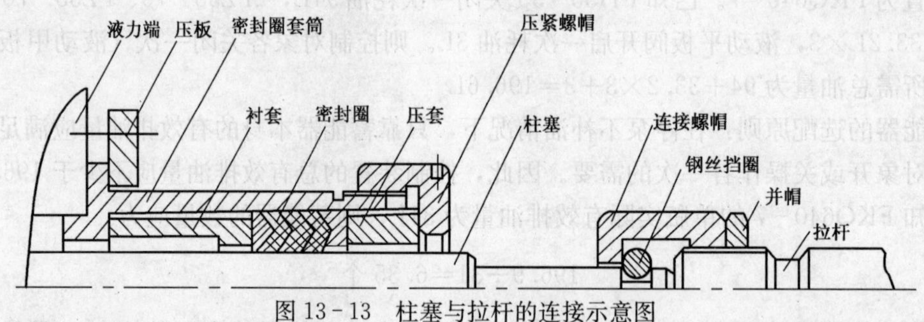

图 13-13　柱塞与拉杆的连接示意图

电泵的排量固定，不可调节。

3. 主要技术规范

不同厂家所生产的控制装置，其电泵的额定工作压力都是 21MPa。但泵的排量与电动机功率却不相同。FKQ640-7 控制装置配备 QB21-80 型电泵，其主要技术规范如下：

额定工作压力　21MPa；

理论排量　41L/min；

实际排量　40L/min；

每转排量　82mL/r；

电动机功率　18.5kW。

4. 现场使用注意事项

（1）电源不应与井场电源混淆，应专线供电，以免在紧急情况下井场电源被切断而影响电泵正常工作。

（2）电源电压应保持 380V±19V，电压过低将影响电泵的正常补油工作。

（3）控制装置投入工作时电泵的启停应由压力控制器控制，即电控箱旋钮应旋至自动位。压力控制器上限压力调定为 21MPa；下限压力调定为 19MPa。

（4）电动机接线时应保证曲轴按逆时针方向旋转，即链条箱护罩上所标志的红色箭头旋向。其目的是使十字头得到较好的飞溅润滑。

（5）曲轴箱、链条箱注入 20 号机油并经常检查油标高度，机油不足时应及时补充。半年换油一次。

（6）柱塞密封装置中的密封圈应松紧适度。密封圈不应压得过紧，以有油微溢为宜。通常调节压紧螺帽，使该处滴油 5～10 滴/min。

（7）拉杆与柱塞应正确连接。当挡阀折断须在现场拆换时，应保证拉杆与柱塞端部相互顶紧勿留间隙。否则将导致新换挡圈过早疲劳破坏。

三、气泵

1. 功用

气泵用来向蓄能器里输入与补充压力油。当电泵发生故障、停电或不许用电时启用气泵；当控制装置需要制备 21MPa 以上的高压油时也要启用气泵。

2. 结构与工作原理

气泵上部为气动马达，下部为抽油泵。气动马达由钻机气控系统制备的压缩空气驱动。抽油泵为单柱塞、立式、往复油泵。气泵结构如图 13－14 所示。

压缩空气经换向机构进入气缸上腔推动活塞下行，此时气缸下腔与大气相通。稍后，随着活塞的继续下行，往复杆与梭块亦被迫下行。当活塞抵达下死点时，梭块刚过换向机构的中点，于是在顶销弹簧推动下梭块与滑块被迅速推向下方，换向机构实现换向。

压缩空气经换向机构进入气缸下腔推动活塞上行，此时气缸上腔与大气相通。稍后，伴随活塞的继续上行，往复杆与梭块亦被迫上行。当活塞抵达上死点时，梭块刚过换向机构中点，顶销将梭块与滑块迅速推向上方，换向机构又实现换向。如此，往复变换气流，活塞与活塞杆连续上下往复运动。带动油泵活塞杆上下往复运动，油泵随即吸油、排油。

气泵的工作特点是：间歇吸油，连续排油。

如果气缸与油缸内腔断面的面积比为 60：1，则进气压力与排油压力的理论比为 1：60。当钻机气控系统的气压为 0.6～0.8MPa 时可获得相应油压 36～48MPa。为了保护气泵与液压管线的安全，通常限定气源压力不超过 0.8MPa。制造厂家在制造控制装置时，通常在气泵供气管线上装设有空气减压阀，用来调定供气压力低于 0.8MPa。

气泵的排油量与耗气量都不稳定，随排油压力高低而变化。当排油压力低时泵冲次增多，排油量增多，耗气量增多。当排油压力高时泵冲次减少，耗气量减少。

气泵往蓄能器里补油工作时，启动平稳，无须卸压启动。

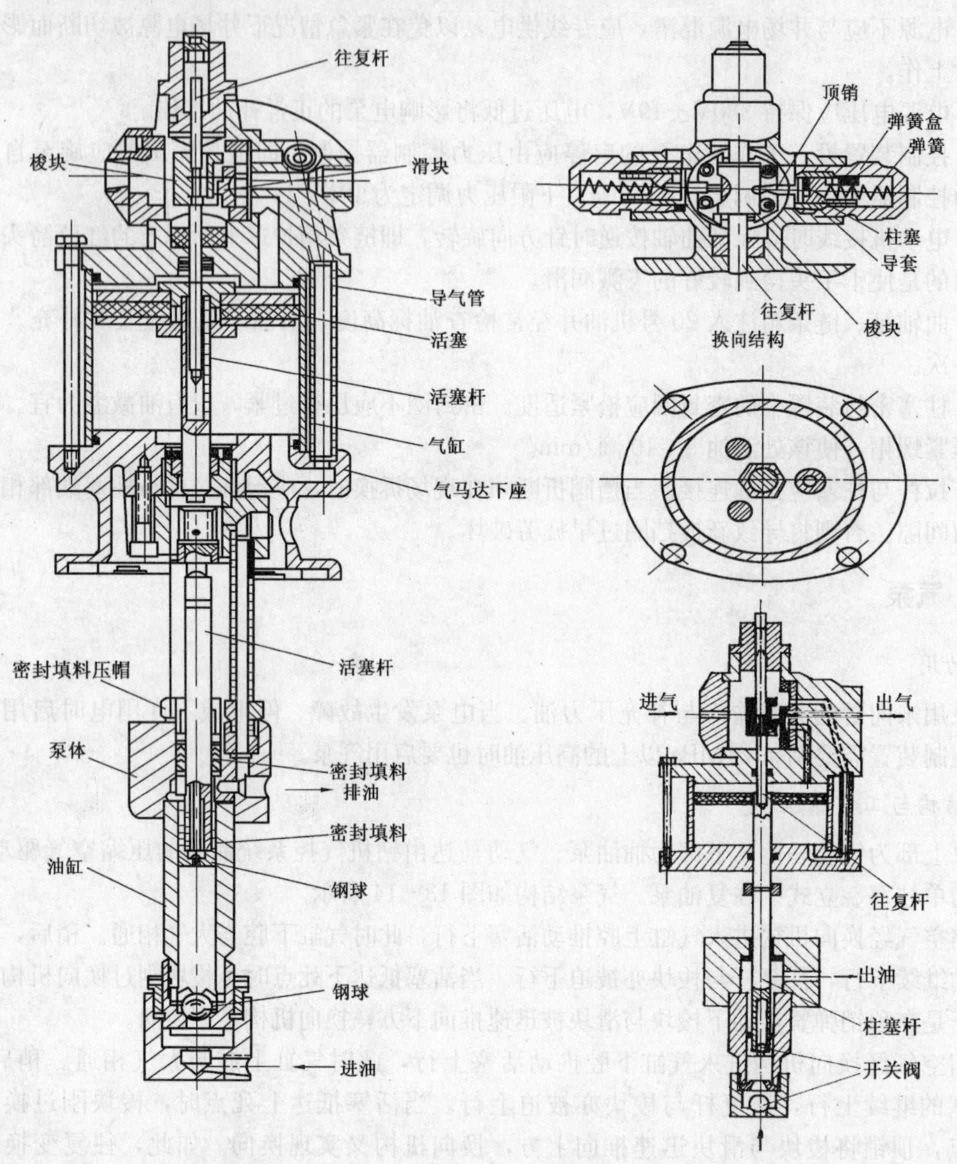

图 13-14　气泵

3. 现场使用注意事项

(1) 气泵耗气量较大。当钻机气控系统气源并不充裕时，不宜使气泵长期自动运转工作。通常关闭气泵进气阀，停泵备用。启动气泵时先通知司钻注意钻机控制系统供气压变化，以防止刹车系统失灵或烧坏气胎离合器。

(2) 气泵的油缸上方装有密封填料，当漏油时可调节密封填料压帽，密封填料压帽不宜压得过紧。否则将加速密封填料与活塞杆的磨损。

(3) 气泵应保持压缩空气的洁净与低含水量。在设备气路上的气源处理元件中的过滤器

(分水滤气器) 应半月清洗一次，每天打开底部放水阀放掉杯内积水（图 13－15)。

(4) 气路上装有油雾器。压缩空气进入气缸前流经油雾器时，有少量润滑油化为雾状混入气流中，用来润滑气缸与活塞组件。

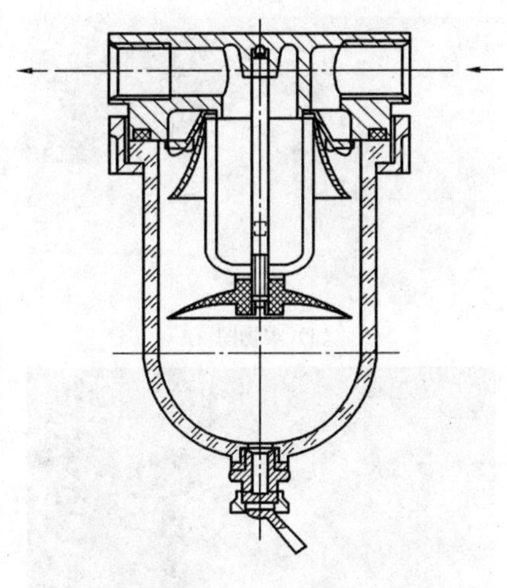

图 13－15　分水滤气器

油雾器的结构如图 13－16 所示。

油雾器使用时的注意事项：①油杯中储存 10 号机油。②油杯中盛油不可过满，2/3 杯即可。油杯盛满机油时油雾器将失效。③控制装置投入工作时，每天检查油雾器一次，酌情加油。加油时停气，可以“带压”操作，即将油杯上螺塞旋下直接往杯中注油，油杯中存油溅出。④手调顶部针形阀以控制油雾器喷油量。通常，逆时针旋拧针形阀即可。

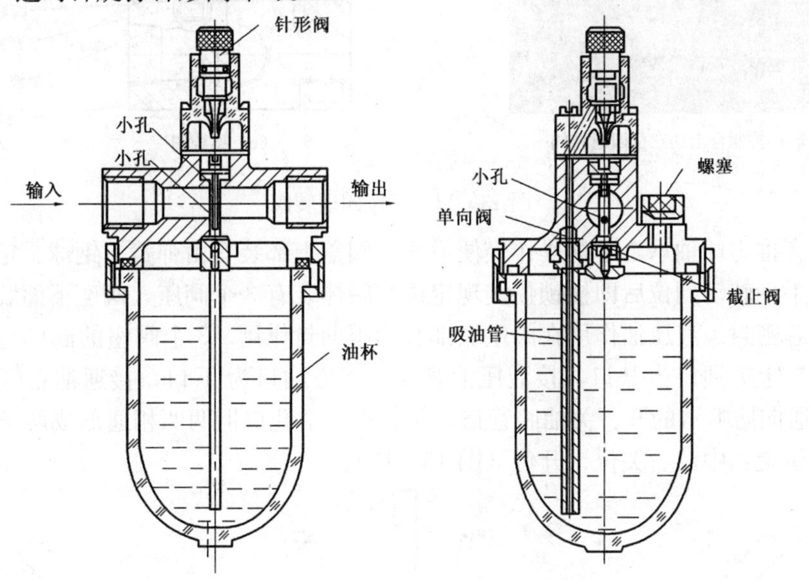

图 13－16　油雾器

随着科技的不断进步和发展，北京石油机械厂现在已经生产出高压大排量的气动油泵，能够同时满足输出高压和大排量的要求，以满足不同的使用工况。

四、三位四通转阀

1. 功用

远程控制台上的三位四通转阀用来控制压力油流入防喷器的关井油腔或开井油腔，使井口防喷器迅速关井或开井。

2. 结构与工作原理

三位四通转阀的手柄连接双作用气缸，既可手动换向又可在司钻台遥控气动换向。

三位四通转阀的结构如图 13－17 所示。

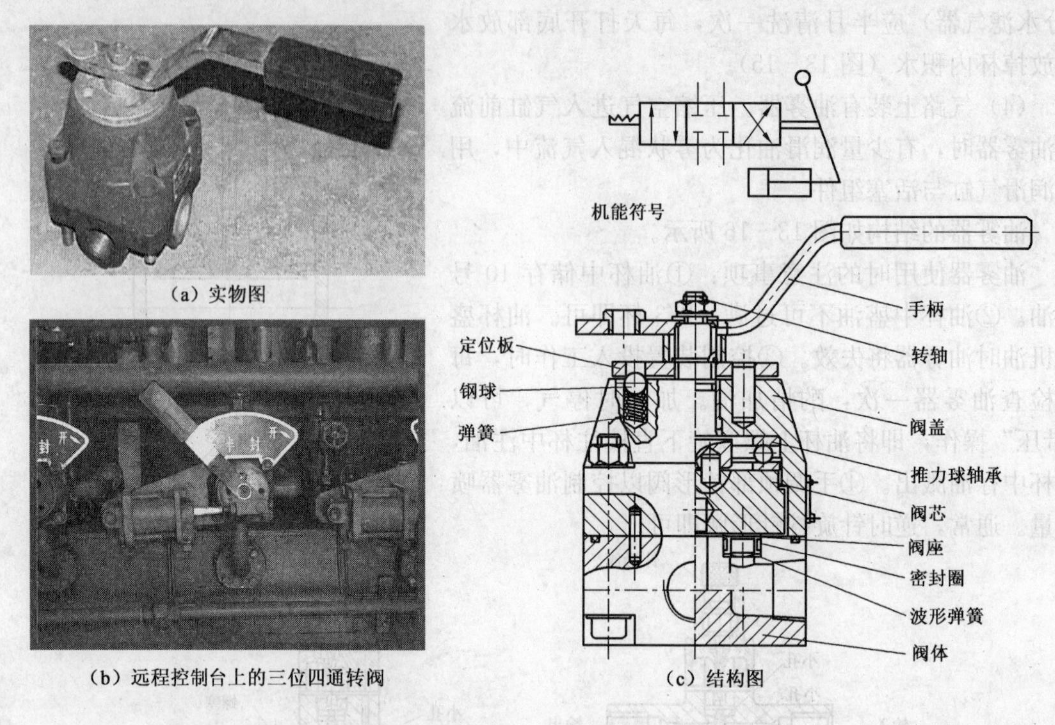

(a) 实物图

(b) 远程控制台上的三位四通转阀

(c) 结构图

图 13-17　三位四通转阀

该阀装有推力球轴承，手柄操作轻便灵活。阀盖上部装有由弹簧、钢球、定位板组成的定位机构，手柄转动到位后即被锁住实现定位。阀体装有 3 个阀座，阀座下面装有波形弹簧使阀座与阀芯密封。液压油作用在阀座底部起油压助封作用。3 个阀座的油口与回油口各自与管线连接。上方油口为 P 口，接液压油管路；下方油口为 T 口，接通油箱管路；A 口与 B 口则连接通向防喷器的开、关油腔管路。阀芯有 4 个孔口但两两相通形成两条孔道。手柄有 3 个工作位置：中位、关位、开位（图 13-18）。

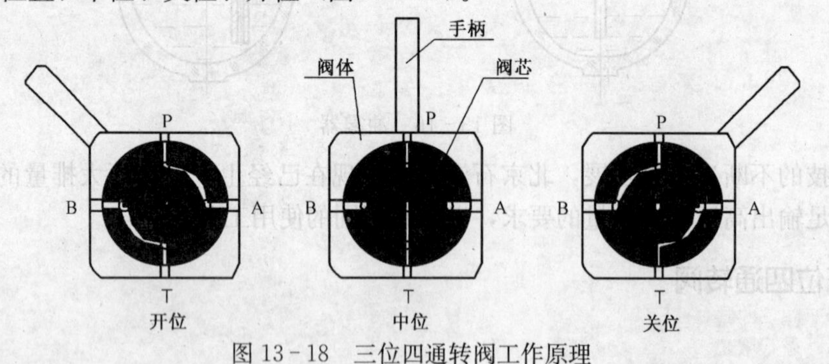

图 13-18　三位四通转阀工作原理

当三位四通转阀手柄处于中位时，阀体上的 P、T、A、B 四孔口被阀芯封盖堵死，互不相通。当手柄处于关位时，阀芯使 P 与 B、A 与 T 连通，液压油由 P 经 B 再沿管路进入防喷器的关井油腔，防喷器实现关井动作，与此同时防喷器开井油腔里的存油则沿管路由 A 经 T 流同油箱。手柄处于开位时，阀芯使 P 与 A、B 与 T 相通，防喷器实现开井动作。

在三位四通转阀手柄由关位或开位扳向中位过程中，阀芯孔口将相对阀座孔口转移，当阀芯孔口一部分已移离阀座孔口，而另一部分却仍与阀座孔口相通时，与阀座油口相连管路里的液压油就绕经阀芯孔口溢流回油箱，结果导致管路罩的油压迅速降低。这就是闸板防喷器在关井，手动锁紧后，只需将三位四通转阀手柄扳至中位就可使液控管路液压油卸压的缘故。闸板防喷器在拆换闸板而旋动侧门时，为保护铰链处密封，使液控管路液压油卸压，也是采取将三位四通转阀手柄扳至中位的办法。值得注意的是：二位四通转阀手柄中关位或开位扳至中位时，来自蓄能器管路的液压油也将有一部分溢流回油箱，从而增加蓄能器液压油的损耗。

三位四通转阀的工作原理如图 13－18 所示。

控制装置投入工作时，三位四通转阀的操纵应由司钻在司钻控制台遥控，气动换向。但在司钻控制台上操作只能使转阀处于开位或关位而不能使之处于中位。欲使转阀处于中位时，必须在远程控制台手动操作。

3. 现场使用注意事项

（1）操作时手柄应扳动到位。

（2）不能在手柄上加装其他锁紧装置。

（3）定期对双作用气缸进行润滑保养。

三位四通转阀性能可靠，经久耐用，很少出现故障。使用中出现问题，现场拆装检修也很方便。

针对环形防喷器开关井所需流量大的要求，现在国内已有口径为 1in 和 1.5in 的三位四通转阀，可根据需要自行选择，以达到快速开关环形防喷器的要求。

五、旁通阀

1. 功用

远程控制台的旁通阀用来将蓄能器与闸板防喷器供油管路连通或切断，当闸板防喷器使用 10.5MPa 的正常油压无法推动闸板封井时，须打开旁通阀利用蓄能器里的高压油实现封井作业。

2. 结构与工作原理

旁通阀为二位二通转阀，其结构、工作原理与前述三位四通转阀类似（图 13－19）。阀体上装有两个阀座，两油口与两条油管连接。阀盘上有两孔。手柄有两个工位，即开位与关位。手柄处于开位时两条油路相通；手柄处于关位时两油路切断，通常手柄处于关位。阀盖上有定位机构可锁住手柄，手柄下连接双作用气缸。该阀不与油箱相通，因此开关换位时蓄能器无液压损耗。

旁通阀也有采用二位三通转阀的，当旁通阀的手柄处于关位时，减压溢流阀的二次油进入旁通阀流入管汇，管汇压力表显示二次油压 10.5MPa；当旁通阀的手柄处于开位时，蓄能器里的一次油直接进入旁通阀流入管汇，管汇压力表显示一次油压 19～21MPa。这种二位三通旁通阀开关换位时蓄能器有损耗，所以开关时手柄一定要扳到位。通常手柄处于关位。

（a）实物

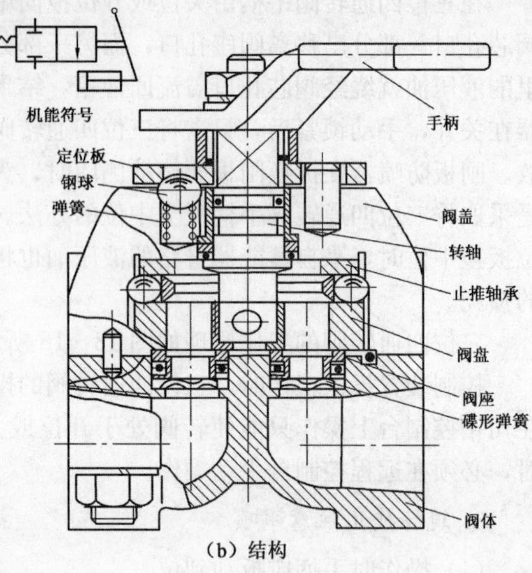

（b）结构

图 13－19　旁通阀

六、减压阀

1. 功用

减压阀用来将蓄能器的高压油压力降低为防喷器所需的合理油压。当利用环形防喷器封井起下钻作业时，减压阀起调节油压的作用，保证顺利通过接头并维持关井所需液控油压稳定。

闸板防喷器所需液控油压应调节为 10.5MPa。

环形防喷器所需液控油压通常调节为 10.5MPa。

2. 结构与工作原理

手动减压阀的结构如图 13－20 所示。

减压阀有 3 个油口，进油口与蓄能器油路相接，出油口与三位四通转阀 P 口相接，同油口与回油箱管路相接。高压油从进油口流入称为一次油，减压后的压力油从出油口输出称为二次油。

顺时针旋转手轮，压缩弹簧，迫使连杆与密封盒下移，进油口打开，一次油从进油口进入阀腔。阀腔里的油压作用在密封盒与连杆上的合力等于油压作用在连杆横截面上的上举力。上举力推动密封盒与连杆向上移动，压缩上部弹簧，直到密封盒将进油口关闭为止，此时油压上举力与弹簧推力相平衡，阀腔中油压随即稳定。减压阀出口输出的二次油其油压与弹簧力相对应。防喷器开关动作用油时，随着一次油的消耗油压降低，弹簧将密封盒推下，减压阀进油口打开，一次油进入阀腔，阀腔内油压回升，密封盒又向上移动，进油口关闭，二次油压又趋稳定。在这期间回油口始终关闭。

逆时针旋转手轮，二次油压力将降低：此时弹簧力减弱，密封盒上移，回油口打开，阀腔压力油流回油箱，阀腔油压降低，密封盒又向下移动将回油口关闭，阀腔油压恢复又稳

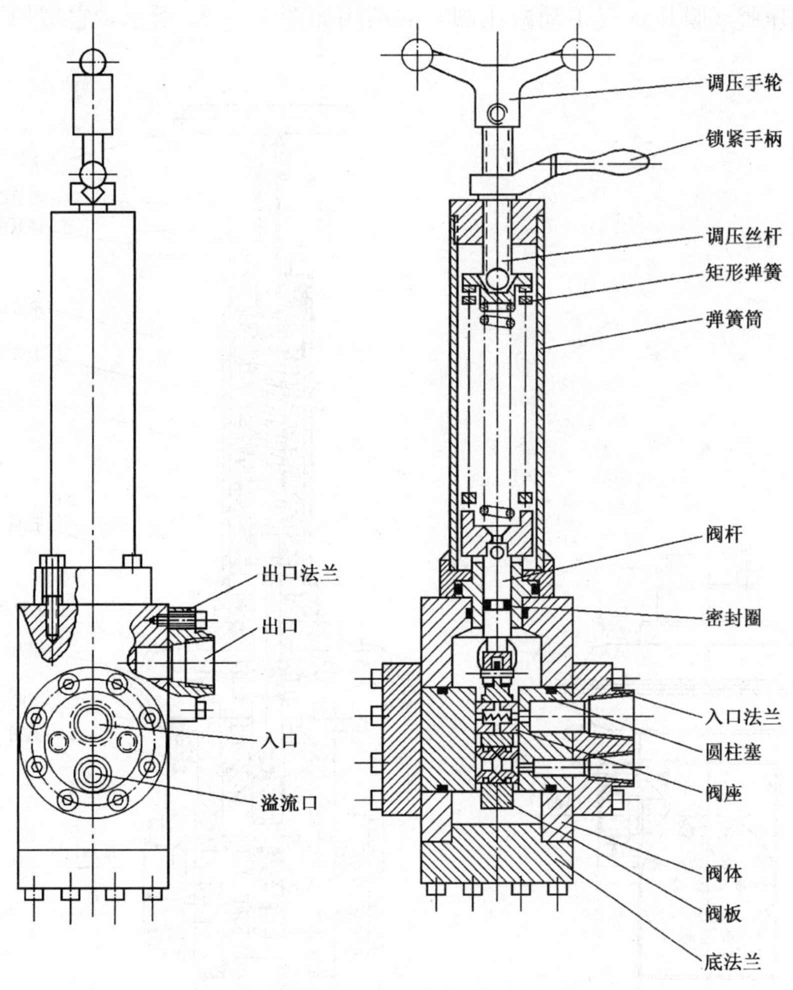

图 13－20　手动减压阀

定，但二次油压也已降低。在这期间，一次油进油口始终关闭。

二次油压力的调节范围为 0～14MPa。

在控制环形防喷器的三位四通转阀供油管路上将手动减压阀换装成气动减压阀，其目的是便于司钻在司钻控制台上遥控调节远程控制台上的气手动减压阀，以控制环形防喷器的关井油压。

现有的气手动减压阀有膜片式和气马达式两种。

气手动减压阀的结构、工作原理和调压方式与手动减压阀基本相同。气动调压时，首先在气压为零的情况下，手动调压至输出压力为所需设定压力，锁定锁紧手把，然后可以在远程控制台或司钻控制台上旋转调节旋钮，即可调整环形防喷器的控制压力。当气源失效时，环形压力即恢复为手动设定的压力。输入气压由远程控制台或司钻控制台上的气动调压阀调控，调控路线由远程控制台的分配阀（三位四通气转阀）确定。分配阀扳向司控台时由司钻控制台上的气动调压阀凋节；分配阀扳向远控台时则由远程控制台上的气动调压阀调节。

气手动调压阀（膜片式气手动减压阀）的结构如图 13－21 所示，它增加了一个橡胶膜片。

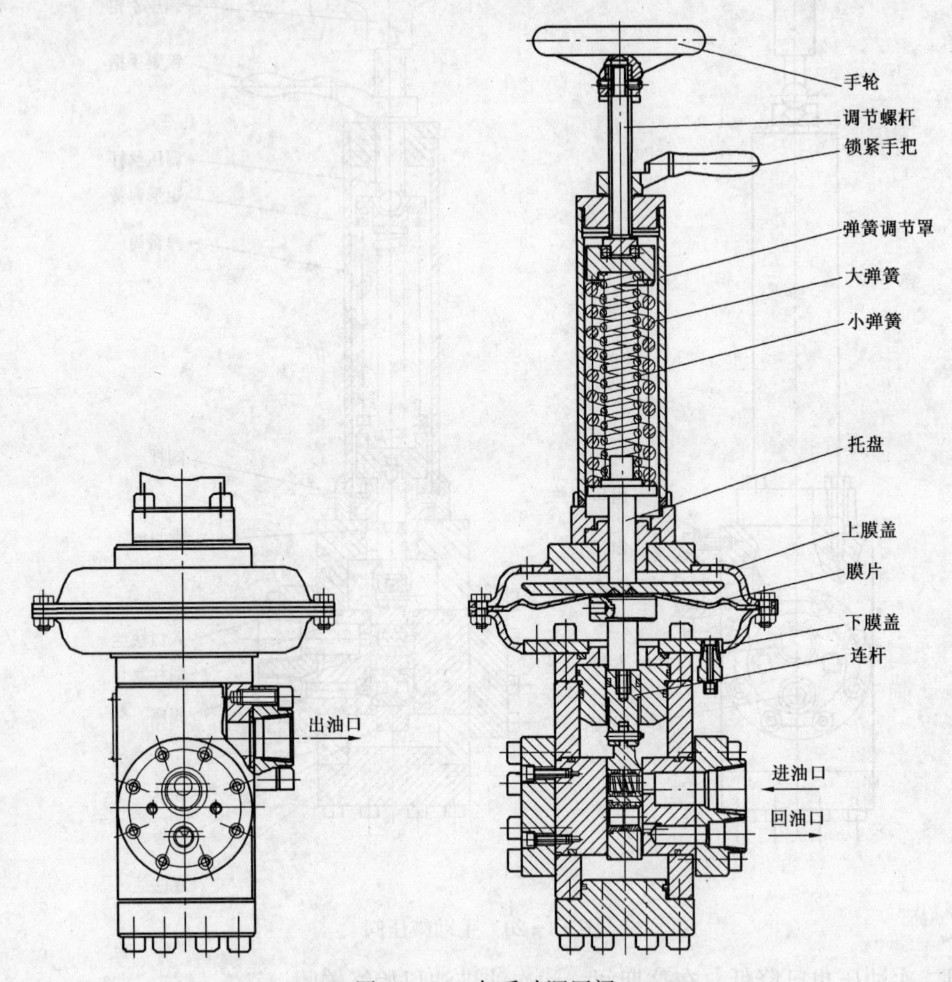

图 13－21 气手动调压阀

气马达调压阀（马达式气减压阀）的结构如图 13－22 所示。气马达调压阀的结构、工作原理和手动调压方式与气手动调压阀基本相同，所不同的是气动调压时，在远程控制台上的电控箱通过磁换向阀对气路进行换向（电控型），或通过远程控制台显示盘的三位四通气转阀对气路进行换向（气控型），实现气马达的正反向切换，通过蜗轮蜗杆副及螺纹副动芯轴上下移动，释放或压缩弹簧，从而改变出口压力，即可调整环形防喷器的控制压力。当由于误操作，气动调压无法实现时，先使电磁换向阀回复中位，松开锁紧螺帽，并扳动手柄体旋转一定角度，然后旋紧锁紧螺帽，气动调压即可恢复正常工作。

值得注意的是，气马达调压阀可以实现双向调压，经常应用在电控装置中。当气源失效时，环形压力即为失效前的压力值。气动调压时，需锁紧螺帽。

当用环形防喷器封井起下钻作业时，钻杆接头进入胶芯迫使减压阀的二次油压升高，因而密封盒上移，回油口打开，二次油压恢复又降低，密封盒下移，回油口关闭，二次油压得以保持原值不变。钻杆接头出胶芯时，减压阀的二次油压当即降低，密封盒下移，进油口打开，二次油压恢复又上升，密封盒下移，进油口关闭，二次油压恢复原值。如果没有减压阀的这种调节机能，环形防喷器是在封井条件下通过钻杆接头时，会导致过度胶芯损坏。

无论哪种类型的控制装置，尽管其蓄能器的具体结构不同，所储存的液压高低不同，但在环形防喷器的液控管路上都装有减压阀，其目的就是为了保证封井过接头以及根据具体情况对液控油压进行调压处理。

3. 现场使用注意事项

（1）调节手动减压阀时，顺时针旋转手轮二次油压调高；逆时针旋转手轮二次油压调低。

（2）调节气手动减压阀时，顺时针旋转气手动减压阀手轮一次油压调高；逆时针旋转气手动减压阀手轮二次油压调低。

（3）配有司控台的控制装置在投入工作时应将三位四通气转阀（分配阀）扳向司控台，气手动减压阀由司钻控制台遥控。

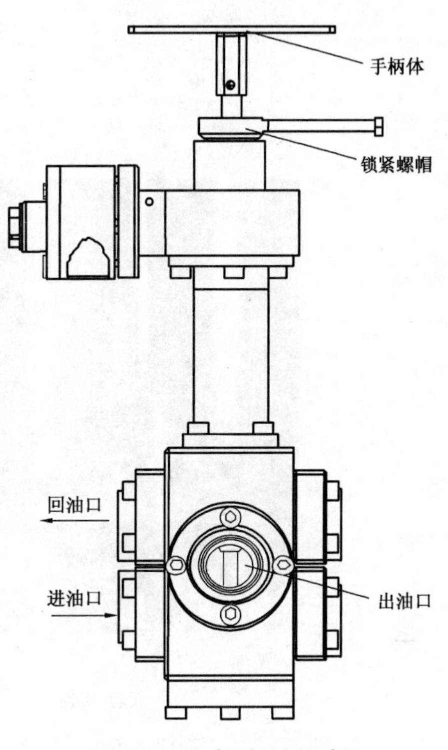

图 13 - 22　气马达调压阀

（4）闸板防喷器液控油路上的手动减压阀，二次油压调定为 10.5MPa，调节螺杆用锁紧手把锁住。环形防喷器液控油路上的手动或气手动减压阀，二次油压调节为 10.5MPa，切勿过高。

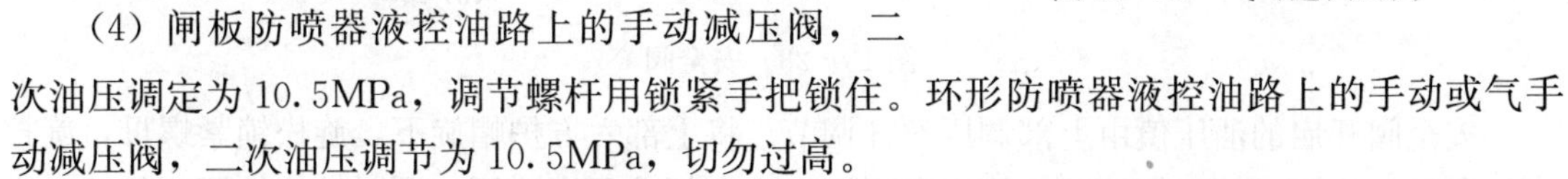

（5）减压阀调节时有滞后现象，二次油压不随手柄或气压的调节立即连续变化，而呈阶梯性跳跃，二次油压最大跳跃值可允许 3MPa。调压操作时应尽量轻缓，切勿操之过急。但有时跳跃值远不止 3MPa，这可能是阀腔内密封盒与进油柱塞之间卡有污物屑粒，摩阻增大导致的。遇此情况，可调节减压阀使密封盒上下移动数次，将污物屑粒挤出，如仍未解除则应检修减压阀。

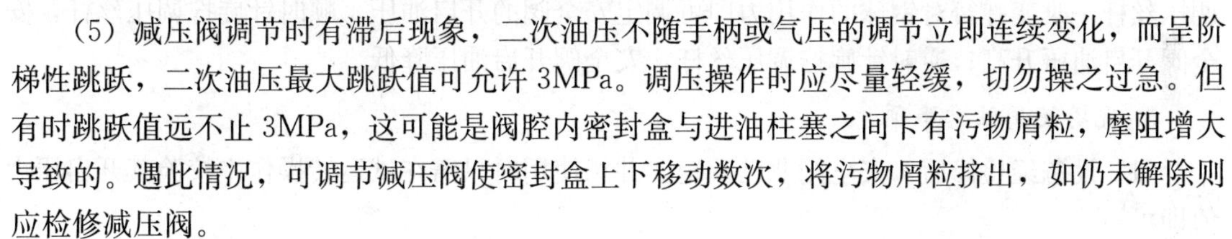

七、安全阀

1. 功用

安全阀用来防止液控油压过高，对设备进行安全保护。远程控制台上装设 2 个安全阀，即蓄能器安全阀与管汇安全阀。

2. 结构与工作原理

安全阀属于溢流阀，其结构如图 13 - 23 所示。安全阀进口与所保护的管路相接，出口则与回油箱管路相接。平时安全阀“常闭”即进口与出口不通。一旦管路油压过高，钢球上移，进口与出口相通，压力油立即溢流回油箱，使管路油压不再升高。管路油压恢复正常时，钢球被弹簧压下，进口与出口切断。

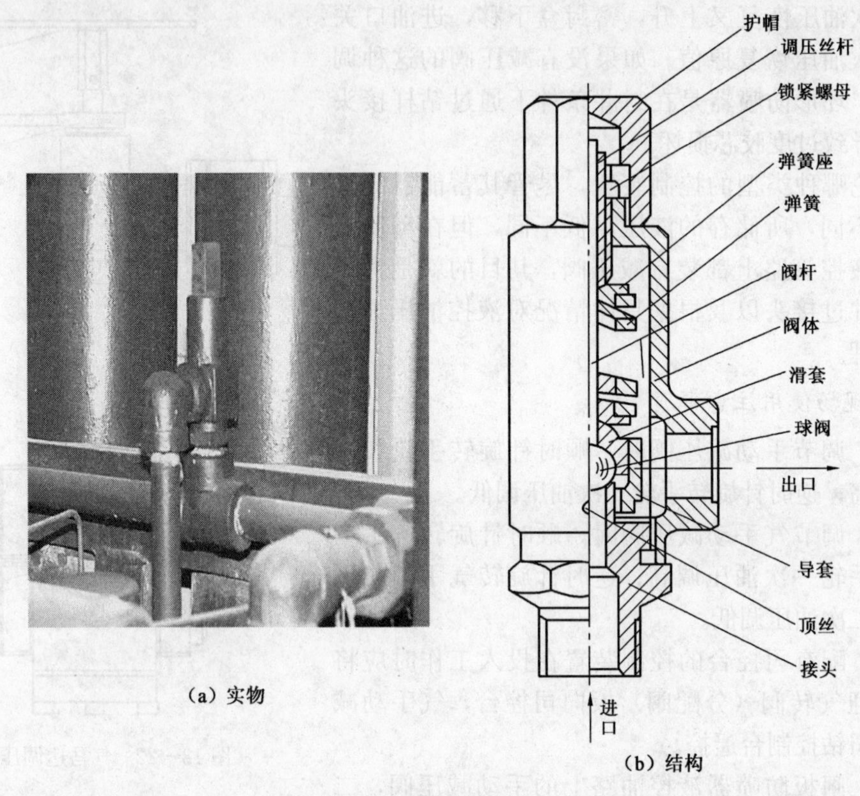

图 13-23　安全阀

安全阀开启的油压值由上部调压丝杆调节。将上部六方护帽旋下，旋松锁紧螺母，旋拧调压丝杆，改变弹簧对钢球的作用力即可调定安全阀的开启油压。顺时针旋拧调压丝杆，安全阀开启油压升高；逆时针旋拧调压丝杆，安全阀开启油压降低。

3. 现场使用注意事项

(1) 设备经检修后，安全阀业已调定。井场使用时只需在试运转操作中校验其开启压力值即可。

(2) 国内各厂家所产控制装置的安全阀，所调定的开启压力不同，在井场调试时应按各自的技术指标校验。详细数值请参照相关产品说明书。

由于管汇安全阀所调定的开启压力不同，因此各厂家的控制装置所能制备的最高油压是不同的。

八、压力控制器

1. 功用

压力控制器属于压力控制元件，用来对电动油泵的启动、停止实现自制。API 标准规定压力控制器的控制范围为 19～21MPa，即当电泵输出油到 21MPa 时电泵自动停止工作；当电泵输出油压低于 19MPa 时电泵自动启动，再次向蓄能器输入高压油，直至 21MPa 时停止泵油。

国内油田通常把压力控制器的控制范围调整到 18～21MPa。

2. 压力控制器的使用与调节

(1) YTK-02E 压力控制器主要由压力测量系统、电控装置、调整机构和防爆机壳等组成，其构成如图 13-24 所示。

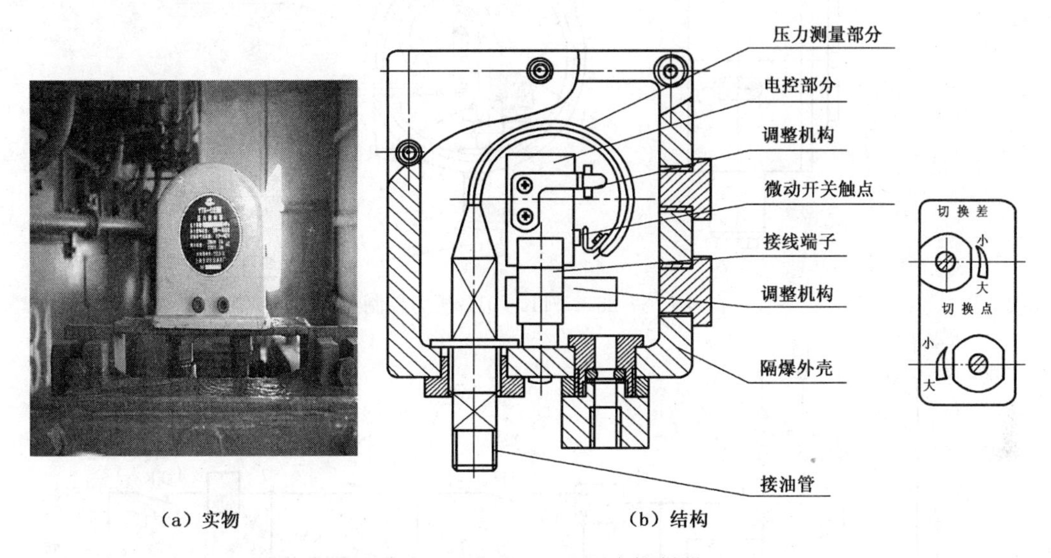

(a) 实物　　(b) 结构

图 13-24　YTK-02E 压力控制器

当控制装置远程台的配电盘旋钮旋至“自动”位置时，电动机的启停就在压力控制器的控制下。压力测量系统的弹性测压元件在被测介质压力的作用下会发生弹性变形，且该变形量与被测介质压力的高低成正比。当被测介质的压力达到预先设定的控制压力时，通过测量机构的变形，驱动微动开关，通过触点的开关动作，实现对电动油泵的控制。压力上限值和切换差均可以通过调整螺钉进行调节。

若将电控箱上旋钮转至“手动”位置，电动机主电路立即接通，电泵启动运转。此时电动机主电路不受电接点压力表控制电路的干预，电泵继续运转不会自动停止。如欲使电泵停止运转必须将电控箱上旋钮转至“停”位，使主电路断开。

通常，设备经检修后，压力控制器的上下限压力已调好，井场使用时无须再做调整。

(2) YTK-01B 压力控制器（图 13-25）的测量系统主要由弹簧管、两组微动开关和接线端子组成。被测的压力作用于弹簧管上，使其自由端产生位移，从而改变了弹簧管自由端与微动开关之间的相对位置，致使开关接通或断开，以达到在设定值时控制与报警作用。本控制器可分别用于双上限、双下限、上下限控制或单点控制。

YTK-02E 和 YTK-01B 两种压力控制器用于控制装置中控制电动机起停时，接线方式见图 13-26。

九、液气开关

1. 功用

液气开关用来自动控制气泵的启停，使蓄能器保持 21MPa 油压。

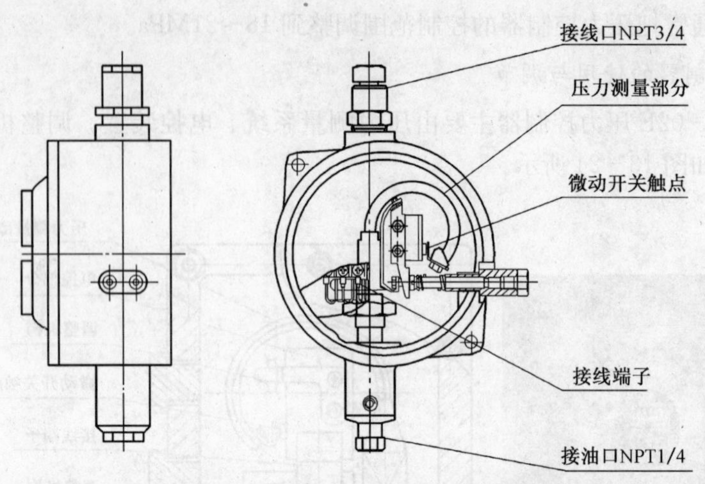

图 13－25　YTK－01B压力控制器

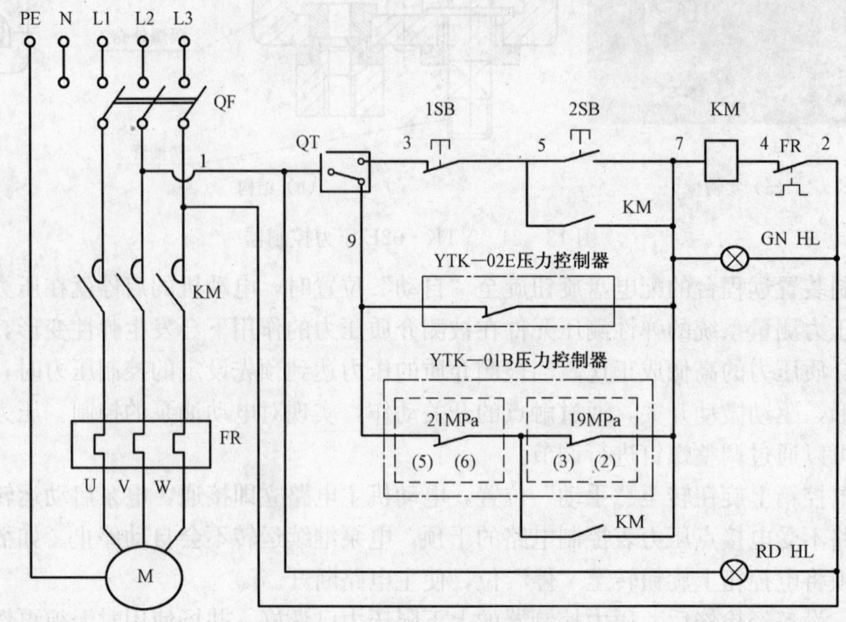

图 13－26　压力控制器接线图

2. 结构与工作原理

液气开关的结构如图 13－27 所示。液压接头连接蓄能器油路，气接头连接气泵进气阀，气接头侧孔连接气源。蓄能器油压作用在柱塞上，当作用力大于所调定的弹簧力时柱塞下移，柱塞端部密封圈即将气接头封闭切断气泵气源，气泵停止运转。当油压作用力减弱时柱塞上移，气接头打开，与气源接通，气泵启动运行。

液气开关的弹簧力应调好。油压低于 21MPa 时，弹簧伸张迫使柱塞上移，气接头打开；油压等于 21MPa 时，弹簧压缩，柱塞下移，气接头封闭。

弹簧力的调节方法是：用圆钢棒插入锁紧螺母网孔中，旋开锁紧螺母。然后再将钢棒插入调压螺母圆孔中，顺时针旋转，调压螺母上移，弹簧压缩，张力增大，关闭油压升高；逆时针旋转，调压螺母下移，弹簧伸张，弹簧力减弱，关闭油压降低。所调弹簧力是否正确，关闭油压是否是21MPa，须经气泵试运转，并调试核准，最后上紧锁紧螺母：气泵启动平稳、柔和，带负荷启动补油不会超载。

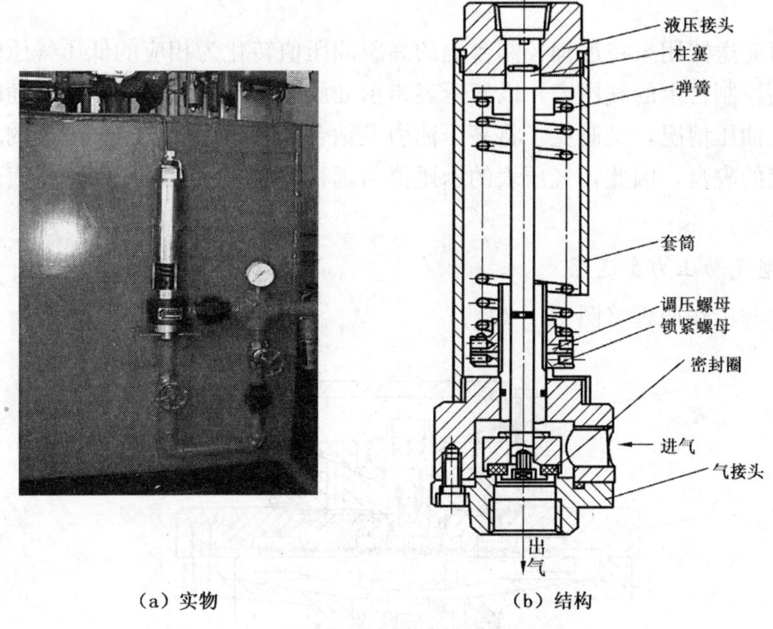

（a）实物　　　（b）结构

图 13－27　液气开关

3. 使用与调节

设备经检修后，液气开关的弹簧已调好，现场使用一般无须再做调节。但在长期使用后其弹簧可能“疲劳”，弹力减弱，因而导致关闭油压有所降低，如遇这种情况可酌情调节。

十、单向阀

1. 功用

单向阀用来控制压力油单向流动，防止倒流。

电泵、气泵的输出管路上都装有单向阀。压力油可以通过单向阀流向蓄能器，但在停泵时，压力油却不能回流到泵里。这样，使泵免遭高压油的冲击。

2. 结构

单向阀的结构如图 13－28 所示。单向阀在现场无需调节与维修。

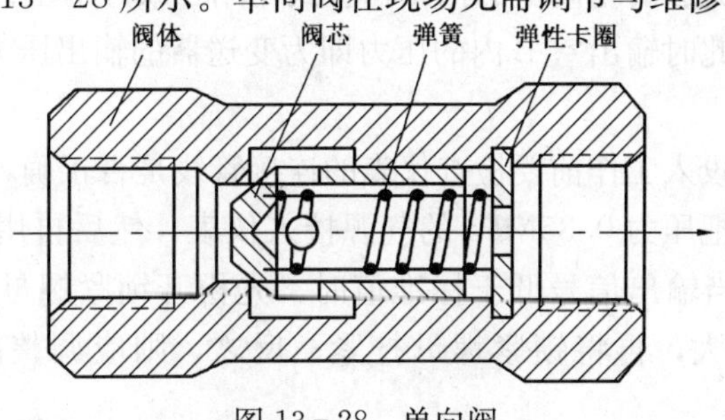

图 13－28　单向阀

十一、气动压力变送器

1. 功用

气动压力变送器用来将远程控制台上的高压油压值转化为相应的低压气压值，然后低压气输送到司钻控制台上的气压表，以气压表指示油压值。这样既使司钻可以随时掌握远程控制台上的有关油压情况，又避免了将高压油引上钻台。司钻控制台上气压表的表盘已换为相应高压油压表的表盘，因此，气压表的示压值与远程控制台上所对应的油压表的油压值应是相等的。

2. YPQ型气动压力变送器

(1) 结构与工作原理（图13-29）。

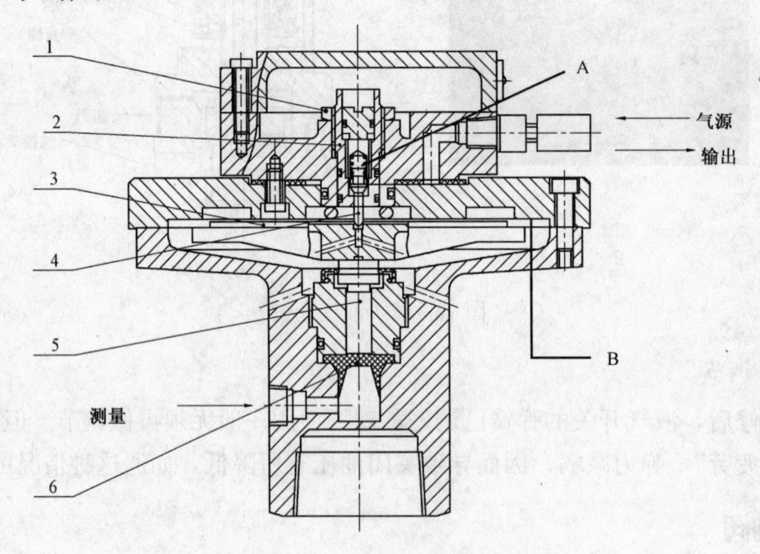

图13-29　YPQ型压力变送器

1—锁紧螺母；2—阀座；3—膜片组；4—阀针；5—活塞杆；6—橡胶膜片

当压力为0.35MPa气源进入A室后，若无测量信号压力时，阀针关闭，空气被封闭于A室内，此时该表输出压力为零。当加入测量信号压力后，此压力信号作用在测量橡胶件上，使橡胶件产生变形，通过活塞杆推动膜片组件向上移动，首先关闭放气嘴，使B室内的空气不能排出，然后继续上升，把阀针打开，A室内的空气流入输出室B中，且对膜片组产生向下的推力，以克服活塞向上的推力，直到作用在膜片组上的力和作用在橡胶件上的信号压力平衡时为止，此时输出室B内的压力即为变送器的输出压力。

(2) 使用和调整。

气动压力变送器在投入工作前要检查仪表的连接管线是否正确，输入气压为0.35MPa。

调整仪表时，首先把压力0.35MPa的气源接入仪表，然后再用活塞压力计加入测力信号，使输出压力为p。当输出信号低于标准值时，先松开锁紧螺母，再调整阀座顺时针旋转，使输出压力信号增大，再将锁紧螺母拧紧；反之，则应调整阀座向左旋转，使输出减少。

3. QBY－32 气动压力变送器

（1）结构与工作原理。

QBY－32 型气动压力变送器结构如图 13－30 所示。

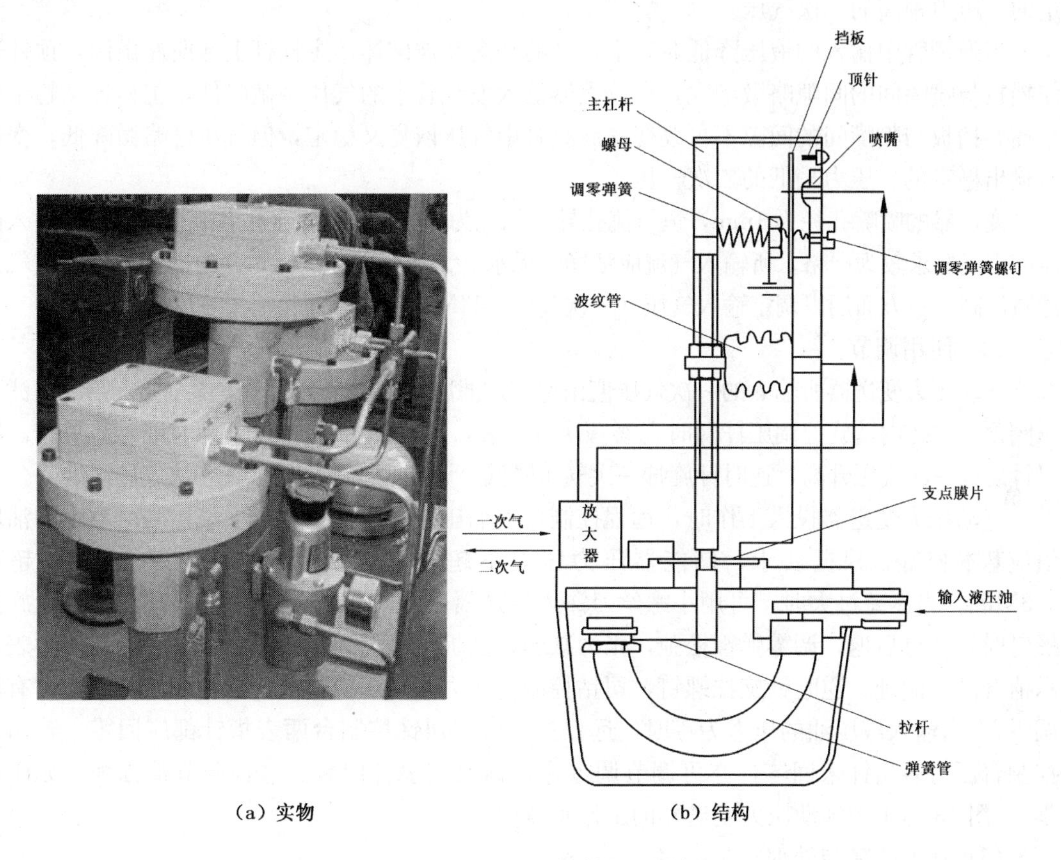

（a）实物　　（b）结构

图 13－30　QBY－32 结构原理示意图

变送器输入液压油并输入压力为 0.14MPa 的压缩空气（一次气），输出 0.02～0.1MPa 的压缩空气（一次气），二次气压与输入液压成相应比例关系。

主杠杆为立式，由支点膜片支撑可绕支点轻微摆动。主杠杆上方承受调零弹簧作用力与波纹管作用力，主杠杆下方承受弹簧管作用力。主杠杆上下方所受作用力对杠杆产生相反的转动力矩，当转动力矩不平衡时主杠杆绕支点微摆；当转动力矩平衡时主杠杆即稳定不再摆动。

弹簧管中无油压时，主杠杆在调零弹簧与波纹管张力作用下其上部向左方微摆，顶针顶住挡板，主杠杆平衡。此时挡板与喷嘴间形成较大间隙，波纹管中具有来自放大器的 0.02MPa 压缩空气。

当弹簧管中输入液压油时，弹簧管自由端伸张变形对主杠杆下部产生转动力矩，使主杠杆上部向右微倾，顶针微退，挡板与喷嘴间的间隙减小，自放大器输入波纹管的气压增高，波纹管张力与调零弹簧张力对主杠杆所产生的转动力矩与弹簧管张力对主杠杆所产生的转动力矩相抗衡。结果，主杠杆趋于平衡，挡板与喷嘴间的间隙固定不变，波纹管中气压稳定，变送器输出二次气压稳定。

当弹簧管中输入的液压升高时，主杠杆平衡被破坏，主杠杆上部向右微倾，挡板与喷嘴间的间隙减小，自放大器输入波纹管的气压略微升高，主杠杆又趋于新的平衡状态。于是，挡板喷嘴间的间隙不再改变，波纹管中气压恢复又稳定，但气压已略微升高，变送器输出稳定的、压力稍高的二次气压。

当弹簧管中输入的液压降低时，主杠杆的平衡又被破坏，主杠杆上部向左微倾，顶针迫使挡板与喷嘴间的间隙略微增大，自放大器输入波纹管中的气压略微降低，主杠杆又趋于新平衡。挡板与喷嘴间的间隙不再改变，波纹管中气压恢复又稳定，但气压已略微降低，变送器输出稳定的、压力稍低的二次气压。

变送器的喷嘴孔径为1mm，恒节流孔导管孔径为0.25mm，流通孔道很小，因此对输入的压缩空气要求较为严格，所输入气流应洁净、无水、无油、无尘。压力变送器都附带有空气过滤减压阀，一方面用以调定输入气压（一次气）0.14MPa，一方面将输入气流加以净化。

（2）使用调节。

气动压力变送器所输入的一次气压值由空气过滤减压阀调定。用小螺丝刀伸入空气过滤减压阀顶部小孔内，旋拧调压杆同时观察一次气压表，当表压显示0.14MPa时即停止旋拧。顺时针旋拧一次气压升高，逆时针旋拧一次气压降低。调压时操作应轻缓，一次气压应准确。

气动压力变送器投入工作时，远程控制台上油压表与司钻控制台上气压表所显示的油压值应基本相等，根据要求，储能器压力压差不超过0.6MPa，管汇压力压差不应超过0.3MPa。当压差过大时，可用小螺丝刀深入变送器侧孔，旋拧调零弹簧螺钉。顺时针旋拧螺钉时，螺母后退，调零弹簧松弛，张力减弱，挡板与喷嘴间隙减小，司钻控制台压力表显示值升高。同理，逆时针旋拧螺钉，司钻控制台压力表显示值降低。这种调节常称为“有压调零”。当输入液压油的压力为零时，远程控制台与司钻控制台两表指针都应回零，若司钻控制台压力表指针未回零，亦可调节调零弹簧螺钉使表针回零。这种调节常称为“无压调零”。图13-31为气动压力变送器的工作示意图。

（3）常见故障与处理。

远程控制台与司钻控制台两表示压值相差悬殊，司钻控制台示压表显示压力过低，这可能是输入的一次气压低于0.14MPa或是放大器的恒节流孔导管堵塞所致。处理的办法是调准一次气压0.14MPa或是将装设恒节流孔导管的螺杆取出，使用0.2mm×200mm的不锈钢丝将恒节流孔导管顶通。

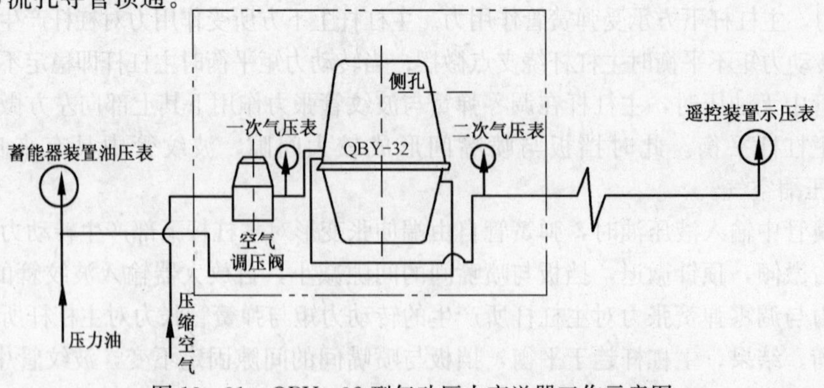

图13-31 QBY-32型气动压力变送器工作示意图

远程控制台油压表的示压值为零但司钻控制台示压表显示值却很高，这可能是喷嘴粘附污物堵塞所致。处理的方法是用酒精棉球擦拭喷嘴并将喷嘴吹通、揩干。

气动压力变送器属精密仪表，调节时应小心谨慎，检修工作宜由专业仪修人员进行。

十二、控制装置正常工作时的工况

钻开油气层前，控制装置应投入工作并处于随时发挥作用的待命工况。蓄能器应预先充油，升压至21MPa，调好有关阀件并经检查无误后待命备用。控制装置的待命工况，亦即临战检查的主要项目，分述于下。

1. 远程控制台工况

(1) 电源空气开关合上，电控箱旋钮转至自动位；

(2) 装有气源截止阀的控制装置，将气源截止阀打开；

(3) 气源压力表显示0.65～0.8MPa；

(4) 蓄能器下部截止阀全开；

(5) 电泵与气泵输油管线汇合处的截止阀打开或蓄能器进出油截止阀打开；

(6) 电泵、气泵进油阀全开；

(7) 泄压阀关闭；

(8) 旁通阀手柄处于关位；

(9) 三位四通转阀手柄处于与井口防喷器开关状态处于一致的位置；

(10) 蓄能器表显示21MPa；

(11) 环形防喷器供油压力表显示10.5MPa；

(12) 闸板防喷器供油压力表显示10.5MPa；

(13) 压力控制器的上限压力调为21MPa，下限压力调为19MPa；

(14) 气泵进气路旁通截止阀关闭；

(15) 气泵进气阀关闭；

(16) 装有司钻控制台的系统将分配阀扳向司钻控制台；

(17) YPQ型气动压力变送器的一次气压表显示为0.35MPa，QBY-32型气动压力变送器的一次气压表显示为0.14MPa；

(18) 油箱盛油低于上部油位计中位；

(19) 气源处理元件中的油雾器油杯盛油过半。

2. 司钻台工况

(1) 气源压力表显示0.65～0.8MPa；

(2) 蓄能器示压表、环形防喷器供油示压表、闸板防喷器供油示压表，三表压值与远程控制台上相应油压表的示压值相差值要求，蓄能器压力相差不超过0.6MPa，闸板防喷器、环形防喷器管汇压力相差不超过0.3MPa；

(3) 气源处理元件中的油雾器油杯盛油过半。

十三、控制装置的辅助作用

控制装置还有报警装置、氮气备用系统、压力补偿装置、油箱电加热装置等。

1. 报警装置

远程控制台可以安装报警装置，对蓄能器压力、气源压力、油箱液位和电动泵的运转进行监视，当上述参数超出设定的报警极限时，可以在远程控制台和司钻控制台上给出声、光报警信号，提示操作人员采取措施。操作人员应当利用报警仪所提供的信息，以及其他仪表所提供的信息，综合分析设备的工作状态，确保地面防喷器控制装置可靠工作。

报警装置的功能如下：

(1) 蓄能器压力低报警；

(2) 气源压力低报警；

(3) 油箱液位低报警；

(4) 电动泵运转指示。

2. 氮气备用系统

氮气备用系统由若干与控制管汇连接的高压氮气瓶组成，可为控制管汇提供应急辅助能量。氮气备用系统通过隔离阀、单向阀及高压球阀与控制管汇连接。如果蓄能器和（或）泵装置不能为控制管汇提供足够的动力液，可以使用氮气备用系统为管汇提供高压气体，以便关闭防喷器。

氮气备用系统与控制管汇的连接方式能防止压力液进入氮气备用系统，操作时应当避免氮气进入蓄能器回路。氨气备用回路设计有排放控制阀，用以控制高压氮气的排出，以防止高压氮气排入液箱。

氮气备用系统也可具有为司钻控制台提供备用气源的功能。通过减压器将高压氮气转变为较低压力，经软管线与司钻控制台的进气口连接。当压缩机组失效时，该装置可为司钻控制台提供远程操作所需的气源压力，进而实现在司钻台关闭防喷器组。

3. 压力补偿装置

在钻井过程中，当钻杆接头通过环形防喷器时，会在液压系统中产生压力波动，将压力补偿装置安装在控制环形防喷器的管路上，管路压力的波动会立即被吸收，从而可以减少环形防喷器胶芯的磨损，同时也会在过接头后使胶芯迅速复位，确保钻井安全。

压力补偿装置安装在控制装置的环形防喷器控制管线中，为保证使用效果，应将该装置安装在距环形防喷器较近的关闭油路中。

4. 油箱电加热装置

油箱电加热装置可以对控制装置远程控制台油箱内的液压油进行加热。我国北部地区及国外高纬度地区冬季打井时，环境温度过低造成控制装置油箱内的液压油过稠甚至凝固，将严重影响控制装置的正常使用。安装加热装置可以改善控制装置在寒冷地区的工作条件。

加热装置采用先进的技术原理和元器件，加热过程全部自动化，工作安全可靠加热装置亦可人工操作。

第五节　控制装置在井场安装后的调试

控制装置安装结束后应进行整体调试，其目的是检查全套设备安装后的密封情况及各部件的性能。

一、远程控制台空负荷运转前的检查

（1）油箱内装规定类型液压油，可由电动油泵吸油口用吸油管开泵加油，或打开油箱左右两侧上方的观察孔利用油泵加油。加油量应控制在油箱最上面油标上的中间位置。利用油泵加油时，应对液压油进行过滤。

（2）电泵曲轴箱、链条箱注 20 号机油，检查油面高度。

（3）油雾器油杯注 10 号机油，调节顶部针型阀，逆旋半圈。

（4）按润滑要求，对运动部位进行润滑（如空气缸和曲轴柱塞泵的链条等）。

（5）蓄能器隔离阀开启。

（6）控制管汇上的卸荷阀打开。

（7）各三位四通转阀手柄扳至中位。

（8）旁通阀在关位。

（9）电动油泵、气动油泵或手动泵的进油口球阀处于“开”位，备用高压球阀（一般处于油箱的后侧）处于“关”位；若使用马达调压阀，将马达调压阀两个进气管路前的球阀打开。

（10）电源总开关合上，电压保证 380V，打开电源开关，手动启动电动机，然后立即停止转动，电动机缓慢停止时观察其转向是否与链条护罩上方的箭头所指方向一致，不一致时要调换电源线相位。检查气源压力表的压力，保证气源压力达到 0.65～0.80MPa。

二、空负荷运转的具体操作步骤

（1）电控箱旋钮转至手动位置启动电泵，检查电泵链条的旋转方向；检查柱塞密封装置的松紧程度、柱塞运动的平稳状况，电泵运转 3min 后停泵；

（2）开气泵进气阀启动气泵，检查其工作是否正常，气泵运转 3min 后停泵；

（3）关闭卸荷阀和旁通阀。

三、远程台带负荷运转

（1）手动启动电泵，蓄能器压力迅速升至 7MPa（大多数蓄能器充氮压力足够），然后缓慢升至 21MPa，手动停泵，稳压 15min，检查管路密封情况，蓄能器压降不超过 0.5MPa 为合格。

（2）观察管汇压力表和环形压力表，检查或调节两个减压阀后的油压（即两个表压）为 10.5MPa。

（3）开、关卸荷阀，使蓄能器油压降至 19MPa 以下，手动启动电泵，使油压升至蓄能器溢流阀调定值，检查或调节该阀的开启压力，手动停泵。

（4）开、关卸荷阀，使蓄能器油压降至 19MPa 以下，将电控箱旋钮转至自动位，检查和调定压力控制器的油压上、下限值，最后，将电控箱旋钮转至停位。

（5）开、关卸荷阀，使蓄能器油压低于 19MPa，开气泵进气阀，检查和调节压力控制器，21MPa 时停泵。

（6）检查或调节 QBY 型气动压力变送器的输入气压为 0.14MPa（YPQ0.35MPa），核对远程台与司钻台上的三套压力表，其压差小于规定值。如误差过大，可以通过微调气动压力变送器来实现。

四、远程台上操作检查液控效能

在远程台上操作三位四通阀，使闸板防喷器及放喷阀开关各两次，环形防喷器在有钻具的情况下开关各一次，检查开关动作的正误、液控管路密封情况。

五、充油时间试验

启动远程控制台的电动泵和气动泵，在 15min 内应使压力从 7～7MPa＋0.7MPa 升至 21MPa。

六、换向阀密封试验

（1）在蓄能器压力为 21MPa，环形防喷器调压阀出口压力为 10.5MPa 和管汇压力 21MPa（打开旁通阀）的情况下，用丝堵堵严液压油出口，使各换向阀分别放在“中位”、“开位”和“关位”，保压 5min 后，检查 3min 内的压力降。换向阀放在“中位”时，压力降应不大于 0.25MPa；换向阀放在“开位”或“关位”时，压力降应不大于 0.6MPa。

（2）远程控制台气源压力为 0.8MPa，使司钻控制台各操作阀分别在“中位”、“开位”和“关位”，切断气源后，检查 3min 内的压力降。操作阀在“中位”时，压力降应不大于 0.05MPa，操作阀在“开位”和“关位”时，压力降应不大 0.2MPa。

七、司钻台操作检查气控效能

在司钻控制台上操作气转阀使闸板防喷器及放喷阀开关各两次，环形防喷器带钻杆开关各一次，检查气控效能、开关动作正误；打开旁通阀，管汇压力表要与蓄能器压力表一致后，关旁通阀；若远程台上分配阀手柄在司钻控制台位置，则应在司钻台上调节气动调压手轮，改变气动调压阀的二次油压，环形压力表能产生变化。

八、储能器溢流阀开启和闭合压力

检查储能器溢流阀开启和闭合压力，压力 23.1MPa 应全开溢流，闭合压力不低于 21MPa。

九、控制装置试压

（1）控制装置按其额定工作压力做一次可靠性试压。

（2）控制装置液压管线、各防喷器液缸、液动闸阀用液压油试压 21MPa。

（3）试压稳压时间不少于 10min，允许压降不大于 0.7MPa，密封部位无渗漏为合格。

第六节　防喷器控制装置的使用与维护

防喷器控制装置是最重要的控制设备，为了确保在紧急情况下有效、可靠、迅速地控制井喷，必须进行技术培训，使管理与使用人员懂结构、懂原理、会安装、会操作、会维护保养、会排除故障。

一、防喷器控制装置的合理使用

正常使用中应做到以下几点：

（1）在正常钻进情况下，远程控制台各转阀的手柄位置是：各防喷器处于“中”位，放喷阀处于“关”位；旁通阀处于“关”位。

（2）司钻控制台转阀为二级操作，使用时应先扳动气源阀，同时扳动相应的控制转阀。由于空气管缆为细长的管线，需要一段响应时间，扳动转阀手柄后应停顿3s以上，确保远程控制台相应转阀完成动作。

（3）控制装置与防喷器连接的液压管线或气管线均不得通过车辆，以防止压坏。

（4）控制装置在正常钻进时应当每班进行一次检查，检查内容包括：油箱液面是否正常；蓄能器压力是否正常；电器元件及线路是否安全可靠；油、气管路有无漏失现象；压力控制器和液气开关自动启、停是否准确、可靠；各压力表显示值是否符合要求。同时，应根据有关规定和钻井实际情况进行防喷器开、关试验。

（5）应建立使用与维修记录，随时记录使用情况、故障情况及检修情况，所有文件和记录须随机转运。

二、使用与维护

为了保证装置的安全可靠性能，在正常使用的同时应加强维护保养，重点做好以下工作：

（1）各滤油器及油箱顶部加油口内的滤网，每次上井使用后应当拆检，取出滤网认真清洗，严防污物堵塞。

（2）气源处理元件中的分水滤气器，每天一次打开下端的放水阀将积存于杯子内的污水放掉，每两周取下过滤杯与存水杯清洗一次。清洗时用汽油等矿物油滤净、压缩空气吹干，勿用丙酮、甲苯等溶液清洗，以免损坏杯子。

（3）气源处理元件中的油雾器，每天检查其杯中的液面一次，注意及时补充与更换润滑油（N32号机油或其他适宜油品），发现滴油不畅时应拆开清洗。

（4）定期检查蓄能器预充氮气的压力。最初使用时每周检查一次氮气压力，以后在正常使用过程中每月检查一次，氮气压力不足6.3MPa（900psi）时应及时补充。检查氮气压力必须在蓄能器瓶完全泄压的情况下进行，可利用蓄能器底部带卸荷的球阀泄压。

（5）控制装置远距离运输时，建议将蓄能器内的氮气放到只剩1MPa（140psi）左右，以免运输中发生意外。

（6）随时检查油箱液面，定期打开油箱底部的丝堵放水，检查箱底有无泥沙，必要时清洗箱底。应定期检测油箱内液压油的清洁度，以防止由于液压油的污浊对控制装置造成损坏。

（7）定期检查电动油泵、气动油泵或手动油泵的密封填料，填料不宜过紧，只要不明显漏油即可，遇有填料损坏时应予更换。

（8）拆卸管线时，应注意勿将活接头的O形密封圈丢失。拆卸后，这些密封圈应分别收集到一起，妥善保管。

（9）经常擦拭远程控制台、司钻控制台表面，保持清洁，注意勿将各种标牌碰掉。

（10）每钻完一口井后，应对压力表进行一次校验。

（11）特殊操作时，液控系统压力可能大于10.5MPa。由高压转化为常压时，应先用泄压阀泄压再打开蓄能器闸阀。

三、防喷器控制装置润滑

（1）每周一次用油枪向转阀空气缸的两个油嘴加注适量润滑脂。

（2）每周一次检查油雾器的润滑油，不足时应补充适量N32号机械油或其他适宜油品。

（3）每月一次检查电动油泵曲轴箱润滑油液位，不足时补充适量N32号机械油或其他适宜油品。

（4）每月一次拆下链条护罩，检查润滑油情况，不足时补充适量N32号机械油或其他适宜油品。

第七节　井控装置常见故障与排除

钻井井控装置主要包括防喷器和控制装置，其常见故障及排除方法简述如下。

一、防喷器封闭不严

（1）闸板防喷器闸板前端硬物卡住，闸板尺寸与钻柱不符，橡胶老化。

（2）环形防喷器支承盘靠拢仍封闭不严，应更换胶芯。

（3）旧胶芯严重磨损，脱块，应更换胶芯。

二、防喷器关闭后打不开

（1）管线接错、堵塞或破裂，回油滤清器太脏。

（2）蓄能器压力油不足，气源压力过低。

（3）三位四通转阀卡死，不起换向作用，在司钻控制台或辅助控制台上操作三位四通转阀的时间太短（少于5s）。

（4）环形防喷器长时间关闭后，胶芯产生永久变形、老化；或胶芯下有凝固水泥。

（5）闸板防喷器锁紧轴未解锁或解锁不到位；闸板体与闸板轴处挂钩断裂，或闸板体与压块之间螺钉剪断。

三、防喷器开关不灵活

（1）液压油进水使阀芯生锈，或低温下结冰堵塞管线。

（2）油路有漏油，防喷器长时间不活动，有脏物堵塞等，均会影响开关的灵活性。

（3）控制装置有噪声，表明液压油中混有气体。

四、控制装置常见故障与处理

（1）当启动电泵往蓄能器里充油时，充油时间过长，这就表明远程控制台不正常。这种现象产生的原因与处理方法解析见表13-3。

表13-3　电泵启动后蓄能器压力表升压很慢的原因和处理方法

故障原因	处理方法	故障原因	处理方法
电泵柱塞密封装置的密封填料过松或磨损	上紧压紧螺母或更换密封圈	泄压阀微开	关闭泄压阀
进油阀微开	全开进油阀	三位四通转阀手柄未扳到位	转阀手柄扳到位
吸入滤清器堵塞，不畅	清洗滤清器	管路刺漏	检修
油箱油量过少	加油		

(2) 电泵启动后，蓄能器压力表不升压，其原因和处理方法见表13-4。

表13-4　电泵启动后，蓄能器压力表不升压的原因及处理方法

故障原因	处理方法	故障原因	处理方法
进油阀关死	全开进油阀	油箱油量极少或无油	加油
吸入滤清器堵死	清洗滤清器	泄压阀全开	关闭泄压阀

(3) 蓄能器充油升压后，油压稳不住，压力表不断降压。故障原因及处理法列于表13-5。

表13-5　蓄能器充油升压后油压不稳，蓄能器压力表不断降压的原因与处理方法

故障原因	处理方法	故障原因	处理方法
管路活接头、弯头泄漏	检修	泄压阀、三位四通转阀、安全阀等元件磨损，内部漏油	修换阀件（可从油箱上部侧孔观察到阀件的泄漏现象）
三位四通转阀手柄未扳到位	转阀手柄扳到位	泄压阀未关死	关紧泄压阀

(4) 电泵电动机不启动或启动困难。

①柱塞密封装置的密封圈如果压得过紧，可能导致电泵启动困难，应适当放松压紧螺帽。

②电源电压过低时电泵补压启动困难。电动机启动瞬间，若电压低于330V，电动机无法启动补压，应调整井场发电机组电压，同时加粗供电电缆。对于18.5kW以下的单电动机，其供电电缆至少应为6mm；当供电电缆过长时，应将电缆线加粗至10mm甚至16mm，以减少在输电线上的压降。尤其是电动机启动瞬间，其启动电流是工作电流的5～7倍，瞬时电流过大导致在输电线上的压降过大而使电动机在带载时无法启动。值得注意的是，当电动机处于停止状态时，用万用表量出的电压值不能代表电动机实际运行时的工作电压，因为电动机没有运行时，电流为0，在输电线上的压降很小，当电动机运行后，输电线上的电流增大，线电阻认为不变，则输电线上的压降增大，到达电动机的电压相应减少，尤其是输电线过长过细时，此种现象就很典型了。

③检查电路中的各元件是否有松动，接触不良等现象。当用万用表测得三相绕阻短路以及某相不通时，说明受潮或烧坏。

④检查热继电器是否脱扣，在为热继电器复位前应仔细察看造成脱扣的原因，要将故障排除后再对热继电器复位。

（5）蓄能器不储能。检查瓶内有无氮气，或充气阀处是否漏气。另外，胶囊及单流阀损坏，截止阀未打开，或油路堵塞等原因也会导致蓄能器不储能。

（6）电动泵不能自动停止运行。检查压力控制器是否正常，是否在接头处堵塞或漏油。

（7）在司钻控制台上不能开、关防喷器或相应动作不一致。检查空气管缆，观察管芯是否有接错，管芯折断或堵死现象，是否连接法兰密封垫串气。

第十四章　节流与压井管汇

第一节　节流与压井管汇的作用和组成

一、节流管汇

1. 节流管汇的作用

节流管汇是控制井涌、实施油气井压力控制技术的必要设备。在防喷器关闭条件下，利用节流阀的启闭，控制一定的套压来维持井底压力始终略大于地层压力，避免地层流体进一步流入井内。此外在实施关井时，可用节流管汇泄压以实现软关井。当井内压力升高到一定极限时，通过它来放喷以保护井口。当井涌关井后，利用节流阀启、闭程度的不同，控制一定的套管压力，维持一定的井底压力，避免地层流体进一步流入井中。当不能通过钻具进行正常循环时，可通过压井管汇向井中泵入钻井液，以便恢复和重建井底压力平衡。节流压井管汇的最大工作压力分为6级：14MPa 、21MPa 、35MPa、70MPa、105MPa、140MPa。目前，国产节流压井管汇，除105MPa压力等级都已研制成功。节流、压井管汇的公称通径（管线的内径）、井口四通与节流管汇五通间的连接管线，其公称通径一般不得小于76mm（3in）；但对于压力等级为14MPa的管汇可允许50mm（2in）；预计在钻井作业中有大量气流时不得小于102mm（4in）。节流阀上下游的连接管线，其公称通径不得小于50mm（2in）。放喷管线的公称通径不得小于76mm（3in）。压井管汇的公称通径一般不得小于50mm（2in）。

节流管汇是成功控制井涌、实施油气井压力控制技术的可靠而必要的设备。节流管汇的普遍使用，将把目前的油气井压力控制技术提高到一个更科学、更先进的水平。在油气井钻进中，井筒中的钻井液一旦被流体所污染，就会使钻井液静液柱压力和地层压力之间的平衡关系遭到破坏，可能导致井涌。当需循环出被污染的钻井液，或泵入性能经调整的较高密度钻井液压井时，在防喷器关闭的条件下，利用节流管汇中节流阀的启闭控制一定的套压，来维持稳定的井底压力，避免地层流体进一步流入。通常是使用节流阀来产生回压，以保证液柱压力略大于地层压力的条件下排除溢流和进行压井。通过节流阀的节流作用实施压井作业，替换出井里被污染的钻井液，同时控制井口套管压力与立管压力，恢复钻井液液柱对井底的压力控制，制止溢流。通过节流阀的泄压作用，降低进口套管压力，实现"软关井"。通过放喷阀的大量泄流作用，保护井口防喷器组。

2. 节流管汇的组成和使用要求

节流管汇由主体管汇（图14-1）和控制箱两部分组成。主体管汇主要由节流阀、闸阀、管线、管子配件、压力变送器、压力表等组成，其额定工作压力应等于或大于最大预期的地面压力，节流阀后的零部件工作压力应比额定工作压力低一个压力等级。

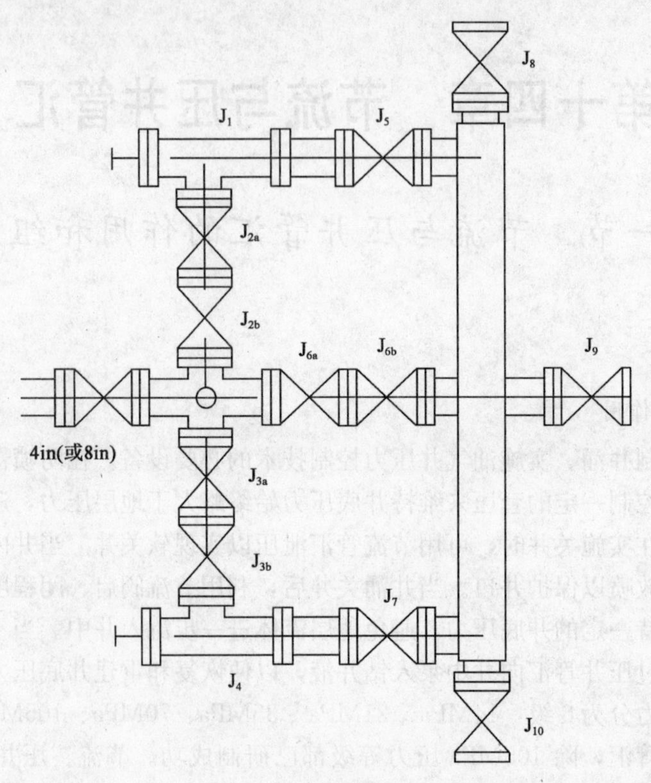

图 14-1　主体管汇示意图

节流管汇水平安装在双四通的 8 号或单四通的 4 号平板阀外侧的基础坑上，基础坑应排水良好。根据 SY/T 5323—1992《压井管汇与节流管汇》的规定，井场所装设的节流压井管汇，其压力等级必须与井口防喷器组一致。通常，管汇压力等级的选定以最后一次开钻时井口防喷器组的压力等级为准。避免由于井口防喷器组压力等级的改变而频繁换装管汇。按节流方式分类为液动节流阀、手动节流阀［固定式、手调式（针形、筒形）］。

其使用要求：

（1）节流管汇所有部件工作压力应与所用防喷器组合的工作压力匹配；

（2）节流管汇应安装在操作人员易接近的地方，安装时必须试压，其密封试验压力应等于额定工作压力；

（3）管线应尽可能平整，管线拐弯处应使用 120°的铸钢弯管。管线应有足够大的孔径；

（4）必须安装工作压力表；

（5）冬季施工，节能管汇应具有低温条件下工作的性能。

二、压井管汇

压井管汇是井控处理装置中必不可少的组成部分，水平安装在双四通的 5 号或单四通的 1 号平板阀外侧。压井管汇为压井作业专用，组合形式如图 14-2 所示。

1. 用途

当井口压力升高时，可通过压井管汇向井内泵入重压井液以平衡井底压力，防止井涌和井喷的发生；可利用它所连接的放喷管线进行直接放喷，释放井底压力；也可以用来挤水泥固井作业；通过它向井口注入清水和灭火剂。通过压井管汇单流阀，压井液或其他流体只能向井内注入，而不能回流以达到压井和其他作业的目的。

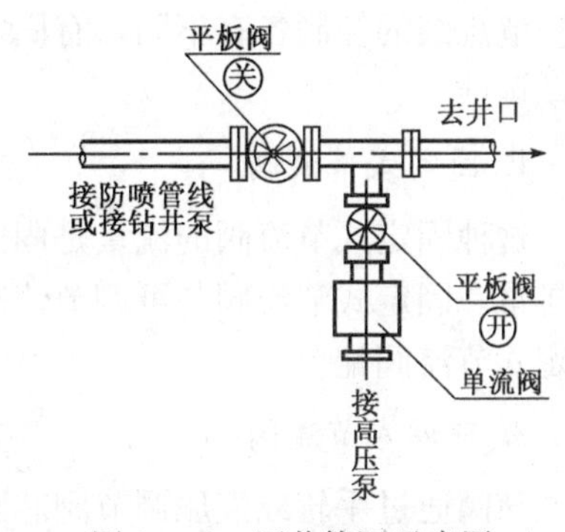

图 14-2　压井管汇示意图

2. 结构

主要由单向阀、闸阀、压力表、连接线等组成。它一端与防喷器四通相连，另一端与注入泵相连。压井管汇与节流管汇配套使用。目前压井管汇级别有 14MPa、21MPa、35MPa、70MPa、140MPa 等。

3. 使用要求

（1）所有管线、闸阀、单向阀等的工作压力必须与所采用的防喷器组合的工作压力匹配；（2）压井管汇不可作日常灌注钻井液的管线。

第二节　节流与压井管汇主要部件

一、节流阀

节流阀（图 14-3）的功能是在实施油气井压力控制技术时，借助它的开启和关闭维持一定的套压，将井底压力变化稳定在一定窄小的范围内。节流阀是节流管汇核心部件，节流阀的节流元件，其结构有多种，它们的原理都是利用改变流体通孔大小，从而达到节流的目的。即液体经由狭小通道时，形成较大的局部阻力，使流阻加大而造成回压。通孔越小，回压越大；通孔越大，回压越小。

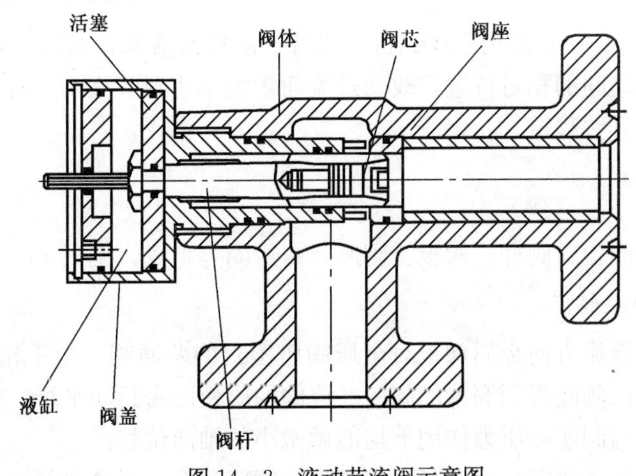

图 14-3　液动节流阀示意图

节流阀的控制各有不同，有固定式和可调式。可调式可以用气压遥控或液压遥控，也可手动调试。

1. 固定式节流阀

这种固定式节流阀的流量是固定不变的，可根据需要更换不同尺寸的节流嘴而得到不同的排量。固定式节流阀与可调节流阀配合使用，通常先使用可调节流阀，当井涌量大时才用固定式节流阀配合。

2. 可调式节流阀

该阀通过手轮或液压调节阀芯与阀座的相对位置，来改变液流截面积的大小以达到节流目的。

（1）液动节流阀。

该阀可以遥控。其阀芯为筒形，为整体硬质合金；阀座内圈镶硬质合金；阀盖与介质接触端堆焊有硬质合金，使之具有良好的耐磨性和抗腐蚀性。在阀的出口通道上嵌有尼龙的耐磨衬套，以保护阀体不受磨损。

阀盖的尾部是液缸及活塞，靠液压油推动活塞带动阀杆，再带动阀芯前后推进，改变阀芯与阀座之间的流道面积以节流。

为使操作控制台的人员能知道节流阀的开启度，故在阀盖的液缸外端装有阀位变送器。

具有如下特点：

①它具有较好的抗腐蚀性能；

②筒形阀芯和阀座内圈为硬质合金，且能颠倒使用，因此增加了使用寿命；

③较大的阀体腔和筒形阀体结构，较之通常的针形节流阀具有较大的流量；采用侧进正出的流向，其筒形阀板周围的导筒减少了节流时的振动，减少了噪声；

④阀位变送器能借助气压信号，将节流阀阀板相对于其全开位置的实际位置，输送到控制台上显示出来；

⑤操作者通过控制台能远程控制节流阀的开关；

⑥此阀只作节流用，不能作为截止阀。

（2）手动节流阀。

手动节流阀（图 14－4）即用手操纵机构代替了液缸及活塞，通过手轮转动带动阀芯前后移动改变阀芯与阀座间的相对位置，改变过流面积大小达到节流。与液动节流阀相比，仅不能遥控及不知阀的开关程度。

二、平板阀

平板阀由阀体、阀盖、阀杆、阀板、阀座及密封圈等组成，见图 14－5。

1. 平板阀的原理及特点

平板阀是一个沿顺流方向金属阀板对金属阀座密封的两通阀，由手轮（或液缸）操纵。它是通过润滑导向板由阀腔得到润滑的阀门。该阀的阀板两密封面平行，阀板与阀座之间采用浮动密封，即阀板与阀座在压力作用下均能做微小的轴向位移。

平板阀的阀腔内要注满密封润滑脂，使阀板与阀座间有一层薄薄的密封润滑脂膜，协助密封，且减轻操作力矩。由于在开关过程中，油膜易被水压冲走一部分，故在使用一段时间后，要向阀腔补注密封润滑脂。

该阀的阀杆密封或尾杆密封处有二次密封装置，其结构同防喷器的二次密封装置。

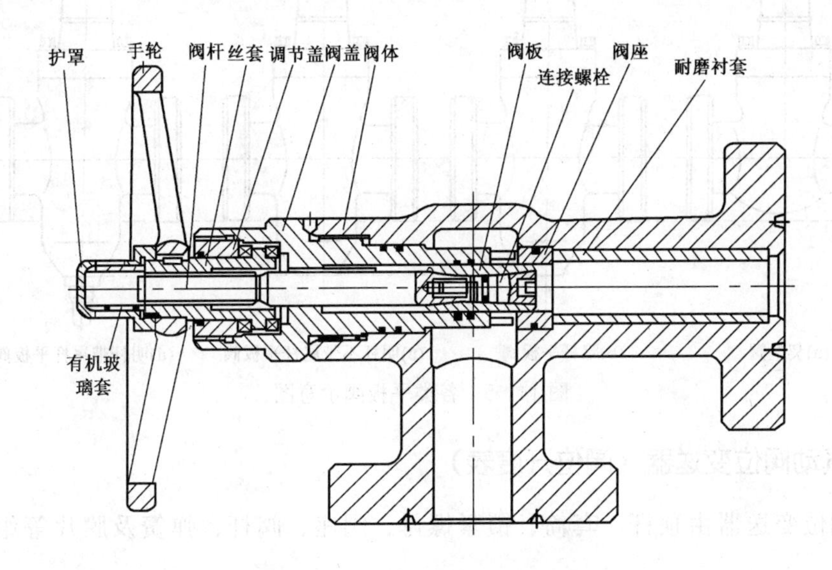

图 14-4　手动节流阀示意图

2. 平板阀的分类

(1) 暗杆平板阀。

该阀的阀杆螺母在阀体内与介质直接接触，开闭阀板时用旋转阀杆来实现。无其他显示机构，其开关状态不明显。

此阀的高度总保持不变，安装空间小，适合于大口径或安装空间有限制的情况。它的阀杆螺纹不仅无法润滑，且长年直接受介质的侵蚀，容易损坏。

(2) 明杆平板阀。

该阀的阀杆螺母在阀杆或支架上，开闭阀板时，用旋转阀杆螺母来实现阀杆的升降，故此阀开关明显，对阀杆润滑有利。分为带尾杆和不带尾杆的两种平板阀。

①明杆带尾杆的平板阀。

这种阀在阀体的尾部加一尾座，其中有一尾杆与阀板的尾部相接。尾杆的作用是使阀在动作的全过程中阀腔的容积保持不变，故这种阀较不带尾杆的明杆平板阀力矩小。可采用进、出口端密封。

②明杆不带尾杆的平板阀。

此阀阀体同暗杆阀阀体，其下方无任何连接件。由于在开关中阀杆要上升或下降，故阀腔的容积要改变。

综上所述，平板阀是一种截止阀，只能处于全开或全关的位置，关到位后要回转 1/4～1/2 圈，不能将开关扳死，更不能作节流阀用。其密封润滑脂注入阀和塑料密封脂注入阀(即二次密封装置)不同，不能装错。

楔型阀、暗杆平板阀、明杆不带尾杆及明杆带尾杆的平板阀外形上的区别，见图14-5。

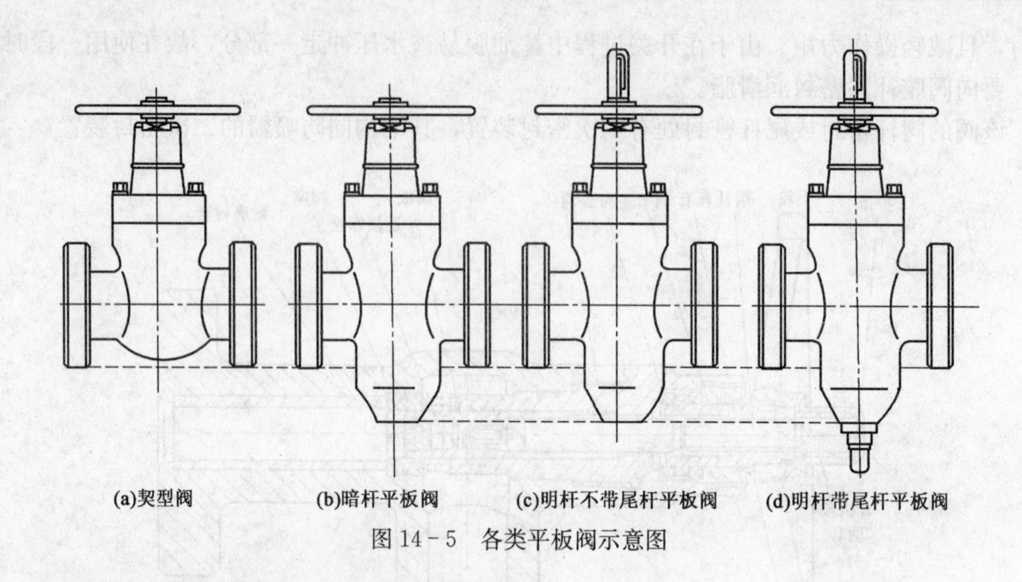

图 14-5　各类平板阀示意图

三、气动阀位变送器（阀位开度表）

气动阀位变送器由顶杆、套筒、锁紧螺母、阀座、阀杆、弹簧及膜片等组成，见图 14-6。

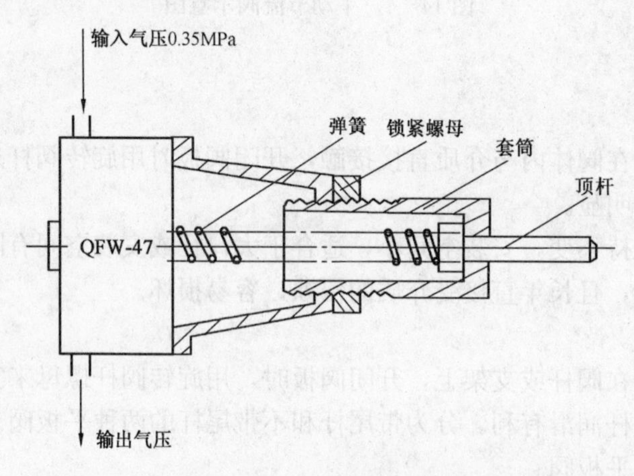

图 14-6　气动阀位变送器

1. 功用

将所受的机械力转换为气压信号并将信号输入到液控箱上的阀位开启度表，以气压的高低变化显示液动节流阀的开启程度。气动阀位变送器的输入气压为 0.35MPa。

2. 调节方法

液动节流阀处于全开位置时，阀位开启度表的指针应该在关闭位置（开度为 0）。如果指针偏离关位则需要调节回零点。指针偏离较大时应该进行粗调零点，指针偏离较小时可进行微调零点。

粗调零点的方法是：松开阀位变送器的固定螺栓，稍微移动阀位变送器，改变顶杆与液动节流阀活塞杆的初始位置，使阀位开启度指示关位，然后再将阀位变送器用螺栓紧固。

微调零点的方法是：松开阀位变送器套筒上的锁紧螺母，旋转套筒，改变套筒内的弹簧张力，使阀位开启度的指针指示关位，然后上紧锁紧螺母。

四、液控箱（如图 14－7）及其控制系统原理

当钻机气源进入控制箱后，一路进入气源压力表，一路进入空气滤清器，进入空气滤清器的气又分为两路。一路经减压阀后到二位三通先导阀和二位四通气控换向阀，由二位四通气控换向阀的控制使压缩空气轮换进入气动液压泵的左、右缸，使活塞左、右移动，带动柱塞泵油，高压油（无压缩空气时，可采用手动液压泵）经溢流阀进入蓄能器储存，一旦需要，则可扳动手动三位五通换向阀（中位各进出口均不通）使其换向，让高压油从蓄能器（或直接由油泵来）出来，经速度调节阀（控制流量的针阀）到手动三位五通换向阀，经该阀进入液动节流阀的开启和关闭腔，使节流阀阀芯前后推进，以达到平衡钻井工艺的要求。进入空气滤清器的另一路，又经一空气滤清器，进入空气减压阀，减压后的空气（小于 0.35MPa）经输气管进入立管压力变送器，管汇压力变送器、阀位变送器，经比较变送后的压缩空气返回控制箱到立管压力表、管汇压力表和阀位开度表，让操作人员在控制箱上就能知道压力及阀的开启度以便按平衡钻井工艺的要求来适时地操作节流阀。

图 14－7　液控箱

液控箱待命工况：

气源压力表（在面板上）显示 0.6～1.0MPa；

变送器供气管路上空气调压阀的输出气压表（在液控箱内）显示 0.35MPa；

气泵供气管路上空气调压阀的输出气压表（在液控箱内）显示 0.4～0.6MPa；

油压表（在面板上）显示 1.4～2.0MPa；

阀位开启度表（在面板上）显示 4/8 开启度（即指示液动节流阀处于半开）；

换向阀手柄处于中位；

调速阀打开；

泄压阀关闭；

立压表开关旋钮（在面板上）旋闭；

立压表（在面板上）显示为 0；

套压表（在面板上）显示为 0；

设备停用时应将箱内两个空气调压阀的输出气压调节为 0；打开泄压阀使油压为 0；立压表开关旋钮旋至关位。

五、单流阀

单流阀阀盖和阀体采用螺栓连接，密封件为阀盖上的密封圈与阀体内壁密封，密封性能可靠。它使阀盖和阀体的装配间隙很小（设计为 0），从而减小了腐蚀介质对螺栓和螺孔的侵蚀并减少了螺栓载荷。

阀芯和阀体密封面堆焊硬质合金，使之具有良好的耐磨性和抗腐蚀性能，阀芯材料采用防硫钢，其他零件采用限制硬度的方法，因而该阀可以在含 H_2S 的环境中使用。阀芯靠上流的压力和下流的压力实现运动和密封，因而不可将阀芯卡死。

维护保养：更换阀芯和密封件，卸掉阀腔内的压力，拆除阀盖螺栓，取出阀盖，取出阀芯，换上新的阀芯。更换时，必须将阀芯与阀体密封面一起研磨。检查阀盖密封圈是否完好，如有损坏，应立即更换。符合 API Spec 6A《井口和采油树设备规范》的要求，可与国内外符合 API Spec 6A 规范的设备配套和互换使用。此阀系止回阀。它靠介质的压力来实现阀芯和阀体之间的金属对金属密封，介质压力越大，密封性能越好。阀腔内任何时候都能承受管线压力。此阀体为合金钢铸锻件加工而成，具有较强的机械性能，可承受很高的压力，具有安全可靠的性能。

第三节　节流与压井管汇的安装与使用

一、安装要求

节流管汇、压井管汇水平安装在坚实、平整的地面上，高度适宜。在未配备节流管汇控制箱情况下，必须安装便于节流阀操作人员观察的立管压力表。套压表必须要有高低压量程并各自有截止阀。钻井液回收管线应使用经探伤合格的管材，不允许现场焊接。节流管汇与钻井液回收管线、液气分离器连接处可使用不低于节流管汇低压区压力等级的高压隔热耐火软管。软管中部应固定牢靠，两端须加装安全链。严格执行集团公司《井控装备判废管理规定》。节流管汇、压井管汇必须回厂检测。钻具内防喷工具每 3 个月回厂检测，压井作业后立即回厂检测。

二、使用要求

（1）选用节流管汇、压井管汇必须考虑预期控制的最高井口压力、控制流量以及防腐等工作条件；

（2）选用的节流管汇、压井管汇的额定工作压力应与最后一次开钻所配置的钻井井口装置工作压力值相同；

（3）节流管汇前的液动平板阀平常处于关闭状态，当发生井涌需要关井求压时，按“关井动作”中开节流阀，实际是打开液动平板阀再关防喷器（因节流阀处于半开）；

（4）平板阀阀板及阀座处于浮动才能密封，因此开关到底后必须再回转 1/4～1/2 圈，严禁将开关扳死；

（5）平行闸板阀是一种截止阀，千万不能用来泄压或节流；

(6) 节流控制箱上的速度调节阀千万不能关死，否则，无法控制节流阀的启闭；

(7) 节流控制箱上的套压表、立压表是一种二次压力表，千万不能用普通压力表代替。

第四节 防喷管汇和放喷管线

一、防喷管汇

防喷管汇包括四通出口至节流管汇、压井管汇之间的防喷管线、平行闸板阀、法兰及连接螺柱或螺母等零部件。

装双四通的防喷管汇在1号、4号、5号、8号闸阀之内；装单四通的防喷管汇在节流管汇、压井管汇以内。

四通至节流管汇之间的零部件公称通径不小于76mm；四通至压井管汇之间的零部件公称通径不小于52mm。

采用单四通配置时，可根据钻井设计的需要增接一条备用防喷管线。防喷管线拐弯处可使用与防喷器压力级别一致、通径不小于78mm的高压隔热耐火软管；节流管汇与钻井液回收管线、液气分离器连接处可使用不低于节流管汇低压区压力等级的高压隔热耐火软管。软管中部应固定牢靠，两端须加装安全链。防喷器四通两侧应各装两个闸阀，紧靠四通的闸阀应处于常闭状态（备用闸阀常开），外侧闸阀应处于常开状态，其中应至少在节流管汇一侧配备一个液动阀。井控管汇所配置的平板阀应符合SY/T 5127《井口装置和采油树规范》中的相应规定。井控管汇应采取防堵、防冻措施，保证畅通和功能正常。

二、放喷管线

装双四通的放喷管线包括1号、4号闸阀节流管汇，压井管汇以外的管线、闸阀、法兰及连接螺柱及螺母等零部件，装单四通的放喷管线为压井管汇、节流管汇以外的零部件。其要求抗压能力不高，内径要求大于76mm。一般使用普通钻杆代替即可。

放喷管线安装标准：

(1) 放喷管线的布局应考虑当地季风方向、居民区、道路、油罐区、电力线及各种设施等情况。

(2) 放喷管线应接至井场边缘，正面不能有障碍物。Ⅰ级风险井备用接足75m的放喷管线和固定地锚，Ⅱ级、Ⅲ级风险井主放喷管线接至排污池。

(3) 放喷管线通径不小于78mm（井眼尺寸小于177.8mm的钻井、侧钻井井控管线通径不小于52mm），出口处必须是钻杆接头，并有螺纹保护措施。

(4) 管线应平直引出。若需转弯应使用角度不小于120°的铸（锻）钢弯头。确因地面条件限制，可使用同压力级别的高压隔热耐火软管或具有缓冲垫的90°弯头。

(5) 放喷管线每隔10～15m、转弯处及出口处用水泥基墩加地脚螺栓或地锚固定牢靠；放喷管线出口悬空长度不大于1.0m；若跨越10m宽以上的河沟、水塘等障碍，应架设金属过桥支撑。

(6) 水泥基墩长×宽×深为0.8m×0.8m×1m。水泥基墩的地脚螺栓直径不小于20mm，预埋长度不小于0.5m。

第十五章　井控辅助设备

井控辅助设备主要是预防、监测钻井现场溢流等异常情况的仪器和设施。目前主要包括套管头、钻具内防喷工具、液气分离器、钻井液罐液面监测装置、钻井液灌注装置、不压井起下钻装置、监测仪器和其他设备等。这些井控辅助设备对钻井施工过程实现连续监测，保证了钻井过程的井控安全。

第一节　套　管　头

一、套管头的作用

套管头属于井口装置的基础部分，是套管与井口装置之间的重要连接件，它的下端通过螺纹与表层套管相连，上端通过法兰与井口装置相连（图 15－1）。在钻井期间，套管头是井口防喷装置的组成部分，在完井之后，又是井口装置的永久性组成部分。

套管头作用：固定钻井井下套管柱，可靠地密封各层套管空间；控制套管空间的压力；快速而又可靠地连接套管柱；防止钻具对地表附近的套管磨损；井下温度高时使套管柱有垂直移动的可能性；通过套管头侧面的套管环空输出、输入接口，可在特殊情况下进行补灌水泥、注入压平衡液等各种特殊作业。

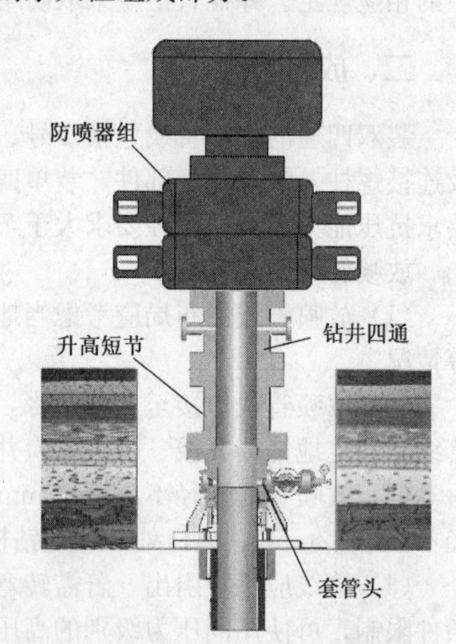

图 15－1　套管头在井口装置中的位置

二、套管头的结构与类型

1. 套管头的结构

（1）套管头本体为四通承载壳体，承受介质压力和套管柱重量，形成主侧通道。

（2）侧通道连接件由压力表总成、闸阀、连接法兰组成（图 15－2），作为固井作业时环空压力控制、水泥浆、钻井液返出、补注水泥浆的通路。压力表可观察两套管间是否有压力。

（3）套管头的悬挂方式有芯轴式和卡瓦式悬挂器，其作用是悬挂套管、密封环形空间。注意：芯轴式悬挂器的连接螺纹与所用套管的螺纹一致。

（4）连接方式有如下三种：

①卡瓦式底部连接套管头（图 15－3）。

采用上紧螺钉使卡瓦卡紧表层套管；并设计有 B 型套管密封圈，连接牢固，方便快捷，密封可靠。

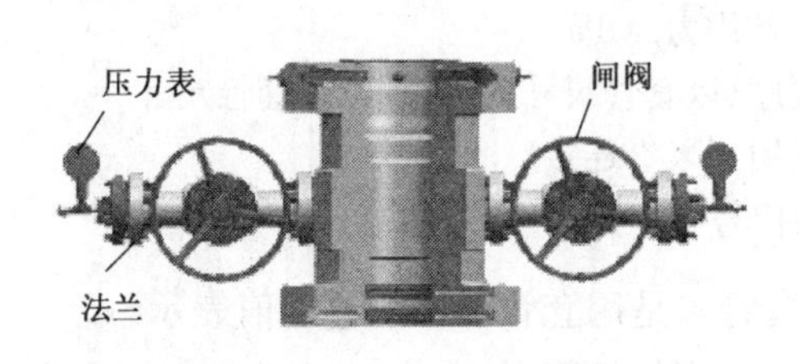

图 15－2　侧通道连接件

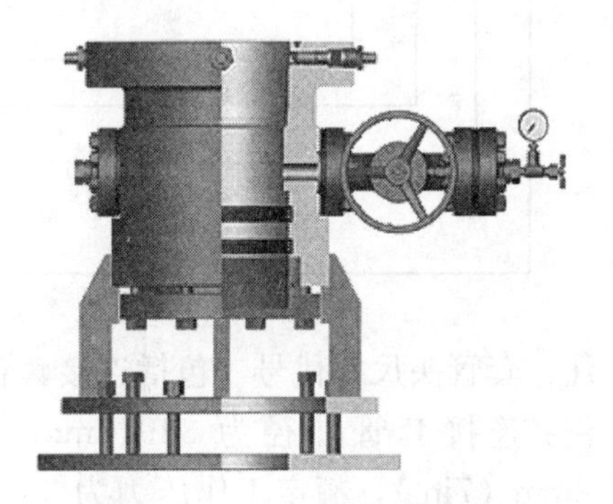

图 15－3　卡瓦式底部连接套管头

②焊接式底部连接套管头（图 15－4）。

现场将套管头与表层套管进行焊接，适用于各种套管的规格。

③螺纹式底部连接套管头（图 15－5）。

可以加工各种规格的套管螺纹，通过双公短节与表层套管连接，安装快捷方便。

图 15－4　焊接式底部连接套管头

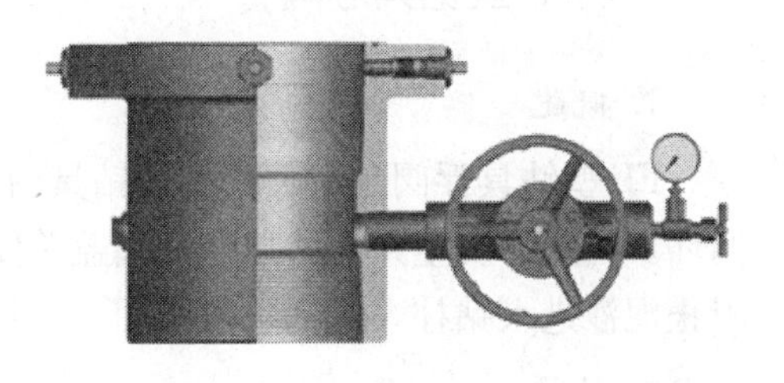

图 15－5　螺纹式底部连接套管头

2. 套管头的类型

(1) 套管头按悬挂的套管层数分为单级套管头、双级套管头和三级套管头。见图 15－6 至图 15－8。

图 15－6　单级套管头

图 15－7　双级套管头

图 15－8　三级套管头

(2) 型号表示法:

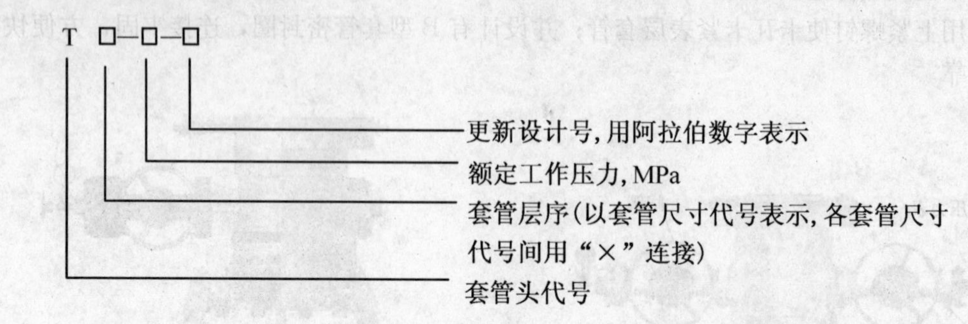

注:套管头尺寸代号(包括连接套管、悬挂套管)是用套管外径的英寸值表示。

例:连接套管外径为 339.7mm(13⅜in),悬挂套管外径为 244.5mm(9⅝in)、177.8mm(7in),额定工作压力为 35MPa 的套管头,型号表示为:T13⅜×9⅝×7-35。

第二节　钻具内防喷工具

在钻井过程中,当地层压力超过钻井液静液柱压力时,为了防止钻井液沿钻柱水眼向上喷出,防止水龙带因高压憋坏,需使用内防喷工具。

一、FF 型钻具浮阀

1. 概述

FF 型钻具浮阀是一种新型的钻具内防喷器。它在正常钻井时,阀盖打开,钻井液畅通循环。当井下发生井涌井喷时,阀盖关闭达到防喷目的。起下钻作业时,防止钻井液回流,阻止泥沙进入钻柱,起到防堵作用,是钻井作业中防喷防堵的专用工具。

2. 结构

如图 15-9 所示,FF 型钻具浮阀结构分 A 型、B 型两种。主要由浮阀体和浮阀芯两大部件组成。

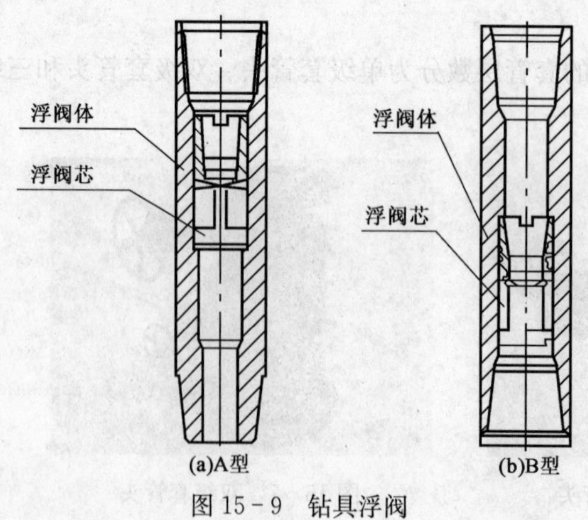

图 15-9　钻具浮阀

正常钻井时，阀盖打开，钻井液畅通循环。井下发生井涌或者井喷时，阀盖关闭达到防喷目的。起下钻作业时，防止钻井液回流，阻止泥沙进入钻柱，起到防堵作用。

3. 使用和维护保养

（1）钻具浮阀安装近钻头位置。

（2）钻具浮阀使用后，浮阀芯应取出清洗，并对所有零件进行检查，有损坏的零件必须更换，所有密封件使用达到400h后必须更换。

（3）装入浮阀芯时，外部应涂上钙基润滑脂，注意阀盖复位正对方向向上，安装到位。

（4）当使用带孔的阀盖时，钻具浮阀能保证钻柱在起下钻时的能外压平衡。

二、HY型投掷式回压阀

1. 概述

投掷式回压阀是钻柱内防喷器，也可以用于海上各种钻井浮动设备上切割钻杆。只有把井眼和钻柱外的环形空间和钻柱的水眼封堵后，才能完成防止井喷事故的任务，只要将钻柱水眼内向上喷射的高压流堵断，井眼和钻柱外环形空间所产生的井喷就不难控制了。

该工具带有一个就位接头，连接在钻柱需要的部位下入井内，以迎接回压阀的就位。投掷式回压阀是一只重型的单流阀，具有一定重量。存放在钻台上，发现井喷预兆时投入钻杆的水眼内，只需要一次就能自动地在就位接头上就位，当遇到井下的高压流上涌时，回压阀切断了钻柱内向上喷射的高压流。

投掷式回压阀不到必要时，不投入钻杆的水眼内。由于在钻井过程中，如果长期遭受钻井液的冲刷，零部件会早期磨损，应该尽量避免这一不必要的损耗。若需要将回压阀投入才能钻井时，这就要求经常检查并更换备用件来保证密封性能十分可靠。

正常钻进时，仅用就位接头与止动环连接装在钻柱上下井，一般连接在钻铤以上部位，亦可连接在钻杆上的任何部位，某些特殊情况下也可以连接在钻铤上，还可以紧接钻头，但不宜多采用。凡是就位接头下井时止动环必须上紧，防止螺纹松脱，这样投掷式回压阀会离开就位接头而达不到封堵的效果，防喷目的必然失败。就位接头连接在钻柱上时，即使是带钢丝绳的工具作业、测井作业和钻柱的水眼内的其他作业亦无妨碍。

该工具的外部装有橡胶堵塞器（拍克），质量优良，经久耐用。阀座是经过特殊的热处理和研磨精加工，与钢球配合精度高，密封性能十分可靠。额定密封压力35MPa（357kgf/cm^2），这就代替了钻杆安全阀或方钻杆旋塞阀的作用。该工具结构简单，操纵方便，只要卸开方钻杆的接头螺纹便可以投入钻杆的水眼内，易于维护保养，深受用户的欢迎。

2. 结构和工作原理

投掷式回压阀，由回压阀总成、就位接头和止动环等组成，见图15-10回压阀总成、图15-11就位接头和止动环。

回压阀总成包括阀体、卡瓦体、牙块、堵塞器（拍克）、钢球和弹簧等零件。

就位接头与止动环用螺纹联结并上紧扣和钻柱连接下入井内，在未投入回压阀时作为钻柱上的一个接头。

当井下高压流将要降临或已经发生，将回压阀从钻杆水眼内投入（也可以开泵送下），回压阀运动到就位接头底部联结的止动环台肩上被阻止。阀体下部孔内装有钢球和弹簧，利用弹簧力量将钢球承托在阀体的密封座上，弹簧始终上托钢球，密封着阀体的内孔上端，起着一个单流阀的作用，从钻柱内向井下循环液体很容易启开，而井下高压流则不能进入阀体水眼。

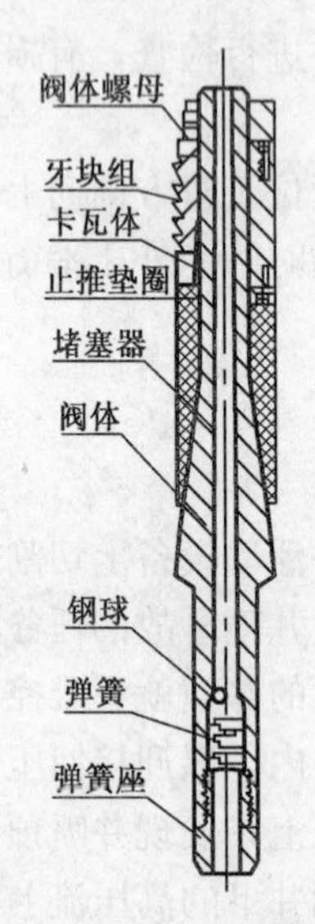

图 15-10 回压阀总成

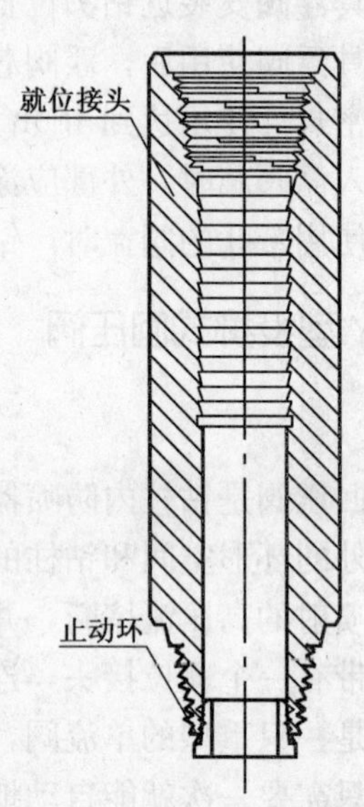

图 15-11 就位接头和止动环

当受到高压流上涌时，由于钢球密封着阀体上端内孔，回压阀被推举上行，就位接头的锯齿形锁牙和回压阀上部的牙块相互锁定，具有外圆锥形的阀体继续上行，迫使堵塞器胀大密封就位接头的孔壁。这时就位接头和回压阀总成组成了一套内防喷器装置。所以当高压流越强大时推动阀体向上的力量也就越大，堵塞器的密封性能必然很严密。

3. 操作

就位接头和止动环是连接在钻柱需要的部位上下入井内随同钻柱工作。回压阀总成应仔细检查保证完好并存放在钻台上，当有井喷的预兆或井喷已降临，立刻卸开方钻杆将回压阀总成投入钻杆水眼内，开泵送下就位，井下向上喷射的高压流就会被阻止。

就位接头上的止动环必须上紧，防止松脱，便能承阻回压阀在就位接头上停止。若止动环松脱会失去堵塞效果，防喷必然失败。

就位接头带止动环和钻杆一起工作，因钻柱在井内频繁旋转振摆，亦或是起下钻时上卸扣，就位接头也可以连接在钻铤的上面作为一个配合接头，必要时可紧接在钻头上面。

回压阀总成下投时是引锥端（弹簧座）向下，只要回压阀总成投入钻柱水眼内，以后每次接单根或起出钻柱等作业就无妨了，因为上面钻井液柱压力已平衡。在没有投入回压阀总成前，若回流压力和反冲压力是平衡的，投入回压阀总成是容易的，当遇到反冲压力而方钻杆旋塞阀已装好，可以关闭方钻杆旋塞阀，以切断旋塞阀上面的联系。

若方钻杆已卸开放在旁边遇到了回流时，再装一个启动开的钻杆安全阀，装好后关闭（为使钻杆安全阀耐用，还可以加接一个保护接头），以平衡钻杆安全阀上部压力（安全阀以上压力平衡后，就能避免压力骤增而造成损坏安全阀的组件）。这时就可以投入回压阀总成，然后接方钻杆，启开钻杆安全阀，开泵循环进行正常钻井作业。起钻时从钻柱上卸下就位接头上的止动环，回压阀总成就可以取出。

4. 维护保养

（1）工具从井内取出应冲洗干净，并完全拆卸检查。

（2）涂润滑脂重新组装，要保证牙块在阀体的导槽上运动灵活自如。

（3）阀体螺母组装后调整要适当可靠。

（4）堵塞器要防止油浸、涂料和有腐蚀性化学物质的侵蚀，不得有脆裂、老化和损伤密封面等情况，严禁浸泡在油中。

（5）回压阀总成存放在钻台上或库房储存时，应妥善保管，堵塞器要用保护物包裹，牙块不被碰坏。储存在不受日晒雨淋和尘土飞扬的地方，应放在通风良好的场所。

（6）库存时除堵塞器外，均应涂防锈油，每 6 个月应保养一次。

（7）橡胶件储存期限 18 个月。

三、钻具止回阀

钻具止回阀结构形式很多，就密封元件而言，有碟形、浮球形、箭形等密封结构。使用方法也各异：有的连接在钻柱中；有的则在需要时，投入钻具水眼中而起封堵井内流体的作用。

钻具止回阀型号表示方法如下：

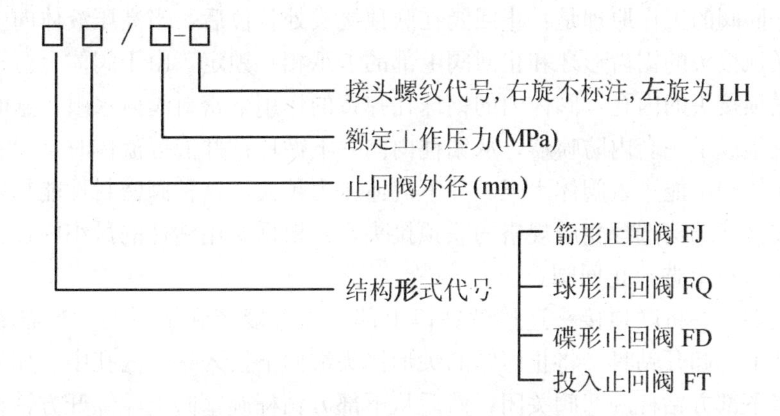

1. 箭形止回阀

箭形止回阀（图 15－12）采用箭形的阀针，呈流线型，受阻面积小。箭形止回阀维护保养方便，应注意使用完毕后，立即用清水把内部冲洗干净，拆下压帽涂上黄油。定期检查各密封元件之密封面，是否有影响密封性能的明显的冲蚀斑痕，作必要的更换。

这种阀使用时可接于方钻杆下部或接于钻头上部，其扣型应与钻杆相符。

2. 投入式止回阀

投入式止回阀由止回阀及联顶接头两部分组成。止回阀由爪盘螺母、紧定螺钉、卡爪、卡爪体、筒形密封圈、阀体、钢球、弹簧、尖形接头等组成；联顶接头由接头及止动环组成，见图 15－13。

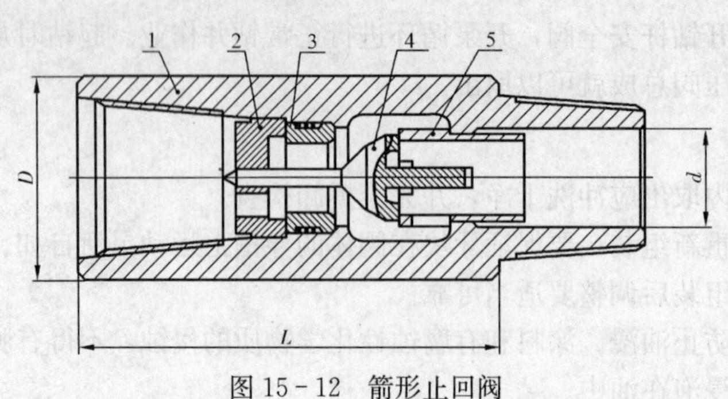

图 15-12 箭形止回阀

1—阀体；2—压帽；3—密封盒；4—密封箭；5—下座

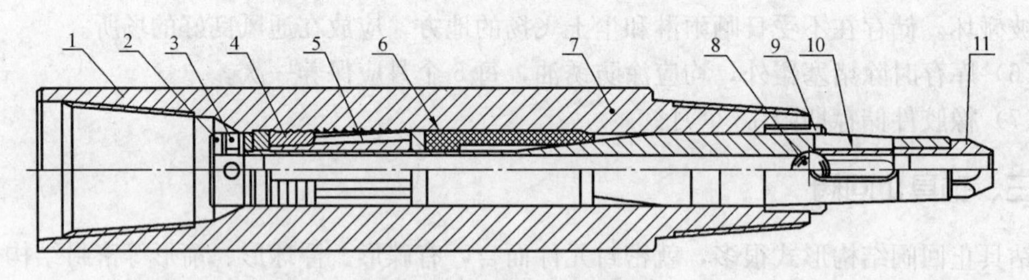

图 15-13 投入式止回阀

1—联顶接头；2—爪盘螺母；3—紧定螺钉；4—卡爪；5—卡爪体；6—筒形密封圈；7—阀体；8—钢球；9—止动环；10—弹簧；11—尖形接头

投入式止回阀的工作原理是：止回阀在联顶接头处就位后，当高压液体向上运动时，推阀体上行，联顶接头的锯齿形牙和止回阀上部的卡爪相互锁定，由于阀体上行迫使筒形密封圈胀大密封联顶接头的内孔，阀体内的钢球在弹簧的作用下密封阀体水眼，这时，止回阀与联顶接头总成组成了一套内防喷器，从钻柱内向井下循环钻井液等流体时，很容易开启止回阀，而井下流体却不能进入阀体水眼。井下流体压力越大，这种阀密封性能越好。

选用时按钻柱结构选择相应规格的联顶接头，并根据所用钻柱的最小内径比止回阀最大外径大 1.55mm 以上选择止回阀。

钻开油气层前，将联顶接头连接到钻铤上部，或直接接到钻头上，当需要投入止回阀时，从方钻杆下部卸开钻具，将止回阀的尖形接头端向下投入钻柱内孔中。如果井内溢流严重，则应先将下部方钻杆旋塞阀关闭，然后从下部方钻杆旋塞阀上端卸开方钻杆，将止回阀装入旋塞阀孔中，再重新接上方钻杆，打开下部方钻杆旋塞阀，止回阀靠自重或用泵送至联顶接头的止动环处自动就位，开始工作。使用完后卸下止动环，即可从联顶接头内取出止回阀。

3. 钻具浮阀

钻具浮阀是一种全通径、快速开关的浮阀，当循环被停止时能紧急关闭。钻具浮阀由浮阀芯及本体组成，浮阀芯是由阀体、密封圈、阀座、阀盖、弹簧、销子组成，如图 15-14 所示。

一般情况下，浮阀均安装在近钻头端，通过阀体与钻柱连接，连接时应注意浮阀放入阀体一端应向上（即浮阀有三个缺口的一端应向上）。

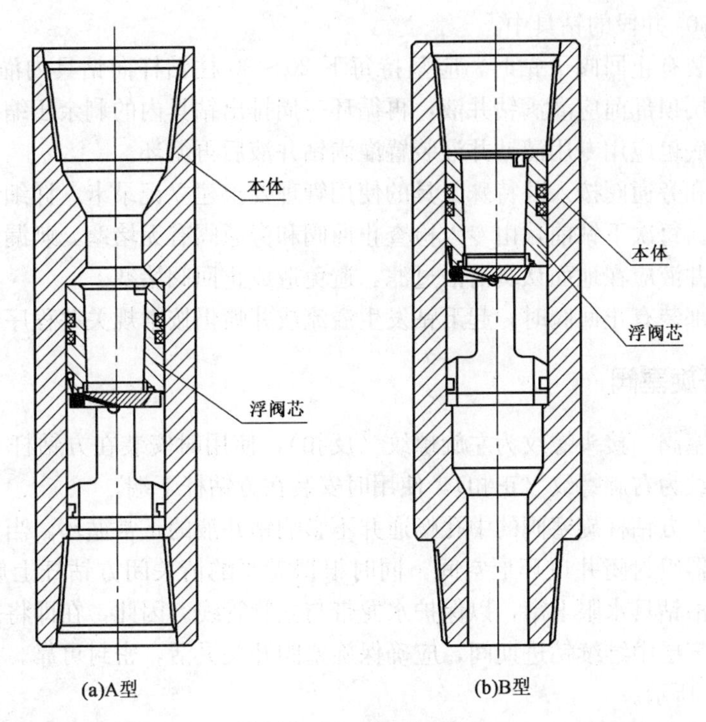

图 15-14　钻具浮阀

在正常钻井情况下，钻井液冲开阀盖（阀盖分为普通阀盖和带喷嘴阀盖）进行循环。当井下发生溢流或井喷时，阀盖关闭达到防喷的目的。通常浮阀组装的是普通阀盖，在特殊作业时安装带喷嘴阀盖。

4. 钻具止回阀和旁通阀的安装和使用

（1）油气层钻井作业中，除下述特殊情况外，建议在钻柱下部安装钻具止回阀和旁通阀。

①堵漏钻具组合；

②下尾管前的称重钻具组合；

③处理卡钻事故中的爆炸松扣钻具组合；

④穿心打捞测井电缆及仪器钻具组合；

⑤传输测井钻具组合。

（2）钻具回压阀和旁通阀的压力级别根据地层压力选择 35MPa 或 70MPa，外径、强度应与相连接的钻铤外径、强度相匹配。

（3）钻具止回阀的安装位置以最接近钻柱底端为原则。

①常规钻进、通井等钻具组合，止回阀接在钻头与入井第一根钻铤之间。

②带井底动力钻具的钻具组合，止回阀接在井底动力钻具与入井的第一根钻具之间。

③在油气层中取心钻进使用非投球式取心工具，止回阀接在取心工具与入井第一根钻铤之间。

④旁通阀安装在钻铤与钻杆之间或距钻具止回阀 30～50m 处。水平井、大斜度井旁通

阀安装在 50°～70° 井段的钻具中。

（4）钻具中装有止回阀下钻时，应坚持每下 20～30 柱钻杆向钻具内灌满一次钻井液。下钻至主要油气层顶部前应灌满钻井液，再循环一周排出钻具内的剩余压缩空气后方可继续下钻。下钻到井底也应用专用灌钻井液装置灌满钻井液后再循环。

（5）止回阀和旁通阀按入井特殊工具的使用管理要求建立记录卡，详细记录入井使用的时间及有关参数。每次下钻前，由专人检查止回阀和旁通阀有无堵塞、刺漏和密封情况。

（6）入井钻井液应在地面认真清洁过滤，避免造成止回阀堵塞。

（7）钻具底部装有止回阀时，起下钻发生溢流或井喷仍按常规关井程序作控制井口。

四、方钻杆旋塞阀

方钻杆上旋塞阀，接头螺纹为左旋螺纹（反扣），使用时安装在方钻杆上端。方钻杆下旋塞阀，接头螺纹为右旋螺纹（正扣），使用时安装在方钻杆下端。

钻井作业时，方钻杆旋塞阀的中孔畅通并不影响钻井液的正常循环。当发生井喷时，一方面用井口防喷器组封闭井口环形空间，同时根据需要酌情关闭方钻杆上旋塞阀或下旋塞阀，阻止钻井液沿钻具水眼上窜，以保护水龙带与立管管线。因此，在即将打开油气层的钻进过程中或在油气层中继续钻进期间，应确保旋塞阀开关灵活，密封可靠。方钻杆旋塞阀的结构如图 15-15 所示。

旋塞阀安使用专用扳手将球阀转轴旋转 90°实现开关。方钻杆球阀轴承中填满锂基润滑脂，井场使用时一般无须再做保养。

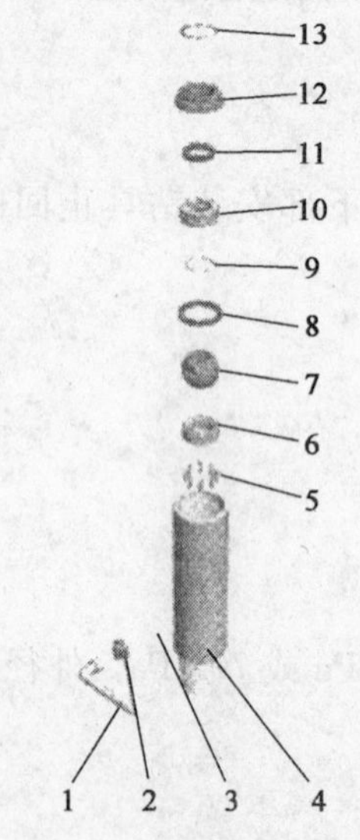

图 15-15　方钻杆旋塞阀

1—手柄；2—旋块；3—O 形圈；4—阀体；5—弹簧；6—下阀座；7—球体；8—下卡圈；9—O 形圈；10—上阀座；11—垫圈；12—下卡圈；13—卡簧

1. 方钻杆旋塞阀的主要用途

（1）当关井压力过高，钻具止回阀失效或未装钻具止回阀时，可以关闭方钻杆旋塞阀，免使水龙带被憋破；

（2）上部和下部方钻杆旋塞阀一起联合使用，若上旋塞阀失效时，可提供第二个关闭阀；

（3）当需要在钻柱上装止回阀时，可以先关下旋塞阀，在下旋塞阀以上卸掉方钻杆，然后将投入式止回阀投入到钻具内接上方钻杆，开下旋塞阀，利用泵将止回阀送到位。

2. 旋塞阀的安装和使用注意事项

（1）油气层中钻进，采用转盘驱动时应装方钻杆上、下旋塞阀，使用顶驱时采用顶驱自带的自动和手动两个旋塞阀。

（2）方钻杆下旋塞阀不能与其下部钻具直接连接，应通过保护接头与下部钻具连接。

（3）坚持每天开关活动各旋塞阀一次，保持旋塞阀开关灵活。

（4）方钻杆旋塞阀选用时应保证其最大工作压力与井口防喷器组的压力等级一致。使用前，必须仔细检查各螺纹连接部位，不得有任何损伤或连接处螺纹松动现象，方钻杆旋塞阀在连接到钻柱上之前，须处于“全开”状态。

（5）钻具止回阀失效或未装钻具止回阀时，在起下钻过程中发生管内溢流，应抢接处于打开状态的备用旋塞阀或止回阀，然后再关防喷器。

（6）在抢接止回阀或旋塞阀时，建议使用专用的抢接工具。

五、内防喷工具的管理与试压

一旦发生溢流或井喷，钻具内防喷工具用来封闭钻具水眼空间，它同封闭环空的防喷器同等重要。因此，应制定内防喷工具使用、管理制度，定期对内防喷工具进行试压、探伤，建立使用档案。

内防喷工具的试压，可参照以下标准进行。

1. 旋塞阀的试压

（1）试压值见表 15－1，试压介质为清水，稳压 3min 不得渗漏。

表 15－1　旋塞阀试验试压值

额定工作压力，MPa	密封试验压力值，MPa	强度试验压力值，MPa
35	≥35	70
70	≥70	105
105	≥105	157.5

（2）试压方法：

①强度试验在阀开启位置进行。

②反向密封试验：阀在关闭位置，从外螺纹端加压，内螺纹端敞开通大气。

③正向密封试验：阀在关闭位置，从内螺纹端加压，外螺纹端敞开通大气。

2. 钻具止回阀的试压

（1）强度试压值和稳压时间见表 15－2。

（2）强度试压时，初始压力试验后应将压力泄为 0，然后再进行最终压力试验。

（3）密封试压时从外螺纹端加压，试压值和稳压时间见表 15－3。

（4）稳压时间应从压力已稳定在规定范围内，且阀体外表面彻底干燥后开始计时。

表 15－2　强度试验试压值与稳压时间

额定工作压力，MPa	初始试压		最终试压	
	试压值，MPa	稳压时间，min	试压值，MPa	稳压时间，min
35	≥70	≥3	≥70	15
70	≥105	≥3	≥105	15

表 15-3 密封试验试压值与稳压时间

额定工作压力，MPa	初始试压		最终试压	
	试压值，MPa	稳压时间，min	试压值，MPa	稳压时间，min
35	1.4～2.1	≥5	≥35	≥5
70			≥70	

第三节 液气分离器

一、功用与组成

功用：将从井筒内返出的流体进行气、钻井液、钻屑、油等分离。

组成：由液气分离器、除气器、固控系统、撇油系统、排气和燃烧系统等组成（图 15-16）。

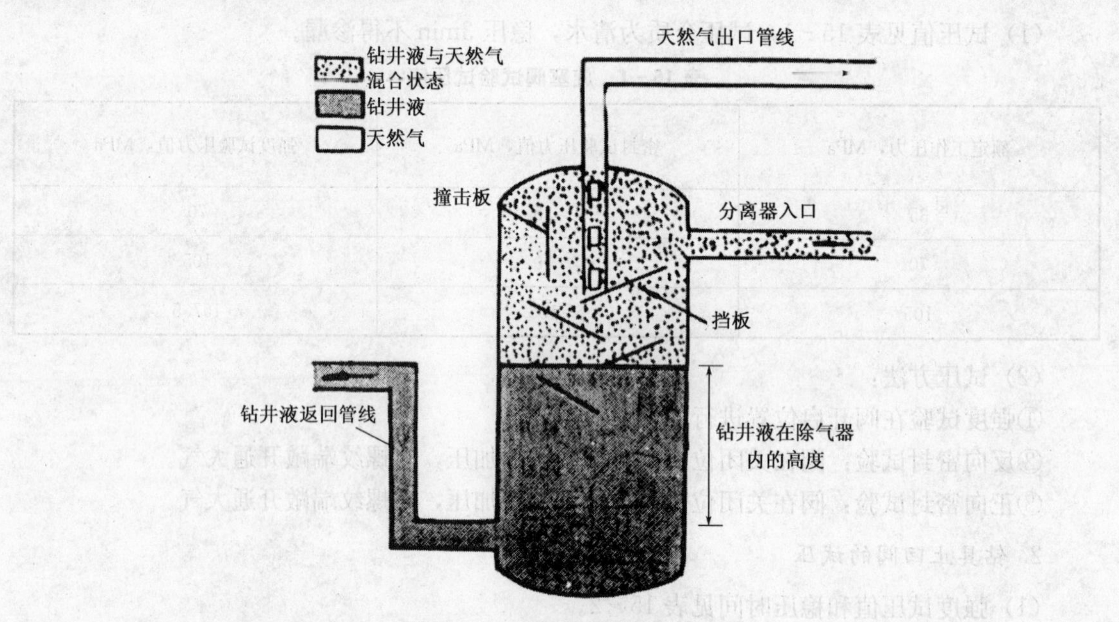

图 15-16 液气分离器示意图

二、液气分离器原理

钻井过程中进行气体分离过程为先由液气分离器分离大气泡再由除气器分离小气泡。除气器的功用是除掉小气泡，所谓小气泡一般是指直径小于 1.5875mm 的气泡。水中接近表面的一个气泡，根据阿基米德浮力原理，气泡上升的浮力等于其排开同体积水所受的重力：

$$F=\frac{\pi}{6}d^{2}g\rho$$

式中 F——气泡所受的浮力，N；

d——气泡直径，m；

g——重力加速度，9.81m/s^2；

ρ——液体的密度，kg/m^3。

对于切力和黏度均较高的钻井液来说，气泡上升的速度是很慢的，甚至静止不动，特别是小气泡无力浮到液体表面上来。而气侵后的钻井液中的小气泡特别多；即使是大气泡，在高黏度、大切力的钻井液中，在没有搅拌的情况下，也可能无法上浮到表面（而破裂）。气泡浮到表面后形成一个圆顶。液体使气泡下表面成一水平面，所以其形状几乎像半个球体。圆顶是由两个液体壁形成的，即内壁和外壁。两个表面都有表面张力，从而将气体包裹起来。气体压力是由大气压力、表面张力和表面之间液体的力引起的。气泡内外壁之间有液体流动，因此，气泡顶部变得越来越薄。等气泡内外壁间某一点的液体流完后，内外表面相互接触，则气泡迅速破裂。如果液体的黏度高、静切力大、泡壁内液体下流速度较慢，则气泡不易破裂。内外表面之间的液体下流速度很慢是由于下流的液体表面上的气泡破裂过程力量很小并且流道很窄的缘故。钻井液罐内钻井液面上的气泡是由很多直径不同的气泡构成的，但是，不论气泡直径大小，破裂都是由于气泡内壁和外壁相接触所致。气泡破裂速度与液体表面张力和黏度有关。因此凡能使得张力和黏度降低的化学处理剂都能加速气泡内外泡壁之间的液体变薄、破裂。

三、除气器

分离小气泡的除气器分为两大类：真空式和常压式。除气器的选择主要根据其处理钻井液的能力。国内外生产的各类除气器的处理量均指钻井液单位时间内通过除气器的数量，以m^3/h计，在正常情况下，多数在120～150m^3/h。但由于结构上的不同，除气效率存在着差异。

1. 常压除气器

（1）基本原理：通过各种不同形式的泵将混气钻井液由阀控制的钻井液冲击层注入除气罐，使钻井液冲击罐壁，形成薄层紊流，导致气液分离。当除气器主轴旋转时，混气钻井液先由除气器下部的泵轮泵入上部的分离腔内。分离腔内的分离叶片旋转时驱动钻井液随之旋转，在分离腔圆筒形内壁上形成钻井液紊流薄壁，呈涡流状态做螺旋形向上运动。旋转着的钻井液薄层内形成离心场，一般加速度在20～40g（g=9.8m/s^2）之间，密度大的液体紧靠罐壁，含气泡密度小的混合体向中心移动。在液面上的气泡迅速破裂并由排气管排出；已除气的钻井液继续上升至排液口排入罐内。离心式常压除气器的处理量取决于下底距液面的距离（沉没度）和钻井液密度，沉没度大则处理量增大。

（2）除气器安装位置。除气器的进口管线接在第二个罐（紧靠沉砂罐）的搅拌器之后，这样可以利用搅拌器将4～25mm大直径气泡除去，以方便除气器的吸入，同时也可避免旋流除砂器用的离心砂泵发生自锁。

2. 真空式除气器

（1）基本原理：一般情况下，当钻井液中的气泡直径大于4mm时，能在浮力的作用下很快逸出液体表面而破裂。直径小于1mm的气泡被包在钻井液中，出现钻井液密度下降的气侵现象。利用真空泵或喷射式抽空装置使除气罐中形成一定的真空度。循环罐中气侵的钻井液，在真空造成的压差作用下被吸入除气罐内。在真空环境下，使钻井液表面压力低于大气压，从而降低了小气泡升至表面所受的压力。例如，压力由正常大气压力 101.325kPa（即 760mm 汞柱）降至 66.661kPa（即 500mm 汞柱）时，气泡体积增大 50%，从而增大了浮力，较迅速地升至液面而破裂。

（2）结构。无论何种真空除气器，其结构共性有以下三点：

①有一个真空泵或喷射泵使除气罐保持适度的真空，从而将气侵钻井液吸入罐内，进行气液分离，将天然气排向大气。

②罐内一般设置槽形挡板或锥形伞板，使钻井液分离成薄层以使气体逸出。

③配备有液面控制装置，以调节进入除气室的钻井液流量，使除气室既不会溢流、也不抽空。

四、液气分离器与除气器的主要区别

液气分离器与除气器的主要区别在于它能清除钻井液中的大气泡，这也是液气分离器的设计目的。大气泡是指大部分充满井眼环空某段的钻井液中的膨胀性气体，其直径大约在 3～25mm。钻井液通过一根 U 形管线回到循环罐内。除气罐内钻井液面的高度，可通过 U 形管的高度增减来控制。分离器的工作压力等于游离气体由排出管排出时的摩擦阻力。分离器内始终保持一定高度的液面（钻井液柱高），如果上述摩擦阻力大于分离器内钻井液柱的静液压力，将造成“短路”，未经分离的混气钻井液就会直接排入振动筛。分离器产生短路一般是在混气钻井液中出现大量气体（峰值）的条件下发生的。这表明分离器的处理能力不足。

五、排气和燃烧系统

组成：由燃烧管线、防回火装置和点火装置组成。

功能：将分离器分离出来的可燃气体进行燃烧，不可燃的气体排放掉。燃烧管线用于输送气体，点火装置用于引燃可燃气体，防回火装置用于防止空气体倒返进入燃烧管线和分离器，达到爆炸极限发生爆炸事故。太阳能自动点火装置：由太阳能电池板、蓄电池、高压脉冲装置、控制装置、点火头、可燃气罐等组成。太阳能电池发电储存到蓄电池，蓄电池向高压脉冲装置、控制装置提供电源，产生的高压脉冲达到 20000V，输送到点火头产生高压放电，引燃可燃气体。目前国内已经生产出 ϕ152mm～ϕ254mm 防回火装置。该装置一般安装在燃烧管线的最后第一根与第二根之间。

六、提高分离效果的方法

（1）适当增大控制回压，也就减小了天然气进入井筒的流量，从而改善分离器的工况。在欠平衡钻井过程中，若出气量过大，应适当提高钻井液密度或减少地面充气量。

（2）适当增加分离罐内钻井液柱的高度或加长 U 形管的有效高度，能使分离器更有效地工作。

（3）尽量减少排气管的弯头，采取圆滑过渡的弯头，以减小排气摩擦阻力，提高分离器分离效果。

（4）适当增大排气管的内径，因为排气摩擦阻力与排气管内径的五次方成反比，虽然制造成本增高，但这是提高分离效率的最好办法。

（5）可以采用一个由罐内液面控制的外部排放阀或由内部液面控制的浮球阀来开关钻井液回流管线。

第四节　钻井液罐液面监测装置

钻井液罐液面监测装置是用来监测钻井液罐液面在钻井过程中的变化，并以此判断井眼是否发生溢流或漏失，它是井队尽早发现溢流显示的有效手段。

一、工作原理

钻井液罐液面变化经传感器转化为电压信号（或气压信号），传输到监测报警仪中，经二次仪表转化为数字显示信号。钻井人员可随时了解到钻井液罐中钻井液总量和增减变化量。配有打印机的监测装置还可定时打印监测数值。该装置也可用于观察起钻灌钻井液时的灌入量。其基本工作原理是当钻井液罐内的钻井液一定时，将控制箱面板上的转换开关置于调试位置，然后调节液面位置传感器上的调节杆位置，使浮子中的磁铁正好吸合主杆内电路板中的常开式干簧管，从而接通正常液位指示灯，固定调节杆；同时将控制箱面板上的转换开关根据报警需要置于任一挡位，这时当罐内液面由于井涌或井漏或其他原因而升高或降低时，浮子也会随液面升高或降低，当达到浮子中的磁铁能吸合主杆内电路板中的常开式干簧管的液面时，控制箱内的继电器动作，接通报警器，发出声光警报信号。可以实现0.5～$2m^3$的钻井液变化量报警；可以实现几个钻井液罐的液面位置传感器共用一个控制箱；报警灵敏度小于$0.02m^3$；可连续工作；可以在钻井液罐中的任一钻井液液面位置上使用。主要用于监测钻井液罐的液面高度及体积，具有精度高、能够准确、可靠地测量并显示各钻井液罐及总体积的钻井液实时数据，根据总体积量的变化，实现自动预警，提前预报井喷和反映井漏，以便及时采取措施。

二、测量原理

智能钻井液控制装置采用专用浮球液位变送器，连续实时测量储罐液位。控制装置根据现场特点特别加工专用浮球，它可以在钻井液液面升降的同时来清理掉探杆上的钻井液，从而达到防挂料的作用。智能钻井液控制装置的测量不受温度、压力、湿度、导电性、电磁波、密度等内外界因素影响。

三、系统组成

仪表由两部分组成。一部分为液位变送器（7路），将液位信号输送给二次仪表；另一部分是采用了宽视角、高亮度TFT真彩液晶、超大容量FLASH和全智能嵌入式高可靠U盘备份三项最新技术的智能显示控制仪表，通过屏蔽电缆连接将某一路的液位信号变送为现有该储罐的钻井液储量（m^3），并显示该储量，同时将各路的储量累积显示，并根据每一路的储量要求进行上、下限报警，时刻监测钻井系统的钻井液储量状况。

四、报警实现过程

智能钻井液控制装置分为高位与低位报警，二次仪表根据现场一次部分变送过来的4～20mA值并转换成体积后，比较现场设定的报警值，满足报警要求时继电器动作同时实现声光报警。

目前还有钻井队使用浮球式简易报警装置。这种方式简单、直观，便于观察记录。其缺点是必须每个报警装置和钻井液罐都要一一对应，观察记录费时费力，不能连续反应实时数据。要求坐岗人员要定期观察记录。

第五节　钻井液灌注装置

一、钻井液灌注装置的作用

钻井液灌注装置能在起下钻过程中钻井液有漏失或出现漏失时周期定柱并延时保护控制泵向井筒自动灌注钻井液、显示起下钻具数量和灌注钻井液量、进行井涌和井漏声光报警，以保持井筒一定的钻井液液柱压力，防止卡钻和井喷事故发生。该系统具有多种功能，操作简便、性能可靠，在检修设备停止起下钻、起钻末和空井时均能向井筒自动灌满钻井液，在无油气显示井段起钻中能防止卸扣溅钻井液。

二、钻井液灌注装置的分类

钻井液灌注装置分两类：一类是重力灌注式，另一类是自动灌注式。

（1）重力灌注装置是给井队配置一个刻有计量钻井液标度的灌注小罐（2～3m³），起钻时当井眼液面下降后，灌注小罐中的钻井液借助其出口与井眼出口管的高度差，利用钻井液的重力将钻井液注入井眼以保持井眼液面的一定高度。灌注小罐的钻井液注完后，可及时泵送补充。

（2）用于石油、天然气钻井起下钻钻井液自动灌注系统，由传感器、电控柜、显示箱和灌注系统等部分组成。其工作原理是：安装在高架槽上的传感器把井眼液流信号转化为电信号输送到电控柜中，由电子控制系统指挥灌注系统按预调时间定时向井内灌注钻井液，并能自动计量和自动停灌，预报井涌和井漏。即：定时灌注，灌满自停，超时报漏，续流报涌。主要用于监测钻井液罐的液面高度及体积，具有精度高、抗干扰、免维护、防挂料等特点。能够准确、可靠地测量并显示总体积的钻井液实时数据，根据总体积量的变化，实现自动预警，提前预报井喷和反映井漏，以便司钻及时采取措施，避免严重事故的发生。

三、钻井液灌注装置的安装与安全使用注意事项

（1）钻井液灌注装置应安装在司钻易观察的地方，以便观察液面的高低；

（2）应定时清除钻井液灌注装置内的沉积物，以确保刻度的准确；

（3）为便于计量使用，应另使用一个钻井液补充罐。

第六节 不压井起下钻装置

欠平衡钻井的重要。环节是如何保持欠平衡状态完井，而不压井起下钻（管串）是欠平衡施工和完井的一个重要步骤。我国在 20 世纪 60 年代后期开始不压井起下钻装备的研究，70 年代成功地研制出了 BY30－2 型不压井起下钻液动加压装置以及相应的配套装备，并于 1987 年在地矿部新疆沙参 2 井和 1989 年川中矿区的金 53 井处理井喷失控时，采用该加压装置强行下入 ϕ63.5mm 外加厚油管，取得良好效果。目前美国 CUDD 和 Weatherford 公司生产的整套不压井起下钻装备，所有部件都是液压控制，能独立作业，在川中角 58 井进行了不压井起下钻作业，效果很好，但该设备太昂贵。加拿大 TESCO 公司生产的“管子推拉机”（Pipe Push/Pull Machine）结构比较简单。

一、国产的川式不压井起下钻装置

如图 15－17 所示，液缸最大起升重力 300kN；卡瓦最大起升重力 300kN；液缸起升油管速度 0.116m/s，下入油管速度 0.145m/s；游动和固定卡瓦开关时间 5～10s；额定加压防顶力 300kN；一次最大起升高度 2.68m；适用起下管柱尺寸 ϕ38.1～ϕ177.8mm，钻铤直径可达 203.2mm。

(a)实物

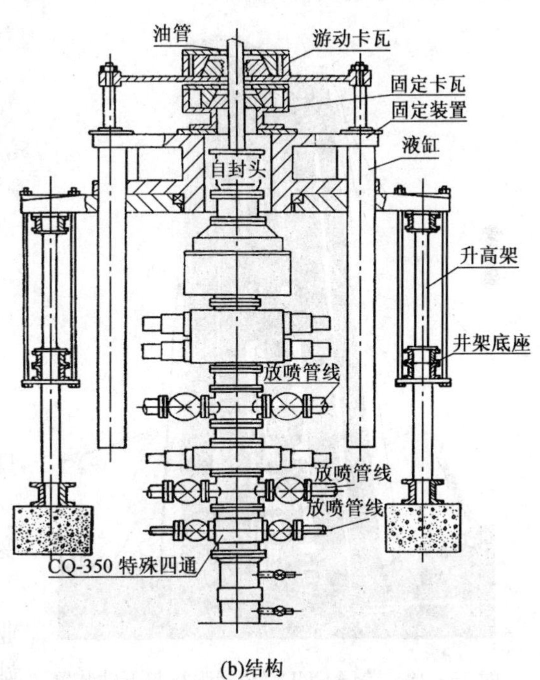

(b)结构

图 15－17 不压井起下钻装置

底座及工作台尺寸：

底座 长×宽×高＝3.76m×3.77m×3.92m；

自带底座承载 490kN（有钻机底座时承载 980kN）；

工作台面　长×宽×高=4.5m×4.5m×5.3m。

提升扒杆参数：

扒杆高度14m；扒杆最大提升重力49kN。

主要配套设备或工具：

发电机1台×200kW；

液缸液压控制系统1台，控制系统额定工作压力10MPa；

2FZ28-35及控制系统，建议目前装FZ28-35或FZ23-21；

279.4mm×63.5mm自封头或279.4mm旋转控制头1台；

液压油管钳。

本装置的作业条件与适应范围：

作业条件　采用本装置进行带压起下油管作业时，只需ZF70型自封头（或旋转控制头）、油管定压接头和常用井口防喷器配套使用，即能安全地进行带压强行起钻下油管作业。

适应范围　井口下推力和钻柱（管串）重力均不超过300kN。

二、美国CUDD公司强行起下钻装置

如图15-18所示。主要由井口防喷器组、支撑架、顶部托篮、液压控制系统、液体注入泵、管汇等组成。

图15-18　美国CUDD公司强行起下钻装置

1. 性能参数

该装置有4种型号。

(1) 参数范围：

最大上提力　684～2724kN；

最大下推力　300～1180kN；

适用钻具直径　ϕ19.05～ϕ244.5mm；

最快上提速度　34.13～85.65m/min；

最快下放速度　41.75～110m/min。

(2) 装置特点：

①结构紧凑，占地面积少，可允许更多的钻具立柱排放在钻台上；

②该装置放在钻台上，使井架净空高度不变，允许以立柱起下钻作业；

③不需要操作人员站在“烤肉篮”里高空作业，使作业更安全，而且从事强行起下钻人员能站在钻台上工作，便于与司钻直接沟通；

④操作人员能直接使用钻台上配备的常规工具，既方便又节省时间；

⑤由于事先已经组装完毕，可在较短时间内安、拆，节省钻井作业时间；

⑥由于结构简单，使用简便，安、拆方便，因此只需要两个人，稍加培训就能操作；

⑦采用独特钳牙，适用于各种不同规格外径的钻具而无须更换钳牙；

⑧额定工作下推力 222kN；额定工作上推力 111kN；适用钻具直径：ϕ60.3～ϕ178mm；卡瓦行程 3m。

第七节　监测仪器和其他设备

一、综合录井仪

综合录井仪不仅可用在陆上钻井平台，还可用在海上固定式和浮动式钻井平台。

综合录井仪是具有防爆、防火性能的，可以在一类危险区域（包括海上平台）工作，防火等级达到 A0 级。仪器不仅可用在陆上钻井平台，还可用在海上固定式和浮动式钻井平台。仪器房的设计、制造及试验方法均符合 ISO 相关标准。内部装修均采用高档材料，具有美观、牢固等特点，并且均达到 A0 级防火要求。仪器房具有自动增压、自动可燃性气体检测及烟雾检测等一系列安全检测措施，一旦仪器房内出现危险情况，可及时发出报警信号，随后关闭所有电源，以确保对人员的伤害降到最低点。仪器房的供电系统必须首先通过安全检测装置，如达不到安全要求，立即切断供电。

为适应不同的井场发电机，仪器只需简单地将变压器输入端倒换一下即可接入三种不同额定电压的三相电源。仪器配有 UPS，以确保仪器不受断电影响，供电时间大于 30min。仪器房内的设备尽可能地单独供电控制，合理设计使三相电源负载平衡，并且某一设备供电发生故障不会影响其他设备的正常运行。

仪器配有 H_2S、泵冲次、转盘转速、机械扭矩、电扭矩、立管压力、套管压力、大钩负荷、体积、温度、密度、电导率、出口流量、深度等 15 种传感器。所有传感器都达到本质安全认证，适用于一类危险区域。其可靠性、稳定性、精度都达到先进水平，更能适应油田现场恶劣工况。

仪器可以记录钻井液、工程、总烃、CO_2、深度记号等参数，使数据采集又多了一个手段，方便直观。

现场传感器的信号转换采用安全隔离栅形式，一方面满足了现场防爆要求，另一方面提高仪器整体的可靠性。即使某一传感器受到人为损坏或强电串入，也不会对仪器内部电路和其他传感器造成损坏。仪器所使用的电缆都能达到 IEC－331 防火等级要求。

仪器的色谱分析系统采用快速色谱仪，分析周期 C_1～C_5 达到 18s。该系统软件不仅能采集各种现场数据，还提供了功能强大的数据处理、数据管理和存储功能。对优化钻井、地层评价、安全钻进等方面提供高效的分析。

二、固定式硫化氢报警仪表

用于油气井钻井作业的固定式硫化氢监测器（图 15-19），应能同时发出声光报警，并能确保整个作业区域的人员都能看见和听到。

1. 使用要求

（1）应按照制造厂商的说明对监测仪器和设备进行安装、维护、校验和修理。

图 15-19　固定式硫化氢监测器

（2）在可能含硫地区进行钻井作业时，现场应有监测仪器。

（3）当硫化氢的浓度可能超过在用的监测仪的量程时，应在现场准备一个量程达 1500mg/m^3（1000ppm）的监测仪器。

（4）二氧化硫在大气中的含量超过 5.4mg/m^3（2ppm），应在现场配备便携式二氧化硫检测仪或带有检测管的比色指示监测器。

（5）应指定专人保管和维护监测设备。

2. 监测传感器的位置

监测传感器至少应在下述位置安装：

（1）方井；

（2）钻井液出口管口、接收罐和振动筛；

（3）钻井液罐；

（4）司钻或操作员位置；

（5）井场工作室；

（6）未列入进入限制空间计划的所有其他硫化氢可能聚集的区域。

三、可携式硫化氢监测器

可携式硫化氢监测器如图 15-20 所示。

1. 警报的设置

（1）当空气中硫化氢含量超过阈限值时［硫化氢含量 15mg/m^3（10ppm）］，监测仪应能自动报警。

（2）第一级报警值应设置在阈限值［硫化氢含量 15mg/m^3（10ppm）］，达到此浓度时启动报警，提示现场作业人员硫化氢的浓度超过阈限值，应采取相应措施。

图 15-20　可携式硫化氢监测器

（3）第二级报警值应设置在安全临界浓度［硫化氢含量 30mg/m^3（20ppm）］，达到此浓度时，现场作业人员应佩戴正压式空气呼吸器，并采取措施。

（4）第三级报警值应设置在危险临界浓度［硫化氢含量 150mg/m^3（100ppm）］，报警信号应与二级报警信号有明显区别，警示立即组织现场人员撤离，并采取相应措施。

2. 监测设备的检查、校验和检定

（1）在极端湿度、温度、灰尘和其他有害环境的作业条件下，检查、校验和测试的周期应缩短。

注：极端湿度是指相对湿度大于 95%的情况；极端温度是指低于零下 20℃、高于 55℃

（电化学式）或低于零下40℃、高于55℃（氧化式）。

（2）监测设备应由有资质的机构定期进行检定。

（3）检查、校验和测试应做好记录，并妥善保存，保存期至少1年。

（4）设备警报的功能测试至少每天一次。

四、其他设备

根据钻井井控的不同工艺、不同措施，所需要辅助设备也不尽相同。一般各钻井队都不同程度配备其他与井控有关的辅助设备，如重晶石储备罐、钻井液加重系统、重钻井液储备罐、计量罐、油和钻井液分离装置等设备。对这些设施因为有的井场不必配备，有的配备但是没有统一的技术标准，本书不一一进行详细说明，学员可以根据实际情况查找使用说明书。

第十六章　井控装置现场安装、试压与维护

第一节　井控装置的布置与安装

一、井控装置的布置

钻井施工过程中，在充分兼顾对操作者、环境、安全方面的前提条件下，对井控设备进行合理规范的布置，是钻井生产的重要要求之一。

井控装置布置要求：

（1）面对井架大门，节流放喷管汇位于井口钻井四通的右翼；压井管汇位于井口钻井四通的左翼；远程控制台位于井架大门的左前方（井场安全通道内侧附近），距井口 25 m 以外的空旷地带。

（2）井口防喷器组合的液控油管线接口面向井架后大门（机房）。来自远程台的液控油管线从左侧并排铺设。

（3）井口闸板防喷器旁侧法兰面向井架前大门。

（4）当压井管汇与钻井泵连接时，其连接管汇的走向应从井架后方绕过。

这种布局可以使高压输油管路与高压钻井液管路相互隔开，避免相互交差，而且也便于在井口进行更换防喷器闸板的操作。

二、井口装置的安装要求

井控装置安装主要包括井口装置安装、防喷器远程控制台安装、井控管汇安装，钻具内防喷器安装。液气分离器、除气器和监测设备安装等。

井口装置包括套管头、液压防喷器组、防喷器控制系统、四通、转换法兰等。

1. 防喷器组的安装要求

（1）根据套管头的尺寸确定表层套管的出地高。套管头安装后应确保四通连接好，四通两侧孔应对着井架大门两侧。

（2）转换法兰在安装时应注意上、下螺栓孔的方向，确保四通安装后方向正确。

（3）闸板防喷器、环形防喷器在安装时油路方向应背对着井架大门方向。

（4）具有手动锁紧机构的闸板防喷器（剪切闸板除外）应装齐手动操作杆，靠手轮端应支撑牢固牢靠。手动操作杆与锁紧轴之间的夹角不大于 30°，并在醒目位置标明开、关方向和到底的圈数。手动操作杆距地面高度若超过 2m，应安装高度适合的操作台。对闸板防喷器应根据所使用的钻具尺寸，装配相应规格的管封闸板，并在司钻台和远程台上挂牌标明所装闸板尺寸，以防井喷时关错。

（5）所有的密封垫环槽、螺纹都必须清洗干净，涂润滑脂。对R型或RX型垫环可以重复使用。对BX型垫环由于受刚性连接的限制，只能使用一次。对角拧紧螺栓，保持法兰平正，使所有的螺栓受力一致。

（6）防喷器顶盖安装防溢管时用螺栓连接，不用的螺纹孔用螺钉堵住。防溢管法兰与顶盖的密封用密封垫环或专用橡胶圈。防溢管内径不小于井口内层套管通径，管内不应有直台肩。

（7）防喷器安装完毕后，必须校正井口、转盘、天车中心，其偏差不大于10 mm，且要用4根直径不小于ϕ16mm钢丝绳对角绷紧固定牢靠。

（8）防喷器必须装齐所有闸板手动操作杆，靠手轮端应支撑牢固，其中心与锁紧轴之间的夹角最大不超过30°，并须挂牌标明手轮的开关方向和到底的圈数。

（9）应根据不同油气井的实际情况，或采用单四通或采用双四通配置。但无论哪种配置，均要求下四通旁侧出口要位于地面之上并保证各次开钻四通旁侧口高度始终不变。

2. 环形防喷器安装具体操作方法

这里以FH35－35为例。首先进行检查工作，检查所有垫圈、螺栓、螺母和螺纹、法兰、防喷器吊轨合格。清空操作范围内障碍物，使闲杂人员撤离。

待闸板防喷器安装好以后。准备管钳、敲击扳手、液压行吊、控制台等设备工具进行下列操作：

（1）将FH35－35甩到底座下闸板防喷器附近位置。

（2）利用防喷器吊轨和气动绞车，缓慢将FH35－35坐在闸板防喷器上。

（3）上紧螺栓，旋紧螺母。

（4）在防喷器组顶部安装出口管短节/喇叭口短节。安装灌浆管线和出口管线。连接液压管线。

（5）校正井口防喷器组。

3. 闸板防喷器安装具体操作方法

这里以2FZ35—35为例。

（1）安装套管头；

（2）安装FS35－35钻井四通；

（3）在四通上面安装2FZ35－35防喷器；

（4）安装防溢管（如不安装环形防喷器）；

（5）连接液压管线。

4. 防喷器控制系统的安装要求

（1）远程控制台安装在面对井架大门左侧、距井口不少于25m的专用活动房内，距放喷管线或压井管线应有1m以上的距离，并在周围留有宽度不少于2m的人行通道，周围10m内不得堆放易燃、易爆、易腐蚀物品。

（2）安装管排架前必须用压缩空气将所有管线吹扫干净。检查所有活接头的密封圈，按规定“对号入座”。管排架与防喷管线的距离应不少于1m，车辆跨越处应装有过桥盖板，不允许在管排架上堆放杂物和以其作为电焊接地线或在其上进行割焊作业。

（3）全封闸板控制手柄应装罩保护，剪切闸板控制手柄应安装防止误操作的限位装置。

（4）远程控制台应与司钻控制台气源分开连接，严禁强行弯曲和压折气管束。气源压力保持在0.65～0.8MPa。司钻控制台上不安装剪切闸板控制阀。

（5）气源应与司钻控制台气源分开连接，并配有气源排水分离器。

（6）气管的安装应顺管排架安放在其侧面的专门位置上，或从空中架设，多余的管线盘放在远程台附近的管排架上，严禁强行弯曲和压折。电源应从配电板总开关处直接引出，并用单独开关控制。

（7）待命状态下液压油油面距油箱顶面不大于200mm，气囊充氮压力（7±0.7）MPa，储能器压力保持在18.5～21MPa，环形、管汇压力10.5MPa。

（8）Ⅰ级风险井应同时配备电动泵和气动泵，配备防喷器司钻控制台和节流管汇控制箱。在便于操作的安全地方可设置辅助控制台。

三、井控管汇安装要求

井控管汇包括节流管汇、压井管汇、防喷管线与放喷管线。

（1）节流管汇、压井管汇水平安装在坚实、平整的地面上，高度适宜。在未配备节流管汇控制箱情况下，必须安装便于节流阀操作人员观察的立管压力表。

（2）节流管汇和压井管汇上所有管线、闸阀、法兰等配件的额定工作压力，必须与全井最高压力等级防喷器的额定工作压力相匹配。

（3）钻井液回收管线、防喷管线和放喷管线应使用经内部探伤的合格管材，含硫化氢油气井的防喷管线和放喷管线采用抗硫专用管材。节流压井管汇以内的防喷管线采用螺纹与标准法兰连接，不得焊接。

（4）钻井液回收管线应接至钻井液罐并固定牢靠，拐弯处必须使用角度大于120°的铸（锻）钢弯头，其内径不得小于78 mm。

（5）井控管汇所配置平板阀的压力与通径应与管汇相匹配。

（6）防喷器四通两翼应各装两个闸阀，紧靠四通的闸阀应处于常开状态。其中应至少在节流管汇一侧配备一个液动阀。防喷管线控制闸阀（手动或液动阀）必须接出井架底座以外。寒冷地区，在冬季应对防喷管线采取防冻措施。

（7）放喷管线至少应有两条，其内径不小于78 mm。管线连接不允许现场焊接。放喷管线通径不小于78mm（井眼尺寸小于177.8mm的钻井、侧钻井井控管线通径不小于52mm，下同），出口处必须是钻杆接头，并有螺纹保护措施。

（8）布局要考虑当地季节风向、居民区、退路、罐缸区、电力线及各种设施。

（9）两条管线走向一致时，应保持大于0.3 m的距离，并分别固定。管线尽量平直引出，如因地形限制需转弯时，转弯处使用铸（锻）钢弯头，其转弯夹角应大于120°。确因地面条件限制，可使用同压力级别的高压隔热耐火软管或具有缓冲垫的90°弯头。

（10）管线出口接至距井口75 m以上的安全地带，距各种设施不小于50 m。管线每隔10～15 m、转弯处、山口处用水泥基墩加地脚螺栓或地锚或预制基墩固定牢靠，悬空处要支撑牢固；若跨越宽10m以上的河沟、水塘，应架设金属过桥支撑。

（11）水泥墩基坑（长×宽×深）尺寸为0.8 m×0.8 m×1.0m。遇地表松软时，基坑体积应大于 1.2m³。预埋地脚螺栓直径不小于 20 mm，长度大于 0.5 m。

第二节　井控装置的试压

一、井控装置试压的目的

（1）检查及测试井口防喷器、井控管汇及地面循环系统的承压强度、连接质量和设备整体强度，以确保被试压设备在整个钻井过程中好用不漏；

（2）检查及测试井口防喷器各个密封部件在溢流初期关井的情况下是否就能产生有效的密封，做到早期封井，以尽快平衡地层压力，制止进一步溢流。

二、试压介质

（1）防喷器组合在井控车间整体组装后，用清水进行试压，合格后方可送往井场。

（2）防喷器组合在井上安装好后，应对钻井井口和井控管汇等用清水进行整体试压，合格后方可使用。

三、试压设备

井口试压专用工具主要有：试压堵塞器、试压泵、试压三通。

1. 试压堵塞器

根据其结构和用途的不同，可将试压堵塞器分为皮碗试压器和塞型试压器。

试压堵塞器主要用于在对堵塞器以上的井口防喷器组合、地面井控管汇及阀门组等设备进行试压时，起到将井口与井眼隔离的作用，以防试压时过大的井口压力将薄弱井段（如套管鞋处）压裂。塞型试压器又称悬挂式堵塞器，它必须与相应的套管头联合配套使用。根据其结构外形的不同，又可将塞型堵塞器分为锥型试压器和台肩式试压器。塞型试压器的试压范围比皮碗试压器更为广泛，安全，既可以试半封闸板防喷器，又可以试全封闸板防喷器等诸多井控设备。

2. 试压泵

其功用为井口防喷器现场试压提供高压介质。其原理是利用压缩空气推动气马达活塞做上下往复运动，实现吸排液过程的装置。目前现场最典型的试压泵为 QST 系列气动试压泵。其输出压力与气源压力成正比，通过对气源压力的调整，便可得到所需的介质压力。当气源压力达到预定值时，气泵便停止泵压，这时输出压力就稳定在预调压力上。通过调节气泵进气量控制升压速度。因此，该装置具有介质输出压力可调、升压速度可控、体积小、排量大、操作简单、性能可靠、适应范围广等优点。

3. 试压三通

试压三通又称方钻杆旋塞阀试压短节。在井口设备试压时，通过试压三通将试压泵与试压钻具相连，向井口泵入试压介质，从而实现对方钻杆旋塞阀、地面管汇和井口等设备进行试压的目的。

四、井控装置的试压指标

在井上安装好井控装置后，试验压力在不超过套管抗内压强度80%的前提下进行。

（1）闸板防喷器进行高压试验时，试验技术指标为：

试验井口压力规定为额定工作压力的100%；液控油压不大于10.5 MPa，稳压时间不少于10min，压降不大于0.7 MPa。

（2）闸板防喷器进行低压试验时，试验技术指标为：

试验井口压力规定为1.4～2.1 MPa；液控油压不大于10.5 MPa，稳压时间不少于10 min，压降不大于0.05 MPa。

（3）环形防喷器试压进行高压试验时，试验技术指标为：

公称通径不大于230mm（9in）的环形防喷器封闭φ89mm（3½in）钻杆。公称通径不小于280mm（11in）的环形防喷器封闭φ127mm（5in）钻杆。试验井口压力规定为环形防喷器最大工作压力的70%；在现场封钻杆，不封空井。液控油压不大于10.5 MPa，稳压时间不少于10 min，压降不大于1MPa。

（4）节流管汇进行试压时技术指标为：

节流管汇按零部件额定工作压力分别试压；放喷管线试验压力不低于10MPa，且稳压时间不少于10min，允许压降不大于0.7 MPa。节流阀前试到额定工作压力，节流阀后的节流管汇密封试压，按较其额定工作压力低一个压力等级试压。

五、井控装置的试压方法

现场井控设备试压共有两种方法：提升皮碗试验器试压法和试压泵试压法。

1. 提升皮碗试验器试压法

（1）将皮碗试验器接在钻杆下部，下入套管内；

（2）用清水灌满井口；

（3）关闭半封闸板防喷器或环形防喷器（注意：绝不能关闭全封闸板）；

（4）用钻机提升系统缓慢上提皮碗试验器，并观察套压表，提至所需试验压力，10min后检查各连接部位和密封部位是否有渗漏。

2. 试压泵试压法

（1）将塞型试验器接在钻杆下部，坐入套管头内；

（2）用清水灌满井口；

（3）关闭半封闸板防喷器或环形防喷器（当钻具退出后，可关闭全封闸板试压）；

（4）用试压泵缓慢向井内打压，并观察套压表，泵至所需试验压力，10min后检查各连接部位和密封部位是否有渗漏。

用皮碗试验器试压时应注意，作用于试验器舌部处的力，加上下部悬挂的钻柱重量，不得超过上部钻杆的安全负荷能力，否则会使钻杆断裂。

用皮碗试验器试压前，应检查并保证试压钻具水眼是否畅通无堵塞，以防上提钻具试压时套管内拔活塞，挤扁套管。

第三节　井控装置的日常维护与检查

井控装置日常检查是钻井过程中的重要组成部分，在开钻前或施工过程中，对井控设施及所需材料等进行日常检查，对检查情况进行详细的记录并由主管领导签字验收。井控装置日常检查的内容主要包括如下。

一、井控设备配套情况检查

依据钻井工程设计对井控设备配套进行检查。对液控系统应检查，控制系统的型号是否能够满足作业过程中对井的控制要求，检查环形防喷器、储能器及管汇的压力情况，油箱的容量、液面、储能器的预充压力是否符合要求。检查防喷器组的情况，包括自封头、环形防喷器、半封闸板防喷器、全封闸板防喷器的规格，开关位置，测试压力（低/高），关闭所需的油量，关闭所需的时间。防喷器配套装置，包括液控阀、放喷阀、压井管线单向阀、压井管线阀、节流管汇、放喷管汇、压井管线、旋塞阀、管柱内防喷器以及循环头等，应检查其规格、压力测试情况。

二、主要设备及配套装置检测情况检查

防喷器设备及配套装置在整体安装后，要对检测情况进行检查。检查内容包括：

（1）放喷管汇是否进行过压力测试。

（2）放喷管汇的各阀是否进行过单独试压。

（3）各阀的开关是否灵活。

（4）是否打开放喷阀对调节阀体进行过测试。

（5）对防喷器液压控制管线进行详细的检查，是否有漏失。

（6）所有备用管线及阀是否无堵塞，并进行了试压。

（7）没用的操作阀是否关闭或断开。

（8）是否安装了手动锁紧杆和手轮。

（9）所有的操作阀是否加以标记。

检查储能器中是否储存足够的压力和液量。通常储能器的容量应大于关闭防喷器组中全部防喷器所需液量的1.5倍。检查启动储能器的电泵或气泵是否工作正常，是否对储能器的充压时间做了记录，并按厂家提供的数据检查防喷器的关闭时间、储能器的充压时间。

三、套管压力测试情况检查

在井下作业中，对套管压力测试情况检查的内容包括：测试时井内修井液的密度是否满足井控设计的要求，测试时施加的压力是否达到了标准要求，测试的套管长度是否符合井控设计要求，井中最弱套管承压强度是否能满足井下作业的要求，稳压时间是否符合标准等。

四、井控及辅助设备工作状况检查

对井控及其辅助设备的工作状况检查项目包括：

（1）除气器的型号及最后一次试压时是否正常。

（2）钻井液—气体分离器工作情况是否正常。

（3）防喷器的远控管汇安装情况是否正常并做了标记。

（4）司钻控制管汇是否正确安装并对各功能阀位做了正确标记。

（5）自动储能器是否安装正确。

（6）压力表是否在所需的工作范围内工作。

（7）循环罐液面仪的安装是否正确，工作是否正常。

（8）在立管和节流管汇上的抗震压力表是否良好。

（9）溢流报警器和刻度记录功能是否准确。

（10）环空的容积是否做了准确的记录。

（11）灌浆罐的液面是否准确。

（12）起下管柱是否使用灌钻井液罐。

（13）起下管柱的排替量。

（14）气体检测仪设置是否准确。

（15）硫化氢检测仪设置是否准确。

（16）温度记录表是否准确，等等。

五、井场的重浆及加重材料储备情况检查

在井下作业发生井涌关井后，需要进行压井作业。要求井场必须储备足量的重浆或加重材料。因此需对这些材料的储备情况进行详细的检查。检查的项目包括：

（1）井场上储备的重浆类型、密度及储量。

（2）储备的水泥量及其类型。

（3）储备的加重剂量及其类型。

日常检查结束后，须由司钻、井队长和甲方监督分别签字验收，对查出的问题要及时整改。

第十七章　硫化氢防护及有毒有害气体危害

第一节　概　述

一、硫化氢中毒案例

案例 1　2003 年 12·23 特大事故。

某井由某局某钻探公司钻 12 队承钻，这是一口天然气开发水平井，设计井深 4322m。2003 年 5 月 23 日开钻，12 月 23 日 14：29，钻至井深 4049.68m。21：55，在起钻作业中，突然发生溢流，后造成井喷失控。特大井喷事故发生后，富含硫化氢的天然气体从井内喷出高达 30m，在夜空发出恐怖的啸声，高于正常值 6000 倍的"毒气"硫化氢如同一个从地下释放的魔鬼，迅速向四周扩散，扑向睡梦中的村庄、集镇。事故造成 6 万多人被疏散转移，9.3 万多人受灾。截至 2004 年 1 月 4 日 22：00，井喷事故中毒死亡人数已经升至 243 人。4000 多人入院治疗。

事故发生后，该钻探公司总结了八条原因和教训：

（1）钻遇高丰度，不均质，裂缝发育异常带，暴露储层段长 414.68m。从发现溢流 $1.1m^3$ 到关井仅 8min，井口便出现强烈喷势。

（2）高含硫高产量天然气水平井钻井工艺不成熟。使用钻井液密度为 $1.43g/cm^3$ 只能适用于直井压稳地层，不能适用于长段水平井。

（3）起钻前循环观察时间不够，未能及时发现气侵溢流显示。从井底到地面循环需要的迟到时间为 71～77min，钻进到 4049.68m 到起钻前连续循环时间只有 32min。

（4）起钻过程中灌钻井液不及时，灌入量不够。有时起 9 柱才灌一次，且由于钻杆内喷钻井液，灌入量没有及时调整。

（5）撤了钻具内回压阀。由于钻具内回压阀影响 MWD 无线随钻测斜仪的使用，钻井院工程师要求撤掉。这是发生事故的直接原因。

（6）关井失败。由于喷势迅猛，大方瓦冲出钻盘面，钻具被上顶 2m，无法抢接回压阀。又因井口及钻杆内喷钻井液至二层台，将顶驱冲得无法对准上部钻杆接头，力图抢接顶驱无效，后因钻具上冲撞击顶驱而着火，井队被迫采取关全封的办法，但未能剪断钻具，导致井喷失控。

（7）井场地理位置复杂，由于处于四周是山的低洼地带，且夜间村民已经休息，增大了中毒机会和搜救逃生的难度。

（8）井队基础管理工作薄弱，井控意识不强，队伍管理有漏洞，井喷失控后的应急处理能力差。如：

①气层起钻作业中调校顶驱4h20min后，直接起钻未下钻循环观察后效。

②井口失控后在向井内灌注钻井液的过程中，井口闸门没按照规定保持相应的开关状态。

③在人员紧急撤离井场前，未停钻井泵、发电机、柴油机，反映出处理应急的能力差，紧急情况下的岗位操作、人员组织处于无续状态。

④没及时参加井控换证培训，钻井液出口无人坐岗观察溢流等。

案例2　某局垫25井，威远23井井喷失控。

垫25井井喷失控，硫化氢气体迫使数千米老百姓弃家而走。威远23井，下入7in（N－80）的技术套管，对螺纹连接不放心，在连接处电焊加固，而这口井含硫化氢，因井口压力大，很快就将焊口憋破，井口被抬起，引起爆炸着火，火焰高达100m，3min后井架倒塌，烧了44天，损失1亿多元。

案例3　某油田赵48井井喷失控。

在试油起电缆过程中诱发井喷失控，纯硫化氢气体量喷出，当场6人死亡，数人中毒，20余万人的大逃亡。

案例4　某油田硫化氢中毒事故。

1997年，某油田采油三厂在管道清洗中产生硫化氢气体，使一名工人和一名技术员、一名司机3人相继中毒死亡。

案例5　某局硫化氢中毒事故

1997年11月12日21：30，某局采油一厂稀油作业区3号站在进行管线酸洗清水顶替过程中，由于管线破裂而泄漏，在露天情况下，3名现场巡线职工在距破口15m处中毒死亡，其他人员乘车前去察看，5人相继中毒，到次日0：30，7人死亡，1人深度中毒。

案例6　塔中823井井喷事故。

2005年12月24日塔中823井在井下作业试油过程中，当吊起采油树时井口无外溢，将采油树吊开放到地上后约2min井口开始有轻微外溢，立即抢接变扣接头及旋塞，至7：10抢接不成功，此时钻井液喷出高度已经达到2m左右。到7：15重新抢装采油树不成功，井口钻井液已喷出钻台面以上高度。碘量法实测硫化氢浓度14834ppm（$22g/m^3$）。以塔中823井为半径7～100km范围内的10家单位1374人全部安全撤至安全区。为确保过往车辆人身安全，巴州塔里木公安局分别对肖塘且末民丰至塔中的沙漠公路进行了封闭，油田抢险车辆携带硫化氢监测仪和可燃气体监测仪方可通过。

二、硫化氢气体中毒事故的特点

（1）突发性。

（2）偶然性：地质情况的复杂和不确定性。

（3）滞后性：低浓度中毒时，开始人无感觉或感觉不严重，等发觉时已经中毒到一定程度。

第二节 硫化氢的来源和特性

一、油气井中硫化氢的来源

（1）石油中的有机硫化物热作用分解产生。

硫化氢含量将随地层埋深增加而增加。在井深2600m，硫化氢含量在0.1%～0.5%之间。而超过2600m时含量超过2%～23%，当地温超过200～250℃时，热化学作用将加剧而产生大量硫化氢。

（2）石油中的烃类和有机质通过储集层水中的硫酸盐的高温还原作用而产生。

①通过裂缝等通道，下部地层中硫酸盐层的硫化氢上窜而来。在非热采区，因底水运移，将含硫化氢地层水推入生产井而产生硫化氢；

②某些深井钻井液处理剂高温热分解产生硫化氢；

③动、植物尸体腐烂分解而成；

④厌氧菌作用于有机硫或无机硫。

（3）钻井钻井液高温分解：

①磺化酚醛树脂100℃分解成硫化氢；

②三磺（丹煤、褐煤、环氧树脂）150℃分解产生硫化氢；

③磺化褐煤130℃分解成硫化氢；

④木质素硫酸铁铬盐180℃分解成硫化氢；

⑤螺纹脂高温与游离硫反应生成硫化氢。

（4）含硫的地层流体（油、气、水）流入井内。

（5）某些洗井液中的添加剂（如木质磺酸盐）在高温（170～190℃以上）时热分解。

（6）酸化作用。

（7）石膏钻井液。被无水石膏侵污了的钻井液中的硫酸盐类的生物分解。

（8）某些含硫原油或含硫水被用于钻井液系统。

二、非油气井硫化氢的来源

（1）纸浆厂；

（2）橡胶制造业；

（3）食品加工厂；

（4）化粪池；

（5）下水道；

（6）沼气池；

（7）工业实验室等。

三、硫化氢分布规律

（1）随地层埋深的增加而增加；

(2) 多存在于碳酸盐—蒸发岩地层中，尤其存在于与碳酸盐伴生的硫酸盐沉积环境中。

在我国已经发现的陆上油田中，许多油田不同程度的含有硫化氢气体，有的含量很高，如：四川局硫化氢气田约占已开发气田的78.6%，其中卧龙河气田硫化氢含量高达10%（体积比）。华北油田晋县赵兰庄硫化氢气田，硫化氢含量高达92%；

(3) 平面分布上同一气田硫化氢含量差别大。

四、气藏分类

按硫化氢含量，气藏可以分为五类（表17-1）。

表17-1　气藏分类（按硫化氢含量）

序　号	类　别	硫化氢含量
1	无硫气藏	<0.0014%
2	低含硫气藏	0.0014%～0.3%
3	含硫气藏	0.3%～1.0%
4	中含硫气藏	1.0%～5.0%
5	高含硫气藏	>5.0%

第三节　硫化氢对人体的危害、急救与护理

一、硫化氢浓度表示法

(1) 体积分数：硫化氢在空气中的体积比，mL/m^3（ppm，$1ppm=1mL/m^3=10^{-6}$）；

(2) 质量浓度：硫化氢在单位体积空气中的质量，mg/L，g/L，mg/m^3。

二、对人体危害的生理过程

(1) 通过口腔、呼吸道、肺部，进入血液及全身各器官；

(2) 刺激呼吸道，使嗅觉钝化、咳嗽，灼伤；

(3) 眼睛被刺痛，严重时失明；

(4) 刺激神经系统，导致头晕，丧失平衡，呼吸困难；

(5) 心脏加速，严重时缺氧而死。

三、硫化氢的几个重要浓度值

(1) 安全临界浓度（TLV-Threshold Limitation Value）：允许连续暴露8h而对人体不产生危害的浓度。国际标准：$TLV=10\times10^{-6}$。

(2) 危险临界浓度：100×10^{-6}，允许10min暴露。

(3) 死亡临界浓度：2000×10^{-6}，指吸一口气立即死亡。

硫化氢对人体危害程度，见表17-2。

表 17-2　硫化氢对人体危害程度表

浓度（10^{-6}）	危害程度
0.13～4.6	可嗅到臭蛋味，一般对人体不产生危害
4.6～10	刚接触有刺热感，但会迅速消失
10～20	为安全临界浓度（TLV）即允许 8h 暴露值，各国要求不一样，我国标准为 20×10^{-6}，超过 TLV，必须戴防毒面具
50	允许直接接触 10min
100	刺激咽喉，引起咳嗽，3～10min 会损伤嗅觉神经和人的眼睛；有轻微头痛，恶心，脉搏加快，接触 4h 以上可能导致死亡
200	立即破坏嗅觉系统，眼睛、咽喉有灼烧感，时间稍长，眼、喉将灼伤，甚至导致死亡
500	失去理智和平衡知觉，呼吸困难，2～15min 内出现呼吸停止，如果抢救不及时，将导致死亡
700	很快失去知觉，停止呼吸，若不立即抢救将死亡
1000	立即失去知觉，造成死亡，或造成永久性脑损伤，智力损残
2000	吸上一口，将立即死亡，难于抢救

四、硫化氢中毒的分类及抢救

1. 中毒分类

（1）慢性中毒（硫化氢浓度为 50×10^{-6}～100×10^{-6}）；

（2）急性中毒（硫化氢浓度大于 100×10^{-6}）。

2. 硫化氢中毒的早期抢救措施

（1）进入毒区前，抢救者首先戴上防毒面具。

（2）立即把中毒者抬至空气新鲜的地方。

（3）中毒者已经停止呼吸和心跳，应立即不停地进行人工呼吸和胸外心脏按压，直至呼吸和心跳恢复，有条件可用呼吸器。

（4）如果中毒者没有停止呼吸，保持中毒者处于休息状态，有条件可输氧气，并尽快送到医院。

3. 护理注意事项

（1）当呼吸和心跳完全恢复后，可给中毒者喂些兴奋性饮料，如浓茶或咖啡，而且由专人护理。

（2）若眼睛受到轻度损害，可用干净水彻底清洗，也可进行冷敷。

（3）中毒者恢复心跳呼吸后，要注意休息一段时间。

（4）冬天要注意保暖，夏季防中暑。

（5）对于中度中毒的病人，要将其头部侧向一侧，防止呕吐后发生误吸。

第四节　硫化氢的检测与防护

一、硫化氢的检测方法

硫化氢的检测方法主要有醋酸铅试纸法、安培瓶法、抽样管检测法和电子监测仪法。醋酸铅试纸法又称为化学试剂法，其原理是醋酸铅与硫化氢发生化学反应生成棕色或黑色的硫化铅。

试液配方：10g 醋酸铅＋100mL 醋酸（或蒸馏水）。

测量原理：Pb（$CH_3COO)_2$＋H_2S＝PbS（棕色或黑色）＋2CH_3COOH。

石油现场普遍使用电子监测仪检测硫化氢。电子监测仪有便携式和固定式之分。石油钻井队推荐固定式气体检测系统，如图 17－1 所示。

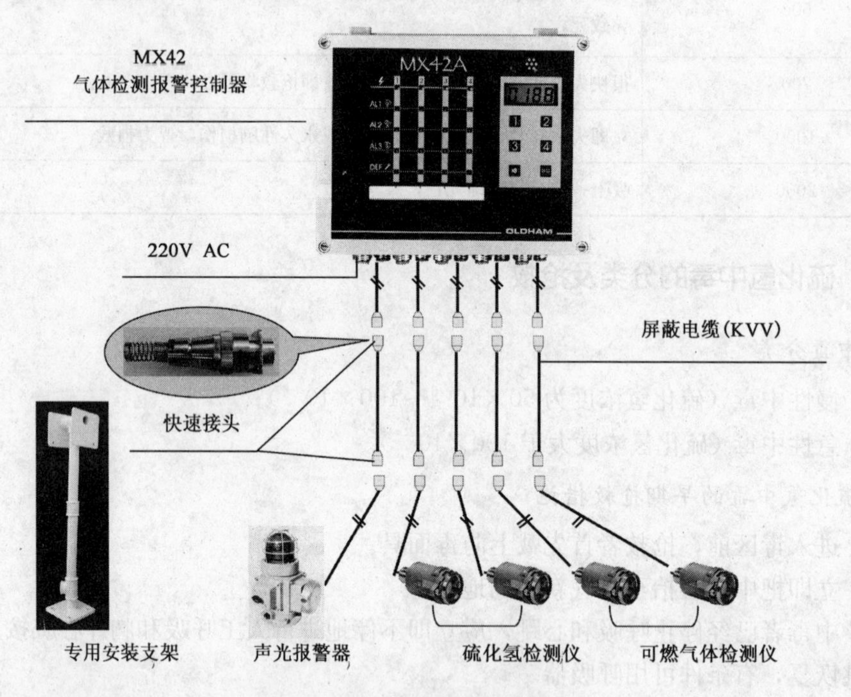

图 17-1　固定式气体检测系统

MX42 壁挂式四通道气体检测报警控制器特点：

（1）每通道可分别设定通道开关、测量范围、报警值、报警状态、继电器状态等参数。

（2）主备电源过载保护。

（3）主备电源自动切换功能，主备电源掉电报警。

（4）按键操作面板，具有报警复位、自检、通道选择等功能。

固定式探头安装位置，见图 17－2。

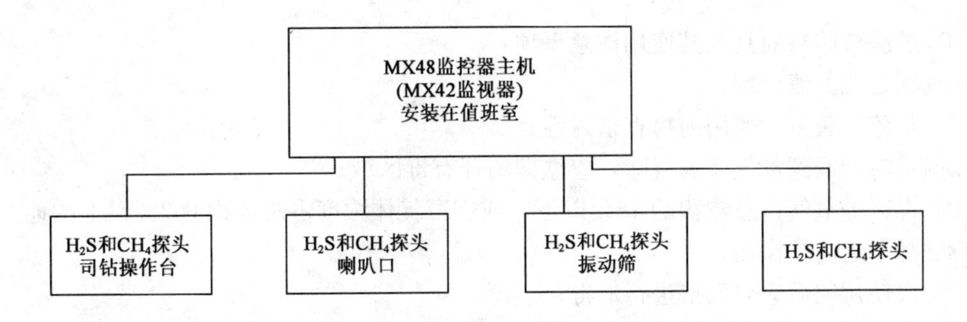

图 17-2　固定式探头安装位置

二、硫化氢防护面具

1. 过滤式防毒面具及其使用

（1）基本原理：生成化学物质或物理吸附，但是在滤毒过程中，罐内药物不断消耗、饱和，所以，滤毒能力逐渐降低。

（2）组成：以 TF-1 型为例，包括头盔式面罩、导气管和滤毒罐。过滤型防毒面具一般使用时间为 30min。

TF-1 型毒气过滤器面罩规格的选配，取由头顶沿两颊到下腭的周长，再量取沿上额通过眉毛边沿至两耳鞍点线之长度，将两次量取的长度相加，依相加的得数按表 17-3 确定面罩型号。滤毒罐类别及质量标准见表 17-4。

表 17-3　TF-1 型毒气过滤器面罩型号

尺寸，cm	94 以下	95～97	98～100	101 以上
型号	1	2	3	4

表 17-4　滤毒罐类别及质量标准

滤毒罐型号	色别	试验标准			保护范围举例
		气体名称	气体浓度，mg/L	防护时间，min	
1L	草绿加白道	氯化氰	3.0±0.3	40	氢氰酸及其衍生物、砷化氢、光气、氯化氰、苯、光气、双光气、溴甲烷、二氯甲烷、路易氏气、磷化氢
1	草绿	氢氰酸	3.0±03	55	氢氰酸、砷化物、芥子气、各种有机蒸气
3	褐	苯	16.2±0.5	130	各种有机气体、醇类、苯胺类、二硫化碳、四氯化碳、丙酮、氯仿、硝基烷等
4	灰	氨	3.6±05	60	氨、硫化氢
5	白	一氧化碳	5.8±0.5	110	一氧化碳
6	黑	汞	0.01±0.0012	4800	汞蒸气
7	黄	二氧化硫	13.3±0.5	32	各种酸性气体、卤化氢、氨气、光气、硫的氧化物

（3）过滤式防毒面具及其使用注意事项：

①选用正确的滤毒罐；

②（灰色、黄色）使用前检查密封性；

③佩戴时如闻到毒气微弱气味，应立即离开有毒区域；

④有毒区的氧气占总体积的18%以下，或有毒气体浓度占总体积的2%以上的地方，各型滤毒罐都不起防护作用；

⑤每次使用完后应对面罩进行消毒；

⑥滤毒罐密封，以防受潮，储存于干燥、清洁、空气流通的库房；

⑦两次使用的间隔时间在1天以上，应将滤毒罐的螺帽盖拧上，塞上橡皮塞保持密闭。

2. 供氧式防毒面具及其使用

（1）自持型防毒面具。

以法国Aeris型呼吸器（图17-3）为例进行介绍。

Aeris型呼吸器为法国芳齐原装进口产品，符合欧洲EN137和EN136标准，采用阻燃材料制成；性能安全可靠，使用简单方便。

①背板。

由复合材料（非金属）材料制成，不导电、不导热。形状是根据人体的结构而设计，可以充分分散呼吸器的重量，舒适安全，并且具有固定防坠落装置的固定孔，背带设有夜光标志，使用人员在光线较暗的情况下可以得到有效的保护。

②面具。

专为亚洲人脸型设计，密封性能良好，安全性高。面具耐老化。宽视野屏幕由聚碳酸酯制成，防结雾，并有抗氯化及抗划痕两种涂层。头带配有快速调整扣，调节简便。配有传音膜，可方便使用通信工具。位于低部的外正压呼气阀，呼出的废气自动排放。快速插入式连接器方便需求阀的连接。正压式设计，避免有毒有害气体进入。最新式需求阀，使呼吸阻力更低。

③高压减压阀，见图17-4。

图17-3　自持型防毒面具

图17-4　高压减压阀

由抗高压的镀镍黄铜制成，具有自动补偿的平衡活塞，使中压保持在（7±0.5）bar（1bar=10^5Pa）。压力超过11bar时安全阀自动开启，保证使用者安全。附带的另一个中压出口用于连接第二个面具或者急救设备。旋转支架使高压减压阀可90°旋转，方便气瓶安装。

④快速插接式需求阀。

与面具采用快速插接式连接，使用简便。两个大的快速释放按钮，使拆卸简单。全自动正压装置。供气流量可根据使用者的呼吸量自动调节，使呼吸舒适顺畅。旁路钮可在特殊情况下向面具内补充大量的空气，最大流量可达 500L/min。

⑤压力表和报警哨，见图 17-5。

压力表和报警哨采用双管路设计，通向压力表的高压管在通向报警哨的中压管内部。报警器距离耳朵很近，得到持续的报警声。在减压阀中装有机械限流装置使报警器的最大空气消耗小于 5L/min。报警哨的激活压力 55bar。频率 2500Hz，发声功率 92dB。高度清晰夜光表面，使夜间读数方便。

⑥碳纤维全缠绕气瓶，见图 17-6。

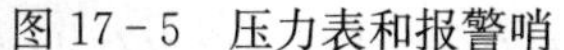

图 17-5　压力表和报警哨

图 17-6　碳纤维全缠绕气瓶

重量轻。有 6.8L、9L 等多种规格可供选择。工作压力 300bar。测试压力 450bar。阀柄与瓶体成 90°直角，方便使用者开关气瓶。阀的顶部有橡胶保护。

(2) 长管呼吸器。

"BIOLINE"型长管呼吸器（图 17-7）适用于长期处于毒气、低氧（低于 17%）危险的环境下，特别是在核电站、罐区、矿井、集装箱、隧道内等处，可以切实地保护呼吸系统处于舒适、安全的状态空气源。

电动压缩空气系统或可移动式供气源（可装载 2 个或 4 个压缩气瓶），可供 1～2 人同时使用。空气源通过减压阀与面具连接，全视野内的空气为正压。

可选的自动安全装置：在压缩空气系统或管路发生故障时，空气源自动转换至使用随身携带的小型气瓶并报警，以保证使用者安全撤离作业现场。

(3) 压缩空气逃生器。

BIO-S-CAPE 压缩空气逃生器，见图 17-8。

工作原理：在打开背包时，减压阀自动激活，并释放出恒定气流的呼吸空气充满面罩。减压阀释放出的气体进入一个充气气垫后被吸入面罩内的一个半面具。空气通过一个校准过的呼出阀排除面罩外。当空气将尽时，报警哨发出报警。

图 17－7　BIOLINE 型长管呼吸器

图 17－8　BIO-S-CAPE 压缩空气逃生器

基本配置。见图 17－9。

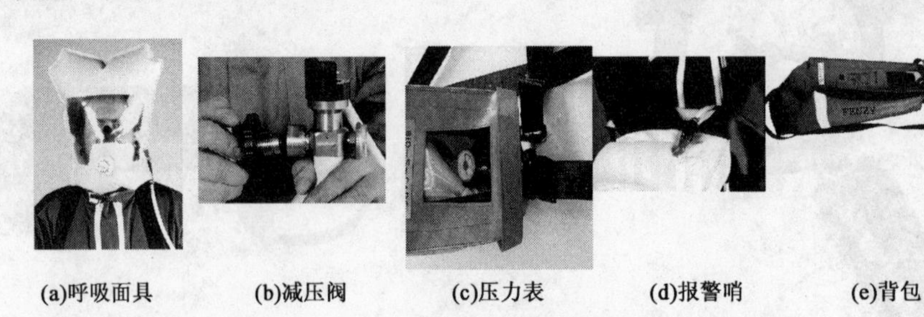

(a)呼吸面具　(b)减压阀　(c)压力表　(d)报警哨　(e)背包

图 17－9　压缩空气逃生器基本配置

(4) 连续供气系统装置。

为保证在危险硫化氢浓度下实施不间断作业的需要，有时需同时对多名作业人员提供长时间呼吸支持，这就需要使用连续供气系统装置，见图 17－10 和图 17－11。在高硫化氢地区，钻台上通常安装了多组快速接头，使用非常方便。

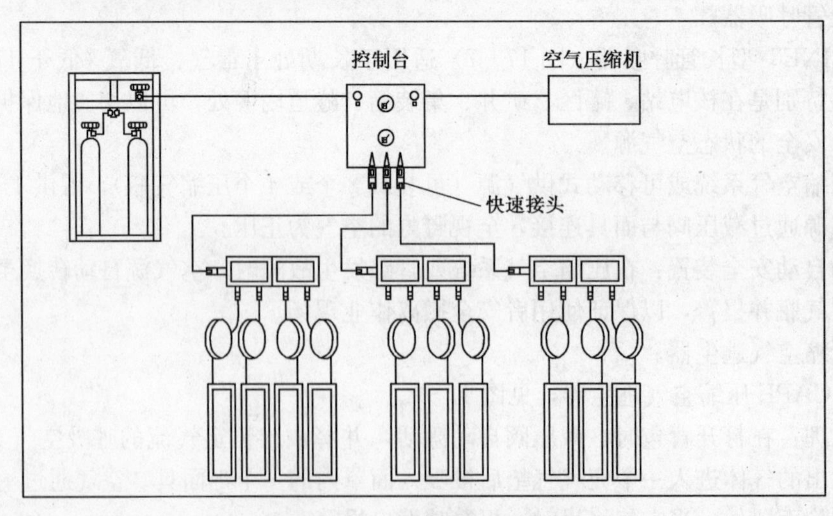

图 17－10　连续供气装置原理

(a)储气瓶

(b)气体快速接头组

图 17-11　现场连续供气装备

第五节　含硫油（气）田设备的腐蚀与防腐

一、腐蚀类型

1. 失重腐蚀

原理：在有水的情况下，硫化氢发生电离：

$H_2S = H^+ + HS^-$

$HS^- = H^+ + S^{2-}$

$Fe + H_2S = Fe_xS_y + 2H^+$

电化学腐蚀，必须在有水的情况下才能进行。生成物 Fe_xS_y 是一种疏松的物质，它使钢材产生蚀坑、斑点和大面积脱落，造成设备变薄、穿孔、强度变低、甚至造成破裂。

2. 硫化物应力腐蚀（氢脆）

硫化氢在金属表面有水的条件下，也使金属表面的水中存在大量氢原子。这些氢原子在一般条件下绝大部分会结合成氢分子，但金属表面还存在一定浓度的氢原子，这些氢原子的一部分就渗入到金属的内部，在有缺陷的地方聚集起来，结合成氢分子。氢分子比氢原子所占空间大 20 倍，这使金属内部形成很大的内压，使软金属变硬，高强度钢变脆，延展性下降，出现破裂。

（1）氢泡：若是软钢材，当氢分子形成时产生很高的内压力，使钢材内部形成气泡。

（2）硫化物应力腐蚀开裂：指钢材在足够大的外加拉力或残余张力作用，与氢脆裂纹同时作用下发生的破坏。

（3）硫化物应力腐蚀的五个特征：

①断口平整，不存在塑性变形，像陶瓷断口；

②主要发生在受拉应力时，断口主裂纹与拉力方向垂直；

③应力腐蚀破裂多发生在设备使用不久，属于低应力下的破裂；

④应力腐蚀破裂往往是突然性断裂，没有任何先兆；

⑤裂源多发生在应力集中点。

二、硫化氢对金属腐蚀的影响因素

（1）温度：失重腐蚀随温度升高加快应力腐蚀25℃时最快。

（2）pH值：越高越不腐蚀，如果溶液中含有氧或二氧化碳，对钢材的腐蚀会加快。

（3）浓度：一般越高速度越快，但高于某一浓度时变慢。硫化氢达到氢脆的浓度与气体的压力有关。

（4）钢材自身的性能：

①金相组织：索氏体抗硫化氢腐蚀好，焊接口金属组织呈马氏体，缺陷多，易聚集氢分子，造成严重氢脆。因此，在硫化氢环境的钢材设备要尽量避免损伤表面或对设备进行冷加工，尽量减少残余应力；

②硬度：要求HRC＜22。硫化氢易使原来比较软的金属变硬，而原来较硬的金属变脆而破裂，所以，较硬的金属易受硫化氢的应力腐蚀；

③管材的表面状况；

④存在应力集中和内应力（避免冷加工，减少残余应力）。

三、防腐措施

1. 油管、套管防腐

选择防硫管材。低屈服强度（52.78kgf/mm² 以下）的油管、套管比高屈服强度（56.3kgf/mm² 以上）更适合在硫化氢井中使用。日本生产的大于66kgf/mm² 的NKAC—95管材和NKK95S钻杆也是抗硫管材。井内反循环加入缓蚀剂（康多尔、PDA23）。

2. 钻杆防腐

（1）合理选材。

对浅、中深井尽量使用无机械伤痕、未冷加工的低硬度钻杆；对焊及热影响区应先淬火。再回火调质处理，使之硬度小于HRC22。

（2）控制钻杆的使用环境。

①钻井液为碱性溶液，pH值＞10。在溶液中加入碱性物质［NaOH，Ca（OH)₂］，使用除硫剂，加碱式碳酸盐［$3Zn(OH)_2 \cdot ZnCO_3$］。

$$3Zn(OH)_2 \cdot ZnCO_3 + 4H_2S = 4ZnS + CO_2 + 7H_2O$$

②尽量使用油基钻井液，杜绝清水钻进。

（3）使用内涂层钻杆。

（4）使用除氧剂。

（5）随时对钻杆进行探伤。

（6）防止硫化氢侵入钻井液。

①采用近平衡压力钻进，防止硫化氢出现；

②根据井下可能遇到的温度，不采用在此温度下可能分解的钻井液处理剂；

③避免使用含硫原油或含硫化物的钻井液添加剂。

第六节　含硫油气田井场和生活区的安全要求

一、总要求

（1）制定防硫化氢应急计划并进行演习。

（2）配备必要的人员防护设备设施。

（3）科学钻井。

（4）所有人员要加强防硫化氢知识的培训。

二、技术措施

（1）井场应选择在空气流通的地方。

（2）井架上和安全保护区都要安装风飘带或风向标（风袋），工作人员应养成随时转移到上风口方向位置的工作习惯。

（3）备好警示牌，当空气中硫化氢浓度达到 50×10^{-6}时，应挂出写有硫化氢字样的标牌，并升起红旗。

（4）钻具应堆放在风向的上风处，钻井液池要处在下风位置。

（5）井场上一般设置两到三处安全保护区，一个在盛行风向处（一般为生活区方向），另两个成120°角分布。

（6）装防爆风机。位置在井口附近、钻台上、振动筛附近、钻井液池附近、其他可能聚集硫化氢的地方。

（7）钻井井口和套管的连接、每条防喷管线的高压区都不允许焊接。

（8）放喷管线应装两条，其夹角为90°；并接出井场100m以外，若风向改变时，至少有一条能安全使用。

（9）压井管线至少有一条在季风的上风方向，以便必要时放置其他设备（压裂车等）作压井用。

（10）井控设备（和管材）在安装、使用前应进行无损探伤。

（11）设立公共信号系统，发布通知，而且保证每个地方的人都能听得见。

（12）在井场两侧均要装有气体引燃管线，并设有遥控点火装置。

（13）在振动筛处配备有35%的双氧水，防止硫化氢出来伤害工作人员。

（14）在含有硫化氢的地层取心时，当取心筒距井口还有20根立柱时，工作人员应戴上防毒面具，直到搬走岩心。

（15）挨近井场的生活区应配备以下装置：硫化氢检测仪、急救装备、氧气瓶、灭火器材、无线电通信设备等。

（16）正压式呼吸器的配备：井场上每个工作人员均应配备和使用防毒面具，并放置于每个人易取到的地方。其放置地方如下：井场各办公室、钻台偏房、钻井液罐值班房；气测房、备用。

三、国外项目典型做法

1. 强化防硫化氢的岗前培训

进入作业现场前必须参加在建设方指定培训单位的防硫化氢培训，考核合格取得硫化氢卡，方能进入施工现场。

2. 强化防硫化氢专业服务

（1）对硫化氢防护分级，如阿曼项目部按照甲方 SP1219 要求：

地面浓度小于 10×10^{-6}、地下浓度小于 10000×10^{-6}，二级防护设备；

地面浓度大于 10×10^{-6}、地下浓度大于 10000×10^{-6}，三级防护配备。此时，要求专业公司服务，配备持续供气设备。

（2）在施工设计里有明确标注各井段预计硫化氢浓度。

（3）二开井段根据设计要求需要硫化氢专业公司服务，提供辅助连续供气系统，与呼吸器接上就能够持续供气，保证连续作业。该系统布置在钻井液罐区、振动筛处、节流管汇处、钻台 2 套（包括二层台）。因硫化氢持续报警，出现过司钻背着呼吸器打钻的情况。

（4）专业服务公司额外提供的呼吸器。分布在钻台 6 套，二层台 1 套，钻井液罐 4 套，节流管汇处 1 套。

（5）在发现硫化氢的情况下，建设方要求硫化氢专业服务公司工程师每间隔 10min 检测一次硫化氢浓度。

（6）不同颜色的小旗帜显示现场硫化氢的状态（图 17－12）：红色表示井场已经出现危险的硫化氢，黄色表示可能出现硫化氢，要保持警惕，绿色表示无硫化氢气体。

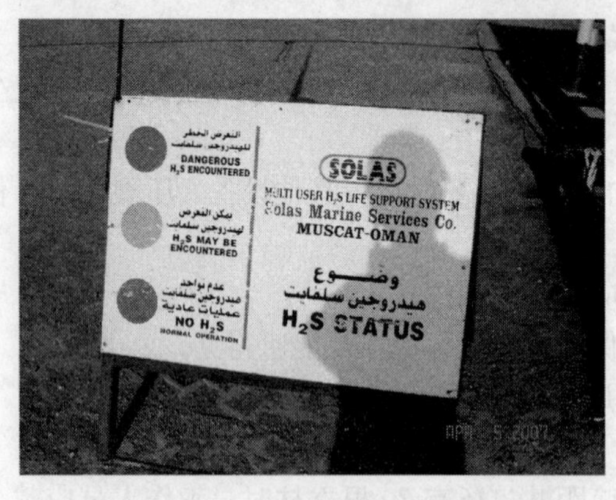

图 17－12　硫化氢状态警示牌

3. 强化井控设备和钻井液技术

为了保证在高浓度硫化氢特殊环境下的作业安全，每口井开钻前，除了远程控制台和 BOP 需要功能测试，BOP 控制管路也需要做单独功能测试到 3000psi，每口井定期作井控演习；摸索适当的钻井液密度，保持井内处于“过平衡”状态，控制硫化氢的外溢。

4. 强化井控设备和测试

（1）甲方要求必须安装剪切闸板，而且需要作功能测试，体现了甲方对安全的高度重视。

（2）远程控制台报警系统功能测试，保证其能正常运转。

（3）井控设备的维护保养尤其重要，保证当硫化氢气体出现时能实现迅速关井，在最短时间内控制井口。

（4）副司钻以上人员持有 IWCF 井控合格证。

第七节 防硫化氢应急计划

一、防硫化氢应急计划

防硫化氢应急计划应包括但不限于以下内容：

（1）人员计划安排表；

（2）所在地区地图；

（3）介绍和概况；

（4）关键联系部门（公司和政府应急反应机构）；

（5）井名和井描述（地面和井下目的层）；

（6）最大硫化氢聚集释放速度和浓度；

（7）计算的应急反应区域的大小和范围；

（8）所在地区总的地面用途和人口密度（居民数量，公共设施，道路和土地用途分类）；

（9）到最近市中心和居民区的距离；

（10）计划的开钻日期，进入含硫化氢地层的日期；

（11）对事故和应急反应进行分类的程序；

（12）人员职责；

（13）公司如何通知受影响公众的通信计划；

（14）公众保护措施；

（15）居民信息；

（16）应急电话表；

（17）涉及的政府机构；

（18）保存报告和记录；

（19）设备清单；

（20）互助协议；

（21）事故后的评价；

（22）应急计划的修改。

二、公众保护措施

1. 公众保护措施1——选择点火

（1）点火用于燃烧硫化氢，使其变为二氧化硫。

（2）燃烧的热量将产生上升的热浪，将二氧化硫带入高空。

（3）立即点火通常指尽快安全点火。在加拿大阿尔伯塔，政府能够接受的点火时间是硫化氢释放后15min内。但即便很快点火，空气中仍然有硫化氢排放和存在。

（4）在进行风险识别时，点火有多快仍然是一个非常重要的问题。

（5）在加拿大，对硫化氢井的点火枪是标准的：要求点火小组装备良好；对点火要进行培训。

(6) 对严重的井，立即点火很重要，应规定配备自动点火装置。

2. 公众保护措施2——选择撤离

(1) 与公众就硫化氢的危害进行各种方式的有效交流。

(2) 在识别到有潜在的致命暴露浓度下，你如何撤离？

(3) 是否有能力为公众撤离提供车辆等援助吗？

(4) 在有效撤离时，需要政府协助吗？哪些政府人员负责协助撤离？

(5) 将公众撤离到哪里？

3. 公众保护措施3——选择躲藏

(1) 当选择躲藏时，要求：

①识别井控的早期报警信号；

②当使用这些信号时，提前通知居民有气体排放；

③要求居民进入室内，关好门窗，等到气体吹过他家；

(2) 躲藏只是一个短期的解决办法。

(3) 躲藏只适用于房间密封性能好的家（房间）。

(4) 采用躲藏应该考虑：

①各家庭需要在躲藏处关闭多长时间？

②即使是暂时措施，根本不能作为躲避处的距离是多远？

③有办法使躲藏更有效吗？

第八节　其他有毒有害气体对人体的危害

一、一氧化碳（CO）可能引起的症状

一氧化碳对人体的危害，见表17－5。

表17－5　一氧化碳对人体危害表

一氧化碳含量，mL/m³	症　状	时　间
35	允许暴露极限	8h
200	轻微头疼	3h
400～600	头疼，不舒服	2h
1000～2000	恶心、呕吐	1h
1000～2000	步履蹒跚	1.5h
1000～2000	轻微心悸	30min
2000～2500	昏迷	30min
4000	死亡	1h内

二、二氧化碳（CO_2）可能引起的症状

二氧化碳对人体的危害，见表 17－6。

表 17－6　二氧化碳对人体危害表

二氧化碳含量（体积分数），%	症　状
1	8h 允许值
1～2	呼吸加深，头疼、疲倦
3	严重头疼，大量出汗
4	脸红，心悸
5	精神压抑
6	不能进行重体力劳动，视觉模糊
8	发抖、痉挛、昏迷、死亡

三、人体缺氧时的症状

人体缺氧时的症状，见表 17－7。

表 17－7　人体缺氧症状表

氧气含量（体积分数），%	症状（常压下）
19.5	最低氧气含量允许值
15～19	不能正常工作，容易引发冠心病等循环系统的疾病
12～14	呼吸次数增加，脉搏加快，动作协调性及判断能力下降
10～12	呼吸加快、加深，失去判断力，嘴唇变紫
8～10	失去知觉，脸色变灰，呕吐
6～8	8min 后，100%致命；6min 后，50%致命；4～5min，通过治疗能够恢复
4～6	昏迷 40s 后，痉挛，呼吸停止、死亡

附录

附录1　集团公司井控管理规定

中国石油天然气集团公司

石油与天然气钻井井控规定
(2006)

目　　录

第一章　总　　则

第一条　为了深入贯彻《中华人民共和国安全生产法》、《中华人民共和国环境保护法》，进一步推进集团公司井控工作科学化、规范化，提高集团公司井控管理水平，有效预防井喷、井喷失控、井喷着火事故的发生，保证人民生命财产安全，保护环境和油气资源不受破坏，特制定本规定。

第二条　各油气田应高度重视井控工作，认真贯彻“安全第一、预防为主、综合治理”的方针，高度树立“以人为本”的理念，坚持“井控、环保，联防联治”的原则，严格细致，常抓不懈。

第三条　井控工作是一项系统工程，油气田（管理局或勘探局、油气田公司）的勘探开发、钻井工程、质量安全环保、物资装备和教育培训等部门必须高度重视。

第四条　井控工作包括井控设计、井控装备、钻井及完井过程中的井控作业、井控技术培训以及井控管理等。

第五条　本规定适用于陆上石油与天然气井钻井。

第二章　井 控 设 计

第六条　井控设计是钻井地质和钻井工程设计的重要组成部分，各油田地质、工程设计部门要严格按照井控设计的有关要求进行井控设计。

第七条　地质设计书中应明确所提供井位符合以下条件：油气井井口距离高压线及其他永久性设施不小于75m；距民宅不小于100m；距铁路、高速公路不小于200m；距学校、医院、油库、河流、水库、人口密集及高危场所等不小于500m。若安全距离不能满足上述规定，由油（气）田公司与管理（勘探）局主管部门组织相关单位进行安全评估、环境评估，按其评估意见处置。含硫油气井应急撤离措施参见SY/T 5087有关规定

第八条　进行地质设计前应对井场周围一定范围内的居民住宅、学校、厂矿（包括开采地下资源的矿业单位）、国防设施、高压电线、水资源情况和风向变化等进行勘察和调查，并在地质设计中标注说明；特别需标注清楚诸如煤矿等采掘矿井坑道的分布、走向、长度和距地表深度；江河、干渠周围钻井应标明河道、干渠的位置和走向等。

第九条　地质设计书应根据物探资料及本构造邻近井和邻构造的钻探情况，提供本井全井段地层孔隙压力和地层破裂压力剖面（裂缝性碳酸盐岩地层可不作地层破裂压力曲线，但应提供邻近已钻井地层承压检验资料）、浅气层资料、油气水显示和复杂情况。

第十条　在已开发调整区钻井，地质设计书中应明确油气田开发部门要及时查清注水、注气（汽）井分布及注水、注气（汽）情况，提供分层动态压力数据。钻开油气层之前应采取相应的停注、泄压和停抽等措施，直到相应层位套管固井候凝完为止。

第十一条　在可能含硫化氢等有毒有害气体的地区钻井，地质设计应对其层位、埋藏深度及含量进行预测，并在工程设计书中明确应采取的相应安全和技术措施。

第十二条　工程设计书应根据地质设计提供的资料进行钻井液设计，钻井液密度以各裸眼井段中的最高地层孔隙压力当量钻井液密度值为基准，另加一个安全附加值：

（一）油井、水井为 0.05g/cm^3～0.10g/cm^3 或增加井底压差 1.5MPa～3.5MPa；

（二）气井为 0.07g/cm^3～0.15g/cm^3 或增加井底压差 3.0MPa～5.0MPa。

具体选择钻井液密度安全附加值时，应考虑地层孔隙压力预测精度、油气水层的埋藏深度及预测油气水层的产能、地层油气中硫化氢含量、地应力和地层破裂压力、井控装备配套情况等因素。含硫化氢等有害气体的油气层钻井液密度设计，其安全附加值或安全附加压力值应取最大值。

第十三条 工程设计书应根据地层孔隙压力梯度、地层破裂压力梯度、岩性剖面及保护油气层的需要，设计合理的井身结构和套管程序，并满足如下要求：

（一）探井、超深井、复杂井的井身结构应充分考虑不可预测因素，留有一层备用套管；

（二）在井身结构设计中，同一裸眼井段中原则上不应有两个以上压力梯度相差大的油气水层；

（三）在地下矿产采掘区钻井，井筒与采掘坑道、矿井坑道之间的距离不少于 100m，套管下深应封住开采层并超过开采段 100m；

（四）套管下深要考虑下部钻井最高钻井液密度和溢流关井时的井口安全关井余量；

（五）含硫化氢、二氧化碳等有害气体和高压气井的油层套管、有害气体含量较高的复杂井技术套管，其材质和螺纹应符合相应的技术要求，且水泥必须返到地面。

第十四条 工程设计书应明确每层套管固井开钻后，按 SY 5430《地层破裂压力测定套管鞋试漏法》要求测定套管鞋下第一个 3～5m 厚的易漏层的破裂压力。

第十五条 工程设计书应明确钻井必须装防喷器，并按井控装置配套要求进行设计；若因地质情况不装防喷器，应由生产经营单位所委托的设计部门和钻井作业方、环保部门共同提出论证报告，并经生产经营单位井控工作第一责任人签字批准。

第十六条 工程设计书应明确井控装置的配套标准：

（一）防喷器压力等级应与裸眼井段中最高地层压力相匹配，并根据不同的井下情况选用各次开钻防喷器的尺寸系列和组合形式：

1. 选用压力等级为 14MPa 时，其防喷器组合有五种形式供选择，见图 1～图 5；

2. 选用压力等级为 21MPa 和 35MPa 时，其防喷器组合有三种形式供选择，见图 6～图 8；

3. 选用压力等级为 70MPa 和 105MPa 时，其防喷器组合有四种形式供选择，见图 9～图 12。

（二）节流管汇的压力等级和组合形式应与全井防喷器最高压力等级相匹配：

1. 压力等级为 14MPa 时，节流管汇见图 13；

2. 压力等级为 21MPa 时，节流管汇见图 14；

3. 压力等级为 35MPa 和 70MPa 时，节流管汇见图 15；

4. 压力等级为 105MPa 时，节流管汇见图 16。

（三）压井管汇的压力等级和连接形式应与全井防喷器最高压力等级相匹配，其基本形式见图 17、图 18。

（四）绘制各次开钻井口装置及井控管汇安装示意图，并提出相应的安装、试压要求；

（五）有抗硫要求的井口装置及井控管汇应符合 SY/T 5087《含硫油气井安全钻井推荐

作法》中的相应规定。

第十七条 工程设计书应明确钻具内防喷工具、井控监测仪器、仪表、钻具旁通阀及钻井液处理装置和灌注装置应根据各油气田的具体情况配齐，以满足井控技术的要求。

第十八条 根据地层流体中硫化氢和二氧化碳等有毒有害气体含量及完井后最大关井压力值，并考虑能满足进一步采取增产措施和后期注水、修井作业的需要，工程设计书应按照SY/T 5127《井口装置和采油树规范》标准明确选择完井井口装置的型号、压力等级和尺寸系列。

第十九条 钻井工程设计书中应明确钻开油气层前加重钻井液和加重材料的储备量，以及油气井压力控制的主要技术措施。

第二十条 钻井工程设计书应明确欠平衡钻井应在地层情况等条件具备的井中进行。含硫油气层或上部裸眼井段地层中的硫化氢含量大于SY/T 5087《含硫化氢油气井安全钻井推荐作法》中对含硫油气井的规定标准时，不能开展欠平衡钻井。欠平衡钻井施工设计书中必须制定确保井口装置安全、防止井喷失控或着火以及防硫化氢等有害气体伤害的安全措施及井控应急预案。

第二十一条 钻井工程设计书应明确对探井、预探井、资料井应采用地层压力随钻预（监）测技术；绘制本井预测地层压力梯度曲线、设计钻井液密度曲线、*dc* 指数随钻监测地层压力梯度曲线和实际钻井液密度曲线，根据监测和实钻结果，及时调整钻井液密度。

第三章 井控装置的安装、试压、使用和管理

第二十二条 井控装置的安装包括钻井井口装置的安装、井控管汇的安装、钻具内防喷工具的安装等。

第二十三条 钻井井口装置的安装执行以下规定：

（一）钻井井口装置包括防喷器、防喷器控制系统、四通及套管头等。各次开钻井口装置要严格按设计安装。

（二）防喷器安装、校正和固定应符合SY/T 5964《钻井井控装置组合配套、安装调试与维护》中的相应规定。

（三）防喷器压力等级的选用原则上应与相应井段中的最高地层压力相匹配，同时综合考虑套管最小抗内压强度的80%、套管鞋破裂压力、地层流体性质等因素。

（四）含硫地区井控装置选用材质应符合行业标准SY/T 5087《含硫化氢油气井安全钻井推荐作法》的规定。

（五）在区域探井、高含硫油气井、高压高产油气井及高危地区的钻井作业中，从固技术套管后直至完井全过程，应安装剪切闸板防喷器。剪切闸板防喷器的压力等级、通径应与其配套的井口装置的压力等级和通径一致。

（六）具有手动锁紧机构的闸板防喷器应装齐手动操作杆，靠手轮端应支撑牢固，其中心与锁紧轴之间的夹角不大于30°。挂牌标明开、关方向和到底的圈数。

（七）防喷器控制系统控制能力应与所控制的防喷器组合及管汇等控制对象相匹配。防喷器远程控制台安装要求：

1. 安装在面对井架大门左侧、距井口不少于25m的专用活动房内，距放喷管线或压井

管线应有 2m 以上距离，并在周围留有宽度不少于 2m 的人行通道，周围 10m 内不得堆放易燃、易爆、腐蚀物品；

2. 管排架与防喷管线及放喷管线的距离不少于 1m，车辆跨越处应装过桥盖板；不允许在管排架上堆放杂物和以其作为电焊接地线或在其上进行焊割作业；

3. 总气源应与司钻控制台气源分开连接，并配置气源排水分离器；严禁强行弯曲和压折气管束；

4. 电源应从配电板总开关处直接引出，并用单独的开关控制；

5. 蓄能器完好，压力达到规定值，并始终处于工作压力状态。

（八）四通的配置及安装、套管头的安装应符合 SY/T 5964《钻井井控装置组合配套、安装调试与维护》中的相应规定。

第二十四条 井控管汇应符合如下要求：

（一）井控管汇包括节流管汇、压井管汇、防喷管线和放喷管线。

（二）钻井液回收管线、防喷管线和放喷管线应使用经探伤合格的管材，含硫油气井的井口管线及管汇应采用抗硫的专用管材。防喷管线应采用螺纹与标准法兰连接，不允许现场焊接。

（三）钻井液回收管线出口应接至钻井液罐并固定牢靠，转弯处应使用角度大于 120°的铸（锻）钢弯头，其通径不小于 78mm。

（四）放喷管线安装要求：

1. 放喷管线至少应有两条，其通径不小于 78mm；

2. 放喷管线不允许在现场焊接；

3. 布局要考虑当地季节风向、居民区、道路、油罐区、电力线及各种设施等情况；

4. 两条管线走向一致时，应保持大于 0.3m 的距离，并分别固定；

5. 管线应平直引出，一般情况下要求向井场两侧或后场引出；如因地形限制需要转弯，转弯处应使用角度大于 120°的铸（锻）钢弯头；

6. 管线出口应接至距井口 75m 以上的安全地带，距各种设施不小于 50m；

7. 管线每隔 10m～15m、转弯处、出口处用水泥基墩加地脚螺栓或地锚或预制基墩固定牢靠，悬空处要支撑牢固；若跨越 10m 宽以上的河沟、水塘等障碍，应架设金属过桥支撑；

8. 水泥基墩的预埋地脚螺栓直径不小于 20mm，长度大于 0.5m。

（五）井控管汇所配置的平板阀应符合 SY/T 5127《井口装置和采油树规范》中的相应规定。

（六）防喷器四通的两侧应接防喷管线，每条防喷管线应各装两个闸阀，一般情况下紧靠四通的闸阀应处于常开状态，防喷管线控制闸阀（手动或液动阀）应接出井架底座以外。

第二十五条 钻具内防喷工具应符合如下要求：

（一）钻具内防喷工具包括上部和下部方钻杆旋塞阀、钻具止回阀和防喷钻杆。

（二）钻具内防喷工具的额定工作压力应不小于井口防喷器额定工作压力。

（三）应使用方钻杆旋塞阀，并定期活动；钻台上配备与钻具尺寸相符的钻具止回阀或旋塞阀。

（四）钻台上准备一根防喷钻杆单根（带与钻铤连接螺纹相符合的配合接头和钻具止回阀）。

第二十六条　井控监测仪器及钻井液净化、加重和灌注装置应符合如下要求：

（一）应配备钻井液循环池液面监测与报警装置。

（二）按设计要求配齐钻井液净化装置，探井、气井及气油比高的油井还应配备钻井液气体分离器和除气器。并将液气分离器排气管线（管径等于或不小于排气口直径）接出距井口 50m 以远。

第二十七条　井控装置的试压按以下规定执行：

（一）防喷器组应在井控车间按井场连接形式组装试压，环形防喷器（封闭钻杆，不试空井）、闸板防喷器（剪切闸板防喷器）和节流管汇、压井管汇、防喷管线、试防喷器额定工作压力。

（二）在井上安装好后，在不超过套管抗内压强度 80％ 的前提下进行现场试压，环形防喷器封闭钻杆试验压力为额定工作压力的 70％；闸板防喷器、方钻杆旋塞阀和压井管汇、防喷管线试验压力为防喷器额定工作压力；节流管汇按零部件额定工作压力分别试压；放喷管线试验压力不低于 10MPa。

（三）钻开油气层前及更换井控装置部件后，应采用堵塞器或试压塞按照上述现场试压要求试压。

（四）防喷器控制系统按其额定工作压力做一次可靠性试压。

（五）防喷器控制系统采用规定压力用液压油试压，其余井控装置试压介质均为清水（北方地区冬季加防冻剂）。

（六）试压稳压时间不少于 10min，允许压降不大于 0.7MPa，密封部位无渗漏为合格。

第二十八条　井控装置的使用按以下规定执行：

（一）环形防喷器不得长时间关井，除非特殊情况，一般不用来封闭空井。

（二）套压不超过 7MPa 情况下，用环形防喷器进行不压井起下钻作业时，应使用 18°斜坡接头的钻具，起下钻速度不得大于 0.2m/s。

（三）具有手动锁紧机构的闸板防喷器关井后，应手动锁紧闸板。打开闸板前，应先手动解锁，锁紧和解锁都应一次性到位，然后回转 1/4 圈～1/2 圈。

（四）环形防喷器或闸板防喷器关闭后，在关井套压不超过 14MPa 情况下，允许钻具以不大于 0.2m/s 的速度上下活动，但不准转动钻具或钻具接头通过胶芯。

（五）当井内有钻具时，严禁关闭全封闸板防喷器。

（六）严禁用打开防喷器的方式来泄井内压力。

（七）检修装有铰链侧门的闸板防喷器或更换其闸板时，两侧门不能同时打开。

（八）钻开油气层后，定期对闸板防喷器开、关活动及环形防喷器试关井（在有钻具的条件下）。

（九）井场应备有与在用闸板同规格的闸板和相应的密封件及其拆装工具和试压工具。

（十）防喷器及其控制系统的维护保养按 SY/T 5964《钻井井控装置组合配套、安装调试与维护》中的相应规定执行。

（十一）有二次密封的闸板防喷器和平行闸板阀，只能在其密封失效至严重漏失的紧急情况下才能使用其二次密封功能，且止漏即可，待紧急情况解除后，立即清洗更换二次密封件。

（十二）平行闸板阀开、关到底后，都应回转 1/4 圈～1/2 圈。其开、关应一次完成，不允许半开半闭和作节流阀用。

（十三）压井管汇不能用作日常灌注钻井液用；防喷管线、节流管汇和压井管汇应采取防堵、防漏、防冻措施；最大允许关井套压值在节流管汇处以明显的标示牌进行标示。

（十四）井控管汇上所有闸阀都应挂牌编号并标明其开、关状态。

（十五）采油（气）井口装置等井控装置应经检验、试压合格后方能上井安装；采油（气）井口装置在井上组装后还应整体试压，合格后方可投入使用。

（十六）钻具内防喷工具、井控监测仪器、仪表、钻具旁通阀、钻井液处理及灌注装置、防毒呼吸保护设备根据相关的标准和各油田的具体情况配备，并满足井控技术的要求。

（十七）套管头、防喷管线及其配件的额定工作压力应与防喷器压力等级相匹配。

第二十九条 井控装置的管理执行以下规定：

（一）各油气田应有专门机构负责井控装置的管理、维修和定期现场检查工作，并规定其具体的职责范围和管理制度。

（二）钻井队在用井控装置的管理、操作应落实专人负责，并明确岗位责任。

（三）应设置专用配件库房和橡胶件空调库房，库房温度应满足配件及橡胶件储藏要求。

（四）各油气田应根据欠平衡钻井的相关行业标准制定欠平衡钻井特殊井控作业以及设备的配套管理、使用和维修制度。

第三十条 所有井控装备及配件必须是经集团公司有关部门认可的生产厂家生产的合格产品，否则不允许使用。

第四章 钻开油气层前的准备和检查验收

第三十一条 钻开油气层前的准备按以下规定执行：

（一）加强随钻地层对比，及时提出可靠的地质预报。在进入油气层前 50～100m，按照下步钻井的设计最高钻井液密度值，对裸眼地层进行承压能力检验。

（二）调整井应指定专人按要求检查邻近注水、注气（汽）井停注、泄压情况。

（三）日费井由钻井监督、大包井由钻井队技术人员向钻井现场所有工作人员进行工程、地质、钻井液、井控装置和井控措施等方面的技术交底，并提出具体要求。

（四）钻井队应组织全队职工进行不同工况下的防喷、防火演习，含硫地区钻井还应进行防硫化氢演习，并检查落实各方面安全预防工作，直至合格为止。

（五）以班组为单位，落实井控责任制，作业班组应按规定进行防喷演习。

（六）强化钻井队干部在生产现场 24h 轮流值班制度，负责检查、监督各岗位严格执行井控岗位责任制，发现问题立即督促整改。

（七）应建立“坐岗”制度，由专人定点观察溢流显示和循环池液面变化，定时将观察情况记录于“坐岗记录表”中，发现异常，立即报告值班干部。

（八）钻井液密度及其他性能符合设计要求，并按设计要求储备压井液、加重剂、堵漏材料和其他处理剂，对储备加重钻井液定期循环处理，防止沉淀。

（九）检查所有钻井设备、仪器仪表、井控装备、防护设备及专用工具、消防器材、防爆电路和气路的安装是否符合规定，功能是否正常，发现问题及时整改。钻开油气层前对全套井控装备进行一次试压。

第三十二条　钻开油气层前的检查验收按照钻开油气层的申报、审批制度进行。

第五章　油气层钻井过程中的井控作业

第三十三条　钻开油气层后，应定期对闸板防喷器进行开、关活动。在井内有钻具的条件下应适当地对环形防喷器试关井；定期对井控装置按要求进行试压。

第三十四条　钻井队应严格按工程设计选择钻井液类型和密度值。钻井中要进行以监测地层压力为主的随钻监测，绘出全井地层压力梯度曲线。当发现设计与实际不相符合时，应按审批程序及时申报更改设计，经批准后才能实施。但若遇紧急情况，钻井队可先积极处理，再及时上报。

第三十五条　发生卡钻需泡油、混油或因其他原因需适当调整钻井液密度时，应确保井筒液柱压力不应小于裸眼段中的最高地层压力。

第三十六条　每只新入井的钻头开始钻进前以及每日白班开始钻进前，都要以1/3～1/2正常排量循环一定时间，待钻井液循环正常后测一次低泵速循环压力，并作好泵冲数、流量、循环压力记录。当钻井液性能或钻具组合发生较大变化时应补测。

第三十七条　下列情况需进行短程起下钻检查油气侵和溢流：

（一）钻开油气层后第一次起钻前；

（二）溢流压井后起钻前；

（三）钻开油气层井漏堵漏后或尚未完全堵住起钻前；

（四）钻进中曾发生严重油气侵但未溢流起钻前；

（五）钻头在井底连续长时间工作后中途需起下钻划眼修整井壁时；

（六）需长时间停止循环进行其他作业（电测、下套管、下油管、中途测试等）起钻前。

第三十八条　短程起下钻的基本作法如下：

（一）一般情况下试起10柱～15柱钻具，再下入井底循环观察一个循环周，若钻井液无油气侵，则可正式起钻；否则，应循环排除受侵污钻井液并适当调整钻井液密度后再起钻；

（二）特殊情况时（需长时间停止循环或井下复杂时），将钻具起至套管鞋内或安全井段，停泵观察一个起下钻周期或停泵所需的等值时间，再下回井底循环一周，观察一个循环周。若有油气侵，应调整处理钻井液；若无油气侵，便可正式起钻。

第三十九条　起、下钻中防止溢流、井喷的技术措施执行以下规定：

（一）保持钻井液有良好的造壁性和流变性；

（二）起钻前充分循环井内钻井液，使其性能均匀，进出口密度差不超过0.02g/cm^3；

（三）起钻中严格按规定及时向井内灌满钻井液，并作好记录、校核，及时发现异常情况；

（四）钻头在油气层中和油气层顶部以上300m井段内起钻速度不得超过0.5m/s；

（五）在疏松地层，特别是造浆性强的地层，遇阻划眼时应保持足够的流量，防止钻头泥包；

（六）起钻完应及时下钻，检修设备时必须保持井内有一定数量的钻具，并观察出口管钻井液返出情况。严禁在空井情况下进行设备检修。

第四十条 发现气侵应及时排除，气侵钻井液未经排气不得重新注入井内。

第四十一条 若需对气侵钻井液加重，应在对气侵钻井液排完气后停止钻进的情况下进行，严禁边钻进边加重。

第四十二条 加强溢流预兆及溢流显示的观察，做到及时发现溢流。坐岗人员发现溢流、井漏及油气显示等异常情况，应立即报告司钻。并按以下要求办理：

（一）钻进中注意观察钻时、放空、井漏、气测异常和钻井液出口流量、流势、气泡、气味、油花等情况，及时测量钻井液密度和粘度、氯根含量、循环池液面等变化，并作好记录；

（二）起下钻中注意观察、记录、核对起出（或下入）钻具体积和灌入（或流出）钻井液体积；要观察悬重变化以及防止钻头堵塞的水眼在起钻或下钻中途突然打开，使井内钻井液面降低而引起井喷。

（三）发现溢流要及时发出报警信号：报警信号为一长鸣笛，关闭防喷器信号为两短鸣笛，开井信号为三短鸣笛。长鸣笛时间 15s 以上，短鸣笛时间 2s 左右。

（四）报警和关井时的溢流量应控制在本油田规定的数量内。

第四十三条 钻进中发生井漏应将钻具提离井底、方钻杆提出转盘，以便关井观察。采取定时、定量反灌钻井液措施，保持井内液柱压力与地层压力平衡，防止发生溢流，其后采取相应措施处理井漏。

第四十四条 电测、固井、中途测试应做好如下井控工作：

（一）电测前井内情况应正常、稳定；若电测时间长，应考虑中途通井循环再电测；

（二）下套管前，应换装与套管尺寸相同的防喷器闸板；固井全过程（起钻、下套管、固井）保证井内压力平衡，尤其防止注水泥候凝期间因水泥失重造成井内压力平衡的破坏，甚至井喷；

（三）中途测试和先期完成井，在进行作业以前观察一个作业期时间；起、下钻杆或油管应在井口装置符合安装、试压要求的前提下进行。

第四十五条 发现溢流显示应立即按关井操作规定程序迅速关井；关井后应及时求得关井立管压力、关井套压和溢流量。

起下钻中发生溢流，应尽快抢接钻具止回阀或旋塞。只要条件允许，控制溢流量在允许范围内，尽可能多下一些钻具，然后关井。

电测时发生溢流应尽快起出井内电缆。若溢流量将超过规定值，则立即砍断电缆按空井溢流处理，不允许用关闭环形防喷器的方法继续起电缆。

第四十六条 任何情况下关井，其最大允许关井套压不得超过井口装置额定工作压力、套管抗内压强度的 80％和薄弱地层破裂压力所允许关井套压三者中的最小值。在允许关井套压内严禁放喷。

第四十七条 关井后应根据关井立管压力和套压的不同情况，分别采取如下的相应处理措施：

（一）关井立管压力为零时，溢流发生是因抽汲、井壁扩散气、钻屑气等使钻井液静液柱压力降低所致，其处理方法如下：

1. 当关井套压也为零时，保持原钻进时的流量、泵压，以原钻井液敞开井口循环，排除侵污钻井液即可；

2. 当关井套压不为零时，应在控制回压维持原钻进流量和泵压条件下排除溢流，恢复井内压力平衡；再用短程起下钻检验，决定是否调整钻井液密度，然后恢复正常作业。

（二）关井立管压力不为零时，可采用工程师法、司钻法、边循环边加重法等常规压井方法压井：

1. 所有常规压井方法应遵循在压井作业中始终控制井底压力略大于地层压力的原则；

2. 根据计算的压井参数和本井的具体条件（溢流类型、钻井液和加重剂的储备情况、井壁稳定性、井口装置的额定工作压力等），结合常规压井方法的优缺点选择其压井方法。

第四十八条　天然气溢流不允许长时间关井而不作处理。在等候加重材料或在加重过程中，视情况间隔一段时间向井内灌注加重钻井液，同时用节流管汇控制回压，保持井底压力略大于地层压力排放井口附近含气钻井液。若等候时间长，则应及时实施司钻法第一步排除溢流，防止井口压力过高。

第四十九条　空井溢流关井后，根据溢流的严重程度，可采用强行下钻分段压井法、置换法、压回法等方法进行处理。

第五十条　压井作业应有详细的计算和设计，压井施工前应进行技术交底、设备安全检查、人员操作岗位落实等工作。施工中安排专人详细记录立管压力、套压、钻井液泵入量、钻井液性能等压井参数，对照压井作业单进行压井。压井结束后，认真整理压井作业单。

第六章　防火、防爆、防硫化氢措施和井喷失控的处理

第五十一条　防火、防爆措施按以下规定执行：

（一）井场钻井设备的布局要考虑防火的安全要求。在森林、苇田或草场等地钻井，应有隔离带或隔火墙。

（二）发电房、锅炉房和储油罐的摆放，井场电器设备、照明器具及输电线路的安装按SY 5225《石油与天然气钻井、开发、储运防火防爆安全生产管理规定》中的相应规定执行。

（三）柴油机排气管无破漏和积炭，并有冷却灭火装置；排气管的出口与井口相距15m以上，不朝向油罐。在苇田、草原等特殊区域内施工要加装防火帽。

（四）钻台上下、机泵房周围禁止堆放杂物及易燃易爆物，钻台、机泵房下无积油。

（五）消防器材的配备执行SY/T 5876《石油钻井队安全生产检查规定》中的规定。

（六）井场内严禁烟火。钻开油气层后应避免在井场使用电焊、气焊。若需动火，应执行SY/T 5858《石油企业工业动火安全规程》中的安全规定。

第五十二条　含硫油气井应严格执行SY/T5087《含硫化氢油气井安全钻井推荐作法》标准，防止硫化氢等有毒有害气体进入井筒、溢出地面，避免人身伤亡和环境污染，最大限度地减少井内管材、工具和地面设备的损坏。其中：

（一）在井架上、井场盛行风入口处等地应设置风向标，一旦发生紧急情况，作业人员

可向上风方向疏散。

（二）在钻台上下、振动筛、循环罐等气体易聚积的场所，应安装防爆排风扇以驱散工作场所弥漫的有毒有害、可燃气体。

（三）含硫地区的钻井队应按 SY/T 5087《含硫化氢油气井安全钻井推荐作法》的规定配备硫化氢监测仪器和防护器具，并做到人人会使用、会维护、会检查。

（四）含硫油气井作业相关人员上岗前应接受硫化氢防护技术培训，经考核合格后持证上岗。

（五）钻井队技术人员负责防硫化氢安全教育，队长负责监督检查。钻开油气层前，钻井队应向全队职工进行井控及防硫化氢安全技术交底，对可能存在硫化氢的层位和井段，及时做出地质预报，建立预警预报制度。

（六）含硫地区钻井液的 pH 值要求控制在 9.5 以上。加强对钻井液中硫化氢浓度的测量，充分发挥除硫剂和除气器的功能，保持钻井液中硫化氢浓度含量在 $50mg/m^3$ 以下。除气器排出的有毒有害气体应引出井场在安全的地点点燃。

（七）当在空气中硫化氢含量超过安全临界浓度的污染区进行必要的作业时，应按 SY/T 5087 中的相应要求做好人员安全防护工作。

（八）钻井队在现场条件不能实施井控作业而决定放喷点火时，应按 SY/T 5087 中的相应要求进行。

（九）钻井队及钻井相关协作单位应制定防喷、防硫化氢的应急预案，并组织演练。一旦硫化氢溢出地面，应立即启动应急预案，做出相应的应急响应。

（十）一旦发生井喷事故，应及时上报上一级主管部门，并有消防车、救护车、医护人员和技术安全人员在井场值班。

（十一）控制住井喷后，应对井场各岗位和可能积聚硫化氢的地方进行浓度检测。待硫化氢浓度降至安全临界浓度时，人员方能进入。

第五十三条 井喷失控后的处理按以下规定执行：

（一）严防着火。井喷失控后应立即停机、停车、停炉，关闭井架、钻台、机泵房等处全部照明灯和电器设备，必要时打开专用防爆探照灯；熄灭火源，组织设立警戒和警戒区；将氧气瓶、油罐等易燃易爆物品撤离危险区；迅速做好储水、供水工作，并尽快由注水管线向井口注水防火或用消防水枪向油气喷流和井口周围设备大量喷水降温，保护井口装置，防止着火或事故继续恶化。

（二）应立即向上一级主管单位或部门汇报，并立即指派专人向当地政府报告，协助当地政府作好井口 500m 范围内居民的疏散工作。有关油气田公司负责及时向当地安全生产监督部门报告。

（三）应设置观察点，定时取样，测定井场各处天然气、硫化氢和二氧化碳含量，划分安全范围。在警戒线以内，严禁一切火源。

（四）应迅速成立有领导干部参加的现场抢险指挥组，根据失控状况制定抢险方案，统一指挥、组织和协调抢险工作。根据监测情况决定是否扩大撤离范围。

（五）发生井喷事故，尤其井喷失控事故处理中的抢险方案制订及实施，要把环境保护同时考虑，同时实施，防止出现次生环境事故。

（六）抢险中每个步骤实施前，均应按 SY/T 6203《油气井井喷着火抢险作法》中的要求进行技术交底和模拟演习。

（七）井口装置和井控管汇完好条件下井喷失控的处理：

1. 检查防喷器及井控管汇的密封和固定情况，确定井口装置的最高承压值；

2. 检查方钻杆上、下旋塞阀的密封情况；

3. 井内有钻具时，要采取防止钻具上顶的措施；

4. 按规定和指令动用机动设备、发电机及电焊、气焊；对油罐、氧气瓶、乙炔发生器等易燃易爆物采取安全保护措施；

5. 迅速组织力量配制压井液压井，压井液密度根据邻近井地质、测试等资料和油、气、水喷出总量以及放喷压力等来确定；其准备量应为井筒容积的 2～3 倍；

6. 当具备压井条件时，采取相应的特殊压井方法进行压井作业；

7. 对具备投产条件的井，经批准可坐钻杆挂以原钻具完钻。

（八）井口装置损坏或其他原因造成复杂情况条件下井喷失控或着火的处理：

1. 在失控井的井场和井口周围清除抢险通道时，要清除可能因其歪斜、倒塌而妨碍进行处理工作的障碍物（转盘、转盘大梁、防溢管、钻具、垮塌的井架等），充分暴露并对井口装置进行可能的保护；对于着火井应在灭火前按照先易后难、先外后内、先上后下、逐段切割的原则，采取氧炔焰切割或水力喷砂切割等办法带火清障；清理工作要根据地理条件、风向，在消防水枪喷射水幕的保护下进行；未着火井要严防着火，清障时要大量喷水，应使用铜制工具；

2. 采用密集水流法、突然改变喷流方向法、空中爆炸法、液态或固态快速灭火剂综合灭火法以及打救援井等方法扑灭不同程度的油气井大火；密集水流法是其余几种灭火方法须同时采用的基本方法。

（九）含硫化氢井井喷失控后的处理：

含硫化氢井喷失控后，在人员生命受到巨大威胁、人员撤离无望、失控井无希望得到控制的情况下，作为最后手段应按抢险作业程序对油气井井口实施点火。油气井点火程序的相关内容应在应急预案中明确。油气井点火决策人宜由生产经营单位代表或其授权的现场总负责人来担任，并列入应急预案中。

（十）井口装置按下述原则设计：

1. 在油气敞喷情况下便于安装，其内径不小于原井口装置的通径，密封垫环要固定；

2. 原井口装置不能利用的应拆除；

3. 大通径放喷以尽可能降低回压；

4. 优先考虑安全控制井喷的同时，兼顾控制后进行井口倒换、不压井起下管柱、压井、处理井下事故等作业。

（十一）原井口装置拆除和新井口装置安装作业时，应尽可能远距离操作，尽量减少井口周围作业人数，缩短作业时间，消除着火的可能。

（十二）井喷失控的井场内处理施工应尽量不在夜间和雷雨天进行，以免发生抢险人员人身事故，以及因操作失误而使处理工作复杂化；切断向河流、湖泊等环境的污染。施工同时，不应在现场进行干扰施工的其他作业。

（十三）按 SY/T 6203《油气井井喷着火抢险作法》中的要求做好人身安全防护。

第七章　井控技术培训

第五十四条　井控培训单位在教师、教材、教具等方面，要达到集团公司《井控培训管理办法》规定的要求。经集团公司批准、授权后，才具有颁发井控合格证的资格。井控培训教师必须取得集团公司认可的教师合格证。

第五十五条　对井控操作持证者，每两年复训一次，复训考核不合格者，应吊销井控操作证。各油气田技术管理和安全部门负责监督执行井控合格证制度。

第五十六条　井控技术培训内容按以下规定执行：

（一）井控工艺：

1. 地层压力的检测和预报；

2. 溢流、井喷发生原因和溢流的及时发现；

3. 关井程序和常用压井方法的原理及参数计算；

4. 压井施工和复杂井控问题的处理；

5. 硫化氢的防护和欠平衡钻井知识。

（二）井控装置：

1. 结构及工作原理；

2. 安装及调试要求；

3. 维护保养和故障排除。

（三）其他有关井控规定和标准。

第五十七条　各油气田井控培训中心应针对钻井队工人、技术人员和钻井监督；井控车间技术人员和现场服务人员；地质工程设计人员、现场地质技术人员、地质监督、测井监督及相关人员；油气田主管钻井生产的领导和钻井管理人员等进行不同内容的井控培训。其重点为：

（一）对钻井队工人及固井、综合录井、钻井液专业服务公司（队）技术人员的培训，要以能及时发现溢流、正确实施关井操作程序、及时关井、会对井控装置进行安装、使用、日常维护和保养为重点。

（二）对钻井队技术人员以及欠平衡钻井、取心、定向井（水平井）等专业服务公司（队）的技术人员的培训，要以正确判断溢流、正确关井、计算压井参数、掌握压井程序、实施压井作业、正确判断井控装置故障及具有实施井喷及井喷失控处理能力为重点。

（三）对井控车间技术人员和现场服务人员的培训，要以懂井控装置的结构、工作原理，会安装、调试，能正确判断和排除故障为重点。

（四）对钻井公司正副经理、正副总工程师和其他指挥人员、监督、负责钻井现场生产的领导干部、工程技术人员以及从事钻井工程设计的技术人员的培训，要以井控工作的全面监督管理、复杂情况下的二次控制及组织处理井喷失控事故为重点。

第五十八条　井控培训应有欠平衡钻井井控技术和硫化氢防护知识等内容。

第五十九条　井控培训单位资格、培训学时及考核方式应符合集团公司《井控培训管理办法》和 SY 5742《石油天然气钻井井控安全技术考核管理规则》的要求。

第八章　井 控 管 理

第六十条　应建立井控分级责任制度，内容包括：

（一）井控工作是钻井安全工作的重要组成部分，各管理（勘探）局和油气田公司主管生产和技术工作的局（公司）领导是井控工作的第一责任人。

（二）各管理（勘探）局和油气田公司都要建立局级到基层队井控管理网络，定期开展活动，落实职责，切实加强对井控工作的管理。

（三）各管理（勘探）局和油气田公司应分别成立井控领导小组，组长分别由井控工作的第一责任人担任，成员由有关部门人员组成。领导小组负责贯彻执行井控规定，负责组织制订和修订井控规定实施细则及管理整个井控工作。

（四）钻井公司、甲方单位、钻井队、井控车间及在钻井现场协同作业的专业化服务单位应成立相应的井控领导小组，并负责本单位的井控工作。

（五）各级负责人按谁主管谁负责的原则，应恪尽职守，做到有职、有权、有责。

（六）集团公司工程技术与市场部和油气田公司的上级管理部门每年联合组织一次井控工作大检查。各油气田每半年联合组织一次井控工作大检查，督促各项井控规定的落实。钻井公司每季度进行一次井控工作检查，及时发现和解决井控工作存在的问题，落实各项井控规定和制度。

第六十一条　“井控操作证”制度内容包括：

（一）执行“井控操作证”制度的人员：

1. 管理局（勘探局）和油气田公司：主管钻井或勘探开发工作的局领导、分公司领导、相关部门处级领导和技术人员。

2. 钻井公司：经理、主管钻井生产和技术的副经理、正副总工程师及负责现场生产和安全工作的技术人员。

3. 钻井队：钻井监督、正副队长、指导员（书记）、钻井工程师（技术员）、安全员、钻井技师、大班司钻、正副司钻和井架工。

4. 欠平衡钻井、固井、综合录井、钻井液、取心、定向井等专业服务公司（队）的技术人员及主要操作人员；井控车间技术人员和现场服务人员；现场地质技术人员、地质监督、测井监督和地质设计人员；从事钻井工程设计的技术人员。

没有取得井控合格证的领导干部和技术人员无权指挥生产，工人无证不得上岗操作。凡未取得井控操作证而在井控操作中造成事故者要加重处罚，并追究主管领导责任。

第六十二条　井控装备的安装、检修、试压、现场服务制度包括以下内容：

（一）井控车间负责井控装备的管理和定期进行现场检查工作，要建立相应的管理制度和管理办法。钻井队在用井控装备的管理、操作应有井队落实专人负责，并明确岗位责任。

（二）井控车间负责井控装备安装、维修、试压、巡检服务以及制订装备、工具配套计划。

（三）井控车间应建立保养维修、巡检回访、回收检验、资料管理、质量保证和技术培训等各项管理制度，不断提高管理、维修和服务水平。

（四）钻井队应定岗、定人、定时对在用井控装备和工具进行检查、维护保养，并认真填写保养检查记录。

（五）井控管理人员和井控车间巡检人员应及时发现和处理井控装备存在的问题，确保井控装备随时处于正常工作状态。

（六）井控车间每月的井控装备使用动态、巡检报告等应及时上报钻井公司和管理（勘探）局主管部门。

（七）采油（气）井口装置等井控装备必须经在井控车间检验、试压合格后方能上井安装使用；采油（气）井口装置在井上组装后，还必须整体试压，合格后方能投入使用。

第六十三条 钻开油气层的申报、审批制度包括以下内容：

（一）钻开油气层前，在油气田规定的时间内，钻井队通过全面自检，确认准备工作就绪后，向上级主管部门（钻井公司和油气田分公司所属二级单位相关部门）书面汇报自检情况，并申请检查验收。

（二）接到钻井队申请后，检查验收组由钻井公司和油气田分公司所属二级单位相关部门有关人员组成，按油气田规定的检查验收标准进行检查验收工作。

（三）检查验收情况记录于“钻开油气层检查验收证书”中；如存在井控隐患应当场下达“井控停钻通知书”，钻井队按“井控停钻通知书”限期整改。

（四）检查合格并经检查人员在检查验收书上签字，由双方二级单位主管生产技术的领导或其委托人签发“钻开油气层批准书”后，方可钻开油气层。

第六十四条 防喷演习制度包括以下内容：

（一）钻井队应组织作业班按钻进、起下钻杆、起下钻铤和空井发生溢流的四种工况定期进行防喷演习。

（二）钻开油气层前，必须进行防喷演习，演习不合格不得钻开油气层。

（三）作业班每月不少于一次不同工况的防喷演习，钻进作业和空井状态应在3min内控制住井口，起下钻作业状态应在5min内控制住井口。此外，在各次开钻前、特殊作业（取心、测试、完井作业等）前，都应进行防喷演习，达到合格要求。并做好防喷演习记录。

作业班每月不少于一次不同工况的防喷演习，并作好演习记录。

第六十五条 “坐岗”制度包括以下内容：

（一）钻进至油气层之前100m开始“坐岗”。

（二）“坐岗”人员上岗前必须经钻井队技术人员对其进行技术培训。

（三）“坐岗”记录包括时间、工况、井深、起下立柱数、钻井液灌入量、钻井液增减量、原因分析、记录人、值班干部验收签字等内容（坐岗记录表格式见SY/T 6426《钻井井控技术规程》中附录E）。

（四）发现溢流、井漏及油气显示等异常情况，应立即报告司钻。

第六十六条 钻井队干部24h值班制度包括以下内容：

（一）钻进至油气层之前100m开始，钻井队干部必须在生产作业区坚持24h值班，值班干部应挂牌或有明显标志，并认真填写值班干部交接班记录。

（二）值班干部应检查监督井控岗位责任、制度落实情况，发现问题立即督促整改。井控装备试压、防喷演习、处理溢流、井喷及井下复杂等情况，值班干部必须在场组织指挥。

第六十七条 井喷事故逐级汇报制度包括以下内容：

（一）井喷事故分级：

1. 一级井喷事故（Ⅰ级）。

海上油（气）井发生井喷失控；陆上油（气）井发生井喷失控，造成超标有毒有害气体逸散，或窜入地下矿产采掘坑道；发生井喷并伴有油气爆炸、着火，严重危及现场作业人员和作业现场周边居民的生命财产安全。

2. 二级井喷事故（Ⅱ级）。

海上油（气）井发生井喷；陆上油（气）井发生井喷失控；陆上含超标有毒有害气体的油（气）井发生井喷；井内大量喷出流体对江河、湖泊、海洋和环境造成灾难性污染。

3. 三级井喷事故（Ⅲ级）。

陆上油气井发生井喷，经过积极采取压井措施，在24h内仍未建立井筒压力平衡，集团公司直属企业难以在短时间内完成事故处理的井喷事故。

4. 四级井喷事故（Ⅳ级）。

发生一般性井喷，集团公司直属企业能在24h内建立井筒压力平衡的事故。

（二）井喷事故报告要求：

1. 事故单位发生井喷事故后，要在最短时间内向管理（勘探）局和油气田公司汇报，管理（勘探）局和油气田公司接到事故报警后，初步评估确定事故级别为Ⅰ级、Ⅱ级井控事故时，在启动本企业相应应急预案的同时，在2h内以快报形式上报集团公司应急办公室，油气田公司同时上报上级主管部门。情况紧急时，发生险情的单位可越级直接向上级单位报告。

油气田公司应根据法规和当地政府规定，在第一时间立即向属地政府部门报告。

集团公司应急办公室接收企业Ⅰ级、Ⅱ级井控事故信息，经应急领导小组组长或副组长审查后，立即向国务院及有关部门做出报告。

2. 发生Ⅲ级井控事故时，管理（勘探）局和油气田公司在接到报警后，在启动本单位相关应急预案的同时，24h内上报集团公司应急办公室。油气田公司同时上报上级主管部门。

3. 发生Ⅳ级井喷事故，发生事故的管理（勘探）局和油气田公司启动本单位相应应急预案进行应急救援处理。

（三）发生井喷或井喷失控事故后应有专人收集资料，资料要准确。

（四）发生井喷后，随时保持各级通信联络畅通无阻，并有专人值班。

（五）各管理（勘探）局和油气田公司，在每月10日前以书面形式向集团公司工程技术与市场部汇报上一月度井喷事故（包括Ⅳ级井喷事故）处理情况及事故报告。汇报实行零报告制度，对汇报不及时或隐瞒井喷事故的，将追究责任。

（六）井喷事故发生后，事故单位以附录7《集团公司钻井井喷失控事故信息收集表》内容向集团公司汇报，首先以表一（快报）内容进行汇报，以便集团公司领导在最短的时间内掌握现场情况，然后再以表二（续报）内容进行汇报，使集团公司领导及时掌握现场抢险救援动态。

第六十八条 井控例会制度包括以下内容：

（一）钻井队钻进至油气层之前100m开始，每周召开一次以井控为主的安全会议；值班干部和司钻应在班前、班后会上布置、检查、讲评井控工作。

（二）钻井公司每季度召开一次井控例会，检查、总结、布置井控工作。

（三）油气田每半年联合召开一次井控例会，总结、协调、布置井控工作。

（四）集团公司工程技术与市场部和油气田公司上级主管部门每年联合召开一次井控工作会议，总结、协调、布置集团公司井控工作。

第九章　附　　则

第六十九条　各油气田应根据本规定，结合本地区油气钻井特点，制订井控实施细则；在浅海、滩海地区的钻井单位应根据其特点制订相应的实施细则，报集团公司工程技术与市场部备案。各油气田应当通过合同约定，要求进入该地区的所有钻井队伍及钻井相关队伍执行本规定和井控实施细则。

第七十条　本规定自印发之日起施行。集团公司 2002 年 11 月颁发的《石油与天然气钻井井控规定》同时废止。

第七十一条　本规定由集团公司工程技术与市场部负责解释。

附录 A

井口装置组合图

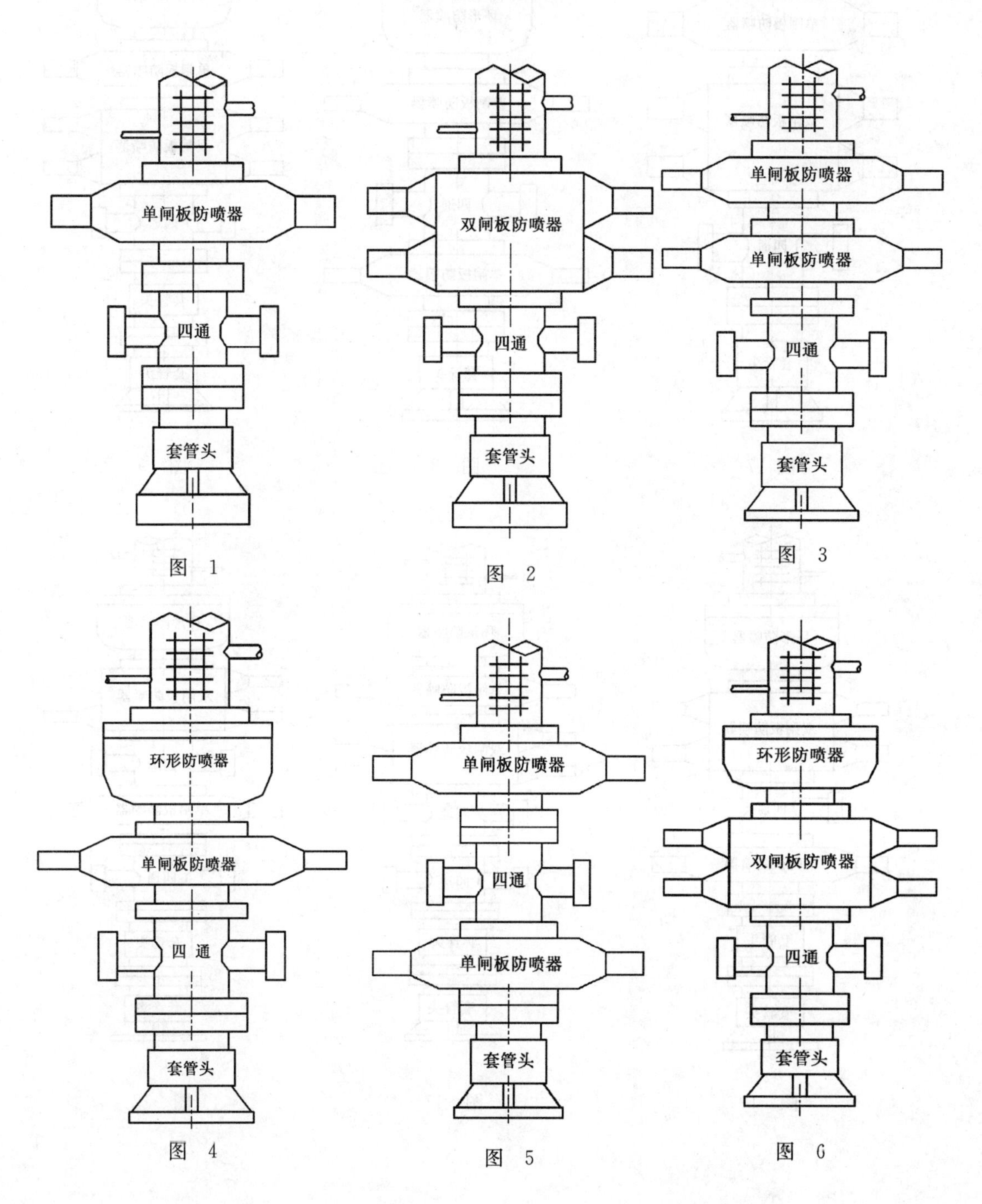

单闸板防喷器
四通
套管头
图　1
双闸板防喷器
四通
套管头
图　2
单闸板防喷器
单闸板防喷器
四通
套管头
图　3
环形防喷器
单闸板防喷器
四　通
套管头
图　4
单闸板防喷器
四通
单闸板防喷器
套管头
图　5
环形防喷器
双闸板防喷器
四通
套管头
图　6

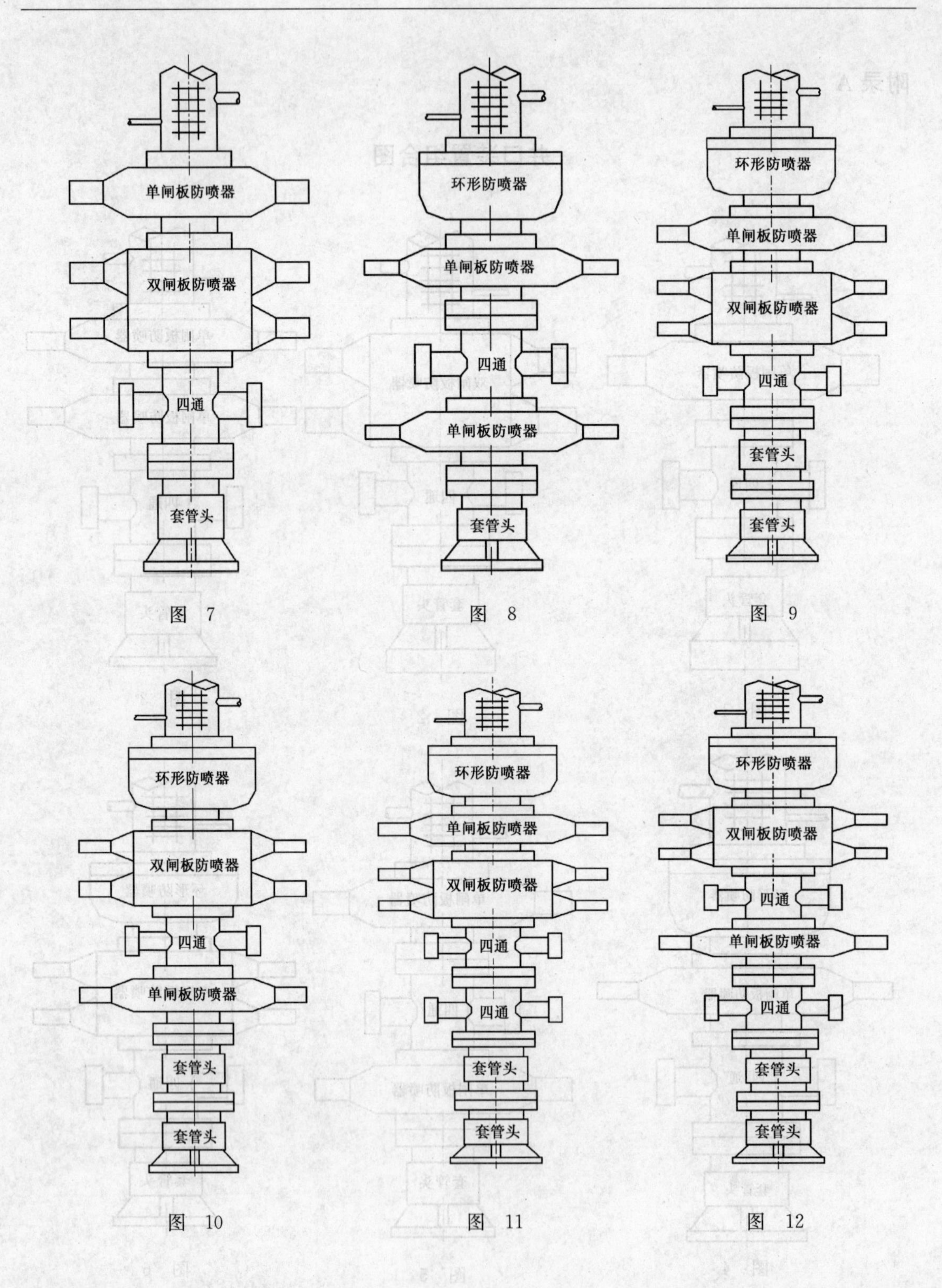
单闸板防喷器
双闸板防喷器
四通
套管头
图 7
环形防喷器
单闸板防喷器
四通
单闸板防喷器
套管头
图 8
环形防喷器
单闸板防喷器
双闸板防喷器
四通
套管头
套管头
图 9
环形防喷器
双闸板防喷器
四通
单闸板防喷器
套管头
套管头
图 10
环形防喷器
单闸板防喷器
双闸板防喷器
四通
四通
套管头
套管头
图 11
环形防喷器
双闸板防喷器
四通
单闸板防喷器
四通
套管头
套管头
图 12

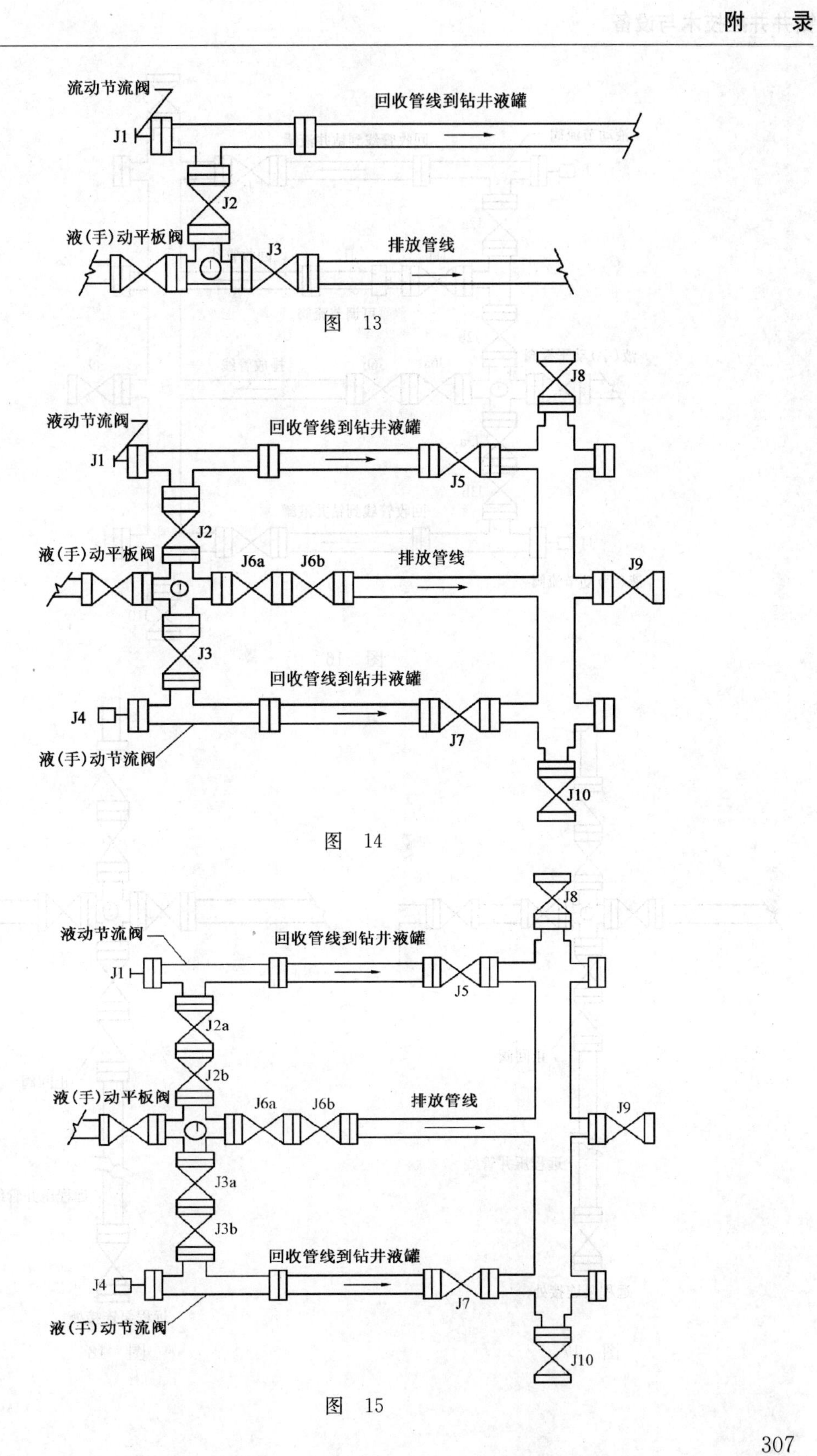
流动节流阀
回收管线到钻井液罐
J1
J2
液(手)动平板阀
J3
排放管线

图 13

液动节流阀
回收管线到钻井液罐
J1
J5
J8
J2
液(手)动平板阀
J6a
J6b
排放管线
J9
J3
回收管线到钻井液罐
J4
J7
液(手)动节流阀
J10

图 14

液动节流阀
回收管线到钻井液罐
J1
J5
J8
J2a
J2b
液(手)动平板阀
J6a
J6b
排放管线
J9
J3a
J3b
回收管线到钻井液罐
J4
J7
液(手)动节流阀
J10

图 15

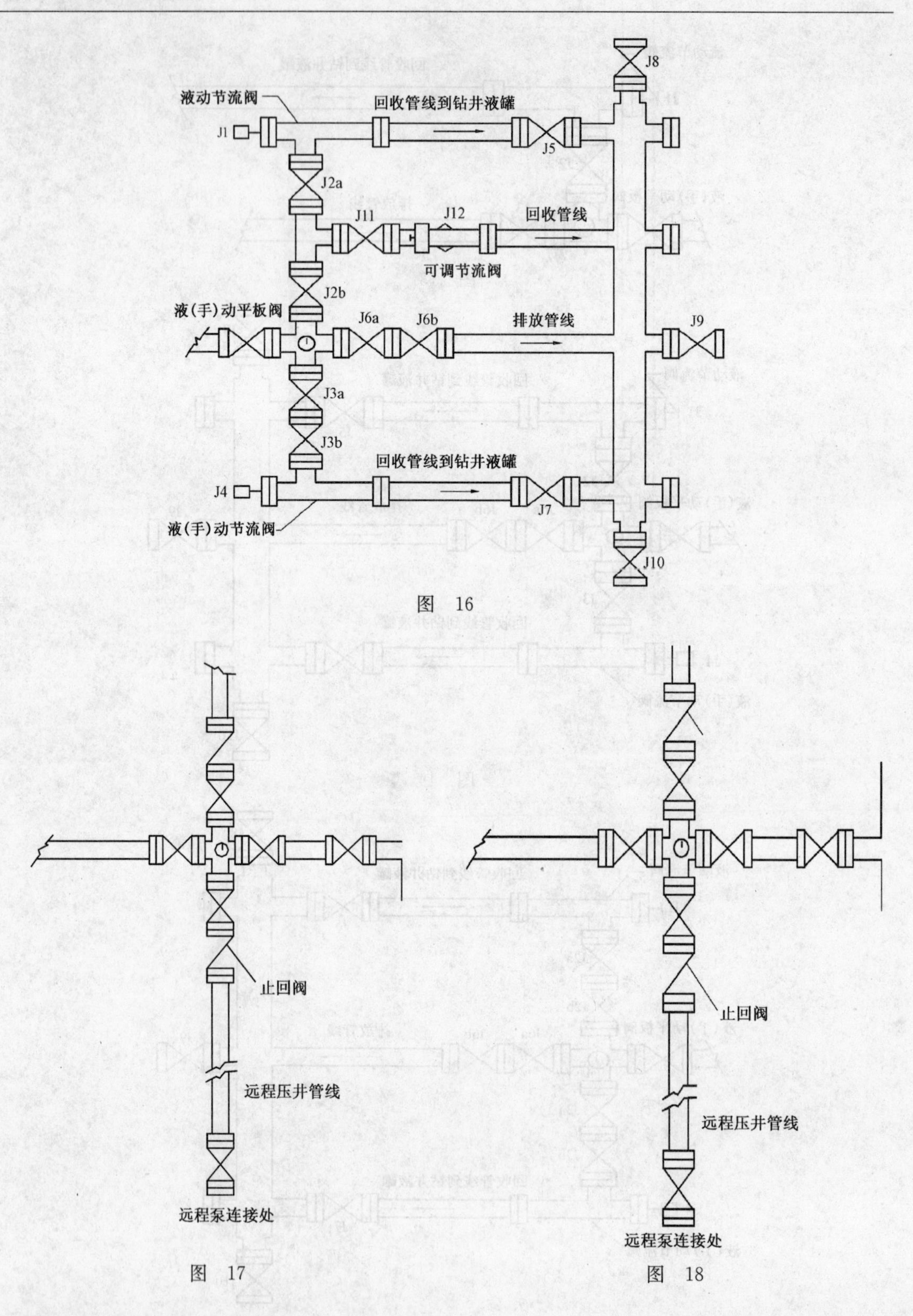
液动节流阀
回收管线到钻井液罐
J1
J2a
J5
J8
J11
J12
回收管线
可调节流阀
J2b
液(手)动平板阀
J6a
J6b
排放管线
J9
J3a
J3b
回收管线到钻井液罐
J4
J7
液(手)动节流阀
J10
止回阀
远程压井管线
远程泵连接处
止回阀
远程压井管线
远程泵连接处

图 16

图 17

图 18

附录B 关井操作程序

1. 钻进中发生溢流时：

a）发：发出信号；
b）停：停转盘，停泵，上提方钻杆；
c）开：开启液（手）动平板阀；
d）关：关防喷器（先关环形防喷器，后关半封闸板防喷器）；
e）关：先关节流阀（试关井），再关节流阀前的平板阀；
f）看：认真观察、准确记录立管和套管压力以及循环池钻井液增减量，并迅速向队长或钻井技术人员及甲方监督报告。

2. 起下钻杆中发生溢流时：

a）发：发出信号；
b）停：停止起下钻作业；
c）抢：抢接钻具止回阀或旋塞阀；
d）开：开启液（手）动平板阀；
e）关：关防喷器（先关环形防喷器，后关半封闸板防喷器）；
f）关：先关节流阀（试关井），再关节流阀前的平板阀；
g）看：认真观察、准确记录套管压力以及循环池钻井液增减量，并迅速向队长或钻井技术人员及甲方监督报告。

3. 起下钻铤中发生溢流时：

a）发：发出信号；
b）停：停止起下钻作业；
c）抢：抢接钻具止回阀（或旋塞阀或防喷单根）及钻杆；
d）开：开启液（手）动平板阀；
e）关：关防喷器（先关环形防喷器，后关半封闸板防喷器）；
f）关：先关节流阀（试关井），再关节流阀前的平板阀；
g）看：认真观察、准确记录套管压力以及循环池钻井液增减量，并迅速向队长或钻井技术人员及甲方监督报告。

4. 空井发生溢流时：

a）发：发出信号；
b）开：开启液（手）动平板阀；
c）关：关防喷器（先关环形防喷器，后关全封闸板防喷器）；
d）关：先关节流阀（试关井），再关节流阀前的平板阀；

e）看：认真观察、准确记录套管压力以及循环池钻井液增减量，并迅速向队长或钻井技术人员及甲方监督报告。

注：空井发生溢流时，若井内情况允许，可在发出信号后抢下几柱钻杆，然后实施关井。

附录C　顶驱钻机关井操作程序

1. 钻进中发生溢流时：

a）发：发出信号；

b）停：上提钻具，停顶驱，停泵；

c）开：开启液（手）动平板阀；

d）关：关防喷器（先关环形防喷器，后关半封闸板防喷器）；

e）关：先关节流阀（试关井），再关节流阀前的平板阀；

f）看：认真观察、准确记录立管和套管压力以及循环池钻井液增减量，并迅速向队长或钻井技术人员及甲方监督报告。

2. 起下钻杆中发生溢流时：

a）发：发出信号；

b）停：停止起下钻作业；

c）抢：抢接顶驱或钻具内防喷工具（钻具止回阀或旋塞阀）；

d）开：开启液（手）动平板阀；

e）关：关防喷器（先关环形防喷器，后关半封闸板防喷器）；

f）关：先关节流阀（试关井），再关节流阀前的平板阀；

g）看：认真观察、准确记录立管（若抢接了顶驱）和套管压力以及循环池钻井液增减量，并迅速向队长或钻井技术人员及甲方监督报告。

3. 起下钻铤中发生溢流时：

a）发：发出信号；

b）停：停止起下钻作业；

c）抢：抢接防喷单根；

d）开：开启液（手）动平板阀；

e）关：关防喷器（先关环形防喷器，后关半封闸板防喷器）；

f）关：先关节流阀（试关井），再关节流阀前的平板阀；

g）看：认真观察、准确记录套管压力以及循环池钻井液增减量，并迅速向队长或钻井技术人员及甲方监督报告。

4. 空井发生溢流时：

a）发：发出信号；

b）开：开启液（手）动平板阀；

c）关：关防喷器（先关环形防喷器，后关全封闸板防喷器）；

d）关：先关节流阀（试关井），再关节流阀前的平板阀；

e）看：认真观察、准确记录套管压力以及循环池钻井液增减量，并迅速向队长或钻井技术人员及甲方监督报告。

注：空井发生溢流时，若井内情况允许，可在发出信号后抢下几柱钻杆，然后实施关井。

附录D 钻井井控常用表格

1. 防喷演习记录表格式

防喷演习记录表

<table>
<tr><td>公司</td><td colspan="2"></td><td>钻井公司</td><td colspan="3"></td><td>井队</td><td></td></tr>
<tr><td>井号</td><td></td><td>日期</td><td></td><td>队长</td><td colspan="2"></td><td>技术员</td><td></td></tr>
<tr><td>生产班</td><td>次数</td><td>日期</td><td colspan="3">内容</td><td>人数</td><td>完成时间</td><td>讲评人</td></tr>
<tr><td>一班</td><td></td><td></td><td colspan="3"></td><td></td><td></td><td></td></tr>
<tr><td>二班</td><td></td><td></td><td colspan="3"></td><td></td><td></td><td></td></tr>
<tr><td>三班</td><td></td><td></td><td colspan="3"></td><td></td><td></td><td></td></tr>
<tr><td>四班</td><td></td><td></td><td colspan="3"></td><td></td><td></td><td></td></tr>
<tr><td>演习
情况
总评</td><td colspan="8"></td></tr>
</table>

2. 坐岗记录表格式

坐岗记录表

公司			钻井公司				井队 井号 值班干部	
时间	工况	井深m	#罐 m^3	#罐 m^3	#罐 m^3	累计变化量 m^3	钻井液出口处气泡、气味、流量（溢流、井漏）描述及原因分析	观察员

注：适时汇总并校正采集工、钻井液工观察记录。

3. 钻开油气层检查验收证书格式

钻开油气层检查验收证书

公　　司：

钻井公司：

井　　队：

井　　号：

检查日期：

说　明

为实施钻开油气层前的检查、验收及审批制度，消除不安全因素，防止井喷事故的发生，检查组应按本证书规定的各项要求，逐一认真检查、验收。

检查验收者签字

钻 井 队 长：　　　　工程技术部：

钻井技术员：　　　　油气田分公司项目部：

地质技术员：　　　　检查验收组成员：

泥 浆 组 长：

钻 井 公 司：

调　度　室：

检查验收组意见：

组长签名：

年　　月　　日

4. 本井基本情况

井号		井别		设计层位		设计井深 m	
钻达层位				钻达井深 m		钻井液密度 g/cm³	
设计及实钻井身结构		一次开钻					
		二次开钻					
		三次开钻					
		四次开钻					
邻近注水、注气井情况							
井号	井距	注水（注）气层位	注水（注）气	建议停注、泄压时间			

分段设计及实钻钻井液密度

地层层位					
井深，m					
设计压力梯度					
设计钻井液密度，g/cm³					
实钻钻井液密度，g/cm³					
油、气、水漏显示情况					

5. 整改问题

序号	整 改 问 题	要 求
1		
2		
3		
4		
5		
6		
7		
8		
9		
10		

6. 井控停钻通知书格式

井控停钻通知书

井队：

你队所钻　　　　井，经钻开油气层检查验收，仍存在以下问题（见下表），为确保井控安全，现令其停钻整改，限　　时完成。

停钻待整改问题

序号	整 改 问 题	要 求
1		
2		
3		
4		
5		
6		
7		
8		
9		
10		

7. 钻开油气层批准书格式

钻开油气层批准书

井队：

你队所钻　　　　井，经钻开油气层安全检查验收，符合井控技术要求，准予钻开油气层，特此通知。

已整改完成问题

序号	问　题	整　改	
		日期	上报人
1			
2			
3			
4			
5			
6			
7			
8			
9			
10			

检查验收组组长签名：

检查验收组副组长签名：

8. 集团公司钻井井喷失控事故信息收集表

(1) 集团公司钻井井喷失控事故信息收集表（快报）

收到报告时间	年 月 日 时 分					
报告单位						
报告人		职务		联系电话		
发生井喷单位						
现场抢险负责人		职务		电话		
事故发生地理位置						
基本情况	井喷发生时间		钻机类型		钻井队号	
	井号		井别		井型	水平井□定向井□直井□
	设计井深		钻达井深		垂深	
	井眼尺寸		目的层位		钻达层位	
	岩性		构造		地层压力	
	设计泥浆密度	(g/cm^3)	实际泥浆密度	(g/cm^3)	表层套管下深	
	表层套管尺寸		技术套管下深		技术套管尺寸	
有毒气体类型	H_2S□ CO_2□ CO□		人员伤亡情况		有无自动点火装置	
井口装备状况	防喷器状况	额定工作压力				
		型号				
		开关状态		开□ 关□		
		可控或失控		可控□ 失控□		
	节流管汇状况			放喷管线长度		
	压井管汇状况			辅助放喷管线长度		
内放喷工具状况	钻杆旋塞阀		方钻杆旋塞阀			

续表

<table>
<tr><td rowspan="2">井喷具体状况</td><td colspan="2">喷势描述</td><td colspan="2"></td><td>喷出物</td><td>气□　油□　水□
气油水□</td></tr>
<tr><td colspan="2">环境污染情况</td><td colspan="4"></td></tr>
<tr><td rowspan="4">周边 500m 内环境状况</td><td rowspan="2">居民</td><td>数量</td><td></td><td rowspan="2">工农业设施</td><td>名称及数量</td><td></td></tr>
<tr><td>距离</td><td></td><td>距离</td><td></td></tr>
<tr><td rowspan="2">江河</td><td>名称及数量</td><td></td><td rowspan="2">湖泊</td><td>名称及数量</td><td></td></tr>
<tr><td>距离</td><td></td><td>距离</td><td></td></tr>
<tr><td>已疏散人群</td><td colspan="6"></td></tr>
<tr><td>备注</td><td colspan="6"></td></tr>
</table>

(2) 集团公司钻井喷失控事故报告信息收集表（续报）

<table>
<tr><td>事故级别</td><td colspan="2">Ⅰ□ Ⅱ□
Ⅲ□ Ⅳ□</td><td>有毒气
体含量</td><td colspan="3">H_2S（ ）CO_2（ ）CO（ ）</td></tr>
<tr><td>关井压力</td><td>立压</td><td>（MPa）</td><td>套压</td><td colspan="3">（MPa）</td></tr>
<tr><td rowspan="2">现场气象、海况及主要自然天气情况</td><td>阴或晴</td><td></td><td>雨或雪</td><td></td><td>风力</td><td></td></tr>
<tr><td>风向</td><td></td><td>气温</td><td></td><td>海浪高</td><td></td></tr>
<tr><td>井喷过程简要描述及初步原因</td><td colspan="6"></td></tr>
<tr><td rowspan="4">设计及实钻井身结构</td><td>一开</td><td colspan="5"></td></tr>
<tr><td>二开</td><td colspan="5"></td></tr>
<tr><td>三开</td><td colspan="5"></td></tr>
<tr><td>四开</td><td colspan="5"></td></tr>
<tr><td>邻近注水、注气井情况</td><td colspan="6"></td></tr>
<tr><td>施工工况</td><td colspan="2"></td><td>救援地名称及距离</td><td colspan="3"></td></tr>
<tr><td>周边道路情况</td><td colspan="6"></td></tr>
<tr><td>已经采取的抢险措施</td><td colspan="6"></td></tr>
<tr><td>下一步将采取的措施</td><td colspan="6"></td></tr>
</table>

续表

<table>
<tr><td rowspan="3">井场压井材料储备</td><td>重钻井液</td><td>密度</td><td>(g/cm³)</td><td>量</td><td colspan="3">(m³)</td></tr>
<tr><td>钻井用水</td><td colspan="6">(m³)</td></tr>
<tr><td>加重材料</td><td>重晶石</td><td>(T)</td><td>石灰石粉</td><td>(T)</td><td>铁矿石粉</td><td>(T)</td></tr>
<tr><td>救援需求</td><td colspan="7"></td></tr>
<tr><td rowspan="6">现场抢险组组成人员名单</td><td>姓名</td><td></td><td>职务</td><td></td><td>电话</td><td colspan="2"></td></tr>
<tr><td>姓名</td><td></td><td>职务</td><td></td><td>电话</td><td colspan="2"></td></tr>
<tr><td>姓名</td><td></td><td>职务</td><td></td><td>电话</td><td colspan="2"></td></tr>
<tr><td>姓名</td><td></td><td>职务</td><td></td><td>电话</td><td colspan="2"></td></tr>
<tr><td>姓名</td><td></td><td>职务</td><td></td><td>电话</td><td colspan="2"></td></tr>
<tr><td>姓名</td><td></td><td>职务</td><td></td><td>电话</td><td colspan="2"></td></tr>
<tr><td>备注</td><td colspan="7"></td></tr>
</table>

附录 2　公式换算

1. Pressure (psi)

$$\text{Pressure (psi)} = \frac{\text{Force (lb)}}{\text{Area (in}^2\text{)}}$$

压力=作用力/面积

2. Pressure Gradient (psi/ft)

$$\text{P.G.} \left(\frac{\text{psi}}{\text{ft}}\right) = 0.052 \times \text{Mud Weight (ppg)}$$

压力梯度=0.052×钻井液密度

3. Hydrostatic Pressure (psi)

(1) H.P. (psi) = 0.052×Mud Weight (ppg) ×True Vertical Depth, TVD (ft)

静液压力=0.052×钻井液密度×垂深

(2) $$\text{Mud Weight (ppt)} = \frac{\text{Hydrostatic Pressure (psi)}}{0.052 \times \text{True Vertical Depth, TVD (ft)}}$$

钻井液密度=静液压力/(0.052×垂深)

(3) $$\text{True Vertical Depth, TVD (ft)} = \frac{\text{Hydrostatic Pressure (psi)}}{0.052 \times \text{Mud Weight (ppg)}}$$

垂深=静液压力/(0.052×钻井液密度)

4. Equivalent Density (ppg)

$$\text{Eq. Density (ppg)} = \frac{\text{Pressure (psi)}}{0.052 \times \text{TVD (ft)}}$$

当量钻井液密度=压力/(0.052×垂深)

5. Formation Pressure (psi)

Formation Pressure (psi) = Hydrostatic Pressure in Drill Pipe (psi) + SIDPP (psi)

Assuming shut-in well with BHP equalized with formation pressure

地层压力=钻柱内静液压力+关井立压

6. Density to Balance Formation (ppg)

$$\text{Kill Mud Weight, KMW (ppg)} = \frac{\text{SIDPP (psi)}}{0.052 \times \text{TVD (ft)}} + \text{Original Mud Weight (ppg)}$$

压井钻井液密度=关井立压/(0.052×垂深)+原钻井液密度

7. Equivalent Mud Weight, EMW (ppg)

$$\text{EMW (ppg)} = \frac{\text{Leak-off Pressure (psi)}}{0.052 \times \text{casing Shoe TVD (ft)}} + \text{Leak-off Mud Weight (ppg)}$$

当量钻井液密度=漏失压力/(0.052×套管鞋垂深)+ 漏失钻井液密度

8. Maximum Allowable Surface Pressure MASP (psi) Based on Casing Burst.

MASP (psi) =Casing Internal Yield (psi) ×0.80 (safety factor)

套管抗内压强度计算的最大关井套压=套管抗内压强度×0.8(安全系数)

9. Maximum Initial Shut-In Casing Pressure，MISICP（psi）. Upon initial closure only - Based on formation breakdown @ shoe. For IWCF，written as initial MAASP.

MISICP（psi）=［EMW（ppg）－Present Mud Wt（ppt）］×0.052×Shoe TVD（ft）

套管鞋处强度计算的最大初始关井套压＝（当量钻井液密度－目前钻井液密度）×0.052×套管鞋垂深

10. Initial Circulating Pressure（psi）　Engineer's & Driller's Methods

ICP（psi）= SIDPP（psi）+ Slow Pump Rate Pressure，SPRP（psi）

初始循环压力＝关井立压＋低泵速泵压

11. Final Circulating Pressure（psi）　Engineer's Method

$$\text{FCP (psi)} = \text{SPRP (psi)} \times \frac{\text{Kill Mud Wt (ppg)}}{\text{Original Mud Wt (ppg)}}$$

终了循环压力＝低泵速泵压×压井钻井液密度/原钻井液密度

12. Equivalent Circulating Density，ECD（ppg）

$$\text{ECD (psi)} = \frac{\text{Annular Pressure Loss (psi)}}{0.052 \times \text{TVDBit (ft)}} + \text{Mud Wt (ppg)}$$

当量循环密度＝环空损耗/（0.052×钻头垂深）＋ 钻井液密度

13. Gas Pressure and Volume Relationship—Boyle's Law

$p_1V_1=p_2V_2$ The Pressure（psi）of gas bubble times its Volume（bbl）in one part of the hole equals its Pressure times its Volume in another. Disregards effects of Temperature（T）and gas compressibility（z）

气体压力和体积的关系——波义耳定律

在不考虑温度和可压缩性的情况下，气体压力和体积的乘积不变

$$p_2 = \frac{p_1V_1}{V_2} \quad \text{or } V_2 = \frac{p_1V_1}{p_2}$$

14. Pump Output（bbl/min）

$$\text{Pump Output (bbl/min)} = \frac{\text{bbl}}{\text{stroke}} \times \frac{\text{strokes}}{\text{min}}$$

泵排量（bbl/min）＝桶/冲×冲数/分钟

15. 100% Triple Pump Output（bbl/stroke）

$$\text{Pump Output (bbl/stk)} = \frac{[\text{Liner ID (in)}]^2}{1029} \times \frac{\text{Stroke Length (in)}}{12} \times 3$$

100%效率三缸钻井泵每冲排量（bbl/冲）＝缸套内径^2/1029×冲程/12×3

16. Surface To Bit Strokes（strokes）

$$\text{Strokes} = \frac{\text{Drill String Internal Volume (bbl)}}{\text{bbl/stroke}}$$

地面至钻头所需冲数＝钻具内容积/每冲泵排量

17. Circulating Time（min）

$$\text{Min} = \frac{\text{Volume (bbl)}}{\text{Pump Output (bbl/min)}}$$

循环时间＝容积/每分钟排量

18. Open Hole Capacity Factor（bbl/ft）

$$\text{Capacity (bbl/ft)} = \frac{[\text{Open Hole Diameter (in)}]^2}{1029}$$

裸眼井容积系数＝裸眼直径^2/1029

19. Pipe Capacity Factor（bbl/ft）

$$\text{Capacity (bbl/ft)} = \frac{[\text{Pipe Inside Diameter (in)}]^2}{1029}$$

钻杆容积系数＝钻杆内径^2/1029

20. Annulus Capacity Factor，ACF（bbl/ft）

$$\text{Capacity (bbl/ft)} = \frac{[\text{Open Hole Diameter (in)}]^2 - [\text{Pipe Outside Diameter (in)}]^2}{1029}$$

or

$$\text{Capacity (bbl/ft)} = \frac{[\text{Casing Inside Diameter (in)}]^2 - [\text{Pipe Outside Diameter (in)}]^2}{1029}$$

环空容积系数＝（裸眼直径^2－钻杆外径^2）/1029

或

环空容积系数＝（套管内径^2－钻杆外径^2）/1029

21. Pipe Displacement（bbl/ft）Disregarding tool joints.

$$\text{Displacement (bbl/ft)} = \frac{[\text{Pipe Outside Diameter (in)}]^2 - [\text{Pipe Inside Diameter (in)}]^2}{1029}$$

不考虑接头，干起时钻杆排量＝（钻杆外径^2－钻杆内径^2）/1029

22. Total Pipe Displacement Including Capacity（bbl/ft） Disregarding tool joints.

$$\text{Displacement (bbl/ft)} = \frac{[\text{Pipe Outside Diameter (in)}]^2}{1029}$$

不考虑接头，湿起时钻杆排量＝钻杆外径^2/1029

23. Height of influx（ft）

$$\text{Height (ft)} = \frac{\text{Pit Gain (bbl)}}{\text{Annulus Capacity Factor (bbl/ft)}}$$

侵入流体高度＝钻井液增量/环空容积系数

24. Pressure Gradient of Influx（psi/ft） Bit on bottom.

$$\text{Influx Gradient (psi/ft)} = \text{Pressure Gradient of Mud (psi/ft)} - \frac{\text{SICP (psi)} - \text{SIDPP (psi)}}{\text{Heigh of Influx (ft)}}$$

侵入流体的压力梯度＝钻井液压力梯度－（关井套压－关井立压）/侵入流体高度

25. Rate of Kick/Bubble Rise（ft/h） well Shut-in

$$\text{ROR (ft/h)} = \frac{\text{Change in SICP (psi)}}{0.052 \times \text{Mud Wt (ppg)} \times \text{Elapsed Time for Change In SICP (h)}}$$

侵入流体（或气体）上窜速度＝套压变化值/（0.052×钻井液密度×变化时间）

26. Weight per Foot of Drill Collars（lb/ft）

$$\text{WFDC (lb/ft)} = 2.67 \times ([\text{OD (in)}]^2 - [\text{ID (in)}]^2)$$

每英尺钻铤重量＝2.67×（钻铤外径^2－钻铤内径^2）

27. Mud Weight from Specific Gravity (ppg)

Mud Weight (ppg) = Specific Gravity × 8.33ppg (Fresh Water Weighs 8.33ppg)

钻井液密度与SG的单位换算

钻井液密度＝SG×8.33

28. Barite Requirement For Weight－up (100lb sxs)

$$\text{Barite (sxs)} = \text{Volume to weight up (bbls)} \times \left[\frac{15\times\text{Increase in MW}}{35.0-\text{KWM}}\right]$$

定量钻井液加重所需重晶石粉＝需加重钻井液体积×（15×钻井液密度增加量）/（35－压井钻井液密度）

29. Pressure Increment, PI (psi)

$$\text{PI}=\frac{\text{Safety Factor (psi)}}{3}=\text{psi}$$

压力增量＝安全因数/3

30. Fluid Increment, MI (bbl)

$$\text{MI}=\frac{\text{PI (psi)}\times\text{Annulus Capacity Factor (bbl/ft)}}{0.052\times\text{Mud Wt (ppg)}}=\text{bbl}$$

流体增量＝压力增量×环空容积系数/（0.052×钻井液密度）

附录 3　单位换算

If you have	Multiply By	To Get	If you have	Multiply By	To Get
Feet	×0.3048	Meters (M)	Meters	×3.2808	Feet
Inches	×2.54	Centimeters (cm)	Centimeters (cm)	×0.3937	Inches
Inches	×25.4	Millimeters (mm)	Millimeters (mm)	×0.03937	Inches
Wt Indicator (lbs)	×0.0004536	Metric Tons	Metric Tons	×2204.6	Pounds
Wt Indicator (lbs)	×0.44482	Decanewtons (daN)	Decanewtons (daN)	×0.22481	Wt Indicator (lbs)
Pounds	×0.4536	Kilograms	Kilograms (kg)	×2.2046	Pounds
Weight (lbs/ft)	×1.4882	kg/m	kg/m	×0.67196	Weight (lb/ft)
Pounds per Barrel	×2.85307	kg/m^3	kg/m^3	×0.3505	Pounds per Barrel
Barrels	×158.987	Liters	Liters	×0.00629	Barrels
Barrels	×0.15899	Cubic Meters	Cubic Meters	×6.2898	Barrels
Gallons	×3.7854	Liters	Liters	×0.2642	Gallons
Gallons	×0.0037854	Cubic Meters	Cubic Meters	×264.173	Gallons
Barrels/Stroke	×158.987	Liters/Stroke	Liters/Stroke	×0.00629	Barrels/Stroke
Barrels/Stroke	×0.158987	Cubic Meters/Stroke	Cubic Meters/Stroke	×6.2898	Barrels/Stroke
Gallons/Minute	×3.7854	Liters/Minute	Liters/Minute	×0.2642	Gallons/Minute
Barrels/Minute	×158.987	Liters/Minute	Liters/Minute	×0.00629	Barrels/Minute
Barrels/Minute	×0.158987	Cubic Meters/Minute	Cubic Meters/Minute	×6.2898	Barrels/Minute
bbl/ft Capacity	×521.612	Liters/Meter (L/m)	Liters/Meter (L/m)	×0.0019171	bbl/ft Capacity
bbl/ft Capacity	×0.521612	Cubic Meters/Meter	Cubic Meters/Minute	×1.917	bbl/ft Capacity
bbl/ft Displacement	×521.612	Liters/Meter (L/m)	Liters/Meter (L/m)	×0.0019171	bbl/ Displacement
bbl/ft Displacement	×0.521612	Cubic Meters/Meter	Cubic Meters/Meter	×1.9171	bbl/ Displacement
Gradient psi/ft	×22.6206	kPa/m	kPa/m	×0.044207	Gradient psi/ft
Gradient psi/ft	×0.226206	bar/m	bar/m	×4.4207	Gradient psi/ft
Mud Weight ppg	×0.119826	Kilograms/Liter	Kilograms/Liter	×8.3454	Mud Weight ppg
Mud Weight ppg	×119.826	Kilograms/Cubic Mtr	Kilograms/Cubic Mtr	×0.0083454	Mud Weight ppg
Mud Weight (lb/ft^3)	×1.60185	kg/m^3	kg/m^3	×6.24279	Mud Weight (lb/ft^3)
Fahrenheit Degrees	×0.56−17.8	Celsius Degrees	Celsius Degrees	×1.8+32	Fahrenheit Degrees
psi	×6894.8	Pascals (Pa)	Pascals (Pa)	×0.000145	psi
psi	×6.8948	Kilopascals (kPa)	Kilopascals (kPa)	×0.14504	psi
psi	×0.06895	Bar	Bar	×14.50377	psi

单位	系数	换算单位	单位	系数	换算单位
英尺	×0.3048	米	米	×3.2808	英尺
英寸	×2.54	厘米	厘米	×0.3937	英寸
英寸	×25.4	毫米	毫米	×0.03937	英寸
磅	×0.0004536	吨	吨	×2204.6	磅
磅	×0.44482	达因	达因	×0.22481	磅
磅	×0.4536	千克	千克	×2.2046	磅
磅/英尺	×1.4882	千克/米	千克/米	×0.67196	磅/英尺
磅/桶	×2.85307	千克/米^3	千克/米^3	×0.3505	磅/桶
桶	×158.987	升	升	×0.00629	桶
桶	×0.15899	米^3	米^3	×6.2898	桶
加仑	×3.7854	升	升	×0.2642	加仑
加仑	×0.0037854	米^3	米^3	×264.173	加仑
桶/冲	×158.987	升/冲	升/冲	×0.00629	桶/冲
桶/冲	×0.158987	米^3/冲	米^3/冲	×6.2898	桶/冲
加仑/分	×3.7854	升/分	升/分	×0.2642	加仑/分
桶/分	×158.987	升/分	升/分	×0.00629	桶/分
桶/分	×0.158987	米^3/分	米^3/分	×6.2898	桶/分
桶/英尺（容积）	×521.612	升/米	升/米	×0.0019171	桶/英尺（容积）
桶/英尺（容积）	×0.521612	米^3/米	米^3/米	×1.917	桶/英尺（容积）
桶/英尺（排量）	×521.612	升/米	升/米	×0.0019171	桶/英尺（排量）
桶/英尺（排量）	×0.521612	米^3/米	米^3/米	×1.9171	桶/英尺（排量）
psi/英尺	×22.6206	千帕/米	千帕/米	×0.044207	psi/英尺
psi/英尺	×0.226206	巴/米	巴/米	×4.4207	psi/英尺
磅/加仑	×0.119826	千克/升	千克/升	×8.3454	磅/加仑
磅/加仑	×119.826	千克/米^3	千克/米^3	×0.0083454	磅/加仑
磅/英尺^3	×1.60185	千克/米^3	千克/米^3	×6.24279	磅/英尺^3
华氏度	×0.56−17.8	摄氏度	摄氏度	×1.8+32	华氏度
磅力/英寸^2（psi）	×6894.8	帕	帕	×0.000145	磅力/英寸^2（psi）
磅力/英寸^2（psi）	×6.8948	千帕	千帕	×0.14504	磅力/英寸^2（psi）
磅力/英寸^2（psi）	×0.06895	巴	巴	×14.50377	磅力/英寸^2（psi）

附录4　中英文压井施工单

GWDC 压井作业施工单（KILL SHEET）

井号（WELL NAME）：　　　　　　　　学员签字（SIGNATURE）：

原始记录数据（PRE-RECORDED DATA）	
测量井深：　m （MD）	钻铤外径：　mm；　内径：　mm，　长度　m （DC OD）　（DC ID）　（LENGTH）
垂直井深：　m （TVD）	地层破裂压力梯度　MPa/m （FORMATION FRACTURE PRESSURE GRADIENT）
钻头直径：　mm （BIT SIZE）	1 号泵压井排量　L/s，　相应立压　MPa （PUMP NO. 1 DISPL）　（RELEVANT STANDPIPE PRESSURE）
技术套管内径：　mm　下深：　m （PROTECTIVE CASING ID） （SETTING DEPTH）	2 号泵压井排量　L/s，　相应立压　MPa （PUMP NO. 2 DISPL）　（RELEVANT STANDPIPE PRESSURE）
钻杆外径：mm；内径：mm；长度 m （DP OD）　（DP ID）　（LENGTH）	原钻井液密度：　g/cm³，压井泵速：　冲/min （INITIAL DRILLING FLUID DENSITY）（KILL PUMP RATE）SPM

溢流时记录的数据（KICK DATA）		
关井立管压力：　MPa （SIDPP）	关井套管压力：　MPa （SICP）	钻井液增量：　m³ （PIT GAIN）

压井参数（WELL-KILL PARAMETERS）	
压井钻井液密度：　g/cm³ （KILL DRILLING FLUID DENSITY）	所需重钻井液数量：　m³；　重晶石数量：　t （WEIGHTED DRILLING FLUID VOLUME） （BARITE）　（tons）
最大允许关井套管压力　MPa （MAXIMUM ALLOWABLE SHUT-IN CASING PRESSURE）	重钻井液从地面到钻头的时间：　min （TIME OF WEIGHTED DRILLING FLUID FROM SURFACE TO BIT）
初始循环立管总压力：　MPa （INITIAL CIRCULATING STANDPIPE PRESSURE）	重钻井液由钻头返至地面的时间：　min （TIME OF BOTTOM UP）
终了循环立管总压力：　MPa （FINAL CIRCULATING STANDPIPE PRESSURE）	钻井液循环一周所需的时间：　min （CIRCULATING CYCLE）

续表

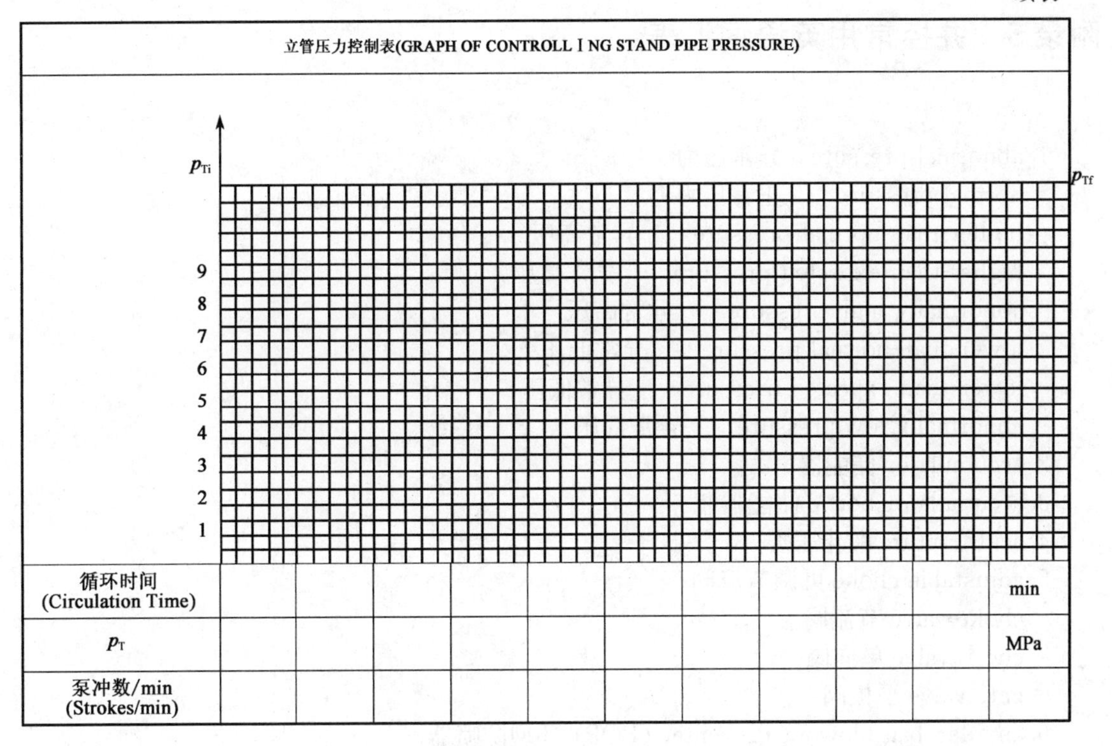

立管压力控制表(GRAPH OF CONTROLLⅠNG STAND PIPE PRESSURE)											
循环时间 (Circulation Time)											min
p_T											MPa
泵冲数/min (Strokes/min)											

附录5　井控常用英语词汇表

1. abnormal pressure　异常压力
normal pressure　正常压力
higher-than-normal pressure　异常高压
higher-than-expected pressure　异常高压
abnormally high pressure　异常高压
lower-than-normal pressure　异常低压
lower-than-expected pressure　异常低压
abnormally low pressure　异常低压
2. accumulator 储能器
3. accumulator bottle 储能器瓶
4. acid fracture 酸化压裂
5. adjustable choke 可调节流阀
choke valve 节流阀
check valve 单向阀
gate valve 平板阀
6. annular/bag blowout preventer（BOP）环型防喷器
ram BOP　闸板防喷器
rotating BOP　旋转防喷器
7. annular pressure（casing pressure）环空压力（套压）
8. annular space 环空（annulus）
9. annular velocity 环空上返速度
10. anticline　背斜
centrocline　向斜
11. atmospheric pressure 大气压（0.1MPa 或 1atm）
12. background gas　背景气
13. back off /break out　倒扣/卸扣
make up　上扣
14. back-pressure　回压
15. barite　重晶石
16. barium sulfate　$BaSO_4$
17. barrel（bbl）　桶
gallon　加仑
$1m^3 = 6.2897bbl$
1barrel = 42 gallon（美）$= 0.15988\ m^3$
18. bell nipple 钟形导向短节（喇叭口）shooting nipple
19. BHP（bottom hole pressure）　井底压力
20. bleed　放喷

bleeder 放喷阀

To drain off liquid or gas, generally slowly, through a valve called bleeder

21. bleed line 放喷管线
22. blind ram 全封闸板

pipe ram 半封闸板

shear ram 剪切闸板

variable ram 变径闸板

23. blind ram preventer 全封闸板防喷器
24. blowout 井喷

influx 井侵

overflow 溢流

kick 井涌

blowout 井喷

out of control for blowout 井喷失控

25. blowout preventer control panel 防喷器控制面板
26. blowout preventer control unit 防喷器控制系统
27. blowout sticking 井喷卡钻
28. BOP 防喷器
29. BOP stack 防喷器组
30. bottom hole pressure BHP 井底压力
31. bottom hole pressure test 井底压力测试

DST (drill stem test) 中途测试

32. intentional kick 诱发的井涌
33. unintentional kick 非诱发的井涌
34. bottoms up 上返行程
35. bottoms-up time 上返时间

lag time 迟到时间

36. Boyle's law 波义耳定律 ($p_1V_1 = p_2V_2$)
37. bridging materials 堵漏材料

fibrous 纤维状的

flaky 薄片的

granular 粒状的

38. bullheading 压回地层压井法

Forcing gas back into a formation by pumping into the annulus from the surface.

Any pumping procedure in which fluid is pumped into the well against pressure.

39. cased hole 下入套管的井眼

open hole section 裸眼段

40. casing 套管

collar 钻铤

drillpipe 钻杆

HWDP (heavy wall drillpipe) 加重钻杆

41. casing burst pressure 套管破裂压力
42. casing point 套管下深
43. casing pressure 套压
44. casing seat 套管鞋固深
45. casing string 套管柱
46. cement 水泥
47. cement plug 水泥塞
balance cement plug 悬空水泥塞
48. change rams 更换闸板
49. charles's law 查尔斯定律（$V_1/T_1=V_2/T_2$）
an ideal gas law 理想气体定律
50. check valve 单向阀
51. choke 节流阀
52. choke line 节流管线
53. choke manifold 节流管汇
kill manifold 压井管汇
54. circulate-and-weight method 循环加重法
concurrent method 同步法
55. circulating components 循环系统
Mud pump，rotary hose，swivel，drill stem，bit，mud return line.
56. circulating density 循环密度
57. circulating head 循环头
58. circulating pressure 循环压力
59. circulation 循环
The movement of drilling fluid out of the mud pits，down the drill stem，up the annulus，and back to the mud pits.
lost circulation 井漏
loss of circulation/lost returns 井漏
60. clay hydration 黏土水化
The swelling that occurs when clays in the formation take on water.
61. closed-in pressure/ shut-in pressure 关井压力
62. concurrent method 同步法
63. condition. 处理，改善，调整
64. connate water/interstitial water 原生水
65. connection gas 接单根气
66. constant choke-pressure method 恒节流压力法
67. constant pit-level method 恒钻井液池液面法
68. crystallization 结晶地层
The formation of crystals from Solutionsor melts.
69. degasser 除气器
The device used to remove unwanted gas from a liquid，especially from drilling fluid.

70. diverter　分流器/转喷器
71. diverter line　分流器管线
72. drag　旋转阻力/上提下放摩阻
　Friction between the rotating bit and the nonmoving formation.
73. driller's BOP control panel　司钻控制台
74. driller's method　. 司钻法
　wait-and-weight method　等待加重法/工程师法
75. drilling break　钻速突快/放空
　A sudden increase in the drill bit's rate of penetration.
76. drilling fluid=drilling mud　钻井液
77. drilling rate　(ROP) 机械钻速
　ROP—rate of penetration　机械钻速 (m/h)
　drilling time　钻时　(min/m)
78. drilling under pressure　欠平衡钻井
　under balance pressure drilling　(UBD)
　drilling over pressure　过平衡钻井
　near-balance pressure drilling　近平衡
79. drill pipe float　钻杆浮阀
　A check valve installed in the drill stem that allows mud to be pumped down the drill stem but prevents flow back up the drill stem.
80. drill pipe pressure，shut-in casing　(SIDPP/SICP)　立压
81. drill pipe pressure gauge，gauge-protected bit　立压表
82. drill pipe safety valve　钻杆安全阀
83. drill stem / drill string　钻柱
84. DST-drilling stem test　中途测试
　unintentional kick　非诱发的井涌
　intentional kick　诱发的井涌
85. drill under pressure　*v.*　欠平衡钻井
86. ECD-equivalent circulating density　等效/当量循环密度
87. entrained gas　气侵气
　gas-cut mud　气侵钻井液
88. explosive fracture　爆破压裂
89. fault　断层
90. fill line　灌浆管线
91. fill-up line　灌浆管线
92. fill the hole　*v.*　灌浆
93. fill-up rate　灌浆速度
94. filter cake　滤饼
95. filter loss　滤失量
96. filter press　失水仪
97. filtrate　过滤/渗透

98. final circulating pressure (FCP) 终了循环压力
ICP-initial circulating pressure 初始循环压力
99. flow check 溢流检测
100. formation breakdown pressure 地层破裂压力
leak-off test-LOT, FIT-formation integrity test 漏失测试
MAASP-iwcf 最大允许关井套压
maximum allowable annular surface pressure
MASP-iadc 最大允许关井套压
maximum allowable surface pressure
MACP-canada 最大允许关井套压
maximum allowable casing pressure
101. formation competency test 地层承压能力测试
102. formation fluid 地层流体
103. formation fracture gradient 地层破裂压力梯度
104. formation fracture pressure 地层破裂压力
105. formation fracturing 地层压裂
106. formation pressure 地层压力
107. formation strength 地层强度
108. frac job/ formation fracturing 地层压裂
109. fracture 裂缝
A crack or crevice [ˋkrevis] in a formation, either natural or induced.
110. fracture pressure 破裂压力
The pressure at which a formation will break down, or fracture.
111. friction loss 压耗
112. gas 气体
113. gas buster=mud-gas separator 钻井液气体分离器
poor boy 液气分离器
114. gas-cut mud 气侵钻井液
115. gas cutting 气侵
116. gas detection analyzer 气体检测仪
117. geopressured shales 地压页岩
Impermeable shales, highly compressed by overburden pressure, that are characterized by large amounts of formation fluids and abnormally high pore pressure.
118. geostatic pressure 地静压力
The pressure to which a formation is subjected by its overburden. also called ground pressure, lithostatic pressure, rock pressure.
119. geothermal gradient 地温梯度
120. guide shoe 引鞋
121. gunk plug 油泥塞
122. hang off 悬挂
123. hard shut-in 硬关井

soft shut-in 软关井

124. head 静压头

The height of a column of liquid required to produce a specific pressure.

125. hole geometry/hole size　井眼尺寸

The shape and size of the wellbore.

126. hydraulic control pod　控制盒

A device used on floating offshore drilling rigs to provide a way to actuate and control subsea blowout preventers from the rig.

127. hydraulic fracturing　水力压裂

128. hydraulic head　水静压头

129. hydril　海德尔（环形防喷器商标）

Registered trademark of a prominent manufacture of oilfield equipment，especially annular blowout preventer.

130. hydrogen sulfide　H_2S

131. hydrostatic pressure　静液压力

132. IADC-International Association of Drilling Contractors　国际钻井承包商协会

IWCF-International Well Control Forum　国际井控论坛

133. ICP　初始循环压力

initial circulating pressure，set in drilling reports

FCP（final circulating pressure）　终了循环压力

134. inside blowout preventer　钻具内防喷器

135. inside BOP　钻具内防喷器

136. internal BOP= internal preventer　钻具内防喷器

137. interstitial water　原生水

138. invert－emulsion mud　逆乳化钻井液

An oil mud in which fresh water or salt is the dispersed phase and diesel，crude，or some other oil is the continuous phase.

oil-base mud　（OBM）　油基钻井液

water-base mud（WBM）　水基钻井液

139. kelly cock　旋塞

upper kelly cock　上旋塞

lower kelly cock　下旋塞

140. kick　井涌

An entry of water，gas，oil，or other formation fluid into the wellbore during drilling/workover.

141. kick fluids　井涌流体

142. kick tolerance　井涌允许量

143. kill　*v.*　压井

144. kill fluid=old density + MWI　压井液

MWI-mud weight increase $= 102p_d/H$

145. kill line　压井管线

146. kill rate　压井泵速
147. kill-rate pressure　压井泵压
SCR—slow circulating rate　SPR 低泵速
148. kill sheet　压井施工单
A printed form that contains blank spaces for recording information about killing well.
It is provided to reminded of the personnel of the necessary steps to take to kill a well.
149. kill string　压井管柱
The drill string through which kill fluids are circulated when handing a kick.
150. leak-off test　（LOT）　漏失测试
151. log　测/录井，记录数据
LWD—log while drilling
MWD—measure while drilling
152. log a well　测井
153. logging device　测井仪
154. loss of circulation　井漏
lost circulation　井漏
155. lost circulation additives　堵漏剂
fiber，flake，or granular
156. lost circulation materials　（LCM）堵漏材料
157. lost circulation plug　堵漏塞
158. lost returns　井漏
159. lubricate 润滑/ 带压起下电缆
dope　螺纹脂
To apply grease or oil to moving parts.
lower or raise tools in or out of a well with pressure inside the well.
The term comes from the fact that a lubricant（grease）is often used to provide a sealagainst well pressure while allowing wireline to move in or out of the well.
160. macaroni string　小直径管
A string of tubing or pipe，usually 0. 75 or 1 inch（1. 9 or 2. 54 centimeters）in diameter.
161. MASP（maximum allowable surface pressure）$=p_f-p_m$　最大允许关井套压
162. matrix acidizing　基岩酸化
An acidizing treatment using low or no pressure to improve the permeability of a formation without fracturing it
163. measured depth　（MD/TVD）　测深/垂深
TVD =true vertical depth　垂深
I. D（internal diameter）　内径
O. D（outer diameter）　外径
164. Minerals Management Service（MMS）矿产管理署

165. mud　泥浆（钻井液）
166. mud additive　钻井液添加剂
167. mud analysis logging　泥浆录井
168. mud column　钻井液柱
169. mud conditioning　钻井液处理
170. mud density recorder　钻井液密度记录仪
171. mud-flow indicator　钻井液流速指示器
172. mud-flow sensor　钻井液流速传感器
173. mud-gas separator　钻井液气体分离器
174. mud gradient　钻井液压力梯度 $G_m=0.0981\rho_m$（bar/m）
175. mud-level recorder　钻井液液面记录仪
176. mud log　录井日志
A record of information derived from examination of drilling fluid and drill bit cuttings.
177. mud logger　录井工程师
An employee of a mud logging company who performs mud logging.
178. mud logging　泥浆录井
The recording information derived from examination and analysis of formation cuttings made by the bit and of mud circulated out of the hole.
179. mud pit　钻井液池
180. mud program　钻井液配方
181. mud pump　钻井泵
182. mud return line　泥浆槽
183. mud system　钻井液体系
184. mud tank　泥浆罐（钻井液循环罐、钻井液罐）
185. mud weight　钻井液比重（密度）
186. mud-weight equivalent　等效钻井液比重（密度）
187. mud weight recorder　钻井液比重（密度）记录仪
188. nipple up　安装防喷器 nipple down 拆卸防喷器
189. normal circulation　正常循环
190. normal formation pressure　正常地层压力
191. OCS—Outer Continental Shelf　外大陆架
192. OCS orders　外大陆架法规
193. oil-based mud　油基钻井液 OBM
194. oil-emulsion mud　油基乳化钻井液
a water-based mud 水基钻井液 WBM
195. oil mud　油基钻井液
196. open/open hole　裸眼井/空井
197. overburden pressure　上覆岩层压力
198. permeability　渗透性
impermeability　非渗透性

199. pipe ram 半封闸板
200. pipe ram preventer 半封闸板防喷器
201. pit gain 钻井液池增量
202. pit-level 钻井液池液面
203. pit-level indicator/recorder 钻井液池液面指示器
204. Pit Volume Totalizer（PVT） 钻井液体积累计器
205. plug 塞子
206. plug back 回填
    sidetrack 侧钻
207. plugging material 填井材料
208. positive choke 节流
209. pounds per cubic foot（pcf） 磅/立方英尺
    $1g/cm^3 = 62.421973$ pcf
    1 pcf$=0.01602$ g/cm^3
210. pounds per gallon（ppg） 磅/加仑
    $1g/cm^3 = 8.33$ppg fresh water 淡水
211. pounds per square inch gauge（psig） 磅力/英寸^2（表压）
212. pounds per square inch per foot psi/ft psi/英尺（压力梯度）
213. pressure 压力
214. pressure drop 压力降
    dry trip 干起
    wet trip 湿起
215. pressure gauge 压力表
216. pressure gradient 压力梯度
217. pressure-integrity test 压力完整性测试
218. pressure loss 压力损失
219. preventer 防喷器
220. preventer packer 防喷器胶芯
221. pump pressure 泵压
222. pump rate 泵速
    spm 冲/min
223. ram 闸板
224. ram blowout preventer 闸板防喷器
225. rate of penetration（ROP） 机械钻速
226. reduced circulating pressure（RCP） 低泵速循环压力
    SCR（slow circulation rate） 低循环泵速
    SPR（slow pump rate） 低泵速
227. remote BOP control panel ＝driller's BOP control panel /console
    防喷器遥控面板
228. remote choke panel 节流阀遥控面板
229. returns 返出物

230. reverse circulation　　反循环
231. reverse drilling break　　钻速突慢
232. rotating blowout preventer　　旋转防喷器
233. rotating head　　旋转头
234. safety valve back pressure valve　　安全阀
　　non-return valve　　回压阀
　　A valve installed at the top of the drill stem to prevent flow out of the drill pipe if a kick occurs during tripping operations.
235. saturation point　　饱和点
　　The point at which，at a certain temperature and pressure，no more solid materials will dissolved in a liquid.
236. set point ＝casing depth　　套管下深
　　The depth of the bottom of the casing when it is set in the well.
237. setting depth　　套管固深
　　The depth at which the bottom of the casing extends in the well bore when it is ready to be cemented.
238. shale　　页岩/泥页岩
　　sand　　砂岩
　　shale shaker　　振动筛
239. shallow gas　　浅层气
240. shear ram　　剪切闸板
241. shear ram preventer　　剪切闸板防喷器
242. shut in　*v.*　关井
243. shut-in　*n.* 关井
244. shut-in bottomhole pressure（SIBHP）　　关井井底压力
245. shut-in bottomhole pressure test　　关井井底压力测试
246. shut-in casing pressure（SICP）　　关井套压
247. shut-in drill pipe pressure（SIDPP）　　关井立压
　　occur a kick 发生井涌
248. shut-in pressure（SIP）　　关井压力
249. snub　　不压井起下钻
250. snubber　　不压井起下钻装置
251. snubbing line　　不压井起下钻管线
252. snubbing unit ＝ snubber　　不压井起下钻装置
253. soft shut-in　　软关井
254. space out　　上提钻具，使接头避开闸板
255. stack　　防喷器组
256. strip a well　　强行起下钻
257. stripper head 封井头
258. stripper rubber 橡胶刮泥器
259. stripping 强行起下钻作业

260. stripping in 强行下钻
261. stripping out 强行起钻
262. strip pipe 强行起钻
263. stump pressure test 海底防喷器地面压力测试
264. subsea blowout preventer 海底防喷器
265. subsea choke—line valve 海底节流管线阀
266. surface stack 地面防喷器组
267. surging 激动压力
268. swab 抽汲
269. swabbed show 抽汲显示
270. swabbing / swabbing effect 抽汲效应
271. temperature gradient 温度梯度
272. total depth (TD) 总深
273. transition zone 过渡带
274. trip gas 起下钻气
275. trip margin 起钻安全余量
276. trip tank 灌浆罐
277. true vertical depth (TVD) 垂深
278. tubingless completion 无油管完井
    workover 修井
    service rig 修井机
279. underground blowout 地下井喷
280. United State Geological Survey (USGS) 美国地质勘探局
281. upper kelly cock 上旋塞
282. wait-and-weight method 等待加重法（工程师法）
283. water base mud 水基钻井液
284. water hammer 水击
285. wellbore =well=hole 井眼
286. wellbore pressure 井眼压力
287. well control 井控
288. well kick 井涌
289. wetability 润湿性
290. wild well 失控井/自喷井
    out of control well 失控井

附录 6

长城钻探公司井控十大禁令

为进一步强化关键环节井控安全行为，杜绝井喷失控事故的发生，特制定本禁令。

一、严禁无有效证件人员上岗操作。

二、严禁未经地质风险评估和预案制定开钻。

三、严禁发现溢流不立即关井。

四、严禁“Ⅰ级风险井”无“科级驻井”。

五、严禁未经批准揭开油气层。

六、严禁坐岗观察脱岗。

七、严禁揭开油气层后不测后效起钻。

八、严禁起钻抽吸。

九、严禁揭开油气层后空井等停。

十、严禁井控装备不按规定试压。

员工违反上述禁令给予行政处分，造成井喷失控事故解除劳动合同。

参 考 文 献

[1]《钻井手册（甲方）》编写组．钻井手册（甲方）．北京：石油工业出版社，1990
[2] 黄国志．钻井司钻．北京：石油工业出版社，1992
[3] 中国石油天然气总公司劳资局．井控技术．北京：石油工业出版社，1994
[4] 孙振纯，夏月泉等．井控技术．北京：石油工业出版社，1997
[5] 孙振纯，王守谦等．井控设备．北京：石油工业出版社，1997
[6] 蒋希文等．钻井事故与复杂问题．北京：石油工业出版社，2001
[7] 张桂林．石油作业井控技术．东营：石油大学出版社，2003
[8] 刘硕琼等．小井眼钻井技术．北京：石油工业出版社，2005
[9] 陈平等．钻井与完井工程．北京：石油工业出版社，2005
[10] [美] 罗伯特·D. 格雷斯．井喷与井控手册．高振果等，译．北京：石油工业出版社，2006
[11] 王胜启，高志强，秦礼曹．钻井监督技术手册．北京：石油工业出版社，2007
[12] 华北石油管理局井控技术培训中心．井下作业井控技术．北京：石油工业出版社，2008
[13]《石油天然气钻井井控》编写组．中国石油员工培训系列教材——石油天然气钻井井控．北京：石油工业出版社，2008
[14] 集团公司井控培训教材编写组．中国石油化工集团公司井控培训教材——钻井井控工艺技术．东营：中国石油大学出版社，2008
[15] 集团公司井控培训教材编写组．中国石油化工集团公司井控培训教材——钻井井控设备．东营：中国石油大学出版社，2008
[16] 集团公司井控培训教材编写组．中国石油化工集团公司井控培训教材——井下作业井控技术．东营：中国石油大学出版社，2008